国学经典文库 图文珍藏版

道德经

春秋·老聃⊙原著

马松源⊙主编

线装书局

第五章　老学研究

第一节　老学的道论

一、老学道论概述

(一)先天固有的自然之道

老学认为,自然是道的根本,自然就是道。如滕云山说:

天生天杀,自然之理。

何谓自然,即真静是也。《阴符经》曰:自然之道静,天地之道侵。老子所宗者,清静。

自然者,道之根本也。

天时人事物理之自然。

自然之谓道,不变之谓常,无为者,虚静之极也。

这里,滕氏明确指出,"自然者,道之根本也""自然之谓道",也就是说,道就是自然,自然就叫作道。并且认为,自然不仅指自然界的一切事物,还包括"天时""人事""物理"及其发展变化,即宇宙间一切事物的发展变化。"天生天杀"就是指宇宙间一切事物的产生、发展及灭亡,这些都是自然而然的事情,不需要人的任何干扰。自然的存在、自然的变化、自然的清静等都是道"自古以来固有"的,也是恒常不变的,故"道"又称为"常道"。

高延第说："道者,循自然之谓也。""道即无为自然。"高氏之意是说,"道"不是指自然界,而是指这个"道"的特性就是按照自然的法则运行,它的存在、它的运行、它的作用都是自然而然的,而不需要任何作为。可见,老子之自然不是名词之自然,而是指动词之自然,即顺自然之意。人要遵道,就要顺自然而行。当然,这种"自然"不是人有意识能学来的。故高延第又说："常道,即无为自然之道,人所自有,所谓禀乎自然,不可称道者也。"即是说,人有意识学来的"自然",就不是"道"之自然,即"不可称道者也"。因此,这种自然是无心之自然。可见,滕氏强调自然之道的"自然而然",高氏强调自然之道的"循自然",即"无为自然"。

黄裳说："此道究何道哉? 生于天地之先,混于虚无之际,吾不知从何而来,从何而去,究为谁氏之子也? 经曰:有物混成,先天地生,斯为大道之玄妙与? 帝之先有何象? 亦不过混沌未开,鸿濛未判,清空一气而已矣。"黄氏的意思是说,"道"在有人类之前就已存在,故称"生于天地之先",它表明"道"是"先天"之自然,是存在于人的意志之外的。又说："道本虚无自然。顺天而动,率性以行,一与天地同其造化,日月同其升恒,无有而无不有,无为而无不为也。此明道本至虚、至无、至平、至常。人未造虚无之境、平常之域,只觉其盈不见其缺,只觉其优不见其绌。"即是说,"道"虽然是万物之本,是万物产生与发展变化的根源,"只觉其盈不见其缺,只觉其优不见其绌"。但"道"并不因此而高高在上,地位显赫,而是和万物一样"至平、至常",它只是"顺天而动,率性以行"而已。也就是说,道之自然还在于它的"平常",它的"与天地同其造化,日月同其升恒"。人的行动如果能"一与天地同其造化,日月同其升恒",以达到"至虚、至无、至平、至常",则能实现人之自然。可见,黄氏则强调自然之道的"虚无"与"平常"。

清阳子对道之自然也有很多的论述,如他说:

天地相合,以降甘露,人莫之令而自均。……甘露亦皆自然而然,太和洋溢之所充周。

是故或行或随,或嘘或吹,或强或羸,或载或隳,是以圣人去甚、去奢、去泰。

八端皆其自然,三去因其固有,运用之妙存乎一心,观物之情,藏于不测。

果而勿矜,果而勿伐,果而勿骄,果而不得已,果而勿强。果者,还其固有。一皆自然,何多之有。

以赤子言之,赤子,一任自然。

功成事遂而一,皆自然,夫是乃真谓道。

愚者,使返自然。

其意是说,道之自然还包括"自然之平衡""自然之平和"等内容。这种自然有一种自我调控的能力,从而保持宇宙间的和谐与稳定。它就像天要降甘露,空中充满空气一样的自然,弥漫四周而使万物都能享受它的恩泽。亦如赤子一样,不受后天的他人的任何影响,完全是先天自然的。可见,清阳子则强调"自然之平衡",他强调人要"去甚、去奢、去泰",要"果而勿矜,果而勿伐,果而勿骄,果而不得已,果而勿强",要返"愚"。天地万物都处于平衡状态,这是天地固有之自然。人如果能"去甚、去奢、去泰""果而勿矜,果而勿伐,果而勿骄,果而不得已,果而勿强",返"愚",则人就能与天地合心,与万物平和地相处,从而达到自然之态。人之修道修德就是要修人之自然。

胡薇元说:"道无为而自然,故希言。譬飘风骤雨不可久,亦天地自然之势。人之多言亦然,既从事于道,修德行道皆同自然,得失忧乐亦自然矣,苟为不信,尚口乃穷。"这就是说,道之自然还在于它的"希言"。人们往往有了成绩、作为就好"显摆",爱夸耀。道则不同,它总是默默运行,从不多言。修道修德就是要"还人之固有",即还人先天之所有,或者说是还人为赤子时之所有,要除去人的一切意识,以致达到"愚"的程度,使人"皆同自然""一皆自然"。

老子论道图

(二)生养与统御万物之道

老学认为"道"可生育万物。黄裳说:

道本渊涵无极,浩荡无涯。《诗》曰:左之左之,君子宜之,右之右之,君子有

之。观此可见，道之随时取用，无人不遂，无物不充焉。斯道也，何道也，万物生生之本也。道在天地，万物资以为生，而不辞其纷扰，以道无不足，故其生无不畅也。虽然，生之遂之道既足，而物赖以成，亦若物之自生自遂，而道不见为有，其成功为奚若乎。虽不名为有，而天地之大，四海之遥，我人不被其涵濡，无物不荷其帡幪，且听物之自生自育，而道若不知其为生为育，普获一切，包含万有，斯诚衣被万物而不为主焉。道之功成浩浩乎无可名也，常无欲也。无欲即常清常净，真常之道也，就其小而名之，虽一草一木之微，无有或外，弥纶万物，无隙可寻，浑然一团，织尘悉化，此小莫能破之义也，故曰常无欲可名于小，就其大而名之，铺天匝地，统育群生，亘古及今，包容万象，而究无一物之不归并，无一夫之或外，此大莫能载之旨也。故曰万物归焉而不为主，可名于大。此言道之浩浩，生万物而有余，被万物而至足，无小无大，悉包含个中。

这里说明了道是宇宙间一切事物的根本，即黄氏所说的"万物生生之本也"。它"渊涵无极，浩荡无涯""普获一切，包含万有""统育群生，亘古及今，包容万象，而究无一物之不归并，无一夫之或外""生万物而有余，被万物而至足，无小无大，悉包含个中"。不仅如此，只要我们"顺其自然无为之道"，还可以"随时取用""无人不遂，无物不充"。可见，黄氏认为道化生万物是不论时间、地点、大小，也不论是人、是物，它是"包罗万象"的，也是无所不能的。正因为道生万物，故有"母"之称。

胡薇元说："道生一，无极生太极也，一生二，太极生两仪也，二生三，两仪生三才也，三才化生万物。"又说："道先天地生，浑成自然，寂静寥阔，自强不息，生育万物，故以母名之，字之以大道。一往无际，故大而逝，悠久无疆，故无双以反，四大宇宙之中，而帝王居其一，参天尔地，人能宏道，道体无为，归于自然。"其意思是说，道生育万物的过程是先生太极，再生两仪，再生三才，最后化生出万物。而且道是自强不息的，它"一往无际""悠久无疆"，它生育万物也是永不停息的，它的生育能力是无限的。

高延第也说："母谓道德，道生万物，故万物为之子，修其母，致其子，德盛者人自归之，人既来归，仍以清静无为处之，不可有所造作。所谓利而勿利，故不危殆。"其意是说，道不仅生养万物，而且道还有"母亲"般的胸怀，能像"母亲"包容"子女"一样包容万物，善待万物。而人是万物中的一部分，故道也生育并包容人类。

道不仅产生了世上的万事万物，而且始终与万事万物联系在一起，统御着世界上万事万物。魏源引李嘉谟的话说："天地有合，以降甘露，而生万物，由是观之，天地虽判不必离,虽道散为物,物各有名,而道未尝弃物也,唯唯物不自弃于道,则其立于天地之间而不殆者,以道犹生之也,故人能知止于朴,则物不以道散而亏,道不以物生而散,犹川谷之气,未尝不通于江海,江海之气未尝不通于川谷,本与末未尝一日而不循环也。彼徇末而离本者乌足以知之。"这里说明了"道"与"物"彼此不可分割的关系:一方面,"道散为物,物各有名,而道未尝弃物也",即是说,道生育万物后并没有抛弃万物。另一方面,"唯物不自弃于道,则其立于天地之间而不殆者",即是说,物也不能离开道而独存,只有不离开道,才能立于天地之间而不殆。故魏源说,"本与末未尝一日而不循环也"。而在两者中,"道"决定着万事万物的存在,是宇宙万物的最高本体。

(三)"气"之道

老学还认为,"气"就是"道"。黄裳说:

道者何,真一之气也。

道者何,太和一气,充满乾坤,其量包乎天地,其神贯乎古今,其德暨乎九州万国,胎卵湿化飞潜动植之类,无在而无不在也。

道者何,鸿濛一气而已。天地未开以前,此气在于空中,天地既开而后,此气寓于天壤,是气固先天地而常存,后天地而不灭也。天地既得此气,天地即道,道即天地,言天地而道在其中矣,惟天地能抱此气,故运转无穷,万年不敝者此气,流行不息,群类资生者亦此气,一气原相通也。此状道之无为自然,包罗天地,养育群生,本此太和一气,流行宇宙,贯彻天人,无大无小,无隐无显,皆具足者也。

在这里,黄氏明确提出,道就是"真一之气""太和一气""鸿濛一气"。这种气"充满乾坤","包乎天地","贯乎古今","暨乎九州万国",它与"道"一样,虽然看不见,摸不着,但它是存在的,它无时无地不在发挥着作用。从气"充满宇宙,周流不息,养育群生,包罗天地,贯彻天人,无大无小"等方面来看,它也就是前面所说的"道"。因此,黄氏称"气"为"道"。

滕云山也说:"无名天地之始,始者,母气也。"胡薇元说:"夫小国喻年老精衰者,养先天真一之气,内外湛然,久久诚自明,生致中和,而位育绵密不息,而道自成矣。"这里滕氏所说的"母气"及胡氏所说的"真一之气",也同样是指"道"。可见,老学认为,"气"可以"包乎天地""贯乎古今","先天地而常存,后天地而不灭","气"就是"道",故养"先天真一之气",则"道自成"。而"气"尽管无体、无形、无

色、无味,但它却是客观存在的。

"道"生万物,而"气"也就是"道",故"气"亦生万物,这是"气"的客观性的重要表现。滕云山说:"天地万物皆由气化而成形,气乃无形,无相无名,是故从无名之道气,生出有形之天地,从有形之天地,生出万物,人为物之一。亦与天地同体。故曰有生于无,苟知有生于无,则自然不事于物,而体神凝神矣。"这就是说,万物生成的秩序是先有气,而后生天地,而后生万物。人为万物之一,因此人也是由气而生的。那么,气是怎样生万物的呢?滕云山说:"天地万物皆由一气之所化。万物皆由二气所和合而有也。气为生物之母,二气所和合,则物成矣。故曰冲气以为和。所谓得气则生,失气则死,气聚则存,气散则亡。此天地造化之自然。"也就是说,万物是由阴阳二气的中和而生成的,即所谓"二气所和合,则物成矣"。

"气"又分"先天之气"与"后天之气"。黄裳说:

天地间生生化化,变动不居者,全凭此一元真气,主持其间,上柱天,下柱地,中通人物,无有或外者焉。此气之浑浑沦沦,主宰万物,不条不紊者,曰理;此气之浩浩荡荡,弥纶万有,宛转流通者曰气,理气合一曰仁。故先儒云:仁者人欲尽净,天理流行,无一毫为人之伪。又曰:生生之谓仁,要之仁者如木果之有仁,其间生理生气,无不完具,天地生万物,圣人养万民,无非此理此气为之贯通,夫岂区区于事为见耶,故太上设言以明道曰:向使天地无此一腔生气,唯有春夏秋冬寒暑温凉之教,以往来运度,则万物无所禀赋,气何由受,形何由成,其视万物也,不啻刍狗之轻,毫不足珍重者然,有日见其消磨而已,又使圣人无此真元心体,惟仗公卿僚寀,文诰法制之颁,以训诫凡民,则草野无由观感,人何以化,家何以足?真是视斯民如刍狗之贱,全不关痛痒者然。有日见其摧残而已,顾何以天地无心,而风云雨露,无物不包含个中,圣人忘言,而辅相裁成,无人不嬉游宇内,足见天地圣人,皆本此一元真气。

要之,谷神者,太极之理。玄牝者,阴阳之气。其在先天,理气原是合一,其在后天,理气不可并言。

《易》曰:一阴一阳之谓道,是阳非道也,阴亦非道也,道在阴阳之间乎?又况道者,理也,阴阳者,气也,理无气不立,气无理不行。

在这些议论里,"浑浑沦沦,主宰万物,不条不紊"之气是指"先天之气",它就是"道",又被叫作"理"。"浩浩荡荡,弥纶万有,宛转流通"之气乃指"后天之气",它是由"道"生成的。这就是说,"道""理""气"(先天之气)是一物而三称的,或者说,"理""气"都是"道"的别名。所谓"其在先天,理气原是合一",就是指在宇宙生成之前，"理"就是"气"，"气"就是"理"，"理""气"都是指"道"。所谓"其在后天，理气不可并言"，则是指在后天，"理"与"气"就有本质区别了。这时"理"就是"道"，是根本，是万物的根源，而"气"则是由"理"（"道"）生成的。可见，"气"分先天与后天，先天之气就是"理"，就是"道"，而后天之气则是"器"，是"具"。但无论是先天，还是后天，"理""气"是不可分的，即"理无气不立，气无理不行"，两者相互依存。

（四）对立统一的规律变化之道

老学认为，"一"就是"道"。清阳子说："朴者，一，一即道。""圣人近之于一，浑之于无。"胡薇元说："一画开天，天地神谷万物侯王皆始于一，太极之义也。"高延第说："一，即抱一，谓无为之道也。天地以易简为德，时得物生，听其自然，故能清宁，神者阴阳不测，处于至虚，故能灵，使鬼神日与人相接，不足为灵矣，谷以虚而能受万物，以自然为宗，侯王以致恭存位，故能盈生贞。""一，太一，即太极也，万物生于阴阳实生于道，故自无而之有，各具冲和之德，物壮则老，不欲其盈，故王公亦以卑谦自处，众人可知矣。宝贵不骄淫，可以长存，是损之而益也，满则覆，高则危，是益之而损也，众人贪得相教以益，我相教以损。"这些话语中尽管其表达方式各不相同，但其意却是一致的，即"一"就是"道"。这种"一"是指"道"将世间的一切事物都包括在自己的管辖范围之内而成为一个整体，也指世间有万物之前的那种无区分的混一状态，故胡氏与高氏都称之为"太极"，清阳子直呼其为"道"。

"一"之道，即对立统一之道，它表现为有与无、贵与贱、高与下、动与静、实与虚、我与彼等的对立统一。滕云山说："万物生于无，由无生于有，以有还于无，此乃阴阳造化之定理。"这就是说，道就是"有"与"无"的统一体，反过来说，"有""无"合二为一，就是道。高延第说："道在平身，浑然无形，故无名。及以治天下，万物被其覆育，因以母称之，故有名。即二十五章可以为天下母，吾不知其名，字之曰道，是也。常无谓道在于己寂然不动，无为之始也，常有谓道被于感而遂通物应自然也。"即是说，道又是"无名"与"有名"的统一。又如，魏源引李贽的话说：

侯王不知致一之道，与庶人等，故不免以贵自高，高者必蹶下其基也，下则能贱矣。何则致一之理，庶人非贱，侯王非贵，侯王庶人，人但见其有贵有贱，有高有下，而不知其致之一也。夫贵高与贱下相反，而一之者何哉？盖所谓侯王者，亦人见之为侯王耳，若推其极致，则积众贱而成贵，分数之初，无贵之可言，积众下而成高，分

数之初无高之可言,如会众材而成车,分数之本,无车之可言,至于无贵贱高下之可言,则岂但以贱为本,下为基而已邪,盖并我而无之矣,无我则无物。无我无物则无高无下,无贵无贱。如此则高与下一也,贵与贱一也,彼与我一也,无往而不无,则无往而不一,然则人之见其相反者,道之动也,人所见其弱者,乃道之用也。盖动本于静,有本于无,不独车之体生于无,即天地万物之体亦生于无,无与有极反,故体道者亦与徇有者相反。徇有者强而体无者弱,不能体其无,虽欲守柔而不能也。故有我无我之间,此得一不得一之所由别也。

并引李嘉谟之语说:

故无味之味是为至味,终身甘之而不厌,希声之声,是为大音,终身听之而不烦,无象之象,是为大象,终身执以用之而无害。

这就是说,"道"是"贵"与"贱""高"与"下""动"与"静""有"与"无""实"与"虚""彼"与"我""至味"与"无味""大音"与"希声""大象"与"无象"等的统一。只有把握了这些统一,才能真正把握"道",才能以"道"之体,执"道"之用。

对立统一是在矛盾运动中存在的,世界是在不断运动变化的,因此,道也有其运动变化之规律。故高延第说:

日中则移,月满则亏,人事亦然,故曰,天之道。

反,谓反其本始,即动而复其初也,刚则折,锐则挫,故以柔弱为用,天地万物,极则思反,故静极则动,动极则静。大乱之世,民生疲剧,道之以清静得归于无为,是动而反静也,天下既治,人物蓄盛,智数萌生,有狡然思逞之志,是动生于静也。动生于静,即有生于无也。

消息盈虚自然之理,亦天道也,高则抑,下则举,有余则损,不足则与,事贵适中,过则为殃。是以圣人自奉俭约,劳一身以养万民,民安物阜,不以成功自足,盖以代天理。

至尊而以卑下自处,至德而以邪寡不穀为称,事若相反,实正埋也。凡篇中所谓致虚守静,曲则全,枉则直,洼则盈,敝则新,柔弱胜坚强,不益生则久生,无为则有为,不争莫与争,知不言,言不知,损而益,益而损,言相反而理相成,皆正言也。

这些话语的意思是说,"返"是自然之规律,也是道的运动规律。如"日中则移","月满则亏""静极则动,动极则静""消息盈虚""高则抑,下则举""有余则损,不足则与""曲则全,枉则直,洼则盈,敝则新""损而益,益而损"等,都是在遵循老子"反者道之动"的规律而运动,是"天理",是自然之运动。其结果是"言相反而理相成"。这个"返"是"反其本始,即动而复其初也"。对此,清阳子说:"故物或损之而益,或益之而损。""物理自然。""物不极不反,司杀者,天。"这些都说明"物极必反"是"自然之势""物理自然",即是自然之"道"。

(五)玄之又玄的神妙之道

道之"神妙"首先在于难以认识。高延第说:"道浑于无形,不事表暴,故欲观其深窈道化万物,各反其于其初,故欲观其彻归,两谓无与有也,列子曰:'有形生于无形。'故曰异名同出,玄,幽远也。有为本于无为,其道幽远,玄之又玄,即庄子深而又深,神而又神,赞道之词,犹云,无声无臭。门者,人所其由,喻道为万物所由生,万事所由出也。"其意是说,道因为"浑于无形,不事表暴",它"深而又深,神而又神",故难以认识。

滕云山说:"所过者化,所存者神。是谓要妙。""道者万物之奥,奥者深邃不可知,以譬道在万物之间。"这就是说,道为"万物之奥",故"深邃不可知"而难以认识。

德园子也说:"《阴符经》云:'人知其神而神,不知不神而神。神而神者,识神也。不神而神者,元神也。识神不灭,元神必不见也。'盖明白四达者,元神见也。无知者,识神灭而绝不复起也。《易》曰:'无思也,无为也。'寂然不动,感而遂通,天下之故,无知之旨,可以得其彷佛矣。"即是说,"道"之神与其他事物之神还有所不同,即"道"之神不在于"其神而神",而在于其"不神而神"。人要是主动地认识道的神秘,往往不能真正认识。即"识神不灭,元神必不见也"。因此,人要达到"无知""不思""无为"的境界,即要做到"不识之识",才能真正领略道之神妙。

明代文徵明 老子画像

道之"神妙"还在于它难以把握。江希张说:"道的神妙,不可说是无,也不可说是有,若以为无便是顽空,若以为有便着迹象,唯无而有,有而无之中,却有无象的象,混成的物,此象此物是个什么象,什么物,若实有所指,便失其

本体,但不说出又恐人不明白,今勉强说出,就是无极生太极时,其中浑浑沦沦的枢纽,虽名为象为物,仍为窈冥不测,而窈冥之中,却有真精,其精还有信可据,人若能体而用之,就能合道同其悠久,亘古今而不去。"即是说,道不可认为是"无",也不可以认为是"有",它存在于"无而有,有而无"之中,"浑浑沦沦""窈冥不测,而窈冥之中,却有真精",故难以把握。道虽为"常道",但道统御的天地万物却无曾停息。

滕云山说:"道在天地,无瞬息停留,故能贯通古今,偏彻万类。夫虚静恬淡,寂寞无为,天地之平而道法之至也,万物之本也。"这就是说,道本是虚无的,它的存在是以万物的存在为表象的,而万物各种各样,并且不停息地运动变化着,这是道之神妙之处,也是道之难以把握之处。

二、魏源《老子本义》之"道"

魏源所处的时代正是中华民族面临极度危机的时期,魏源从挽救危机、救亡图存的愿望出发,积极寻找救国救民的真理。魏源《老子本义》之"道",就是魏源认知的客观真理。

(一)真常虚无之道

在魏源看来,道是真实的,是不以人的意志为转移的客观存在,是不生不灭的永恒的存在。魏源说:"老子言道,必曰常,曰元,盖道无而已,真常者指其无之实,而元妙则赞其常之元也。"这就是说,老子之道是真常的客观存在,而这种真常的存在是以"虚无"的形式存在的。这种真常虚无的"道"是世上万事万物的根本,故魏源引吴澄的话说:"老子之意,盖以虚无为天地之所由以为天地者,庄子所谓建之以常无有也,以气化为万物之所得以为万物者,庄子所谓方之太一也,故其道其德以虚无自然为体,柔弱不盈为用。"这里指出了"道"就是"太一",它通过"气"来化生万物。故道就是世界万事万物的根本,或者说,世界上的万事万物都是由真常虚无之"道"产生的。

那么,这种真常虚无之"道"为什么能产生万事万物呢?魏源说:"以尘之至襟而无所不同,则于万物无所异矣。"这就是说,万物都是由细小的尘埃组成的,这种尘埃小到"至襟"的程度就等于是"无",即"道"了,只有到了"无"时,万物才是无区别的;相反,如果尘埃不小到"无"的程度,它就是具体的物了。而具体之物是不能产生万物的。因此，只有"无"之"道"才能产生世上的万事万物。正因为"道"的特性是"虚无"，所以要保守此"道"，就必须保守"虚无"。故魏源说："惟不以善自盈，则能安其敝而不求新成，斯则其能浊也，安以久也，如此则微妙元通之道斯可保矣，盖敦朴旷浑者浊之容，豫犹俨恪者安之容，皆以冲得之，以盈失之者也。"即是说，只有守"冲"、守"虚"、守事物之负面，才能保"道"。而"虚"又与"静"相关联。故魏源又说："静盖外物不入，则内心不出也，笃固也，学道而至于虚，虚而至极，则其守静也笃矣，惟知道者虚静之至，则见其所以作，与其所以芸芸，其所以作者，乃其所以复也，知作者之皆妄，而静者之为常，则执性命以命群物，常有而常无，常作而常静，知儿之谓明矣，何有妄作之凶乎。夫知非闻见测度之谓也，能浑一于物我之间，外无不容，而内无或私者，庶乎真知之矣，是故言其大则内圣而外王，言其化则合天而尽道。"这里不仅谈到了"虚"与"静"的必然联系："虚而至极，则其守静也笃矣"，即守虚则能守静，静之笃则虚至极。而且谈到了"静"与"作"的关系：静则不作，相反，不作则能静。"静者之为常"，而"常"即是"道"，说明"静"与"虚"一样都是"道"的代名词，守"静"，即守"道"，则必能"常有而常无""常作而常静""大则内圣而外王""化则合天而尽道"。

道虽虚无，但它不仅可以产生世上的万事万物，而且始终与万事万物联系在一起，统御着世界上的万事万物。这是其"真常"的具体表现。魏源引李嘉谟的话说："天地有合，以降甘露，而生万物，由是观之，天地虽判不必离，虽道散为物，物各有名，而道未尝弃物也，唯物不自弃于道，则其立于天地之间而不殆者，以道犹生之也，故人能知止于朴，则物不以道散而亏，道不以物生而散，犹川谷之气，未尝不通于江海，江海之气未尝不通于川谷，本与末未尝一日而不循环也。彼徇末而离本者乌足以知之。"这里说明了"道"与"物"彼此不可分割的关系，"道散为物"，是说明万物都是由道产生的。"物各有名，而道未尝弃物也，惟物不自弃于道，则其立于天地之间而不殆者"，说明道产生了万物后，仍统御着万物而没有离开万物。而万物也不能离开道而独存，只有不离开道，才能立于天地之间。

（二）无欲之道

魏源从"经世致用"的目的出发，将《老子本义》之"道"解释为"救世""经世致用"之"道"，并提出了"无欲为体，无为为用"的新观点。他说："治国之道，惟绝圣智巧利则无弊，所以言无为之用；修己之道，惟绝世俗末学则无忧，所以明无欲之体

也。"这里的"欲"即是自身的生理或心理需求,属于精神意志的范畴,也是指人的一种主观内在心态。"无欲",意即无人的主观意志的参与,也就是说,道是不以人的意志以为转移的客观存在。只要心中"无欲",才可体"道"。故魏源说:

　　无欲则妙之至者也,可名于小矣。惟其万物恃之以生,故皆归焉而不知主,则容之至者也,可名于大矣。夫既小而可名于大,既大而可名于小,则是不可名大名小也,此道所以隐于无名也。而圣人以无名体之,终不自大而大莫加焉,盖惟其可左可右,是以非小非大,惟其非小非大,故能成其大。

　　反本则无欲,无欲则致柔,故无为而无不为,以是读太古书,庶必哉,庶几哉。

　　无为之道,必自无欲也,诸子不能无欲,而第慕其无为,于是阴静坚忍,适以深其机而济其欲。庄周无欲矣,而不知其用之柔也,列子致柔矣,而不知无之不离乎有也。故庄、列离用以为体,而体非真体。申、韩、鬼谷、范蠡离体以为用,而用非其用,则盖返其本矣,本何也,即所谓宗与君也,于万物为母,于人为婴儿,于天下为百谷王,于世为太古,于用为雌、为下、为玄。

　　盖道以虚为体,以弱为用,无事乎实与强也,以虚弱为心志,而置强实于无用之地,则其心志常无知,无欲矣,无知无欲则无为。无为之为,民返于朴而不自知,夫安有不治哉。

　　"无欲"才能体道之妙,故魏源说"无欲妙之至也",即是说道的神妙不在于人怎样去发挥它的作用,而在于无任何人的参与,只有抛开人的欲望,道的神妙才能发挥到极致。"无欲"则反本,道之本是"虚无",无欲了,心中无任何意念,则真"虚无"了,道就自然而然地显现出来。而"无欲"才能"无为",才能归于自然,也就才能真正归于道。"无为"是道之用,只有"无欲"了,"无为"之用才能真正体现出来,道的作用也才能真正体现出来。这里魏源明确论述了"无为"与"无欲""有"与"无""体"与"用"之间的关系:要想"无为",必先"无欲",不能"无欲",则必不能"无为",且"无欲"与"用柔"相联系,仅知"无欲"而不能"用柔"同样不能"无为";另外,"有"不能离"无","用"不能离"体"。总之,"无欲"是道的根本特征。只有"无欲",才能返回"虚无"、返回自然,才能真正归于"道"。

　　魏源缘何把"无欲"作为推行"无为"的根本呢? 这是因为他所生活的嘉道年间,统治者更加贪得无厌,苛捐杂税层出不穷。统治者因嗜欲无穷而对人民进行的敲榨盘剥,造成民不聊生和各种社会动乱。所以要实现无为而治,就必须首先要求统治者做到"无欲",以便以"无欲"去克"己私"而行"无为"。同时,魏源所以强调

"无欲为体",也与其宣扬心力决定论相一致。心力作为一个哲学范畴,始于龚自珍。他说:"无心力者谓之庸人。报大仇,医大病,解大难,谋大事,学大道,皆以心之力。"总体来说,龚氏认为心力表现为人们强烈的内在意欲、愿望和追求,是一种不得不发之于外的内在推动力,它使人欲罢不能,不得不尔,由此产生一种不达目的不罢休的奋斗精神,并强调增强心力是当时头等重要的大事。魏源作为龚氏的同门,也宣扬"心力"说,魏源认为即使是匹夫,只要他确定起心志,假若他不愿意富,即使皇帝也不能使他富;他如愿意杀身成仁,即使上帝也不能使他长寿;可见人的意志力量之大,即使"天"也不能将其拘系。在这里,我们可以看出,魏源所说的"无欲"主要是针对统治者而言的,它所强调的是人要遵循客观规律而不可任凭主观意愿妄为,即魏源所说的"无欲"是客观之道的代名词,因而是根本。而他所说的"心力"则是指在"无欲"前提下即在尊重客观之道的前提下,人的主观努力。因此,魏源所说的"无欲"与"心力"之间的关系实质上是尊重客观规律与发挥人的主观能动性之间的关系。魏源将"无欲"与"心力"联系在一起,这反映了近代中国人的主体性觉醒,故他把"无欲"与"无为"视作体用关系,这应是适应时代的要求所做出的一种合理选择。

(三)对立统一之道

魏源认为"道"是贵与贱、高与下、有与无、动与静、实与虚、我与彼的矛盾统一体。他引李嘉谟之语说:"贵以贱为本,有以无为用,此其反也。盖极其致皆有生于无也,是未尝不一也,若不知一则必自异,自异则必绝物,侯王绝物,物亦绝之矣。"又引李贽的话说:"侯王不知致一之道,与庶人等,故不免以贵自高,高者必蹶下其基也,下则能贱矣。何则致一之理,庶人非贱,侯王非贵,侯王庶人,人但见其有贵有贱,有高有下,而不知其致之一也。夫贵高与贱下相反,而一之者何哉?盖所谓侯王者,亦人见之为侯王耳,若推其极致,则积众贱而成贵,分数之初,无贵之可言,积众下而成高,分数之初无高之可言,如会众材而成车,分数之本,无车之可言,至于无贵贱高下之可言,则岂但以贱为本,下为基而已邪,盖并我而无之矣,无我则无物,无我无物则无高无下,无贵无贱。如此则高与下一也。贵与贱一也。彼与我一也,无往而不无,则无往而不一,然则人之见其相反者,道之动也,人所见其弱者,乃道之用也。盖动本于静,有本于无,不独车之体生于无,即天地万物之体亦生于无,无与有极反,故体道者亦与徇有者相反。徇有者强而体无者弱,不能体其无,虽欲守柔而不能也。故有我无我之间，此得一不得一之所由别也。"并引李嘉谟之语说："故无味之味是为至味，终身甘之而不厌，希声之声，是为大音，终身听之而不烦，无象之象，是为大象，终身执以用之而无害。"这里魏源将"贵"与"贱""高"与"下""有"与"无""实"与"虚""彼"与"我""至味"与"无味""大音"与"希声""大象"与"无象"统一了起来，并认为"道"就是这样的一个矛盾统一体，且在这个统一平衡体中，其根本不是"贵""高""有""实""动""我"等，而是"贱""下""无""静""虚""彼"等。

那么在这个统一体中，老子为什么偏爱"贱""下""无""静""虚""彼"等的一方呢？魏源进一步说明道："老子曰：有之以为利，无之以为用。非不知有无之不可离，然以有之为利，天下知之，而无之为用，天下不知，故恒讬指于无名，藏用于不见，损之又损，以至于无为。"这里魏源说明了老子偏爱后者的原因是"以有之为利，天下知之，而无之为用，天下不知"。魏源还举例说明了"无之为用"的重要性，他引吴澄的话说："器以贮物，室以居人，车以载重致远，皆所以为天下利，利在有也，然车以转轴为用，器以容物为用，室以出入通明为用，皆在于空虚无碍之处，人之腹实而心虚，亦犹是也。"这里用"车""器""室""人"之"空虚"，说明了"无之为用"的重要性。"虚无"是"道"的特性，"无"又产生"有"，"无"中蕴含着"有"。故魏源引李嘉谟之语说："惟其真而不假，故不以有而存，不以无而亡。圣人之所以能观群有之始，而知群有之所由然，以其体于至无，故能观众有也。"这里则说明"道"是超乎"有""无"并包含着"有""无"的统一体。只有把握"至无"，才能观乎"有"。故善行者不行，善言者不言，善救者不救。为此，魏源引吴澄之语说："善行、善言、善计、善闭、善结、善救人、善救物，此七者，圣人不可名之善也，善人不善人，二者此常人两可名之善不善也，不彰其不可名之名者，是谓袭明；不分其两可名之名者，是谓要妙，盖善行者以不行为行，善言者以不言为言，善计善闭善结者以不用为用，则圣人之救物，亦不救为救。既以不救为救，则无救之之迹，帛若什袭掩蔽而众莫能知者，故曰袭明。"又引李贽之语说："自谓有法可以救人，是弃人也。圣人无救，是以善救。然则无关者善闭，无约者善结，无策者善计，无谪善言，无迹善行，可知矣。"这些都说明了在对立统一的双方中为什么要强调事物的反面并从其反面着手解决问题的道理。因为事物对立的双方是并存的，一方存在，则另一方必然存在。故强调了事物的反面，也就强调了事物的正面。而直接强调事物的正面往往过于显痕露迹，招致阻力，故不如强调事物反面那么隐蔽，那么高明。

（四）规律之道

魏源认为"反者道之动"是"道"运动的基本规律。他说："动极则静，上极必下，曜极必晦，诚如此，则无一物不归其本，无一日不有太古也，求吾本心于五千言而得，求五千言于吾本心而无不得，百变不离宗，又安事支离求之乎？"又引李嘉谟之语说："雄动而倡，雌静而处，动必归静，故为天下谿，白者欲其有知，黑者欲其无知，有知以无知为贵，故为天下式；然道之常岂有所谓雌雄白黑荣辱者哉，曰知曰守者谓常德也，道散而为德，以德自处，而必知所守，以复归于婴儿，无极与朴者，谓复归于真常也，真常者道也，是故朴散为器，圣人以道制器，犹不失于道，故用之为官长焉，以道制器，则器反为朴。"这里阐述了"道"的运动规律是"物极必反"，如"动极则静""上极必下""曜极必晦"等，而事物的运动方向则是归于"本""太古""静""黑""朴""真常"，即归于"道"。因此，魏源反对有违于"道"的行为，他说："大道好还，则以兵强天下，非知道者也，以道佐人主者尚不可，而况人主躬于道者乎？"

《道德经》书影

"物壮则老，此天道也，而违之者是不道矣，宜其暴兴者必早已也。"并引李嘉谟之语说："杀人之父，人亦杀其父，杀人之兄，人亦杀其兄，是谓好还，后幸而胜，其杀气之应地不能使之生，天不能使之和，则其不胜者可知矣。故善战者因其不得已，果于一决而不以取强，果者不久之谓也，内持不得已之心，而外为一战之决，故未尝矜未尝伐未尝骄未尝强，皆生于不得已也。若得已而不已，兵老而气衰，犹人壮之必老也，人之不道，尚犹不尽年而死，况于兵之老乎？"这里道出了这样一个道理：过"强"、过"壮"都不符合"道"的要求，因而必然要遭到"道"的惩罚。只有掌握了

"反者道之动"的规律,一遇过就自觉返于本原,才可避免犯错误,避免受惩罚。

正确认识"道"的规律,是认识"无为"之治的关键,也是我们正确行为的指南。魏源说:"其无为治天下,非治之而不治,乃不治以治之也。不贵难得之货,而非弃有用于地也,兵不得已用之,来尝不用兵也。去甚去奢去泰,非并常事去之也。治大国若烹小鲜,但不伤之,即所保全之也。以退为进,以胜为不美,以无用为用,孰谓无为不足治天下乎?""大抵相反而相为用,前章屡见皆此意也,阳之躁胜阴之寒,阴之静胜阳之热。清静正天下,以不胜胜之也。"这就告诉我们"无为之治"不是"不治",而是按照"道"的规律,"以不治为治""以不用为用""以不胜胜之","不治""不用""不胜"只是手段,而"治""用"及"胜"才是目的。那么,怎样才能真正实现按"道"的规律办事呢?魏源引吴澄之语说:"老子之道,以昧为明,以弱为强,而此章贵明强者何也,曰老子内非不明,外若昧耳,内非不强,外示弱耳,其昧其弱治外之药,其明其强守内之方,其实一事也。"这就是说,按"道"的规律办事,就是要以"昧"为"明",以"弱"为"强",但这里的"昧"与"弱"并非真的"不明""不强",而是要"内明"而"外昧""内强"而"外弱",或者说,以"昧""弱"的形式来表现"明""强"的实际。只有这样,才能处于有利的地位,故魏源说:"是故天下之刚强相倾相轧,而吾独以柔弱待之,及其大者伤,小者死,而吾以不校坐待其毙,圣人岂其意为此以胜物哉,知势之自然,而居其自然耳。故物之将欲如彼者,必其已尝如此者也,将然者未形,已然者可见,能据其已然而逆睹其将然,非微明不能。"

三、刘鼒和《新解老》之道

从郑沅为刘鼒和《新解老》所做的序言中可知,刘氏的《新解老》有着鲜明的时代特色。郑氏说:"予言佛而少珊喜言老,疑于各立门户,然论理至极处又未尝不同;予尝与西人哲学始终不离物理,不能入于第一义谛,少珊又深韪予言,故了于少珊注老以为古人未有及者,此非佞少珊而薄视古人。少珊所生之时为瀛海交通学术竞争之时,而身膺家国之变,感触于中国情不自已,故能本其特有之智慧,冥心孤往深造,自得如此,此所以超越于古人也。而少珊之学决不从西人哲学出,此又予之能知少珊之深也。老氏之言至于无而止,少珊之注亦至于无而止,此外不更溢一词焉,世有能解此意者乎,予敢为读少珊之书者之先导也。"从这段话里可以看出,刘鼒和是一个老学酷爱者,他"身膺家国之变",身处西方哲学传入中国之时,本着一颗炽热的爱国之心,发挥其"特有之智慧","冥心孤往深造",深得老氏"无"字之旨,并将西哲与《老子》之书对比研究,著《新解老》。此著有西方哲学之特点,却"决不从西人哲学出";有传统老学之特色,却将西哲之思想及浓郁的爱国热情寓于其中,其注解之新颖又"超越于古人"。可见,刘鼐和的《新解老》主要是从"哲学",即从本体论来注解《老子》的,也就是说,其《新解老》最核心的内容就是老子的道论。其主要内容如下:

(一)宇宙内最大原理之道

刘鼐和《新解老》之"新"首先表现在,刘氏第一次将《老子》之书冠以"哲学"之名。郑沅对此评论说:

《老子》之书,实吾国最古最高之一种哲学书也。往昔欧美学术未流入中国,哲学之名不立,哲学之理不宣,读是书者彷徨解释,莫得其指归,或混入于宗教,或牵入于政治,或拘孔子之儒学而溯及之,譬使离朱吃诟寻索玄珠,愈摸索愈远。

道家支分派别甚多,就余所记忆者举之有清谈无为说,有猖狂放肆说,有服食导引修炼神仙说,有烧丹炼汞说,有阴阳占验说,有符箓斋醮说,有房中说,其旁出则又有儒家问礼说,有法家刑名说,有兵家阴谋说,而皆出于老子,此老学所以为大宗也,然老子《道德经》本身确是最高之纯正哲学说。

这两段话的意思是说,虽然在欧美哲学传入中国之前,中国无"哲学"之名称,虽然老子之学说随时间的推移而分化成很多流派,它们"或混入于宗教,或牵入于政治,或拘孔子之儒学而溯及之",但《老子》之书本身却是中国最古最高最纯正之哲学。

那么,为什么说《老子》之书是哲学书呢?刘氏是根据西方哲学家对哲学的定义而得出的结论。他说:

哲学者何,即研究宇宙万事万物而求出一个最大共同原理之学也。昔欧洲哲学家有以水为万化之原者,有以气为万化之原者,有以火为万化之原者,有以数目为万化之原者,有以阿屯(即极细微之质点亦谓之原子)为万化之原者,有以生为万化之原者。其共同所求之目的无非推理准情欲于万物万事中,得一无所不包、无所不胜之妙理。吾国老子则既积柱下之史识,又享人间之上寿经验,推索冥思有会,乃发现一包括万物万事之最大原理,即无字为万化之原是也。此原理虽一,而分体用两层,盖天下无论何理,皆必有此两层,在己者则为本体,对他者则为应用。

易之言静动,中庸言大本达道,悉是此例。老子于万化之共同本体则认无字为其原理,于万化之共同应用则认无为二字为其原则,此则老子独得之秘奥,五千言之中心点,千方百面不离其宗者也。

这就是说,根据西哲的定义,哲学就是探求宇宙万事万物最大共同原理的学说,哲学的目标就是"推理准情欲于万物万事中,得一无所不包、无所不胜之妙理"。而老子发现了一个"包括万物万事之最大原理,即无字为万化之原"。老子"于万化之共同本体则认无字为其原理,于万化之共同应用则认无为二字为其原则,此则老子独得之秘奥"。而《老子》"五千言之中心点,千方百面不离其宗者也"也就是"无"字与"无为"二字,其中的"无"字也就是老子所说的"道",因此,老子之"道",也就是宇宙万事万物最大的共同原理。

刘氏关于这方面的论述很多,如他说:

道者即万事万物之最大原理是也。

《老子》此书最重常字,常也者,即通乎万物万事无穷无涯之谓。

盖大道者即宇宙万事万物之原理,本至普遍,至平常,无如民智自多,偏好造作。

此书原为研究宇宙大原理之哲学,非寻常伦纪政治可比。

老氏所言者,乃宇宙真原之哲理,非主持政治论也。

《老子》此书本非专言政治,即如人生修养清心之法。《老子》此书,实可通于万事万物之原理,治国修仙犹各得其一也。

老子此处仍是说宇宙大原理,如是而已,并不屑教人类以行权术也。足见天下事皆因我自有为著相,然后人始得就其所为之相而加以处置,使我本无为之相,斯自无可处置,又焉患挫败乎?微明,犹言宇宙精微消息也。

在这些论述中,刘鼐和反复强调了《老子》之书是以研究万事万物之最大原理为主要目的的,老子之道是研究万事万物最大原理的哲学,它包括了世间的一切事物及其学术,却不专管某种事物或学术。刘鼐和还对历史上老子之道的看法做了总结:老子之道包括治国之论和养生之论,但老子之道不是专言政治的政治学,也不是专言养生的养生学,而是包括世间的一切事物,探求宇宙间的最大原理的哲学。

(二)"无"之道

刘鼐和说:"老子于万化之共同本体则认'无'字为其原理,于万化之共同应用则认'无为'二字为其原则。"老子之"道"就是关于世界本体的最高哲学范畴，而刘氏称"无"字为万化之共同本体，即是说，"无"就是"道"。而"无为"则是"道"的应用。"道"的一个基本特征就是自然，而自然也就是"无"与"无为"。刘鼐和说：

> 自然者何，无也，无为也。

> 道即是无。

> 因一切皆以无视之也。

> 盖宇宙间只有空无，乃能为无穷，若有人有意为多言，虽至甚多，亦不能无尽，则势必屡有穷时。

> 盖道本出于帝之先，（上帝）帝之先本不知谁何之境也。

> 万事万物之形状无一物一时不受道之管领。盖道本无物，因物出现而各成其状，自古及今，万物有变，此道不变，故不可名之，终不能去，亦如佛家虚空不毁之说。

> 故天下万事万物虽利用于有，仍必实资于无。

这就很明白地告诉我们，道就是"自然"，就是"无"。一切事物都是由"无"生成的，因此，"因一切皆以无视之也"。而且也只有"无"能无穷无尽，永不改变，不毁不灭而永恒存在，而成为统领世间万物之主。因而，只有"无"能成为万事万物的本体。"道"在帝之先，也就是说，"道"在万有之前就已存在，而"万有之前"即是"无"，也就是说，道就是"无"。这就是为什么"道"能够成为宇宙万事万物最大原理的原因。

"无"之道的具体表现是"无为"。刘鼐和说："道之为物，本具二理，一为道之本体即此书所谓无也。一为道之作用，即此书所谓无为也。"即是说，道之体表现为"无"，而道之作用则表现为"无为"。而要守"无"之道，则须有"无为"之心。刘鼐和说："圣人无常心尤无成见也，以百姓之心为心，即应物而动也。故《中庸》曰：如保赤子心，诚求之虽不中不远矣。即是以赤子之心为心也。"即要守"无"守"道"，就要有像赤子一样的心，无知、无欲、无为。

（三）阴面之道

刘鼐和老子之道的一个突出的特点，就是认为老子之道是对人们通常思想的反动。一般来说，人们想问题总是朝"正面"想得多，而老子则反其道而行之，往往从"反面"或"阴面"着手，并且有其总的指导原则，那就是老子之"道"。在刘鼐和

的《新解老》里,有许多关于"阴面之道"的论述。如刘鼎和说:"道者,宇宙万物之阴面。""啬者,消极行为也。是啬德者,有国之母也。"这里的"阴面""消极"等,一般为人们所不居,而道所贵者正是人们所不居的反面,故这里称它为"阴面之道"。

刘鼎和在其《新解老》里将老子之"无为"论与达尔文的进化论相比较,认为老子之无为论不仅符合达尔文的进化论,而且还胜过达尔文的进化论。老子的无为进化是在"无"统领下进行的,是"无"之道的运用,也是"阴面"之道的运用。刘氏认为:

> 达氏认竞争,老氏亦认竞争,达氏认积极竞争为积极,老氏则认消极竞争为最大之积极。

> 积极竞争只能胜消极者,一旦倘遇更能积极竞争者,则挫败矣。不若以消极竞争遇消极者,固彼我相忘,即令遇何等积极者我亦早自不以竞争为念,无所谓相形见绌,即无所谓挫败也。

> 有为之竞争有胜,有不胜,无为之竞争则无所不胜。

这里刘氏将老子之"无为"进化与达氏之天演进化进行了较为深刻的比较,它们的共同点是:两者都赞同"自然进化"与"竞争"。它们的不同点有二:一是老子的进化是无为之进化,是虚静中之进化,因而无期;而达氏的进化是实有之进化,是动中之进化,因而有期。因此,老氏之无为进化涵盖了达氏的进化。故刘氏说"达氏之言不足兼充老氏之言,而老氏之言则可包含达氏之言"。二是老子之竞争是认消极竞争为积极;达氏之竞争认积极竞争为积极,而积极竞争终究要遇到更为积极者,且竞争的积极性是有限的,故有胜亦有败;而消极竞争本已将自己置于无竞争对手的境地,即不与任何人相争,故终无败。"无"是"有"的阴面,"消极"则是"积极"的阴面,老子之道的优长就在于它的"阴面"。由此可见,刘氏特别强调"阴面之道"。

综上所述,刘鼎和《新解老》之"道",是宇宙间最大之原理,是中西本体论的结合,也是对前代老学之道的总结。

四、江希张《道德经白话解说》之道

江希张在《道德经白话解说》中的解老方法及其中的道论也都有自己的特色,很值得注意。

(一)江希张解老的新方法

张知睿在为江希张的《道德经白话解说》所做的序文中说：

呜呼！江神童可谓精于孔并精于老矣,精于老并善于解老者矣,惟其善于解孔,故能善于解老,惟其以孔解老,而不以汉唐以来之老解老,并不以关尹庄列之老解老,此其识解卓越,可谓老子以后独得其真者矣,自有此解而老子之真精神遂现全幅于世界,吾知此后万国人人心目中将必有一老子之印象,皓然须眉当乎其前,以开大同之先导,而全球万国将必共度有同一道德之日。

在这里张氏认为江希张解老的方法具有独特性,即他不是"以汉唐以来之老解老",也不是"以关尹庄列之老以老",而是"以孔解老",这就将《老子》这部上古哲学著作置于中国最深厚的文化底蕴中,即以儒家为主导的文化底蕴中来进行解读,并将其置于与孔子同时代的历史背景下,即在春秋战国时代战乱频繁,社会要求国家统一,人民渴望能建立一个大同的太平世界的历史背景下来进行解读。而这种背景则与近代中国遭受帝国主义的侵略极为相似,因此这种解老的方法,暗示了《老子》的现实意义。

那么,江希张《道德经白话解说》的核心内容是什么呢？张知睿称赞"江神童"说：

观以天而不杂以人,察以神而不搀以意,以己之心印孔之心,以孔之心印老之心,遂能执孔子从心之矩,量老子无名之朴,剔然中开天度,毕悉片片之光,凝为紫气。盖霭霭之气结为玉局,上达碧落,下透虞渊,大周六合,细入微尘青牛,气回处处函关,飞龙行空人人天国,辟宇宙未辟之天地,开世界未开之大同。

这就是说,江神童本着老子清静自然之心态,去心之杂念,去己之私意,将自己置身于孔、老之时代,用自己对其时代脉搏的把握去体会孔子当时心愿,再去感受孔子对老子之心的理解,如此就能真正理解《老子》之宗旨,才能"执孔子从心之矩,量老子无名之朴",正确解读《老子》。这里的"无名之朴"即老子之道,江氏解老的目的,就是要用这"无名之朴"去"开世界未开之大同"。

(二)先于物质之道

江氏认为,道不是精神的,也不是物质的,而是先于物质与精神的,或者说是超物质与精神的。在道与物质的关系上,道德在先,物质在后,道德决定物质。他说：

道德彰,天下自然太平,不教人以道德,先教人以技能,则技能助人情欲,而道德坏,道德坏,天下自然要乱,这是近数百年来天下变乱的病源。

今日世界变乱到极点,敢请大器学家,造个机器出来救一救。虽然这兵祸也不是物质家的过错,假使当日道德合物质并行,今日何至有此奇祸?……不知我道学不惟可以救中国的贫弱,并能救欧美的祸变,这不是空言所能的,必造成一神妙不测的道器,才能抵制兵战的凶器。

有道德的人,技能择人而授,不肯轻传,像达摩的拳术,道家的剑法皆是,岂是

老子出关图

吝教,岂是不愿欲人有技能,盖预防后患,不得不小心。所以《大学》说:物有本末,事有终始,知所先后,则近道矣……先将民的道德培养好了,然后才教民技能。

这里江氏将"道德"与"技能"等创造"物质"的"器学"进行了比较,认为,道德是本,物质是末,道德决定物质,以"道"来统御物质,物质是给人带来幸福的财富,不以"道"统御物质,则物质就会给人类带来灾难。他认为,"器学"只能对社会的发展起局部作用,且有正面的积极作用,也有负面的消极作用;而"道德"则是对社会发展起根本作用的东西,只有道德才能把握社会发展的总方向,才能将社会引入正途。当然,江氏也不是不重视"技能"的发展,而是强调"先将民的道德培养好了,然后才教民技能",强调"道德合物质并行"。

(三)至虚而至实之道

江希张认为,道是至虚而至实的,他说:

老子的话,虽说从先天虚无上说,却至虚而至实,至无而至有,有体有用,有本有末,不是虚无的没有用处。就像这一章,说真常的道不可言说,道是强假定的名词,道既然不可言说,名也不可以强名,是虚无的了,然有不可言说的道才生出可言说的一切道来,有不可标记的名,才生出可标记的一切名来,为天地的始,为万物的母。是虚无却不虚无,虽说不虚无,所以生天地万物的道,也看不见,听不见,仍是有而不有,有仍于归无,所以说有无二者同出而异名。

道虽然至虚至无,发为冲和的气,却有作用,弥漫六合以内,没有或者不充满

的,极深大不能窥测,似乎为万物的宗主,挫折英锐争胜的气,解脱烦扰杂乱的心,不现自己的光辉,混同世人的尘俗,湛然清虚一点也无所存,却似乎或者有所存。

虚空中真神不死,是为真空妙用,真空妙有的门户是为天地的根源,人要还本返源,必得(绵绵)然像有所存,存而不存,其作用也不勤忙,用而不用。

道的为物甚妙,恍恍惚惚的不可以见,虽不可见,然恍惚之中却有象,恍惚之中却有物,窈冥不测之中却有精,其精甚是真,其中有信可据,这道自古及今,他的名没有去,以阅历天地万物,我何以知道天地万物从道所出呢?因为道恍惚幽冥不可变灭。

这几段话的意思是说,老子之道,说它是"虚",它却有"实"的一面;这种"实"的一面表现在:"然有不可言说的道才生出可言说的一切道来,有不可标记的名,才生出可标记的一切名来,为天地的始,为万物的母。是虚无却不虚无";"发为冲和的气,却有作用,弥漫六合以内,没有或者不充满的,极深大不能窥测,似乎为万物的宗主";"真空妙有的门户是为天地的根源"。"虽不可见,然恍惚之中却有象,恍惚之中却有物,窈冥不测之中却有精,其精甚是真,其中有信可据"等。也就是说,说它是"虚",它却"能弥漫六合",它为天地的根源,万物的宗主,"为天地始,为万物母",故是"虚无却不虚无";说它是"实",它却有"至虚"的一面。表现在"道既然不可言说,名也不可以强名,是虚无的了";"虽说不虚无,所以生天地万物的道,也看不见,听不见,仍是有而不有,有仍于归无"。也就是说,说它是"实",它却看不见,听不见,"不现自己的光辉","湛然清虚一点也无所存",故它是"有而不有""存而不存"。可见,道是至虚与至实、至无与至有的统一体。

(四)最具凝聚力能战胜一切的道

江氏认为,用"道"可以营造最强大的最富有生命力的"道器",他说:

于是从《论语》上得来孔子七十岁用的矩,子游在琥城使的牛刀,又从佛经得来妙观察智成所作智的法则,然后用佛法观察天下的形式,看准了天运正午,地气已开,用孔子的矩,量老子无名的朴,量准了这朴,虽浑然一体,前人就像用化学的法子已化分开,成了两大部分,八十一块……其形式前半部,酷肖老子所骑变化飞腾的青牛,后半部有似孔子坐的中庸上所说的同轨的车;前半部主运行,牛力极大,凡日月所照,露霜所坠,舟车所至,人力所通,有血气的地方皆能到,后半部主装载,车中空间极宽阔,凡《诗》《书》《易》《礼》《春秋》《孝经》《论语》《中庸》《孟子》,圣

贤的一切经传皆能载着，又格外加上了点诸子百家，二十四史，以备参考。惟小子因时势的关系，于万卷书中，抛弃了小康的糟粕，腾写出大同的精华，自然国安民乐，真好宝器。小子不忍全球变乱，窃取了来，强造成道器以救时，用完了仍还原质，将无名的朴归还老子，是不敢久假不归的，还要昭大信呢？

从这段话里可以看出，江氏的新"道器"是以道家无名之朴为骨架，以儒家、佛家及其他诸子百家学说为血肉而造就出来的新型巨人，此巨人吸收了中国两千余年来的文化精华，因而具有超凡的力量而能担当起拯救世界变乱的重任。

江氏又说：

我想万物皆是上帝生的，慈爱民物，必莫有过于上帝的。且说这一章上也说，天将救之，以慈卫之。但上帝在天上，人没有见，窃想代表上帝，与上帝同一慈悲的唯有五大教主，像孔子老安少怀，仁民爱物；老子尚道德，以慈为宝；释迦佛入地狱救众生；耶稣舍身为众生赎罪；回祖说主是行慈行恕的，皆是大慈大悲，于是就本五大教主的宗旨，将各教的经典选了几句，合起来发挥发挥，著成息战一编，以为挽救战杀，昌明道德的先导，又要将各教重要的经典，详细解释，以作道德进化的路程……萃聚起古今中外一切圣师仙佛的大慈大悲力，再归宿于上帝，求上帝的慈悲力，荟萃起一切慈悲力，以消弭杀气，必能闭杀运，开生运，使世界和平。

江氏这段话之意是说，他的"道器"不仅仅要在"上帝"即"道"的领导下，吸收中国传统文化的精华，还要吸收世界五大教的精华，萃聚起古今中外一切圣师仙佛的大慈大悲力，从而使之起到"消弭杀气"，"闭杀运，开生运，使世界和平"的作用。这表明"道"有着强大的凝聚力，它不仅可以聚集中国两千多年来的文化精华，还可以聚集全人类一切之精华，铸造成无所不能之"道器"，以制止战乱，维护世界和平。

第二节 老学的修身养生思想

一、老学修身养生思想概述

（一）修道修德是修身养生的根本

老学研究者认为，修身养生的根本是道德，故极为重视修道修德。滕云山说："修道之士要明道德双修。道无德不立，德无道不成。世人无无德之真人，无无道之仙佛。道为尊，德为贵。老子谓：'吾有三宝，曰慈，曰俭，曰不敢为天下先。'此皆修德之实证也。"即是说，道、德必须双修，而修德尤为重要，因为"德"是"道"的具体表现，"道无德不立，德无道不成"。而道是宇宙一切事物的根本，自然也就是修身养生的根本，因而修身养生要修道，也要修德。修德的主要内容是：慈、俭、不敢为天下先。

高延第说：

慈者不毁伤，俭者不攘夺，不为先者不为福，先不为，福始长，谓君长至柔，驰骋至刚，故能勇，知足常足，故能广，善下而不争，故能为群长，世人无道德，但以勇先自处，与乱世争权，取死之道也。

唯道德可以遂其生，助为万物所托命，道德所以尊贵，以其为无为之事，行不言之教，不待教令，同返于自然，上不任功，下不归德，故其德尤为深远。

道德本以善身，亦可以善世，愈推愈广，所及者大所以然者。天下虽大，人之所积也，人各有身，身各有道，以我视人，递相感发，自然之势也，修之天下亦若是耳。

高氏之意是说，有了"慈"就不会伤害他人他物，因而自己也不会因此而受伤；有了"俭"就不会靠掠夺他人为生，而自己也会富足；有了"不为先"就会懂得"知足常足"的道理，就不会与他人争权争利。有了这些品德也就有了"道"的品德，就"可以遂其生，助为万物所托命"。这样的品德才会"深远"。人修有这样的品德，则既可治世，又可善身，且"愈推愈广，所及者大所以然者"。无道德而纵盲目之

"勇",则是"取死之道"。

清阳子在其德经第九章解释《老子》"道生之,德畜之,物形之,势成之,是以万物莫不尊道而贵德"之句说:"此其所以无死之故。"在解释"治人事天莫若啬,夫惟啬是谓早服,早服谓之重积德,重积德则无不克,无不克则莫知其极,莫知其极,可以有国,有国之母,可以长久"时说:"此言养身之要,有国即有身,尤贵得其母。"清阳子认为,万物之所以能够得以长生而"无死",就是因为万物"莫不尊道而贵德",人要想修得长生不死,就必须效法万物,也"尊道而贵德",而"啬",即"简朴"为"道"之内涵,因此,复归简朴之道,则是积德。积此之德,是修身之要,也是治国之要,有此道与德,则治国"可以长久",养生则可"长生久视"。

"道德"对每个人都是一样的,任何人修得了道德,就会得到道德的佑护。滕云山说:"天道无亲,常与善人,且施而不取,我既善矣,人不与而天必与之,所谓自天佑之。"又说:"做人能处谦下不争之德,故无往而不善。"即是说,天道没有偏私,它不会亲近一些人而疏远另外一些人,它对世上的每一个人都是

老子入关瓷像

同等对待的,无论是谁只要他具有好的德性,就会得到天道的护佑与赞助。即"天道无亲,常与善人"。得道得德之人,就是"善人",善人则必受天之保佑。做人最重要的品德就"谦下不争",有了这种品德,则足可称为善人。

高延第说:"处世而不入世,故不为世法所累,道之所以为贵也。夫人之处世,不得亲利贵易,不得疏害贱难,庄子曰:知道者必达于理,达于理者必明于权,明于权者不以物害己,察于安危,谨于去就,天在内,人在外云云,此即老庄全生衰世之法。"这就是说,有道有德之人就不会为世俗的名利所累,就不会"亲利贵易""疏害贱难",而这些就是得道之人应有的品德。懂得道德重要性的人,就会权衡道德与名利的分量,重道德而轻名利,就会"不以物害己",就能"全生"。

老学研究者认为,修道德的主要内容就是修自然无为之道德。滕云山说:"凡

学道之人,一言一动,总合乎自然,不失其中正之义。"滕氏之意是说,自然无为之道是宇宙运行之规律,无时无地不存在于我们的周围,修道就是要修"自然""中正"之道,使自己的言行无时无地不符合自然之道。

江希张说:"圣人顺天地自然,天地也不是有心生物杀物,原来天地间的道理,是一往一来,循环无穷的,天地无心运用,生物也不是爱物,杀物也不是恶物,只是栽者培、倾者覆,听万物的自然。天地若有心爱物,生而不杀,气化便有穷尽了。所以人必要打破一切名色名言,虚心守中,超乎天地以外,才不为气数所颠倒,随着循环往来。"即是说,道之自然就像天地生物杀物一样,"只是栽者培、倾者覆,听万物的自然",而"无心运用"。人要修自然之道就要"打破一切名色名言,虚心守中,超乎天地以外",而"不为气数所颠倒,随着循环往来"。

德园子说:"圣人治心之学也。无知则识灭而心虚,无欲则漏尽而腹实,言此虚心实腹之道,贵乎自然,非可用智,能不用智,则无不治。"即要修自然之道,就要抛弃人的主观妄为,从而做到"心虚",也就是要"无知""无欲"而"不用智",以顺应自然。

要修自然之道还要修清静之道。故滕云山又说:"修道之人,莫若守朴为真,吾人能见素抱朴,是谓真静矣。真静就是无为。何谓无为,以其能过度真静,而心不为万物之所累其真,不以欲念扰其神,则物为外事,道为内真。"其意是说,清静即"朴"与"素",要修自然之道,还要"见素抱朴",守真清静。只有修炼成清静之道,才能真正做到"无为",做到"心不为万物之所累其真,不以欲念扰其神",才能存"内真",显"无生之本来面目",才能成为修身之"式范"。

(二)修心养性,心性合一

在老学的修身养生思想中,修"性"即心神的修炼,是其中的重要内容。它要求修炼者达到一种"心性合一"的境界。性者,道也。道贵清静自然无为,修心养性亦须与自然同体。滕云山说:"不勤者,无心而行,无心而作,纯任自然。""不思善,不思恶,就是吾人之本来面目,即如赤子之心是也。"滕氏的这些议论的大意是:"心为一身之主",要修身首先要修心。修心之要在于"休心""无心",只有"无心而作",才能"纯任自然",恢复"吾人之本来面目"之"本心",即如赤子之心,完全不受世俗的影响,从而使心与"性"合一。

高延第也说:"不自生即庄子所云:常因其自然而不益生也。盖世人于养生,非

无故而贼之，即有心而益之，其为伤生一也，圣人不为物先而物亦莫能先之，不益其生而反可以长生，所以然者，皆顺其自然，不以私意造作于其间，而性命之情反得其正，故能成其私。"高氏其意是说，养生非"有心"能益之，有心益之，反"伤生"，"不益其生而反可以长生"。人如果"无心"养己而害物，则物亦不得而害我，则可长生。可见，高氏的修心方法亦是使心纯任自然，而与性合一。

江希张则说："赤子心和气柔，厚德之象，和气感招，龙降虎伏。且说赤子无私无欲，元气不泄，所以能生生不息。凡物生气发泄于外，虽能畅茂，然盛极必衰，衰老而死。"江氏之意是说，人如果能做到如赤子一样，无知无欲，即做到"无心"，则"元气不泄"，就能"生生不息"。而要真正做到"无心"，就要无意识地看待世间的一切，真正做到"纯任自然"，心中无"善"亦无"恶"，无"是"亦无"非"。江希张还说："求道的时候，才可以去了知见名象，独存元理，去了再去，归到虚无，由虚无再生出妙有，无所知而无所不知，无所能而无所不能，就是天下之大，也可以谈笑揖让就取了来，不用行一不义，杀一无罪。"即是说，修身养生要做到"无心"，就要在心里将世间一切"名象"都去掉，使"心"达到"虚无"而"独存元理"。

要达到"心性合一"就必须"去欲"，达到一种"忘我"的境界。清阳子说："啬者，自惜之谓，惜其精神，乃以长久。""不欲反其本真，不学因其固有。"这里"啬"就是"少欲""不欲"之意，"本真"即"性"或"道"。清阳子所讲的，啬"乃以长久""不欲反其本真"，其意思是说"不欲"则能养"性"，则可以长生。

德园子说："《清静经》云：内观其心，心无其心。外观其形，形无其形。远观其物，物无其物。三者既悟，惟见为空。观空亦空，空无所空。所空既无，无无亦无。无无既无，湛然常寂。寂无所寂，欲岂能生。欲既不生，即是真静。盖即后世道家炼己之功也。又云：真常应物，真常得性，此去得性，佛云见性，即食母也。"德园子之意是说，"无欲"需要"清静"，反过来，清静了，欲望才能不生。最根本的一点就在于"心空"，"心空"则一切皆无，"性"就会自见。即只有真正做到"无心"，才可见"真性"。

"知足"才能"去欲"。滕云山说："古人云：若厌于心，何日而足，以贪得不止，终无足时。惟知足之足，无不知矣，故常足。"②其意思是说，不知足就会贪求不止，就不能"去欲"，"知足"才能"去欲"。

德园子说："所谓知足，是恐人之不能守静致虚，或将或迎，而有害于自然交泰之道也。佛云：过去心不可得，现在心不可得，未来心不可得。可欲者，过去之追思。欲得者,未来之期望。不知足者,则现在耽耽之视,逐逐之欲也。参学人其慎,以此罪此祸此咎为戒哉。"也就是说,"知足"就是保持现有的自然交泰状态,就是守住现存的一种虚静状态。而"不知足"就是"现在耽耽之视,逐逐之欲",故不能"去欲"。

清阳子也说:"罪莫大于可欲,祸莫大于不知足,咎莫大于欲得,故知足之足,常足。""不欲之欲自然常足。"此"申言多欲之害"。这就是说,"不知足"必"可欲",必遭祸害。"知足"才能"不欲","不欲"才能"常足"。

"无欲"以至于"忘我"才能真正修性养生。清阳子说:"后其身、外其身皆虚中之义,虚中自久。""人之有患,皆以有身。"②即是说,人如果有心顾及自身,就不能真正使人与他物一样合于自然,因而就不能使人与性合一,也就不能长存。

德园子说:"《大通经》云:对境忘境,不沈于六贼之魔;居尘出尘,不落于万缘之化。此后其身外其身之说也。无私者,道也。私者,身也。谓以道修身,以身合道也。"其意是说,"后其身外其身",即"无身"之意,"无身"才能合"道",合"道"才可修身,"无身"反而可以"修身""长生"。

滕云山说:"世人营营为一身之谋,欲作千秋之计者,身死而名灭,是虽私,不能成其私,何长久之有? 惟天地能长而且久者,以其不自私其生,故能长生。谓圣人亦能长生,以圣人效天地而行。圣人不爱身丧道,故身死而道存,道存则千古如生。"这里"营营为一身",即专顾自身,也就是"有身",其结果是反而害生,不能长久;相反,"不自私其生",即"无身",反而能"长生"。

当然,老学所倡导的"无欲""无身",并非杜绝任何需求,也不是不要自身的生存;相反,它是以"无欲""无身"为手段来达到人的最大需求,来求得人身长久存在。因此,这里的"无欲""无身"是反对不顺应自然的"欲望"与"专顾自身"。

(三)精旺气足,延年益寿

老学研究者认为,"气"是万物之母,也为人生之母,只有保持此母气,人方可长生。对此,滕云山有大量的阐述,他说:

无,指性,有,指身,性为生身之始,心为一身之主,气为生物之母。未修心,先养气,气得所养,则神凝气结,而妙道存焉。

气为生物之母,天地从此大气而生。

人人禀此大道而有生,处此形骸之中,直以天地造化同流,混融而为一,气之所

化也。

当游心于淡,合气于漠,此是修己之道,顺物自然而无容私焉,此是变化治人之道。

一个人精气神强旺充足,则智慧光明,无物不烛,了了自知,故曰用其光,复归其明。老子谓世人能够照此而修,依此而行,不但身体强健而无疾病,并无灾劫,以染着其身心,故曰,无遗身殃。

动则气散,气散则精竭,精竭则形枯。

老子教人,知其神不难,守其气最难。

孔子云:血气未定,戒之在色,血气方刚,戒之在斗。但凡处世做人,过于刚强者,多不得其善终。

从"心为一身之主,气为生物之母。未修心,先养气,气得所养,则神凝气结"之句中可知养气的重要,"气为生物之母",即是说,世间的一切事物都是由"气"所化生的,人为万物之一,当然也是由气所化生的。有气则生,无气则死。故滕云山说,"动则气散,气散则精竭,精竭则形枯。"强调"未修心,先养气"。而养"气"要遵"道"而顺自然,一个人气得所养,精气旺足,则会身体强健,并无灾劫。养生的困难就在于守护先天之气,气贵在"柔","刚"则气散而"不得其善终"。"气"得所养,"气"得所结,人与"天地造化同流",则可长生。

胡薇元也说:"必专一精气不可须臾离,魂静则志宁,魂安斯延年,故致柔而神固,如婴儿之内无思虑目无纷视,则罕疾。"即养气"不可须臾离",要顺自然无为之道,如"婴儿之内无思虑,目无纷视",如此则魂魄安宁而精气不离,则无疾病而可养生长生。

(四)性命双修,神气合一

关于性命双修,滕云山也有许多论述,他说:

性者,神也。命者,气也。

能存养自然之气,而致于至柔之和,能如婴儿之无欲乎,则物全而性得矣。神凝气结,天和将至。能涤除一切邪饰,至干极净,而不为万物所污染乎,则与元同也。

神气调和,应事接物,一片柔和,故曰为天下式。

人之所以有生者,赖其神气精耳。此三者,苟得其养如赤子,则自不被外物所伤矣。老子教人养之之方，先养其气，气得所养，则心平气和，真常之性自复矣。

智能向外，必损神气，不若守内，而自知自闻耳。凡有力胜人者，必遇敌，然欲之伐性，殆非敌国可比也。不如克己而自胜，可谓真强。但凡知足之人，必富于心性之学，凡有志行道之人，其志必坚强。故曰知足者富，强行者有志。但凡学道之人，肯勤守其虚灵不昧之灵窍，久之则神凝气结，同于大道，以其气不失其所者久。

所谓"性命双修"，就是既修好性又要修好命，或者说是既要修好神又要修好气。滕氏这里的"气"，是"自然之气"，是"至柔至和之气"，是如同赤子所有之"气"，即是"先天之气"，故修命就是要将"凡气"炼成"先天之气"，炼得此"气"，则"真常之性自复"。而要炼得神气相合，就要完全抛弃人的主观智识，"守其虚灵不昧之灵窍"，使"心性"与"气"都同于大道，如此，则气不失而人能长生。从上面的论述可以看出，滕云山所说的"性命双修"是先修"命"，再修"性"。

"性命双修"的另一种表现形式是先修"性"，后修"命"。高延第说："凡人所生者，神也，所托者，形也。神太用，则竭形，太劳，则敝形。神离则死，故圣人重之。

老子的养生保健观

不先定其神，而曰我有以治天下，何由哉。"这里"形"亦指"命"，故性命双修亦即神形双修，而要"先定其神"，即要先修"性"。因为"神太用，则竭形"，"神离则死"。

德园子说："《悟真篇》云：黑中有白为丹母，雄里怀雌是圣胎，所以演经旨者也。婴儿者，圣胎成也。无极者，是从了命之后重复了性，而神返乎虚也。盖性命之学,先修性,后修命,既了命,复了性,如此而已矣。"这里,德园子则明确提出了"先修性,后修命"的思想。修好了"性",然后才可以修命。德园子又说:"安、平、太者,性功既成之候,已入无量,义处三昧,身心不动矣。性功既成,乃可修命,故下文即示修命之奥,亦如世尊,是时从三昧安详而起,宣示法华矣。"即达到"安、平、太"之时,才算养好了"性",而"性功既成,乃可修命"。

无论是先修"命",后修"性",还是先修"性",后修"命",其目的都在于"神气合一",或"性命合一"。故滕云山说:"守中和之气,神气相和,则神凝气聚,以道合一。""未修心,先养气,气得所养,则凝神聚气,以道合一。""道家所谓性去投情,如鸡之孵卵,凝神入气穴,须要性定心诚,神气相合,守之以一,故曰为天下豁。"即是说,"性命双修"就是要修得"神气相合",使"神""气"与道合一。

德园子也说:"知者,知所行。行者,行所知。知行合一,性命双修之道也。古人谓性命二字,如玉连环分拆不开,所以知不离行,故易知。行不离知,故易行。大易之易知简能,孟子之良知良能,皆所以指示性命之渊微者也。人能悟得知行合一,则虽一言一事,无不宗其宗,而真宗弗离。无不君其君,而天君弗挠。先儒所谓体用一源,显微无间。禅宗所谓这边那边,应用不缺是也。此不过返诸性命之本然,故无知无为,不言无为者,言无知而无为在其中矣。"其意是说,"性命二字"不可分开,只有达到"性命合一",才能"返诸性命之本然",才能真正地修身养性,长生久视。

二、李涵虚《道德经注释》中的养生思想

李涵虚的《道德经注释》一文中的一个突出的主旨,就是以道教内丹学理论去解释老子《道德经》中养生思想,主要内容如下:

(一)返璞归真,逆以成丹

李涵虚认为修养之要在于返回先天之真朴,即返归于"道"。他说:"先天之真皆美善耳,至染于后天之人欲,乃有此恶与不善者焉,然不可不去其人欲,而求其天真也。"这就是说,先天时是没有恶与不善的,只因后天有了人欲,才有了恶与不善。修养就是要除去人欲而求先天之真。

李涵虚又说:"修身人委置元神于空器之中,则得其道,既得其道,当居间静无

事之所,谨慎而不失其道,俟空器之生物,而吾又待其返本也,故一往一来而生变化神明焉,知此则返之道备矣。"这就是说,修身就是要"委置元神于空器之中",就是要"返本"或称"返道"。

李涵虚还说:"顺,成人荣事也,逆,成仙辱事也,然人当知成人之荣而守成仙之辱。守辱之学,绝学也。虚心养气有如天下之空谷,能为天下之空谷,则致虚守静之常德乃能足也。常道既足,乃复归于浑朴,而返本还元矣。浑朴之真,散见而生万物,芸芸之盛皆可取其材而制为器,圣人欲用其器则为官,阴阳长庶,柔而保合之以归抱一焉,故大制天下者,不尚分割也。"这里,李涵虚汲取了宋初道士陈抟"顺以生人","逆以成丹"的内丹理论,"逆"为"返还"之意,也就是指"返本还元""复归于浑朴",故"逆"能与道合,而结圣胎,即成丹。"逆"又是"顺"的反面,其实质是"阴面""负面"之意,故被称为"辱事"。

(二)任自然,修无为

修养就是要返归于"道",而道又为自然无为之道,故修养必须修自然无为之道。李涵虚说:

其极妙者,莫如信。信,属土也。金丹始终纯以意土妙用,要旨皆自然而然也。富哉言乎,可以治世,可以治身也。

天下皆身中也,先天之道,以自然无为而成。

修德行道均皆自然,乃能与道德为一。失,即无为也。无为而为,自得无为之事。道也,德也,失也,俱乐此自然无为也。信行不足,必有不信。自然者,在其先也。

希言,无声也,又无为也。入道者无为自然为宗,无为则泰定,自然则恒渐。

"自然"就是指没有人为的修饰,就是"无为"下的天然;而"无为"就是除去人逆自然的主观追求而听任天地之本原,就是不加人为修饰的"自然",故治身养生要以"道"为基础,就须自然无为,只有"修德行道均皆自然",才能"与道德合一",从而与道并存而长生。

自然之事,人不能控制,"无为"则是人的不作为,故修自然之道以养生,关键在"无为"。故李涵虚说:"圣人治身之事,无为之事也。治身之教,不言之教也。治身可以治世,成己可以成物者。""治世之善,皆缘于治身之善也。是以圣人之治身,虽无为而无不治焉。"可见。"无为"不专指"治世",而首指"治身"。"无为"就治身而言,就是要除去逆自然的人为追求,除去人的贪欲与私念,以达到"养神还虚"之境。

李涵虚还说:"天有好恶,默施刑德,世人难知其故,单言所恶者,好生是彼苍本体,而杀机独有不可测者也。不与下争理论而修短凭则皆胜矣。不与下民言善淫,而祸福到头皆应矣。不召而自来,坦然而善谋极言其迟速,美恶之报,因人而施,毫无差忒也。天网恢恢,疏而不漏,何其包罗之大而密哉?修身者,当恒其德以承天焉可也。"这里的"天"就是指"先天",即"道"。天道是好生而恶杀的,人能修先天之真道,承先天之德,则可长生;相反,违天之行,则"自取其杀"。天之好恶,自然也;祸福报应,亦自然也。顺天之则,自然会有善报;违天而行,则自然有恶报,正所谓善恶祸福"不召而自来"。

(三)养生之要,修心养性

李涵虚认为修养之要在于修"心神",即修"性"。他说:

身心性命,道所寄焉,舍近图远,愚人也。

怀德厚者,真人也。真人之心,不失赤子之心,故比于赤子,浑然忘物。

赤子,祥和之气也。倘其有知有识,以心使气,则反乎柔而为强矣。

人能以清虚静养之心,察燥温冷暖之气,而天下之正道得矣。

即养生主要在于修心以养性,修身以养命,其关键在于修"心"。修"心"就要修得有如赤子一样的心,因为赤子有"祥和之气",人有了这祥和之气,就能"以清虚静养之心,察燥温冷暖之气",而得天下之正道,得了天下正道自然能与道并存而长生。

修心就要除去心中的任何牵挂,就必须"去欲"。"去欲"就是使心中的名利之欲去尽,使心像婴儿之心,处于完全的空白状态。李涵虚说:

人生在世,成我名者,损我神,入悖货者亦悖出,即所谓甚爱大费,多藏厚亡者也。爱至于大费是辱也,藏至于厚亡是殆也,皆非长久之计也。

治道之常,盖在于有欲无欲之分耳。

惟圣人欲而不欲,欲则好道,不欲则贱货贵德,且学而不学,学则有术,不学则澹然无为。盖反众人过用之心,辅万物自然之理,而不敢有为者也。

这几段的意思是说,名利之欲为养生的大敌,对名利的追求,必然要损伤元神,其结果是追求愈多,损失愈多,即使获得了暂时的名利,但将来的损失会更多,故

"非长久之计"。能否得道而长生关键在于是有欲还是无欲,这是拥有常道与否的分界线,无欲则拥有常道,有欲则不能拥有常道,治世如此,治身亦如此。圣人虽然有无欲,也有有欲,但圣人的欲望就是如何才能获"道",圣人的"无欲"就是"贱货贵德"。圣人能"反众人过用之心,辅万物自然之理",故能得道而长生。"反众人过用之心"是指众人过于贪欲,过于用心,圣人与众人相反,去其欲而虚其心。

(四)修精与气,养命延年

李涵虚认为,人之生命全在精气,因此,养生还要修精与气。他说:

道祖自开辟以来,已知混沌之前有此母气,生天生地生人生物,皆于母气胎下。

一粒阳丹,号为母气,我独求而食之以致长生。

即是说,世界之万事万物都是由先天之母气而生的,这种母气,就是道。食此母气就能与道相合而长生,故养生就要修这先天之真气。

李涵虚又说:

地上乎天,则天地交泰而甘露下垂,不烦造制而调均,神气于此两平也。气化为液初名金液,还丹金液之名既立,夫亦将止乎土釜而养之也。知止不殆,惟抱一以虚其心,自然泰定安焉,此道也,推至于天下,犹川谷之于江海而有所归宿也。

根蒂者,归根以伏其气,养蒂以全其神也。

万物之奥犹言造化之源也,善人则宝重之,以修丹而作圣,不善人亦保全之,可补气而延年,此道之至公也。

在这里,李涵虚说得更为明白,即养生就是要使神气保持一种平和的状态,这种平和的状态就是自然的状态,而要保持这种自然状态,就要抱一而虚心,即除去"有为"而守"无为"之道。养精气就是要返回到先天之真,或者说返还于"道",那里是"万物之奥",是"造化之源",找到了这个先天之真或道,大则能"作圣",小则能"补气而延年"。

李涵虚还说:

窈冥之精,乃是真精,欲得真精,须知真信,故其中先有信焉,浩浩如潮生,溶溶如冰泮。修士于此候,其信之初至,的当是精,即行伏之擒之,时刻不差,金仙有分矣。

自古至今,此真精之名,诸径不能抛去,于是以一物之真,观万物之理,无非重此初气者。以阅众甫,即察众物之初也,故又曰,吾何以知众甫然哉,以此。

有作有为,皆因精衰气败,不得已而补导之功,亦已果矣。至于百日筑基,三年炼己,又至果也。抑或丹基未立,己性未明。不妨再筑再炼,又至果也。然勿以果夸强也,持盈不已,必遭困弱,大药将至,逾时无用。

即是说,养生除了要修先天之真气外,还要修真精,得此真精,则"金仙有分"了。人之有为,就是对先天的精气的破坏,使得"精衰气败",故不利于养命长生。

(五)阳来阴往,阴阳双修

李涵虚是内丹阴阳派西派的创始人,其修炼方法强调阴阳双修。他说:

上帝有厚生之德,圣人有摄生之方,人苟善术,即宜转阳生阴死之道,为阳来阴往之功,则长生久视。

此节有二义皆为治身之士所当知而当守者。一曰雄施雌化。《参同》云:雄阳播玄施,雌阴统黄化是也。二曰雄归雌伏。《悟真》云:雄裹怀雌,结圣胎是也。

这两段讲的是"阳来阴往""雄施雌化""雄归雌伏"的道理,即人要长生久视,就要增益阳气,就要修"阳",就要化阴为阳,就要使阳归而阴伏。而阴阳本是事物对立统一体中的两个方面,阴生则阳生,阳生则阴生;相反,阴灭则阳亡,阳灭则阴亡。故须阴阳双修。

李涵虚又说:

外阴内阳,外虚内实,虚出阳气,是为冲气,物情至也,合太和矣。

守中制外,似外其身以无生,先忘后存,即存其身以有生也。

阴阳长庶,柔而保合之以归抱一焉,故大制天下者,不尚分割也。

这几段则是关于阴阳关系的论述,其主旨为"阴阳合和""阴阳归一"。即是说,要增益阳气,也不能忽视阴气,只有使阴阳两面协调统一为"冲气",即使阴阳"保合之以归抱一",则阴、阳合和,冲气长存,人才能长生。

李涵虚还特别强调修"阴",他说:

治身以精定,治身以守雌。

曲则全,以减为增也。枉则直,以柔制刚也,洼则盈,谦则受益也。弊则新,剥则有复也。少则得,知足不辱也,多则惑,贪欲自迷也。此太上以前之古语,所说治身之要道也。

圣人养身以柔以弱,似后其生以求生,渐充渐满,实先其身以得生也。

柔弱者气,坚强者骨,气聚而身和则生,气散而骨立则死。

这里就强调了"雌""曲""枉""洼""弊""少"等事物的阴面在治身中的重要作用。强调了"柔弱"之气，也就是"阴气"的重要性，并指出，聚此气则生，散此气则死。

（六）内以治身，外以治世

李涵虚在其《道德经注释》反复谈到了治身与治世的关系问题。如他说：

先辈云：《老子》之书，内可理身，外可理国。其实以理国喻理身也。然以理国喻理身，即可以理身喻理国。

道也者，内以治身，外以治世，日用常行之道也。

圣人治世，功成弗居，反求治身之道，然以圣人治世言之，其为治道也。

此章言治世隆污之道，然亦可悟治身之理，兹两举之，失无为之事，遂有慈惠之政，犹失浑沦之体，遂有返还之功也。用明用术以察求，民情益深掩蔽，犹之用巧用机之取药，物愈善互藏也。

这些议论将治身与治世紧密联系起来。以"理国喻理身"，又以"理身喻理国"，道出了道家"身国同构"之原理。

然而，治身与治国毕竟是两回事，故老学虽着眼治身，却落脚于治国。如李涵虚说：

故当贵重其身，以身为天下所寄命，而不敢自轻其千金之躯者，则可以寄身于天下。

黄石公之所以教子房也，保爱其身，以身为天下。

功成弗居

善保身者乃善治身，善治身者乃善治世。

受国之垢，受国之祥，皆圣人躬自责备，所谓朕实多咎，民有何辜，朕德凉薄，天降此殃也。

孔子曰：躬自厚而薄责于人，则远怨矣。是以圣人治世，必修自厚之德，取信于百姓，不责人，而人自孚。

道以默运为生成，故有利而无害，圣人之道以无心造化，不与人争，积善行，故

其大与天同。

这些话语是说,立志于治理天下的人,需首先治理好自身,所谓"以身为天下所寄命""善治身者乃善治世",故"圣人治世,必修自厚之德"。而治理自身的目的又主要在于治理好天下,所谓"保爱其身,以身为天下"。因此,身治好了,才能治好天下。可见,李涵虚之治天下,强调治者之自治,是以自治为基础的"无为"而治。

三、黄裳《道德经讲义》中的修身养生思想

黄裳的《道德经讲义》虽是用传统的方法解老,但也有其独特之处。

其一,以子书解老,并孔、李之教而一之。朱有芬说:"近则丰城黄元吉先生,以四子书注释五千言,张皇幽渺,参互异同,道家者流,珍若鸿宝……今观先生命注命释之意,若欲并孔、李之教而一之,此必非率尔操觚者所办。"黄裳又名黄元吉,朱氏之意是说,黄裳用四种子书交互着来注释《老子》五千言,欲将儒、道之教合二为一,深得老子之旨,为道家学者所珍重。

其二,以"气"解道,三教合一。黄裳说:"三教之道,圣道而已。儒曰至诚,释曰真空,道曰金丹,要皆太虚一气。""太虚之气,亦犹海水一般,天地圣贤人物,虽纷纭错杂,成有不齐,而其受气成形之初,同此一气。除此以外,别无生气,亦别无生理,所争者姿禀之各殊耳,孟子曰:尧舜与人同。又曰:人之所以异于禽兽者几希。诚确论也。"可见,黄裳认为,圣人与凡人,人与禽兽都是由"气"所生,因而几无区别,三教之道也无区别,它们都是以"太虚一气"为本体的学说。

其三,以老子之道为正宗,言性命之理及修治之功。对此,江起鲲说:"夫人心道心之别,实发明于《尚书》,由尧舜禹汤文武周孔以来,圣圣相传,无一不言道者,是道之为道,必有精微奥妙,不可以言语迹象求之者也。昔程子言《大学》为入德之门,《中庸》乃传授心法,而《书》功用,皆归本丁定静之初,修持于隐微之内,盖亦可以知其要矣。然窃意道必以老子为宗,不法老子而他求乎道,未有不流为旁门别户者。昔仲尼师老子,谓其明道德之归。圣人且如此,而况下焉者乎。""其书分章演绎,始言性命之理,终言修治之功,洋洋数万言,由体及用,内外兼赅。"可见,黄裳《道德经讲义》虽主三教统一,然其要旨以老子为宗,其主要内容是讲"性命之理,修治之功"的。

下面仅就其修身养生思想做一论述:

（一）修真一之气，寻玄关一窍

黄裳认为"真一之气"就是"道"。他说：

此道究何道哉？生于天地之先，混于虚无之际，吾不知从何而来，从何而去，究为谁氏之子也？经曰：有物混成，先天地生。斯为大道之玄妙与？帝之先有何象？亦不过混沌未开，鸿濛未判，清空一气而已矣。迨一元方兆，万象回春，即发散于天地人物之间，而无从窥测，修士欲明道体，请于天地将开未开，未开忽开而揣度之，则得道之原，而下手不患无基矣。

道者何，真一之气也。

一归笃实，凝神于虚，养气于静，致虚之极，守静之笃，自然万象咸空，一真在抱。

从这些论述中可以看出，"道"就是"混沌未开，鸿濛未判"之时的"一元真气"。而养生需以修道为本基，因此，养生需修"真一之气"。如果能修得返回"一元真气"而与道合，自然就会长生。

黄裳又说："孰能于心之染污者而澄之使静，俟其静久而清光现焉，孰能于性之本安者而涵泳而扩充之，迨其养之久久，而生之徐徐，采以为药，炼以为丹，保生之道，不诚在是乎，此静以凝神，动以生气，即守中，即阳生子时也。由此一升一降，收归鼎炉，渐采渐炼，渐炼渐凝，无非一心不二，万缘皆空，保守此阳而已，有而不有，虚而愈虚，有至虚之心，无持盈之念，是以能返真一之气，得真常之道焉。"可见，要保此"真一之气"，就要做到"心静""凝神""一心不二""万缘皆空""有至虚之心""无持盈之念"，这样则能"一真内含，

老子与孔子剧照

万灵外著，其微妙玄通"。因此，体道者要"谨慎小心""虚而有容，朴而无琢，浑浑灏灏，随在昭诚悫之风"，这样才能"斯人心未有不化为道心，凡气未有不易为真气者"。可见，修炼的过程就是修"凡气"成"真一之气"的过程。

修炼的关键就在于"玄关一窍"。黄裳说："修炼之道，最重玄关一窍，是为天

地人物生生之始气,此气至柔而刚,至弱而强,且刚柔强弱俱无所见,惟恍惚杳冥中,忽焉阴里含阳,杀里寓生,似有似无,若虚若实,此真声无臭,上天之载之始机也,人能盗此虚无元始之气,则先天生生之本已得,而位登天仙不难矣。"也就是说,"玄关一窍",就是"凡气"与"真一之气"或"虚无元始之气"的入口,通过"玄关一窍"就可由"凡气"进入"虚无元始之气",也就获得了"先天生生之本",即是"道",如此,则"位登天仙不难矣"。他又论述说:

> 修道者舍此玄关一窍,别无所谓道矣,如以美善为道,亦属后天尘垢。

> 而其极妙者,莫如信,信属土,修炼始终纯以意志为妙用,故太上云:其精甚真,其中有信,是丹本也。信非他,一诚而已。人能至诚无息,则丹之为丹,即在是矣。但信与伪相去无几,克念作圣,罔念作狂,人禽界,生死关,所争只一间耳,吾愿后学寻得真信,以为真常之道可也。信在何处,即是玄关一窍,人其知之否。

即是说,"玄关一窍"在"信"处,而"信"与"伪"相去无几,因此,要获此"玄关一窍"就要除去美丑善恶等观念,即要"克念作圣"以寻得真信。故黄裳又说:"不求虚无一气,而第言美之为美,善之为善,是亦舍本逐末也。"可见,"玄关一窍"是入口而又非明显的入口,或者说,是入口又非入口。要获此入口需忘却一切是非、美丑、善恶观念,亦要忘却此入口。因此,他要修炼者"由对待之阴阳,返乎真一之气","从有无相入处,寻出玄关一窍,为炼丹本根"。

(二)炼虚无之心,修中庸之德

黄裳亦认为,修身之要首在修心,使"心性合一"。黄裳在论述"清静"时说:"何谓清,一念不起时也。何谓净,纤尘不染候也。总要此心如明镜无尘,中止水无波,只一片空洞了灵之神,即清净矣。倘若世之庸夫俗子,昏昏罔罔,终日无一事为,即非清净,惟清中有光,净中有景,不啻澄潭明月,一片光华,乃得清静之实,若有一毫自见自是自伐自矜之意,更是障碍,所以学道人务俾心怀浩荡,无一物一事搅我心头,据我灵府,久久涵养,一点灵光普照,恍如日月之在天,无微不入焉,只怕一念之明,复一念之肆,则明者不常明矣。"可见,黄裳所说的"清净"不是通常所说的环境的安宁,而是指人心无丝毫的受到外界的干扰,无"一念之肆",无"一毫自见自是自伐自矜之意",这样,"心怀浩荡,无一物一事搅我心头,据我灵府""心如明镜无尘",使心与性合一,心清静了,才能养气,才能达到性命合一而长生的目的。

黄裳又说:"惟圣人屏除耳目,斩断邪私,抱一以空其心,心空则炼丹有本,由是而采天地灵阳之气以化阴精，日积月累，自然阴精消减，而阳气滋长，则实腹以全其形，所谓以道凝身，以术延命，即是超生拔死之法。"这就是说，圣人之所以能"超生拔死"，就在于他们能"斩断邪私，抱一以空其心"，人如果能去"一切知觉之心，嗜欲之性"，就能够"以道凝身，以术延命"，否则，"怠心起而骄心生，祸不旋踵而至矣"。

黄裳特别强调"德"在养生中的功用。"道"散即为"德"。陈鼓应先生说："形而上的'道'，落实到物界，作用于人生，便可称它为'德'。"可见，"德"就是"道"的具体表现。而"德"是指人的思想品德，"德"由"心"生，因此，修"德"又在修"心"。黄裳说："君子论理不论气，言性不言命，惟反身修德焉耳，虽然，德在一心，修不一途，又岂漫无统宗，浩浩荡荡，而无所底极哉。"即是说，"德"虽然在"心"，修炼的方法不一，但也要靠修炼而备。

黄裳所指的"德"就是"中庸之德"。黄裳说："真一之气，即中庸之德也。"又说："欲修至道，请细参其故，于以多积阴功，广敦善行……愿世之有志者，毋自恃才智，妄猜妄度，而不修德回天，惟虚心访道可也。"这就是说，"德"的获得不能仅靠才智，而要靠"多积阴功，广敦善行"，不断地修炼。

黄裳认为，要修至道，必先修德，修德就是要使自己具有"道"的品质，故他说："太上为世之不自韬光养晦立德修身者，言彼稍有所得，便矜高自诩，五蕴未空，六尘不净，犹屋盖草茅，火有所借而然。若只修诸己不求诸人，浑浑乎一归于无何有之乡，广漠之野，纵有外侮，犹举火焚空，终当自息，如此修己，真修已也。"即是说，修炼者要做到"五蕴皆空""六尘皆净"，使自己归于"无何有之乡"，练就一身与"道"相符的品德，才算是与"道"相合的真修炼。

黄裳认为，专心修道修德的人可以得道成仙。他说："非至诚不几，非有功有德虚心访道竭诚求师者，未易仙缘凑合。""欲修大道，岂有他哉，文王小心翼翼昭事上帝，孔子足缩缩如有循。道之为道，不外一敬焉耳，人能以敬居心，一念不苟，一事不轻，大道不即此而在乎。""道无可见，因人而见，人何能仙，以道而仙。"也就是说，不是每个人都可成仙的，只有那些诚心修道，有功有德虚心访道竭诚求师者方可有缘成仙。修道之要在于一"敬"字，即"一念不苟，一事不轻"，专心虔诚地修炼。

黄裳批评那些不修德之人说："未能成德而求以入道者，浊不易澄。""不结仙缘，不修功善，则神天不佑，魔魅来缠，必有将成而败，倾丹倒鼎，连身命俱丧者，此诚不可不慎也。"即不修德而求修道,不仅不能修成道,反而会带来"身命俱丧"的恶果。

(三)合精气神,成金丹道

黄裳认为修身养生之要在凝神静气,精气神合一。他说:

凡人打坐之始,务将万缘放下,了无一事介于胸中,惟是垂帘塞兑,观照虚无丹田,凝起神又要调息,调起息仍要凝神,如此久之,神气并成一团,顷刻间自入于杳冥之地,此为无也。及无之至极,忽然一觉而动,此为有焉。我于此一念从规中起,混混续续,兀兀腾腾,神依气立,气依神行,无知有知,有觉无觉,即玄牝之门立矣。由是恪守规中,凝神象外,一呼一吸一往一来,务令气气归玄窍,息息任天然,即天地人物之根,圣贤仙佛之本。

大道原无他妙,惟是神气合一,还于无极太极父母生前一点虚灵之气而已矣。人若不事乎道,则神与气两两分开,铅走汞飞,水火所由隔绝也。

修炼之道,不外神、气二者。调之养之,返乎元始之天而已……学者欲得长生,须知气必归根。夫根何以归哉,必以气之轻浮者,复还于敦厚之域,屹然矗立,凝然一团,则气还于命,而浩浩其大矣,以神之躁安者,复归于澄澈之乡,了了常明,如如自在,则神还于性,而浑浑无极矣。如此神返元性,气返元命……夫轻则失臣,臣即气也。失臣则失气矣。躁则失君,君即神也,失君则失神矣,神气两失,而谓身能存有几乎?

是以圣人内重外轻,必虚心以养神,实腹以养气,合神气打成一片,流行于一身之间倏畅融和,苏绵快乐,而志弱矣,且神静如岳,气行如泉,而骨强矣,常常抱一,刻刻守中。

也就是说,修养无外乎"神"与"气",修道之要就在于"神气合一"。只有将"万缘放下,了无一事介于胸中",才能"凝起神""调起息""神气并成一团",才能归于似有似无的"玄牝之门",才能"长生不死"。

黄裳还特别强调"精足"。他说:

修行当精未足之日,不得不千淘万汰,洗出我一点至粹之精,以为长生之本,若取暖得真阳,朝烹夜炼,先天之精,充满一身内外。则身如壁立千寻,意若寒潭秋月,外肾缩如童子,则无漏尽通之境,证矣。

这里黄氏将先天之"精"与"气"作为"长生之本""延寿之基"。

黄裳认为要想长生就须修金丹大道。那么,什么是金丹大道呢? 黄裳说:

金丹大道,非有他也,只是真气流行,充周一身,其静也如渊之沈,其动也如潮之涌,惟清修之子,冥心内照,自考自证,方能会之。非言语所能馨也,人能明得动机是我生生之本,彼长生不老之丹岂外是乎? ……虽行药有时,成丹可俟,无如冲气至和,而因此后之采取不善,烹炼不良,一团太和之气,遂被躁暴凡火伤之,道本至阳至刚,必须忍辱柔和,始克养成丹道,太上所以有挫锐解纷和光同尘之教也。然道虽有气,动犹是无中生有,有而不以弱养之。则不能反于虚无之天。道又何自而成乎?

即是说,金丹大道就是"气"返"虚无之天",而这种返回又需清修之子的"冥心内照",也就是说需"神气合一"方才完成。

黄裳又说:

人欲炼丹以成长生久视之道,舍此玄牝之门,别无他径。

欲得谷神长存,虚灵不昧,以为金丹之本,仙道之根,从空际盘旋,无有把柄,惟从无欲观妙有欲观窍下手,有无一立,妙窍齐开,而玄牝立焉。故曰此窍非凡窍,乾坤共合成,名为神气穴,内有坎离精,总要精气神打成一片,方名得有无窍生死门,否则为凡窍,而无先天一元真气存乎其中,虚则落顽空,实则拘形迹,皆非虚灵不昧之体,惟此玄牝之门,不虚不实,即虚即实,真有不可名言者,静则无形,动则有象,静不是天地之根,动亦非人物之本。惟动静交关处,乃坎离颠倒之所,日月交光之乡,真所谓天根地窟也。学人得到真玄真牝,一升一降,此间之气,凝而为性,发而为情,所由虚极静笃中,生出法相来,知得此窍,神仙大道,尽于此矣。其曰绵绵若存者,明调养必久,而胎息乃以发动也,日用之不勤者,言抽添有时,而符火不妄加减也,人能顺天地自然之道,则金丹得矣。

这就是说,"金丹"就是"精气神打成一片",即使精气通过"玄牝之门"而与"道"会合。要修"金丹大道",就要顺乎天地自然之道,获"真玄真牝"之窍。

黄裳《道德经讲义》中的养生思想从总体上讲是对传统养生思想的继承,故江起鲲先生说:"《道德经讲义》可以代表传统老学义理派的一般发展方向,宣扬《老子》太上修身治世之道。"其宗旨是,要世人少一些"欲望",多一些淳朴,而使自己的思想与言行与"道"相符,使自己能与"道"一样,永不消亡,长生不老。同时,黄裳《道德经讲义》中又具有深厚的时代精神。他从忧国忧民的情怀出发,要人们重视生命,作为救国的基础,而对时弊进行了无情的痛斥,他说:"世之营营逐逐,驰心于声色货利之场，极目遐观，爽心悦口者，非以此中佳境诚足乐耶。孰知人世之乐，其乐有限，惟吾心之乐，其乐无穷，又况乐之所在，即忧之所在，有益于身者，即有损于心，如五彩之章施也，其色光华，其文灿烂，谁不见之而色喜，望而神警，讵知目之所注，神即眩焉，人生精力，能有几何？……人生性命为重，一旦魄散魂飞，货财安在，何不重内而轻外耶？太上所以有难得之货令人行妨，谆谆为告世也。"其意是说，人生精力有限，最值得追求的不是"声色货利"，而是"修身养性"。在当时国家面临着危难之际，重视生命以效力国家无疑具有时代的进步意义。

第三节　老学的经世致用思想

一个国家的兴亡与政治、经济、军事、外交、文化等因素密切相关，从长远的观点来说，在这些诸因素当中，文化的因素决定着其他各因素，起着最为重要的作用。一个先进的国家必有先进的文化；一个落后的国家要想摆脱落后的状况，就必须用较为先进的文化去改造、挽救、武装这个国家。

一、经世致用是老学的主旋律

学术的根本目的在于学以致用，儒家学术如此，道家学术也是如此。

（一）老子著书的目的

《老子》一书产生的根本原因是救周末之衰世。高延第注引钱大昕《潜研学堂文集》中的话："《老子》，救世之书也。周道先礼后刑，其敝至于臣强君弱。老氏知后之矫其失者，必以刑名进也。故曰天将救之，以慈卫之。又曰民不畏死奈何以死惧之。一篇之中三致意焉，周之敝在文胜者，当以质救之。不尚贤，不贵难得之货，不见可欲，清净自正，复归于朴，所以救衰周之弊也。"从这里可以看出，老子著书的目的就是为了救衰周之弊。魏源也认为《老子》之大旨在于"以太古之治，矫末世之弊"。

《老子》的"救世"功能已为历史所证实。《老子》之所以为后世所重，就是因为

它不仅能救周末之弊,而且可"执古以御今",能救后世之弊。高延第说:

> 夫无为之说,孔子尝言之,盖修内以治外,执简以御繁,帝王之道不过如此,岂空虚无薄之谓哉。其以帝王而遵其学者,无过汉文帝,观其俭以奉己,慈以爱人,谦静自处,重于诛伐,终致海宇清平,百姓乐业。光武中兴,自谓以柔道治天下,报臧宫马武书,亦深得老氏之旨,亦可见无为之道,非不可以治世矣。

> 诚有卫文公、汉文帝者,居上清静俭素,草野向风自渐,臻于蕃庶,不致有危亡之祸矣。不自厚生,乃真能贵爱其生,所谓外其身而身存者也,宋明之季,冗费日增,苛敛日广,条制日烦,民气日嚣,盗贼外患因之而起,观宋明两神宗以后,政绩败亡,如出一辙,老子之言可谓深切著明矣,岂仅为衰周末造言之哉。

这些话语引历史上的卫文公、汉文帝、光武帝等君臣以老子思想治世而取得成功,以及宋明两神宗不以《老子》治世而败亡的实例,证实了老氏之言不仅是为救周之弊而造言,也是为救后世之弊而造言。因此,历代老学研究者大都注意发掘《老子》的经世致用思想。

(二)老学经世致用的学术倾向

道、咸年间的学者宗稷辰认为,老庄不但无害于天下,而且"有圣人者节而取之,天下即至不齐,犹得用其意以济王道之穷。故得力于老者可以理旦平之天下,使之息争;得力于庄者可以理将乱之天下,使之饵衅……后世有救时之责者,慎毋局于王道之畦畛而薄老庄为无用也"。

老子《道德经》太极八卦图

黄彭年也认为,研究《老子》,"究道德之本旨,于以窥先王制礼之本原,其于君南面之术庶有裨乎"?

可见,晚清学者都认为老学有"救世"之用,所以,正如刘仲华所说:"清代学者极力将老子拉到经世致用、入世的位置上来,而很少以之逃避世俗或者发表不满言论的凭借。"

在中华民族处于极度危机的近代,老学的经世精神更是被加倍地激活,其"救世"功效甚至比儒学更强。如魏源认为秦汉以来,儒家"内圣外王之学,暗而不明,

百家又往而不返,五谷黄稗,同归无成,悲夫! 知以不忍不敢为学,则仁义之实行其间焉可也"。即认为儒家,"内圣外王"的经世功能在逐渐衰弱,而老子的救世功能却日益显露,老子的经世致用的功能将逐渐取代儒学的经世致用功能,即行老子"不忍不敢"之学,则儒家"仁义"之道随之而至了。可见,正是时势的要求和学者们的倡导,使得近代的老学成为一专门"经世致用"的"救世"之学。

第二次鸦片战争后,先进的士大夫们在探求中国及其文化出路的过程中,进一步认识到中国文化的不足及西方文化的长处,因此,他们主张对中国文化进行全面的改造,而正确对待中国的传统文化与西方文化的态度是对中国文化进行改造的前提。中国传统文化源远流长,精华与糟粕并存,而西方文化在传入中国的过程中也表现出了很多优点,尤其是其科学与民主的因素,正是中国文化所缺乏的。当然,西方文化也有许多糟粕。因此,对中国文化进行改革的过程也就是对中国传统文化及西方文化进行"扬弃"的过程。而且,要对中国文化进行改革还必须找到改革的理论依据,于是,一方面他们积极在中国传统文化内部寻找改革的理论根据,另一方面他们又把中国传统文化中《易》《春秋》《老子》的中国古代变易思想与近代西方的进化论相附会。其中,老学在附会西方文化及推动社会改革方面起着重要的作用。我们说,是经世致用的学术精神使近代老学偏重于义理研究,也是经世致用的学术精神使近代老学走了与西方学术相结合的道路,故也是经世致用的学术精神大大地推动了近代老学的发展。这方面的内容将在后面专章论述,在此章里暂不详述。

二、魏源《老子本义》的救世思想

魏源生活的嘉道年间,正值中国封建社会步入穷途末路、西方资本主义以武力打开中国的门户之际。国内官吏贪污腐化,财政虚耗,军队腐败,又面临外敌的入侵。但在这种内忧外患、危机交加的情况下,清朝政府却故步自封,夜郎自大,不思社会改良。面对弊政,魏源愤世嫉俗,忧国忧民,他除了揭露、批判腐朽的封建官僚制度外,还把主要的精力用于研究儒家经典,试图用儒家"经世致用"的思想来改变清朝江河日下的局面,但他在从儒家经典苦苦寻找治国方略的过程中发现,"内圣外王"之学已无力挽救中国之危局,于是他扩大了研究范围,把学术重点由经学转向子学。他认真地研究了《老子》,撰《老子本义》,大胆地肯定《老子》的社会价

值,视《老子》为"救世之书"。其主要思想观点如下:

(一)《老子》是救世之书

魏源认为,《老子》之书的产生是"救世""救时"的需要,是时代的产物。认为老子撰写《老子》的目的在于"以太古之治,矫末世之弊"。在他看来,老子生活的时代不是太古之世,而是"弊极"之"末世",而"末世小人多而君子少,人以独善之难为也,而不知秉彝之不改也"。这里所说的"末世",即指老子所生活的那个"礼崩乐坏"的春秋末期。魏源认为,由于对春秋末年各种社会异化现象的不满,促成了老子对诸多社会问题的深刻思考。即所谓"吏隐静观,深疾末世用礼之失,疾之甚则思古益笃,思之笃则求之益深。怀德抱道,白首而后著书,其意不返斯世于太古淳朴不止也"。但是魏源指出,老子并没有因为当时社会的黑暗而失去信心,相反,世道之乱倒是激活了他的信心和力量。于是老子虽已满头白发,仍奋笔疾书,向后人阐明其"真常不变之道",阐述"道"的永恒存在,及与"道"共存的万物的永恒存在。从而论证了中国社会不会灭亡,它将与"道"并存,并在"道"的引导与庇荫下健康发展。

魏源从"经世致用"的愿望出发,在《老子本义》中一开始就把《老子》之书当作是"救世"的工具,如他说:"《老子》,救世之书也。"接着,他解释《老子》中的"道"说:"盖道无而已,真常者指其无之实。而元妙则赞其常之无也。老子见学术日歧,滞有溺迹,思以真常不弊之道救之。"之后,魏源在《老子本义》中反复强调了其"救世"的思想。他说:

老子著书,明道救世。

此老子悯时救世之心也。

老子知己道不行,悯世乱之不救,欲绝其本源,以救末流之弊。

圣人之救物,亦以不救为救,圣人无救,是以善救。

圣人之于天下,非特容之,又兼救之。

老子著书,将以导世,故下文专为侯王言之。

魏源还用历史事实证实了他的论点,他指出:"曹参、文、景,斩雕为朴,网漏吞舟,而天下化之。""曹参,盖公沐之清风而清静以治。"魏源认为,《老子》的思想"上之可以明道,中之可以治身,推之可以治人。其言常通于是三者"。即使在衰败的"末世",《老子》之书也能使其起死回生,走向大治。因此魏源说:"老子道,太古

道,书,太古书也,然则太古之道徒无用于世乎,抑世可太古而人不之用乎？曰：圣人经世之书，而老子救世书也，使生成周比户可封之时，则亦嘿尔己矣。一旦清凉和解之，渐进饮食而勿药自愈，盖病因药发者，则不药亦得中医与至人我病之说，势易而道同也。"所以，魏源主张用老子之学治世，且认为老子的思想可运用于汉唐时代，也可运用于"成周"时代，当然也可运用于今世。

在《老子本义》中，魏源将"无为"划分为"太古之无为""中古之无为""末世之无为"几个阶段。他说：

孰谓末世与太古如梦觉不相入乎？今夫赤子哺乳时，知识未开，呵禁无用，此太古之无为也。逮长天真未漓，则无窦以嗜欲，无芽其机智，此中古之无为也。及有过而渐喻之，感悟之，无迫束以决裂，此末世之无为也。时不同，无为亦不同。而太古心未尝一日废，夫岂形如木偶而化驰若神哉，老氏书赅古今，通上下，上焉者义皇关尹治之以明道，中焉者良参文景治之以济世，下焉者明太祖诵民不畏死而心灭，宋太祖闻佳兵不祥之戒而动色。是也。

这里的"末世"即是魏源生活的那个昏暗腐败的晚清时代。他以人从孩提到成年的成长过程为例，来阐明"无为"的不同发展阶段，认为"太古""中古"之世的"无为"是"知识未开""天真未漓"，人们不具有自我反思的能力，而到末世之"无为"，人们则具备了从自己的过错中得到一种感悟和理喻的能力。魏源之所以说到"感悟"和"理喻"，就是要劝导时人，特别是统治者要正视当时中国积贫积弱的严重现实，自觉地确立一种忧国忧民的忧患意识，并用这种忧患意识去促进那个时代的精神觉醒，以改变昏暗的社会状况，使民族因此而复兴，国家因此而强盛。

（二）救世的关键在于运用"道"的规律进行社会改革

魏源认为，"救世"的前提是遵循社会发展的客观规律，即"道"的规律。"救世"的关键就是根据"道"的规律对社会进行改革，而改革又必须对症下药。魏源说："药无偏胜，对症为功。"改革就是要革除那些不符合"道"的东西。魏源根据矛盾的对立统一规律，论证了矛盾的普遍存在性及改革的必要性。他继承了程颐、朱熹"天地万物之理，无独必有对"的观点，提出了"天下物无独必有对"的命题，指出世界上一切事物无一例外地处在矛盾中。《老子》认为刚柔相易，祸福相倚，是"天道"使然。魏源对此加以解释说："正与不正对，正变反则为不正之奇。正善而奇不善，斯款祸生焉。"认为无论是自然界、人类社会还是人本身，都充满着矛盾，而正是事物的矛盾成为引起和推动变革的内在动力。这是因为矛盾双方的力量是不断发生变化的，因而双方的地位也是不断转化的。

魏源继承了老子"反者道之动"的观点。《老子》说："物壮则老，是谓不道，不道早已。"魏源对此解释说："物壮则老，此天道也，而违之者是不道矣。"在这里，魏源揭示出由"壮"而"老"的必然性是世事物理的"天道"。在他看来，任何事物都"有居则有去"。据此，他得出了"法久弊生"，必须"因时制变"的结论。他确信，"天下无数百年不弊之法，无穷极不变之法，无不除弊而能兴利之法，无不易简而能变通之法"。因此，根据"道"的规律进行社会改革是"救世"最重要的途径。

这种"救世"改革的主要内容就是怎样处理好治理者与人民之间的关系，以达到社会和谐与统一。魏源说："一者少之极，然抱之以为天下式，则其得多矣。"只要把握住了"一"，也就抓住了"矛盾对立"这一根本性质，以此观察和处理现实问题，则一切问题都能迎刃而解。

魏源在解释《老子》第三十四章"昔之得一者，天得一以清，地得一以宁，神得一以灵，侯王得一以为天下贞……"时先引吴澄的话说：

一者冲气之德。

贞者事之干，为天下贞，犹言为民极也。老子著书，将以导世，故下文专为侯王言之。先言贱为本，下为基，而后但言贱为本者，省文也。上文得一，已专言用弱矣，而末后以反与弱对言者，盖反推所以弱之原，弱指所以反之实，凡言反者即欲用弱，言弱者即是与群动诸有相反，非弱之外又有所谓反也。道之静本无，故动则常与相反，无之体虚，故其用常以弱为事。

可以看出，这里的"贱""下"，是对"民"而言的，而"弱""反"则是对"侯王"而言的。这段话实质上是讲"侯王"怎样治国的问题，或者说是讲"侯王"与"民"的关系问题。魏源根据"道"的规律，着重阐释了老子关于"处弱"和"处静"的观点，认为弱与强是事物基本的矛盾，它们是相互转化的。强之极必转化为弱，弱之极则必转化为强。从事物发展的规律来看，事物总是从弱到强的，没有弱就没有强，只有先处于弱的位置，然后才能向强的方向发展。因此，"弱"是"强"的基础，只有经过了"弱"，才能达到"强"目标。当然，"处弱"是手段，不是目的，"处弱"正是为了"图强"。对于统治者与人民来说，统治者处在"强"的位置，人民就处在"弱"的位置，而只有民富才能国强，民弱则国不能强；相反，统治者如果将自己处于"弱"的位置，则人民必然日益变富强，则国家亦会日益富强，社会才能和谐统一地发展。

因此,魏源主张侯王要以民为本,以民为基,要一改自己"强"的地位,将自己放在"弱"的位置上,少一些妄动,而使民安居乐业,从而促使社会达到"一"的和谐。魏源对《老子》"柔弱胜刚强"解释说:"恶不积不足以灭身。"这就是说,事物的发展,矛盾的消长,是一个从量变到质变的渐变过程,因此,魏源主张对社会的改革要渐次地进行。

(三)救世要靠积极有为

《老子》从"道生万物""道无为而无不为"的"道"论出发,认为万物的存在与发展皆要遵循自然无为之道。魏源从时代的要求出发,对《老子》之"自然无为"进行了新诠释,并将《老子》之本义与近代主体意识的觉醒相结合,宣扬人在改造自然和社会中的主观能动作用。他说:

人定胜天,既可转贵富寿为贫贱夭,则贫贱夭亦可转为贵富寿……造化自我,此造命之君子,岂天所拘者乎?

技可进乎道,艺可通乎神,中人可易为上智,凡夫可以祈天永命,造化自我命焉。

魏源认为,人只要充分发挥自己的主观能动性与创造性,便可使"贫贱夭"转化为"富贵寿";只要肯下功夫去掌握改造客观世界的"技"与"艺",就能在自然和社会的造化中确认起自己的主体自觉意识。

魏源认为老子之"自然"是"恒因而不倡,迫而后动,不先事而为",老子之"无为治天下"是"非治之而不治,乃不治以治之也"。也就是说,其"自然"不是"混荡为自然",其"无为"也不是"枯坐拱手"。魏源对比了西汉和魏晋社会,认为"晋人以庄为老,而汉人以老为老"。从而肯定了汉代"以老治国",而否定了魏晋的"以庄治国"。可见,魏源主张的"无为而治"并非无所作为,而是举动得时,事半功倍地治理国家。

在魏源看来,"有"与"无""治"与"不治"本来是相互依存的,双方中失去一方,另一方必不能独存,强调一方,实质上也就强调了另一方。因此,他引《老子》之语并解释说:

有之以为利,无之以为用,非不知有无之不可离,然以有之为利,天下知之,而无之为用,天下不知,故恒托指于无名,藏用于不见,损之又损,以至于无为。

又引李嘉谟的话说:

有中之有，众皆以为有，而不知尽妄也；无中之有，人所不知，而不知其有至真也。惟其真而不假，故不以有而存，不以无而亡。圣人之所以能观群有之始，而知群有之所由然，以其体于至无。故能观众有也。

再引吴澄的话说：

盖善行者以不行为行，善言者以不言为言，善计善闭善结者以不用为用，则圣人之救物，亦不救为救。既以不救为救，则无救之之迹，常若什袭掩蔽而众莫能知者，故曰袭明。

从上述三段话可见，魏源认为《老子》强调"正是为了"有为"，《老子》强调"不治"正是为了更好地"治理"，"无为""不治"只是手段，"有为""治理"才是目的。

魏源认为，"有为"包括遵循客观规律的前提下适当的"作为"及对"无为"的努力。他引《后汉书·黄霸传》之语"凡治道去其太甚者耳"说：

其言本此，而意思不同，事有太过者去之，小而无害，则不必改作，此汉人之意也，物有固然，不可强为事有适当，不可复过，此老子之本意也。

这里，魏源强调了不"太过""适当"的"作为"。他还说：

功惟不居故不去，名惟不争故莫争；图难于易，故终无难；不贵难得之货，而非弃有用之地也；兵不得已用之，未尝不用兵也；去甚去奢去泰，非并常事去之也；治大国若烹小鲜，但不伤之即所保全之也；以退为进，以胜为不美，以无用为用；孰谓无为不足治天下乎？

这就明确指出，《老子》主张的"自然无为"并不是消极的无所作为，而是在"去甚、去奢、去泰"的前提下，以不争为争、不胜为胜为策略，从事情的反向用力，最终实现事物朝着正向发展的积极有为。

魏源还引苏辙的话说："道常者无所不为，而无为之之意耳。"这里的"无为"的目的在于守"道"，而"道"又"无所不为"，因而"无为"最终是要实现遵循"道"的前提下的"无所不为"。魏源还说："无为之为，民返于朴而不自知，夫安有不治哉？"这说明"无为"本身就是一种"有为"。

贯穿于魏源"无为而治"的两个重点内容是"无欲"和"减省刑法"。魏源说：

无为之道，必自无欲始也。

反本则无欲，无欲则致柔，故无为而无不为，以是读太古书，庶几哉！庶几哉！

圣人无为无欲，而民从之速。

上无欲,而民自述《老子》。

在魏源看来,"无为""无欲"必须从统治者开始才能产生效果。因此,魏源主张体察民情,采取休养生息的政策。

可见,魏源一方面主张遵循"道"的规律,即"自然无为"规律的客观性,另一方面更强调人应在尊重客观规律的前提下,充分发挥自己的主观能动性,做到积极有为。魏源所理解的"自然无为",不仅大大克服了老子的消极因素,而且始终浸润着一种"无为而治"与"救世""经世致用"、忧患意识相结合的时代气息。

在19世纪中国社会处于一个社会大动荡、历史大转变的时代,以汉学和宋学两大派别为主干的儒学思想体系已经不能应付正在面临的社会危机,而当时的社会和文化环境又无法提供新的理论武器的情况下,魏源积极发掘作为传统文化重要组成部分的《老子》思想的社会功能,以弥补儒学的不足,并主张对中国社会进行全面的改革,将老子"无为而治"的思想发展成为积极"有为"的思想,充分体现了魏源的爱国主义精神。魏源的这些努力,一方面拓展了晚清学术研究的视野,另一方面也从哲学层面印证了士大夫改革派的变革主张和改革实践,对探索中国的富强之路有重大的启迪作用。从这个角度来说,魏源的《老子》研究具有学术和现实的双重意义。

魏源从"经世致用"出发,并带着一种历史的责任感和使命感,去解读《老子》的社会政治价值,并将自己的"救世"的情怀与构想注入其《老子本义》中,实现了对老子思想的超越。魏源对《老子》的这种解读,不仅把"通经致用"扩展到"通子致用",影响了晚清学术风气的转变,而且也开启了近代道家思想研究的新阶段。

此外,魏源在《老子本义》中特别注重从历史发展和人民的意愿这两方面去阐释《老子》的意蕴。他说:"天下事,人情所不便者变可复,人情所群便者变则不可复。"这里的"人情"即人心的归向,亦即是众人的意志力量。也就是说,凡是不符合众人意志要求的体制必须要改变,凡是符合众人意志要求的体制则不能改变。这就把历史的发展与民众的意志联系在一起,这种新解说又近似于马克思主义的历史唯物观,因此具有较为深刻的理论意义。

三、滕云山《道德经浅注》中的治世之方

滕云山在《道德经浅注》中也把老子的学说解释成为救世的学说。他在其序

文中说:

予尝喜读老子,以其文简而古义精而玄,其学说政教并行,由入世而出世。

所谓不知春秋不能涉世,不知老庄不能忘世。孔子学说宗于尧舜以名为教,故宗仁义;老子宗于轩黄,故道宗于无为,故有失道德而后仁义,此系老子立言之本也。故庄之诽薄殊非大言以超世之文则骇俗,当仲尼问礼则与犹龙,岂无谓哉,故老子以自然无为为大,用倚以之经世,则化理治平,如指诸掌,尤以无为为宗,极性命为真修,即远世遗荣,殆非矫矫。苟得其要,则真妄之途云坭自别,所谓真以治身,绪余以为天下国家,信非诬矣。

这里,滕氏谈到了自己对老子学说的总体看法,认为老子的学说“政教并行”,有“出世”与“人世”两个方面的内容,即所谓“真以治身,绪余以为天下国家”,它以“无为”治身,又以“无为”治国。

滕氏认为《老子》中“我有三宝,一曰慈,二曰俭,三曰不敢为天下先”,“兵者不祥之器不得已而用之,战胜以丧礼处之”,“圣人去甚去奢去泰”等内容,“此皆保国之要言,可为法则者也”。可见,滕氏《道德经浅注》的主要思想就是《老子》的“经世”思想。下面我们来看看滕氏“经世”思想的主要内容。

(一)治推上古,道合无为

滕云山认为治世之要就是“复太古之治”。他说:

老氏力赞上古之治道,而欲无为为治。

上古不言而信,无为而成,使人民日出而作,日入而息,凿井而饮,耕田而食,故曰人人功成事遂,而皆谓我自然。庄子内圣外王之学,皆出于此,老氏政教并行。

上古无为之治,无知无识。世道日衰,相复太古之治也。

上古之世,君道无为,而天下自治。

上古之世,有道之圣,清净无欲,无为而化,故民安其生,乐其业。

老氏之学,岂矫世绝俗之谓哉,博古可以知今,近代之世,大约相似,更多自私奉己,而不恤于民,为治当时犯病之良药也。

老子之治,乃太古之化也。

所以治推上古,道合无为。

在这些话语中,滕氏反复论述了要“治推上古,道合无为”的道理。

“复太古之治”,就是要实行“无为之治”。无为而治,就是纯任自然,万物自相治理。滕氏说：

　　天地任自然，无为无造，万物自相治理。

　　为无为，则无不治，谓人之精神能静，则万事皆可治理。物欲之增进随智识而增加，无有止境，可见名利之为害累。

　　圣人为万世师表，而不知其师之可贵，化育亿兆，而不知其资之可爱。所谓兼天下易，使天下忘己难。

　　这就是说，有治世之责者就不能有过多的贪欲。无为而治的关键在于治者的心里能"静"，要"无欲"，"无名利"，因此实现无为而治最难的是"使天下忘己"。滕氏又说：

明丁云鹏《三教图》

圣人治世，所存者神，所过者化，旋转天下而无端，甄陶天下而无迹，故为于无为，治于不治，变化因乎一心，机械泯于众志，则天下治矣。故曰化而欲作，吾将镇之以无名之朴，雕琢得朴，除去巧琢，得归于真，不知有事，无情无为，浑一天下，此皆大同之治也。

即是说，实现无为而治，就是"治于不治"，不能有"欲作"之心。如果此心妄生，就要"镇之以无名之朴"，达到"无情无为"以实现"大同之治"。如果能做到"无情无为，浑一天下"，则能实现"无为而治"，也就能做到老子所说的"侯王若能守，万物将自宾"。

上述"圣人""侯王"都是指治理天下的人，无为而治的责任主要在于这些治理者，无为而治就是治理者们按照"道"的要求对天下进行治理，故滕氏又说：

世人苟能执此大象，以御天下，恬淡无为，虽无声色以悦天下之耳目，无货利以悦天下之心志，而天下归往，乐推而不厌，此所谓万物归焉而不为主，可名为大也，如此用之，岂有尽乎哉。

侯王若不得此，将恐颠蹶而不安其贵高之位矣。老子心目中主意，只重在这一句，盖谓负治世之责者，当体无为而治耳。

故知无为之大道，而后方大有为也。

这就是说，治者如能执"大象"（即道）御天下，则"天下归往"，相反，则"将恐颠蹶而不安其贵高之位"，因此，只有先"知无为之大道"，才能"而后方大有为"。

滕氏还说："清静自贵之行为，方可为修身齐家治国之式范。"可见，老子之学与儒家之学，都是修、齐、治、平的学说，两者有异曲同工之妙。

（二）观天之道，执天之行

滕云山还认为治理天下最好的方法就是"观天之道，执天之行"。"执天而行，无所执也，契自然之理性。""无所执"就是顺应自然。自然包括"天时、人事、物理之自然"。而"观天之道"，就是要认识"道"，掌握"道"的运动变化规律。滕氏认为物极必反是"道"之运动变化规律，他说："凡天下之物势极则反。"据此规律，滕氏认为凡事都不能太过，他说："老子谓物壮则老，是谓不道，不道早已。言既知其为不道，则当速止，而不可再为也。孟子谓威天下不以兵革之利，其有闻于此乎？治国如治身，未修心，先养气，气得所养，则心平而理顺，理顺则性定而神凝，柔弱胜刚强是也。"故滕氏反对恃强凌弱，他说：

近今世界，凡恃强兵之国家，如第一次世界大战，德之军国也，第二次世界大战，日本、德、意皆恃兵强之过泰，而且过甚，终归失败。

观近今世界国家，其好事而尚侵略者，其国必多事，非取天下之具也。

凡有力胜人者，必遇敌，然欲之伐性，殆非敌国可比也。不如克己而自胜，可谓真强。

这里，滕氏运用老子"反者道之动"的理论，批评了帝国主义对外侵略的行径，同时也指出了中国"克己而自胜"的出路。

根据"物极必反"的规律，滕氏还提出了"知足"之论，他说：

古人云：若厌于心，何日而足，以贪得不止，终无足时。惟知足之足，无不知矣，故常足。观近代之世界，更有甚焉，物极必反，治极必乱，盛极必衰，欲极必敝。观第一次世界大战，祸福判然若昭。皆因一二人不知止足之祸害也。

滕氏之意是说，不知足，就会贪得不止，由于过于贪得，则会失去已经所得，甚至造成灾难。考察第一次世界大战，就因为一二人的不知足而造成了世界范围内的祸害，这就证明"知足常乐"，"欲极必敝"的道理。

（三）化民之治

治世的对象实质上就是"民"，"民"被治理好了，则"世"也就治理好了，因此，民的地位在国家中是至关重要的，滕氏说：

国以民为主，民以食为天。

老子教治天下者，当以淡泊无欲为本。凡厥有生，以食为命，无论贤愚贫富，是则上下同一命根也。然国家之食，必取税于民。

即是说，治理者及国家都须靠"取税于民"，因此，民是国家存在的基础，治理国家的关键在于治理好民。那么怎样才能治理好民呢？滕氏说：

信不足焉，有不信，谓在上为政之人，不能以清静自正，而启民心，反以多彰法令。禁民为非，而责之以道德仁义为重，愈责而不信矣。

在上有治国之责者，固当躬行节俭，清正为范，以正人心可也。且在上之人，犹然不知止足，而虚尚浮华极口体之欲，而服文彩，带利剑，厌饮食，而厚积货财，且上行下效捷如影响，故上有好之，而下必有甚焉者。上下人心如此，吾知大道之难行也。

苟忘贵贱之分，则人人皆为我用矣，又岂非无用之为大用耶。

这里滕氏强调了治理好民，首先要正民心，这就要求在上为政者能"清静自正""清正为范"，并能将民放在与自己同等的地位上，这样上下之心均合于道，"人人皆为我用"，则国家不治而自治了。

滕云山又说：

老子之学，有有为法，有无为法。有为法者，治世之道也。故曰为学日益，务欲增其智识。益其所习，故日益。无为法者，务欲求其真。克去情欲镾形泯智，故曰日损。如孔子之克己，庄子之无己是也。学道之人，必须要克尽私欲，情智两忘，私欲净尽，损至于无，所以我无为而民自化。民果化，则无不可为之事矣。此为无为，而后可以大有为，故无不为，故取天下常以无事。

以真实朴素教民，胜于奢华多欲为佳，试观近今世界，尚多智与多欲，将民间脂膏刮到净尽，以填一己之私欲，不但无益于民而反害民。

为政不欲杂，杂则多，多则扰，扰则忧，忧即不救，不救则惑多矣，是以圣人抱一为天下式，忘形去智，以道合一。

大国民众，治非易易，故以无事为治国之政教也。无事国自安定，国安定，则民食足，民食足，则国富强，良政福民如此。

这就是说，为上者如能无为，则民就能自化，相反，为政者多智与多欲，则害民而天下乱。因此，在上者要治理好国家，就要使自己的政令合于"道"，要多施"良政"。"良政"就要与道合一，就是不扰民，就是"以无事为治国之政教"。可见，滕氏治世的一个重要思想就是以"道"化民，而不是以"法令"强制民。

(四)"几先"与"不得已"之治

滕氏特别强调治理国家要始于"事之初"，他说：

老子云：但凡治心，治身，治国，治家，必从一念做工夫，以一念起于最微，易于解决。盖一念不生，喜怒未形，寂然不动之时，吉凶未见之地，乃祸福之先，所谓几先也。

老子教人见在几先，安然于无事之时，故无所为，而亦无所败，虚心鉴照，故无所执，而亦无所失，此皆因理达事。

老子教人慎终如始，始乃事之初，终乃事之成，但凡天下之事，纵然盈乎天地之间，吾人当察其始，常任其自然，而无作为之心，此所谓慎终如始，故无败事。

"几先"，即事情未发生之先。滕氏的意思是说，治于"几先"而不是等到事情

已经发生之后再去补救,就能真正做到自始至终"无为",故事情就易于解决,而无所失,亦无败事,从而实现最有效、最成功的治理。

滕氏强调"无为",但也不反对"不得已"的情况下的作为。他说:

为政不争,顺物自然,故善治。为事不争,则事无不理,故善能。凡事不得已而后动,故曰善时。谦下之德如此,则无人怨,无鬼责,故曰夫惟不争,故无尤矣。孔子人生观,不怨天,不尤人,皆此意也。

唯有道者,不得已而临莅天下,不以贵为显。虽处其位,但思道以救济众生,为国为好人,为己为恶人。

圣人无心御世,迫不得已而后应。

滕氏在这里反复强调了"不得已"。从上下文内容看,这种"不得已"的前提是"不争,顺物自然",是遵"道",是"无心御世",可见,"不得已"的作为,不是人的主观追求,而是按照"道"的要求,顺物之自然的一种客观运动。这表明滕氏的"无为"思想中并不反对遵"道"前提下的有所作为。

第六章　古今中外名人论老子

第一节　中国古代名人论老子

1.孔子

孔子(前551—前479),名丘,字仲尼。中国古代思想家、教育家,儒家学派创始人。

鸟,吾知其能飞;鱼,吾知其能游;兽,吾知其能走。走者可以为罔,游者可以为纶,飞者可以为矰。至于龙,吾不能知其乘风云而上天。吾今日见老子,其犹龙邪!(司马迁:《史记·老子韩非列传》)

子曰:"述而不作,信而好古,窃比于我老彭。"(《论语·述而》)

孔子谓南宫敬叔曰:"吾闻老聃博古知今,通礼乐之原,明道德之归,则吾师也,今将往矣。"对曰:"谨受命。"(《孔子家语》卷第三之《观周第十一》)

季康子问于孔子曰:"旧闻五帝之名而不知其实,请问何谓五帝?"孔子曰:"昔丘也闻诸老聃曰:'天有五行,水火金木土,分时化育,以成万物,其神谓之五帝。'"(《孔子家语》卷第六之《五帝第二十四》)

子夏问于孔子曰:"商闻易之生人及万物,鸟兽昆虫,各有奇偶,气分不同,而凡人莫知其情,唯达德者能原其本焉。天一,地二,人三,三如九,九九八十一,一主日,日数十,故人十月而生;八九七十二,偶以从奇,奇主辰,辰为月,月主马,故马十二月而生;七九六十三,三主斗,斗主狗,故狗三月而生;六九五十四,四主时,时主豕,故豕四月而生;四九三十六,六为律,律主鹿,故鹿六月而生;三九二十七,七主

星,星主虎,故虎七月而生;二九一十八,八主风,风为虫,故虫八月而生;其余各从其类矣。鸟鱼生阴而属于阳,故皆卵生。鱼游于水,鸟游于云,故立冬则燕雀入海化为蛤。蚕食而不饮,蝉饮而不食,蜉蝣不饮不食,万物之所以不同。介鳞夏食而冬蛰,咙吞者八窍而卵生,咀嚼者九窍而胎生,四足者无羽翼,戴角者无上齿,无角无前齿者膏,无角无后齿者脂,昼生者类父,夜生者似母,是以至阴主牝,至阳主牡,敢问其然乎?"孔子曰:"然,吾昔闻老聃亦如汝之言。"(《孔子家语》卷第六之《执辔第二十五》)

鲁南宫敬叔言鲁君曰:"请与孔子适周。"鲁君与之一乘车,两马,一竖子俱,适周问礼,盖见老子云。辞去,而老子送之曰:"吾闻富贵者送人以财,仁人者送人以言。吾不能富贵,窃仁人之号,送子以言,曰:'聪明深察而近于死者,好议人者也。博辩

清光绪 炉钧釉老子、释迦牟尼、孔子坐像

广大危其身者,发人之恶者也。为人子者毋以有己,为人臣者毋以有己。'"(《史记·孔子世家》)

曾子问曰:"葬引至于堩,日有食之,则有变乎?且不乎?"孔子曰:"昔者吾从老聃助葬于巷党,及堩,日有食之,老聃曰:'丘!止柩,就道右,止哭以听变。'既明反,而后行。曰:'礼也。'反葬,而丘问之曰:'夫柩不可以反者也,日有食之,不知其已之迟数,则岂如行哉?'老聃曰:'诸侯朝天子,见日而行,逮日而舍奠;大夫使,见日而行,逮日而舍。夫柩不早出,不暮宿。见星而行者,唯罪人与奔父母之丧者乎!日有食之,安知其不见星也?且君子行礼,不以人之亲痁患。'吾闻诸老聃云。"(《礼记·曾子问》)

子夏曰:"金革之事无辟也者,非与?"孔子曰:"吾闻诸老聃曰:'昔者鲁公伯禽有为为之也。今以三年之丧从其利者,吾弗知也。'"(《礼记·曾子问》)

2.庄子

庄子(约前369—约前286),名周,战国中期宋国蒙地人,道家思想的集大

成者。

　以本为精，以物为粗，以有积为不足，澹然独与神明居。古之道术有在于是者，关尹、老聃闻其风而悦之。建之以常无有，主之以太一。以濡弱谦下为表，以空虚不毁万物为实。关尹曰："在己无居，形物自著。其动若水，其静若镜，其应若响。芴乎若亡，寂乎若清。同焉者和，得焉者失。未尝先人而常随人。"老聃曰："知其雄，守其雌，为天下溪；知其白，守其辱，为天下谷。"人皆取先，己独取后。曰："受天下之垢"。人皆取实，己独取虚。"无藏也故有馀"。岿然而有馀。其行身也，徐而不费，无为也而笑巧。人皆求福，己独曲全。曰："苟免于咎"。以深为根，以约为纪。曰："坚则毁矣，锐则挫矣"。常宽容于物，不削于人。可谓至极，关尹、老聃乎，古之博大真人哉！（《庄子·天下》）

　老聃之役，有庚桑楚者，偏得老聃之道，以北居畏垒之山，其臣之画然知者去之，其妾之挈然仁者远之；拥肿之与居，鞅掌之为使。居三年，畏垒大壤。畏垒之民相与言曰："庚桑子之始来，吾洒然异之。今吾日计之而不足，岁计之而有余。庶几其圣人乎！子胡不相与尸而祝之，社而稷之乎？"庚桑子闻之，南面而不释然。弟子异之。庚桑子曰："弟子何异于予？夫春气发而百草生，正得秋而万宝成。夫春与秋，岂无得而然哉？天道已行矣。吾闻至人，尸居环堵之室，而百姓猖狂不知所如往。今以畏垒之细民，而窃窃焉欲俎豆予于贤人之间，我其杓之人邪！吾是以不释于老聃之言。"（《庄子·庚桑楚》）

　阳子居南之沛，老聃西游于秦，邀于郊，至于梁而遇老子。老子中道仰天而叹曰："始以汝为可教，今不可也。"阳子居不答。至舍，进盥漱巾栉，脱屦户外，膝行而前曰："向者弟子欲请夫子，夫子行不闲，是以不敢。今闲矣，请问其过。"老子曰："而睢睢盱盱，而谁与居？大白若辱，盛德若不足。"阳子居蹴然变容曰："敬闻命矣！"其往也，舍者迎将其家，公执席，妻执巾栉，舍者避席，炀者避灶。其反也，舍者与之争席矣。（《庄子·寓言》）

　孔子行年五十有一而不闻道，乃南之沛见老聃。老聃曰："子来乎？吾闻子，北方之贤者也！子亦得道乎？"孔子曰："未得也。"老子曰："子恶乎求之哉？"曰："吾求之于度数，五年而未得也。"老子曰："子又恶乎求之哉？"曰："吾求之于阴阳，十有二年而未得也。"老子曰："然，使道而可献，则人莫不献之于其君；使道而可进，则人莫不进之于其亲；使道而可以告人，则人莫不告其兄弟；使道而可以与人，则人莫不与其子孙。然而不可者，无佗也，中无主而不止，外无正而不行。由中出者，不

受于外,圣人不出;由外入者,无主于中,圣人不隐。名,公器也,不可多取。仁义,先王之蘧庐也,止可以一宿而不可久处。觏而多责。古之至人,假道于仁,托宿于义,以游逍遥之虚,食于苟简之田,立于不贷之圃。逍遥,无为也;苟简,易养也;不贷,无出也。古者谓是采真之游。以富为是者,不能让禄;以显为是者,不能让名。亲权者,不能与人柄,操之则栗,舍之则悲,而一无所鉴,以窥其所不休者,是天之戮民也。怨、恩、取、与、谏、教、生、杀八者,正之器也,唯循大变无所湮者为能用之。故曰:正者,正也。其心以为不然者,天门弗开矣。"(《庄子·天运》)

孔子见老聃而语仁义。老聃曰:"夫播糠眯目,则天地四方易位矣;蚊虻噆肤,则通昔不寐矣。夫仁义憯然,乃愤吾心,乱莫大焉。吾子使天下无失其朴,吾子亦放风而动,总德而立矣!又奚杰然若负建鼓而求亡子者邪!夫鹄不日浴而白,乌不日黔而黑。黑白之朴,不足以为辩;名誉之观,不足以为广。泉涸,鱼相与处于陆,相呴以湿,相濡以沫,不若相忘于江湖。"孔子见老聃归,三日不谈。弟子问曰:"夫子见老聃,亦将何规哉?"孔子曰:"吾乃今于是乎见龙。龙,合而成体,散而成章,乘云气而养乎阴阳。予口张而不能嗋。予又何规老聃哉?"子贡曰:"然则人固有尸居而龙见,雷声而渊默,发动如天地者乎?赐亦可得而观乎?"遂以孔子声见老聃。老聃方将倨堂而应,微曰:"予年运而往矣,子将何以戒我乎?"子贡曰:"夫三皇五帝之治天下不同,其系声名一也。而先生独以为非圣人,如何哉?"老聃曰:"小子少进!子何以谓不同?"对曰:"尧授舜,舜授禹。禹用力而汤用兵,文王顺纣而不敢逆,武王逆纣而不肯顺,故曰不同。"老聃曰:"小子少进,余语汝三皇五帝之治天下:黄帝之治天下,使民心一。民有其亲死不哭而民不非也。尧之治天下,使民心亲。民有为其亲杀其杀而民不非也。舜之治天下,使民心竞。民孕妇十月生子,子生五月而能言,不至乎孩而始谁,则人始有夭矣。禹之治天下,使民心变,人有心而兵有顺,杀盗非杀人,自为种而天下耳。是以天下大骇,儒墨皆起。其作始有伦,而今乎妇女,何言哉!余语汝:三皇五帝之治天下,名曰治之,而乱莫甚焉。三皇之知,上悖日月之明,下睽山川之精,中堕四时之施。其知憯于蛎虿之尾,鲜规之兽,莫得安其性命之情者,而犹自以为圣人,不亦可耻乎?其无耻也!"子贡蹴蹴然立不安。(《庄子·天运》)

孔子谓老聃曰:"丘治《诗》《书》《礼》《乐》《易》《春秋》六经,自以为久矣,孰知其故矣,以奸者七十二君,论先王之道而明周、召之迹,一君无所钩用。甚矣!夫人之难说也?道之难明邪?"老子曰:"幸矣,子之不遇治世之君也!夫六经,先王之陈迹也,岂其所以迹哉!今子之所言,犹迹也。夫迹,履之所出,而迹岂履哉!夫白鶂之相视,眸子不运而风化;虫,雄鸣于上风,雌应于下风,而风化。类自为雌雄,故风化。性不可易,命不可变,时不可止,道不可壅。苟得于道,无自而不可;失焉者,无自而可。"孔子不出三月,复见,曰:"丘得之矣。乌鹊孺,鱼傅沫,细要者化,有弟而兄啼。久矣,夫丘不与化为人!不与化为人,安能化人。"老子曰:"可,丘得之矣!"(《庄子·天运》)

孔子见老聃,老聃新沐,方将被发而干,慹然似非人。孔子便而待之。少焉见,曰:"丘也眩与?其信然与?向者先生形体掘若槁木,似遗物离人而立于独也。"老聃曰:"吾游心于物之初。"孔子曰:"何谓邪?"曰:"心困焉而不能知,口辟焉而不能言。尝为汝议乎其将:至阴肃肃,至阳赫赫。肃肃出乎天,赫赫发乎地。两者交通成和而物生焉,或为之纪而莫见其形。消息满虚,一晦一明,日改月化,日有所为而莫见其功。生有所乎萌,死有所乎归,始终相反乎无端,而莫知乎其所穷。非是也,且孰为之宗!"孔子曰:"请问游是。"老聃曰:"夫得是,至美至乐也。得至美而游乎至乐,谓之至人。"孔子曰:"愿闻其方。"曰:"草食之兽,不疾易薮;水生之虫,不疾易水。行小变而不失其大常也,喜怒哀乐不入于胸次。夫天下也者,万物之所一也。得其所一而同焉,则四支百体将为尘垢,而死生终始将为昼夜,而莫之能滑,而况得丧祸福之所介乎!弃隶者若弃泥涂,知身贵于隶也。贵在于我而不失于变。且万化而未始有极也,夫孰足以患心!已为道者解乎此。"孔子曰:"夫子德配天地,而犹假至言以修心。古之君子,孰能脱焉?"老聃曰:"不然。夫水之于汋也,无为而才自然矣;至人之于德也,不修而物不能离焉。若天之自高,地之自厚,日月之自明,夫何修焉!"孔子出,以告颜回曰:"丘之于道也,其犹醯鸡与!微夫子之发吾覆也,吾不知天地之大全也。"(《庄子·田子方》)

孔子问于老聃曰:"今日晏闲,敢问至道。"老聃曰:"汝齐戒,疏瀹而心,澡雪而精神,掊击而知。夫道,窅然难言哉!将为汝言其崖略:夫昭昭生于冥冥,有伦生于无形,精神生于道,形本生于精,而万物以形相生。故九窍者胎生,八窍者卵生。其来无迹,其往无崖,无门无房,四达之皇皇也。邀于此者,四肢强,思虑恂达,耳目聪明。其用心不劳,其应物无方,天不得不高,地不得不广,日月不得不行,万物不得不昌,此其道与!且夫博之不必知,辩之不必慧,圣人以断之矣!若夫益之而不加益,损之而不加损者,圣人之所保也。渊渊乎其若海,魏魏乎其终则复始也。运量万物而不遗。则君子之道,彼其外与!万物皆往资焉而不匮。此其道与!"(《庄子

·知北游》)

3.荀子

荀子(约前313—前238),名况,又称荀卿,赵国邯郸人,战国后期儒家学派代表人物。

万物为道一偏,一物为万物一偏。愚者为一物一偏,而自以为知道,无知也。慎子有见于后,无见于先。老子有见于诎,无见于信。墨子有见于齐,无见于畸。宋子有见于少,无见于多。(《荀子·天论》)

4.韩非子

韩非子(约前280—前233),出身于韩国贵族世家,战国后期法家学派代表人物和集大成者。

德者,内也。得者,外也。"上德不德",言其神不淫于外也。神不淫于外,则身全。身全之谓德。德者,得身也。凡德者,以无为集,以无欲成,以不思安,以不用固。为之欲之,则德无舍;德无舍,则不全。用之思之,则不固;不固,则无功;无功,则生于德。德则无德,不德则在有德。故曰:"上德不德,是以有德。"(《韩非子·解老》)

韩非子画像

道者,万物之所然也,万理之所稽也。理者,成物之文也;道者,万物之所以成也。故曰:"道,理之者也。"(《韩非子·解老》)

翟人有献丰狐、玄豹之皮于晋文公。文公受客皮而叹曰:"此以皮之美自为罪。"夫治国者以名号为罪,徐偃王是也;以城与地为罪,虞、虢是也。故曰:"罪莫大于可欲。"(《韩非子·喻老》)

楚庄王莅政三年,无令发,无政为也。右司马御座而与王隐曰:"有鸟止南方之阜,三年不翅,不飞不鸣,嘿然无声,此为何名?"王曰:"三年不翅,将以长羽翼;不飞不鸣,将以观民则。虽无飞,飞必冲天;虽无鸣,鸣必惊人。子释之,不谷知之矣。"处半年,乃自听政。所废者十,所起者九,诛大臣五,举处士六,而邦大治。举兵诛齐,败之徐州,胜晋于河雍,合诸侯于宋,遂霸天下。庄王不为小害善,故有大名;不蚤见示,故有大功。故曰:"大器晚成,大音希声。"(《韩非子·喻老》)

5.吕不韦

吕不韦（？—前235），战国末期卫国濮阳人，政治家、思想家。

听群众人议以治国，国危无日矣。何以知其然也？老聃贵柔，孔子贵仁，墨翟贵廉，关尹贵清，子列子贵虚，陈骈贵齐，阳生贵己，孙膑贵势，王廖贵先，儿良贵后。（《吕氏春秋·不二》）

吕不韦画像

6.司马谈

司马谈，西汉历史学家，司马迁之父。

道家使人精神专一，动合无形，赡足万物。其为术也，因阴阳之大顺，采儒墨之善，撮名法之要，与时迁移，应物变化，立俗施事，无所不宜，指约而易操，事少而功多。

道家无为，又曰无不为，其实易行，其辞难知。其术以虚无为本，以因循为用。无成势，无常形，故能究万物之情。不为物先，不为物后，故能为万物主。有法无法，因时为业；有度无度，因物与合。故曰"圣人不朽，时变是守。虚者道之常也，因者君之纲也。"群臣并至，使各自明也。其实中其声者谓之端，实不中其声者谓之窾。窾言不听，奸乃不生，贤不肖自分，白黑乃形。在所欲用耳，何事不成。乃合大道，混混冥冥。光耀天下，复反无名。凡人所生者神也，所托者形也。神大用则竭，形大劳则敝，形神离则死。死者不可复生，离者不可复反，故圣人重之。由是观之，神者生之本也，形者生之具也。不先定其神形，而曰"我有以治天下"，何由哉？（司马谈：《论六家要旨》，《史记·太史公自序》）

7.司马迁

司马迁（前145或前135—？），字子长，左冯翊夏阳人。西汉史学家、文学家。

老子者，楚苦县厉乡曲仁里人也，姓李氏，名耳，字聃，周守藏室之史也。

孔子适周，将问礼于老子。老子曰："子所言者，其人与骨皆已朽矣，独其言在耳。且君子得其时则驾，不得其时则蓬累而行。吾闻之，良贾深藏若虚，君子盛德

司马迁

容貌若愚。去子之骄气与多欲，态色与淫志，是皆无益于子之身。吾所以告子，若是而已。"孔子去，谓弟子曰："鸟，吾知其能飞；鱼，吾知其能游；兽，吾知其能走。走者可以为罔，游者可以为纶，飞者可以为矰。至于龙，吾不能知其乘风云而上天。吾今日见老子，其犹龙邪！"

老子修道德，其学以自隐无名为务。居周久之，见周之衰，乃遂去。至关，关令尹喜曰："子将隐矣，强为我著书。"于是老子乃著书上下篇，言道德之意五千余言而去，莫知其所终。

或曰：老莱子亦楚人也，著书十五篇，言道家之用，与孔子同时云。盖老子百有六十余岁，或言二百余岁，以其修道而养寿也。自孔子死之后百二十九年，而史记周太史儋见秦献公曰："始秦与周合，合五百岁而离，离五百岁而复合，合七十岁而霸王者出焉。"或曰儋即老子，或曰非也，世莫知其然否。老子，隐君子也。

老子之子名宗，宗为魏将，封于段干。宗子注，注子宫，宫玄孙假，假仕于汉孝文帝。而假之子解为胶西王卬太傅，因家于齐焉。

世之学老子者则绌儒学，儒学亦绌老子。"道不同不相为谋"，岂谓是邪？李耳无为自化，清静自正。

太史公曰：老子所贵道，虚无，因应变化于无为，故著书辞称微妙难识。庄子散道德，放论，要亦归之自然。申子卑卑，施之于名实。韩子引绳墨，切事情，明是非，其极惨礉少恩。皆原于道德之意，而老子深远矣。（司马迁：《史记·老子韩非列传》）

窦太后好皇帝、老子言，帝（景帝）及太子、诸窦不得不读《黄帝》《老子》，尊其术。（司马迁：《史记·外戚世家》）

8.韩婴

韩婴（约前200—前130），涿郡鄚人。西汉前期儒家学者。

哀公问于子夏曰："必学然后可以安国保民乎？"子夏曰："不学而能安国保民者，未之有也。"哀公曰："然则五帝有师乎？"子夏曰："臣闻黄帝学乎大填，颛顼学乎禄图，帝喾学乎赤松子，尧学乎务成子附，舜学乎尹寿，禹学乎西王国，汤学乎贷子相，文王学乎锡畴子斯，武王学乎太公，周公学乎虢叔，仲尼学乎老聃。此十一圣人，未遭此师，则功业不能著乎天下，名号不能传乎后世者也。"（《韩诗外传·卷五》）

9.刘向

刘向(约前77—前6),西汉经学家、目录学家、文学家。本名更生,字子政,沛人。被称为目录学之祖。

韩平子问于叔向曰:"刚与柔孰坚?"对曰:"臣年八十矣,齿再堕而舌尚存。老聃有言曰:'天下之至柔,驰骋乎天下之至坚。'又曰:'人之生也柔弱,其死也刚强;万物草木之生也柔脆,其死也枯槁。'因此观之,柔弱者生之徒也,刚强者死之徒也。"(刘向:《说苑·敬慎》)

德和元气,寿同两仪,自根自本,无为不为。五行宗祖,万象总持,独任自然,应世难窥。(刘向:《老子赞》)

10.扬雄

扬雄(前53—18),一作"杨雄",字子云,西汉蜀郡成都人。西汉后期著名学者,哲学家、文学家。

孔子作《春秋》,几君子之前睹也。老聃有遗言,贵知我者希,此非其操与?

老子之言道德,吾有取焉耳,及其椎仁义,灭绝礼学,吾无取焉耳。(《汉书·扬雄传·解难》)

11.王充

王充(27—约97),字仲任,会稽上虞人。东汉时期著名唯物主义哲学家。

谓天自然无为者何? 气也。恬淡无欲,无为无事者也,老聃得以寿矣。老聃禀之于天,使天无此气,老聃安所禀受此性!

道家论自然,不知引物事以验其言行,故自然之说未见信也。

王充画像

贤之纯者,黄、老是也。黄者,黄帝也。老者,老子也。黄老之操,身中恬淡,其治无为,正身共己而阴阳自和,无心于为而物自化,无意于生而物自成。

道家德厚,下当其上,上安其下,纯蒙无为,何复谴告?……老子、文子似天地者也。(王充:《论衡·自然》)

12.桓谭

桓谭(约前23—56),字君山,沛国相人。东汉时期著名音乐家、天文学家、哲学家。

余尝过故陈令同郡杜房,见其读老子书言:"老子用恬淡养性,致寿数百岁。今行其道,宁能延年却老乎?"余应之曰:"……譬犹衣履器物,爱之则完全乃久。……精神居形体,犹火之然烛矣:如善扶持,随火而侧之,可毋灭而竟烛;烛无火亦不能独行于虚空,又不能复然其灺。灺犹人之耆老,齿堕发白,肌肉枯腊,而精神弗为之能润泽内外周遍,则气索而死,如火烛之俱尽矣。……夫古昔平和之世,人民蒙美盛而生,皆坚强老寿,咸百年左右乃死;死……犹果物谷实久老,则自堕落矣。后世遭衰薄恶气,娶嫁又不时,勤苦过度,是以身生子皆俱伤,而筋骨血气不充强,故多凶短折,中年夭卒。……昔齐景公……云:使古而无死何若? 晏子曰:上帝以人之殁,为善仁者息焉,不仁者如焉。今不思勉广,日学自通,以趋立身扬名,如但贪利长生,多求延寿益年,则惑之不解者也"。(桓谭:《新论·袪蔽篇》)

13.边韶

边韶,东汉凌仪人,字孝先,桓帝时人,以文学知名。

老子离合于混沌之气,与三光为始终,观天作谶,降升斗星,随日九变,与时消息。规矩三光,四灵在旁,存想丹田,大一紫房,道成身化,蝉蜕度世。自羲农以来,世为圣者作师。

老子玄虚守静,乐无名,守不德,危高官,安下位,遗孔子以仁言,避世而隐居,变异名姓,唯恐见知。……盖老子所以见隆崇于今,为时人所享祀,及其逃禄处微,损之又损,口显虚无之清寂,先天地生,乃守真养性,获五福之致也。(边韶:《老子铭》,《隶释》卷三)

14.王阜

王阜,于东汉明帝、章帝之际任益州太守。

老子者,道也。乃生于无形之先,起于太初之前,行于太素之元,浮游六虚,出入幽明,观混合之未别,窥清浊之未分。(王阜:《老子圣母碑》,见《全汉文》)

15.于吉

于吉,东汉时期著名道士。相传道教最重要的经典之一《太平经》(又名《太平清领书》)是他流传下来的。

老子者,得道之大圣,幽显所共师者也。应感则变化随方,功成则隐沦常住。住无所住,常无不在。不在之在,在乎无极。无极之极,极乎太玄。太玄者,太宗极主之所都也。老子都此,化应十方。敷有无之妙,应接无穷,不可称述,近出世化,生乎周初,降迹和光,诞于庶类,示明胎育,可以学真,虽居下贱,无累得道,周流六虚,教化三界,出世间法,在世间法,有为无为,莫不毕究。(《太平经》卷八)

16.阮籍

阮籍(210—263),字嗣宗,陈留尉氏人。三国时魏国文学家,"竹林七贤"之一。

圣人明于天人之理,达于自然之分,通于治化之体,审于大慎之训。故君臣垂拱,完太素之朴;百姓熙怡,保性命之和。道者,法自然而为化。侯王能守之,万物将自化。《易》谓之"太极",《春秋》谓之"元",《老子》谓之"道"。三皇依道,五帝仗德,三王施仁,五霸行义,强国任智,盖优劣之异,薄厚之降也。(阮籍:《通老论》)

17.王弼

王弼(226—249),字辅嗣,魏国山阳人。三国魏玄学家。《老子指略》是其重要作品。

夫"道"也者,取乎万物之所由也;"玄"也者,取乎幽冥之所出也;"深"也者,取乎探赜而不可究也;"大"也者,取乎弥纶而不可极也;"远"也者,取乎绵邈而不可及也;"微"也者,取乎幽微而不可观也。然则"道""玄""深""大""微""远"之言,各有其义,未尽其极者也。然弥纶无极,不可名细;微妙无形,不可名大。是以篇云:"字之曰道","谓之曰玄",而不名也。然则言之者失其常,名之者离其真,为之者则败其性,执之者则失其原矣。是以圣人不以言为主,则不违其常;不以名为常,则不离其真;不以为为事,则不败其性;不以执为制,则不失其原矣。然则《老子》之文,欲辩而诘者,则失其旨也;欲名而责者,则违其义也。

又其为文也,举终以证始,本始以尽终。开而弗达,导而弗牵。寻而后既其义,推而后尽其理。善发事始以首其论,明夫会归以终其文。故使同趣而感发者,莫不美其兴言之始,因而演焉;异旨而独构者,莫不说其会归之征,以为证焉。

《老子》之书,其几乎可一言而蔽之。噫!崇本息末而已矣。观其所由,寻其所归,言不远宗,事不失主。文虽五千,贯之者一;义虽广瞻,众则同类。解其一言而蔽之,则无幽而不识。每事各为意,则虽辩而愈惑。(王弼:《老子指略》)

18.裴頠

裴頠(267—300),字逸民,河东闻喜(今属山西)人,西晋哲学家。著有《崇有论》。

老子既著五千之文,表撅秽杂之蔽,甄举静之一义,有以令人释然自夷,合于《易》之《损》《谦》《艮》《节》之旨。(裴颜:《崇有论》)

19.刘义庆

刘义庆,南朝宋宗室,袭封临川王,有文才,好聚文学之士,撰有《世说新语》。

何平叔注《老子》,始成,诣王辅嗣,见王注精奇,乃神伏,曰:"若斯人,可与论天人之际矣。"因以所注为道、德二论。(《世说新语·文学第四》之《可与论天人之际》)

王辅嗣弱冠诣裴徽,徽问曰:"夫无者,诚万物之所资,圣

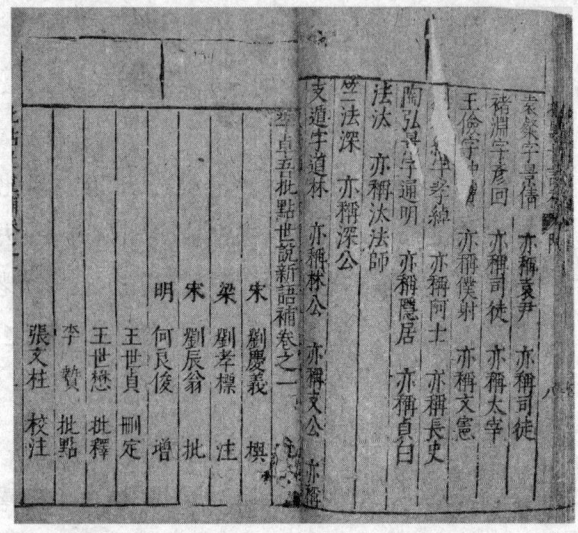

宋 刘义庆撰《李卓吾批点世说新语补》二十卷

人莫肯致言,而老子申之无已,何邪?"弼曰:"圣人体无,无又不可以训,故言必及有;老、庄未免于有,恒训其所不足。"(《世说新语·文学第四》之《圣人体无》)

何晏注《老子》未毕,见王弼自说注《老子》旨,何意多所短,不复得作声,但应诺诺,遂不复注,因作《道德论》。(《世说新语·文学第四》之《但应诺诺》)

诸葛宏年少不肯学问,始与王夷甫谈,便已超诣。王叹曰:"卿天才卓出,若复小加研寻,一无所愧。"宏后看《庄》《老》,更与王语,便足相抗衡。(《世说新语·文学第四》之《天才卓出》)

阮宣子有令闻。太尉王夷甫见而问曰:"老庄与圣教同异?"对曰:"将无同。"太尉善其言,辟之为掾。世谓"三语掾"。卫玠嘲之曰:"一言可辟,何假于三!"宣子曰:"苟是天下人望,亦可无言而辟,复何假一!"遂相与为友。(《世说新语·文学第四》之《将无同》)

殷仲堪云:"三日不读《道德经》,便觉舌本间强。"(《世说新语·文学第四》之《舌本间强》)

20.葛洪

葛洪(283—363),字稚川,自号抱朴子,丹阳句容人。东晋时期的道教理论家、

炼丹家、医学家。

玄者,自然之始祖,而万殊之大宗也。眇昧乎其深也,故称微焉。绵邈乎其远也,故称妙焉。其高则冠盖乎九霄,其旷则笼罩乎八隅。光乎日月,迅乎电驰。或倏烁而景逝,或飘滭而星流,或混漾于渊澄,或雰霏而云浮。因兆类而为有,讬潜寂而为无。沦大幽而下沈,凌辰极而上游。金石不能比其刚,湛露不能等其柔。方而不矩,圆而不规。来焉莫见,往焉莫追。乾以之高,坤以之卑,云以之行,雨以之施。胞胎元一,范铸两仪,吐纳大始,鼓冶亿类,徊旋四七,匠成草昧,辔策灵机,吹嘘四气,幽括冲默,舒阐粲尉,抑浊扬清,斟酌河渭,增之不溢,挹之不匮,与之不荣,夺之不瘁。故玄之所在,其乐不穷。玄之所去,器弊神逝。(葛洪:《抱朴子内篇》)

21.孙绰

孙绰(314—371),字兴公,太原中都人。东晋文学家。

老圣无为,而无不为。道一尧孔,迹又灵奇。塞关内镜,冥神绝崖,永合元气,契长两仪。(孙绰:《老子赞》)

22.干宝

干宝,字令升,晋时新蔡人。撰有志怪小说《搜神记》,另著有《晋史》三十卷。

有人入焦山七年,老君与之木钻,使穿一磐石,石厚五尺。曰:"此石穿,当得道。"积四十年,石穿,遂得神仙丹诀。(干宝:《搜神记》卷一)

23.僧肇

僧肇(384—414),京兆人。东晋时代著名佛教学者。

肇闻天得一以清,地得一以宁,君王得一以治天下。伏惟陛下,睿哲钦明,道与神会。妙契环中,理无不统。游刃万机,弘道终日。威被苍生,垂文作则。所以域中有四大,而王居一焉。涅槃之道,盖是三乘之所归,方等之渊府。渺漭希夷,绝视听之域。幽致虚玄,殆非群情之所测。(僧肇:《涅槃无名论》)

24.范晔

范晔(398—445),字蔚宗,南朝宋顺阳(今河南淅川)人。著有《后汉书》。《后汉书》与《史记》《汉书》《三国志》并称"前四史",是纪传体史书的代表作之一。

桓帝即位十八年,好神仙事。延熹八年,初使中常侍之陈国苦县祠老子。九年亲祠老子于濯龙。(《后汉书·祭祀纪》)

25.刘勰

刘勰(约465—约532),山东莒人,南朝齐梁间人,中国古代著名的文学理论家,著有《文心雕龙》。

老子疾伪,故称美言不信;而五千精妙,则非弃美也。(刘勰:《文心雕龙·情采》)

案道家立法,厥有三品,上标老子,次述神仙,下袭张陵。(刘勰:《灭惑论》,《弘明集》卷八)

26.魏收

魏收(506—572),字伯起,巨鹿下曲阳(今河北晋州市西)人,文学家、史学家,著有《魏书》。

道家之源,出于老子。其自言也,先天地生,以资万类。

上处玉京,为神王之宗,下在紫薇,为飞仙之主。千变万化,有德不德,随感应物,厥迹无常。……至于丹书紫字,升玄飞步之经;玉石金光,妙有灵洞之说。如此之文,不可胜纪。其为教也,咸黜去邪累,藻雪心神,积行树功,累德增善,乃至白日升天,长生世上。(魏收:《老子赞》)

27.庾信

庾信(513—581),字子山,南阳新野人。北朝北周著名文学家。

虚无推驭辨,寥廓本乘蜺。三门临苦县,九井对灵溪。成丹须竹节,量药用刀圭。……唯当别官吏,直向流沙西。(庾信:《至老子庙应诏》)

28.李渊

李渊,唐高祖,祖籍西成纪,唐王朝的创建者。

老教孔教,此土先宗;释教后兴,宜崇客礼。今老先、次孔、末后释。(《先老后释诏》)

29.李世民

李世民(599—649),即唐太宗,李渊次子。政治家、军事家。

诸华之教,翻居一乘之后,流循忘反,于兹累代。朕凤夜寅畏,缅惟至道,思革前弊,纳诸轨物,况朕之本系,起自柱下。今鼎祚克昌,既凭上德之庆,天下大定,亦赖无为之功。宜有改张,阐兹玄化,自今以后,斋供行立。至于称谓,其道士女冠,

可在僧尼之前。（唐太宗：《唐大诏令集·道士女冠在僧尼之上诏》）

30.李隆基

李隆基（685—762），即唐玄宗，一称唐明皇，睿宗李旦之子。政治家。

我烈祖玄元皇帝，秉大圣之德，蕴至道之尊，著五千文，用矫时弊，可以理国家。（唐玄宗：《命两京诸路各置玄元皇帝庙诏》）

昔在元圣，强著玄言，权舆真宗，启迪来裔。遗文诚在，精义颇乖。撮其指归，虽蜀严而犹病，摘其章句，自河公而或略。其余浸微，固不足数。则我玄元妙旨，岂其将坠？朕诚寡薄，尝感斯文，猥承有后之庆，恐失无为之理，每因清宴，辄叩玄关，随所意得，遂为笺注。岂成一家之说，但备遗阙之文。今兹绝笔，是询于众公卿臣庶、道释二门，有能起予类于卜商，针疾同于左氏，渴于纳善，朕所虚怀，苟副斯言，必加厚赏。且如谀臣自圣，幸非此流，县市相矜，亦云小道，既其不讳，咸可直言，勿为来者所嗤，以重朕之不德。（《唐玄宗御注道德真经·序》）

道者，虚极之妙用。名者，物得之所称。用可于物，故云可道。名生于用，故云可名。应用且无方，则非常于一道。物殊而名异，则非常于一名。是则强名曰道，而道常无名也。（《唐玄宗御注道德真经》，释"道可道，非常道。名可名，非常名"）

道者，虚极妙本之强名也，训通训径。首一字标宗也。可道者，言此妙本通生万物，是万物之由径，可称为道，故云可道。非常道者，妙本生化，用无定方，强为之名，不可遍举，故或大或逝，或远或返，是不常于一道也，故云非常道。（《唐玄宗御注道德真经》，释"大曰逝，逝曰远，远曰返"）

求食于母者，贵如婴儿无营欲尔。上文云如婴儿之未孩，下经云含德之厚，比于赤子。如此所以独异于人。先无求、于两字，今所加也。且圣人说经，本无避讳，今世为教，则有嫌疑。畅理故义不可移，临文则句须稳便。便今存古，是所庶几。又司马迁云：老子说五千余言，则明理诣而息言，不必以五千为定格。（《唐玄宗御注道德真经》，释"而贵求食于母"）

其（指《老子》——引者注）要在乎理身、理国。理国则绝矜尚华薄，以无为不言为教。……理身则少私寡欲，以虚心食腹为务。……此大旨也。及乎穷理尽性，闭缘息想，处实行权，坐忘遗照，损之又损，玄之又玄，此殆不可得而言传者矣。（《唐玄宗御注道德真经·题释》）

爰有上德，生而长年。白发垂相，紫气浮天。含光默默，永劫绵绵。万教之祖，

号曰玄元。百王取法,累圣攸传。函谷关右,经流五千。道非常道,玄之又玄。(《唐玄宗御制老子赞》)

31.李白

李白(701—762),字太白,号青莲居士。祖籍陇西成纪人。唐代诗人,被尊为"诗仙"。

先君怀圣德,灵庙肃神心。草合人踪断,尘浓鸟迹深。流沙丹炉灭,关路紫烟沉。独伤千载后,空余松柏林。(李白:《谒老君庙》)

32.王真

王真,唐代宪宗元和年间人,军事理论家。

李白画像

诞我玄元皇帝以代天地而言,将善救其弊者也。是以谆谆然五千之文殷勤恳恻,斯亦至矣!可谓启道德之根源,绝言语之枝叶。比之文章,则三辰昭回于天也;拟乎动植,则万物充盈于地也;论其教戒,则百行全备于人也。何谓礼者乱之首? 乱,犹理也。乱矣非常礼,则无以理之,故曰:"乱之首也"。夫文者,武之君也;武者,文之备也。斯盖二柄兼行,两者同出,常居左右,孰可废坠? 故口:"忘战则危,好战则亡。"是知兵者可用也,不可好也;可战也,不可忘也。自轩辕黄帝以兵遏乱,少昊以降,无代无之,暨于三王之兴,虽有圣德,咸以兵定天下,则三王之兵,皆因时而动,动毕而后戢,戢即不复用也。及至嗣君,或骄或僻,或暴或淫,或怒或贪,或矜或忌,乃为我师我旅、我国我家,动必取强,用必求胜,载穷载黩,且战且前,或不戢而自焚,或无厌而取灭,涂万姓之肝脑,决一人之忿欲,毒痛海内,炎流天下。

是以道君哀其若此,又不可得而废去,遂不得已而用之。夫圣人用兵之道,不以其愠怒也,不以其争夺也,不以其贪爱也,不以其报怨也。盖整而理之,蓄而藏之,以谨无良,以威不譓,非用之于战阵,非用之于杀伐,非用之于田猎,非用之于强梁,此圣人用兵之深旨也。

怒者,逆德也;兵者,凶器也;争者,人之所甚恶也。若以逆德、用凶器、行人之所甚恶,岂容易哉! 故曰:上德者,天下归之;上仁者,海内归之;上义者,一国归之;上礼者,一乡归之。无此四德者,人不归也。人不归,即用兵;用兵,即危之道也。故谓"不祥之器",又曰:"死地"。所以王者必先务于道德,而重用兵也。

抑臣又闻之:创业之主亡亡以咸其功,继体之君存存以保其位。故圣人以必不必,则兵戎可得而载;众人以不必必之,则战伐益兴。故道君非独讽其当时侯王,盖亦防其后代言,故先举大道至德,修身理国之要,无为之事,不言之教,皆数十章之后,方始正言其兵。原夫深衷微旨,未尝有一章不属意于兵也。何者?伏惟道君降于殷之末代,征伐出于诸侯,当其时王已失众正之道也久矣。且不得指斥而言,故极论冲虚不争之道、柔弱自卑之德戒之。

夫争者,兵战之源、祸乱之本也。圣人先欲埋其源、绝其本,故经中首尾重迭,唯以不争为要也。夫唯不争,则兵革何由而兴?战阵何因而列?故道君叮咛深诫,其有旨哉!其有旨哉!

夫天地何言?阴阳不测,是以道君强为之名,而立文字,欲人知之,使其行之,非难知也,非难行也。况我国家祖有道而宗有德,流圣裔而派仙源乎!唐哉皇哉!不可得而称也。

伏惟睿圣文武皇帝陛下聪明文思浚哲温恭,缵十叶之鸿辉,傅千亿之命绪,阐皇道而育万物,弘帝德而贞百度,寂然不动,神而化之,戢干戈于方兴之时,郤行阵于已列之地,无为无事,上德上仁贵五千之至言、贱百二之重险,结绳而理,大化克被于生灵,击壤之歌,至德瓯闻于野老。天下幸甚!天下幸甚!臣少习儒业,长无武功,睹升平于明盛之时,赖亭育于仁寿之域。是以不揆庸陋,敢侮圣人之言,甘心从鼎镬之诛,微幸纳刍荛之志。臣伏以《道德经》文,远有河公训释,中存严氏指归,近经开元注解,征臣狂简,岂敢措词。今之所言,独以兵战之要,采撮玄微,辄录《道德经》中章首为题序,列如左,各于题后粗述玄元皇帝圣旨,或先经以始其事,或后经以终其义,谬将臆度,用达管窥,既无百中之能,庶均万分之一,因号曰:《道德兵要义述》。(王真:《道德真经论兵要义述》)

33.韩愈

韩愈(768—824),字退之,河南河阳人,郡望昌黎,世称韩昌黎。唐代文学家、哲学家,名列唐宋八大家之首。

博爱之谓仁,行而宜之之谓义,由是而之焉之谓道,足乎己无待于外之谓德。仁与义为定名,道与德为虚位。故道有君子小人,而德有凶有吉。

老子之小仁义,非毁之也,其见者小也。坐井而观天,曰天小者,非天小也。彼以煦煦为仁,孑孑为义,其小之也则宜。其所谓道,道其所道,非吾所谓道也;其所

谓德,德其所德,非吾所谓德也。凡吾所谓道德云者,合仁与义言之也,天下之公言也。老子之所谓道德云者,去仁与义言之也,一人之私言也。

周道衰,孔子没。火于秦,黄老于汉,佛于晋、魏、梁、隋之间。其言道德仁义者,不入于杨,则入于墨;不入于老,则入于佛。入于彼,必出于此。入者主之,出者奴之;入者附之,出者汗之。噫!后之人其欲闻仁义道德之说,孰从而听之?老者曰:"孔子,吾师之弟子也。"佛者曰:"孔子,吾师之弟子也。"为孔子者,习闻其说,乐其诞而自小也,亦曰:"吾师亦尝云尔。"不惟举之于其口,而又笔之于其书。噫!后之人虽欲闻仁义道德之说,其孰从而求之?甚矣!人之好怪也,不求其端,不讯其末,惟怪之欲闻。(韩愈:《原道》)

释老之害,过于杨、墨。韩愈之贤,不及孟子。……使其道由愈而粗传,虽灭死万万无恨。(韩愈:《与孟尚书书》,《昌黎先生集》卷一八)

34.杜光庭

杜光庭(850—933),字圣宾(一说宾圣),号东瀛子,处州缙云人。唐末五代著名道教人物。

《道德真经》,包含众义,指归意趣,随有君宗。(杜光庭:《道德真经广圣义·释疏题明道德义》)

(历代释老诸家——引者注)所释之理,诸家不同:或深了重玄,不滞空有;或溺推因果,偏至三生;或引合儒宗;或趣归空寂。莫不并探骊宝,竞掇珠玑。(杜光庭:《道德真经广圣义·序》)

无上玄元,化生万亿,开辟乾坤,古今莫测。万象之宗,帝王之则,先天地生,备全道德。(杜光庭:《老子赞》)

35.成玄英

成玄英,唐代道士。

道以虚通为义,常以湛寂得名。所谓无极大道,是众生之正性也。而言可道者,即是名言,谓可称之法也。……常道者,不可以名言辩,不可以心虑知,妙绝希夷,理穷恍惚。……可道可说者,非常道也。(成玄英:《道德经义疏》)

36.陈抟

陈抟(871—989),字图南,号扶摇子,五代真源人。著名道士、学者。

开张天岸马,奇逸人中龙。(陈抟:《老子赞》)

37.赵炅

赵炅(939—997),即宋太宗,太祖弟。曾建崇文院编《太平御览》等。

朕每读至"兵者不祥之器,圣人不得已而用之",未尝不三复以为规戒。王者虽以武功克敌,终须用文德致治。(《宋朝事实》卷三《圣学》)

伯阳五千言,读之甚有益,治身治国,并在其中。(《宋朝事实》卷三《圣学》)

38.邵雍

邵雍(1011—1077),字尧夫,后人称其为百源先生,卒谥康节。北宋哲学家。

老子,知《易》之体者也。(邵雍:《观物外篇》)

《老子》五千言,大抵皆明物理。(邵雍:《观物外篇》)

皇帝道德,古大宗师,为天地根,人物范围。(邵雍:《老子赞》)

39.贾善翔

贾善翔,北宋道士,生卒年不详,字鸿举,号"蓬丘子",蓬州(今四川蓬安)人。撰《犹龙传》。

老君挺生空洞,变化自然,智慧无穷,圣德周备,形既莫测,号亦无边,在天为万天之主,在圣为万圣之君,在仙为万仙之总,在真为万真之先,在星为天皇大帝,在教为太上老君,或垂千二百号,或显百八十名,或号无为父,或号万物母,与大道而轮,化为天地之根源,浩浩荡荡之不可名也。约而言之,凡有十号,即降生之后,空中十方诸圣赞十号者是也,一号无名君,二号无上元老,三号太上老君,四号高上老子,五号天皇大帝,六号玄中大法师,七号有古先生,八号金阙帝君,九号太上高皇,十号虚无大真人。推此言之,由法身以归真身,由真神以合妙本,皆出处同感之迹也。(贾善翔:《犹龙传》卷一)

40.赵恒

赵恒(968—1022),即宋真宗,宋太宗子。

首出万古,式是百王。大哉混元,超乎形气。先天地生,而生天地。五千玄文,立教垂世。万劫长存,道尊德贵。(《宋真宗御制老子赞》)

奉玉册玉宝,上徽号曰太上老君混元上德皇帝。伏因大成而曲全,循尊道而贵德。储祉善建,保鸿基之配天。降鉴勤行,佑冲人之治国。(赵恒:《太上老君混元上德皇帝册文》)

二仪剖判,实本于鸿蒙;万化弛张,聿宗于清净。盖体包于群有,遂功冠于三

才;洪惟教父之尊,克总帝先之妙。洞希夷之壶奥,挺三五之纯精;自升降于灵区,乃庆流于远裔。(赵恒:《太上老君混元上德皇帝圣号制》)

41.张伯端

张伯端(984—1082),字平叔,号紫阳,浙江临海人。北宋道教的代表人物,被尊为道教南宗的宗祖。

嗟夫!人身难得,光景易迁,罔测修短,安逃业报?不自及早省悟,惟只甘分得终,若临歧一念有差,堕于三涂恶趣,则动经尘劫无有出期,释老以性命学开方便门,教人修炼以逃生死。释氏以空寂为宗,若顿悟圆通,则直超彼岸,如其习漏未尽,则尚循于有生。老氏以炼养为真,若得其要枢,则立跻圣位,如其未明本性,则犹滞于幻形。(张伯端:《悟真篇·序》)

《阴符》宝字愈三百,《道德》灵文满五千。古今上仙无限数,尽于此处达真诠。(张伯端:《悟真篇》)

42.范仲淹

范仲淹(989—1052),字希文,江苏苏州人。北宋政治家、文学家。

谯有老子庙,唐为太清宫,地灵物奇,观者骇异,历代严护,景概所存。若灵溪,若涡河,九龙井,左纽再生升天桧,皆附于国籍,发乎咏歌,而风人之材,难其破的。(范仲淹:《太清宫九咏序》)

范仲淹画像

43.张君房

张君房,安陆(今属湖北)人,官至尚书度支员外郎等,宋《道藏》的修校人。

老子之号,因玄而出,在天地之先,无衰老之期,故曰老子。(张君房:《云笈七签》卷一)

老子者,老君也,此即道之身也。元气之祖宗,天地之根本也。夫大道元妙出于自然,生于无生,先于无先,挺于空洞,陶育乾坤。号曰无上正真之道,神奇微远,不可得名。故曰:吾生于无形之先,超乎太初之前,长乎太始之端,行乎太素之元。浮游幽虚,出入杳冥。观混沌之未判,视清浊之未分,盼仿佛之兴光,瞻响罔之眇然,窥惚恍之容象,睹鸿洞之无边,步宇宙之旷野,历品物之族群。惟吾生之卓兮!

独立而无伦,消则为气,息则为人矣。夫老君者,乃元气道真,造化自然者也。(张君房:《云笈七签》卷一百二)

44.王安石

王安石(1021—1086),字介甫,晚号半山。抚州临川人。北宋政治家,为唐宋八大家之一。

道有本有末。本者,万物之所以生也;末者,万物之所以成也。本者,出之自然,故不假乎人之力而万物以生也;末者,涉乎形器,故待人力而后万物以成也。夫其不假人之力而万物以生,则是圣人可以无言也、无为也;至于有待于人力而万物以成,则是圣人之所以不能无言也、无为也。

王安石

故昔圣人之在上而以万物为己任者,必制四术焉。四术者,礼、乐、刑、政是也,所以成万物者也。故圣人唯务修其成万物者,不言其生万物者,盖生者尸之于自然,非人力之所得与矣。

老子者独不然,以为涉乎形器者,皆不足言也,不足为也,故抵去礼乐刑政而唯道之称焉,是不察于理而务高之过矣。夫道之自然者又何预乎?唯其涉乎形器,是以必待于人之言也,人之为也。(王安石:《临川先生文集·论老子》)

其书曰:"三十辐共一毂,当其无,有车之用。"夫毂辐之用,固在于车之无用。然工之琢削,未尝及于无者。盖无出于自然之力,可以无与也。今之治车者,知治其毂辐而未尝及于无也。然而车以成者,盖毂辐具则无必为用矣。如其知无为用而不治毂辐,则为车之术固已疏矣。今知无之为车用,无之为天下用,然不知所以为用也,故无之所以为车用者,以有毂辐也。无之所以为天下用者,以有礼乐刑政也。如其废毂辐于车,废礼乐刑政于天下,而坐求其无之为用也,则亦近于愚矣。(王安石:《临川先生文集·论老子》)

道本不可道,若其可道,则是其迹也。有其迹,则非吾之常道也。(容肇祖:《王安石老子注辑本》,中华书局1979年版)

45.吕惠卿

吕惠卿(1032—1111),字吉甫,泉州晋江人,北宋的政治改革家。王安石变法中的第二号人物。

臣窃以大制散于智慧之伪,含生失其性情之初,爰有真人,起明至教,独推原于道德,盖祖述于典坟。是以鸡犬相闻,庄周指谓神农而上;谷神不死,列子称为黄帝之书。究其微言,中有妙物。唯恍唯惚,视听莫得以见闻;不古不今,迎随孰知其首尾。失之,其出弥远,至宝秘于荆山而莫知;悟之,不召自来,玄珠索之象罔而可得。轩辕华胥之国,唐尧姑射之山,皆极至游,遂臻泰定,此书之指,其诣不殊。(吕惠卿:《道德真经传》)

46.苏辙

苏辙(1039—1112),字子由,一字同协,眉州眉山人。宋代文学家,为唐宋八大家之一。

莫非道也,而可道者不可常,惟不可道,而后可常耳。今夫仁义礼智,此道之可道者也,然而仁不可以为义,礼不可以为智,可道之不可常如此。惟不可道。然后在仁为仁,在义为义,在礼为礼,在智为智。彼皆不常,而常道不变、不可道之能常如此。(《老子解》卷一)

道者万物之母,故生万物者道也。

"无名,天地之始;有名,万物之母。"道方无名,则物之所资始也。及其有名,则物之所资生也。故谓之始,又谓之母,其子则万物也。(《老子解》卷三)

圣人玄览万物,是非得失毕陈于前,如鉴之照形,无所不见,而孰为前后?世人视止于目,听止于耳,思止于心,冥行于万物之间,役智以求识而偶有见焉,虽自以为明而不知至愚之自始也。(《老子解》卷一)

道本在我,人患不求,求则得之矣。道无功罪,人患不知,知则凡罪不能污矣。(《老子解》卷四)

此几于用智也,与管仲、孙武何异?(《老子解》卷二)

47.司马光

司马光(1019—1086),字君实,陕州夏县人。北宋史学家。

……谁之子?复言帝之先。子分天地后,道德总师传。(司马光:《老子赞》)

司马光画像

48.王雱

王雱（1044—1076），北宋学者。字元泽，临川（今江西抚州）人，王安石之子。今仅存《南华真经新传》。

老子于四时当秋，其德主金，静一复性者也，故其尚如此。（转引自《道藏》）

49.赵佶

赵佶（1082—1135），即宋徽宗，宋代第八位皇帝，工书画，极具艺术天分。

道经：道者，人之所共由；德者，心之所自得。道者，亘万世而无弊；德者，充一性之常存。老子当周之末，道降而德衰，故著书九九篇。以明道德之常，而谓之经。其辞简，其旨远，学者当默识而深造之。德经：道无方体，德有成亏。合于道，则无德之可名；别于德，则有名之可辨。仁义礼智，随量而受，因时而施，是德而已。体道者异乎此，故列于下经。（赵佶：《御解道德真经》序）

50.王重阳

王重阳（1112—1170），号重阳子，陕西咸阳人。全真道创始人。

能下手，便晓这元元。为甚得通三一法，都缘悟彻五千言，立起本根源。（《重阳全真集》卷四）

五千言、二百字，两般经，秘隐神仙好事。灵中省悟彻玄机，结金丹有自。（《重阳全真集》卷八）

51.朱熹

朱熹

朱熹（1130—1200），字元晦，号晦庵，徽州婺源人。南宋著名理学家，理学之集大成者。

康节尝言：老氏得《易》之体，孟氏得《易》之用，非也。老子自有老子之体用，孟子自有孟子之体用。"将欲取之，必固与之"，此老子之体用也。存心养性，充广其四端，此孟子之体用也。

老子之术，谦冲俭啬，全不肯役精神。

老子之术，须自家占得十分稳便，方肯做；才有一毫于己不便，便不肯做。

老子之学，大抵以虚静无为、冲退自守为事。故其为说，常以懦弱谦下为表，以空虚不毁万物为实。其为治，虽曰我无为而民自化，然不化者则亦不之问也。

老氏之学最忍，它闲时似个虚无卑弱底人，莫教紧要处发出来，更教你支梧不住,如张子房是也。子房皆老氏之学。如崤关之战,与秦将联合了,忽乘其懈击之;鸿沟之约,与项羽讲解了,忽回军杀之,这个便是他柔弱之发处。可畏! 可畏! 它计策不须多,只消两三次如此,高祖之业成矣。

佛老之学,不待深辨而明。只是废三纲五常,这一事已是极大罪名! 其他更不消说。

多藏必厚亡,老子也是说得好。

至妙之理,有生生之意焉,程子所取老氏之说也。

老子之学,只要退步柔伏,不与你争。才有一毫主张计较思虑之心,这气便粗了。故曰:"致虚极,守静笃";又曰:"专气致柔,能如婴儿乎?"又曰:"知其雄,守其雌,为天下溪;知其白,守其黑,为天下谷。"所谓溪,所谓谷,只是低下处。让你在高处,他只要在卑下处,全不与你争。他这功夫极难。常见画本老子便是这般气象,笑嘻嘻地,便是个退步占便宜底人。虽未必肖他,然亦是他气象也。

老子说话大抵如此,只是欲得退步占奸,不要与事务接。如"治人事天莫若啬","迫之而后动","不得已而后起",皆是这样意思。老氏欲保全其身的意思多。

老氏之学,尚自理会自家一个浑身,释氏则自家一个浑身都不管了。

佛氏之失,出于自私之厌;老氏之失,出于自私之巧。厌薄世故,而尽欲空了一切者,佛氏之失也;关机巧便,尽天下之术数者,老氏之失也。(《朱子语类》)

盖老聃,周之史官,掌国之典籍,三皇五帝之书,故能述古事而倍好之。如五千言,亦或古有是语而老子传之,未可知也。(《朱子文集·卷三·答汪尚书》)

52.葛郯

葛郯(1131—1196),字楚辅,原籍丹阳,后徙吴兴(今浙江湖州市),有儒学名家之称。著有《文集》200 卷、《词业》50 卷传世。

孔子曰我学不厌,老氏则绝学;孔子曰必也圣乎,老氏则绝圣;孔子贵仁义,老氏弃仁义;孔子举贤才,老氏不尚贤;孔子曰智者不惑,老氏曰以智治国,国之贼。其立言大率相反。(葛郯:《老子论》)

53.谢守灏

谢守灏(1134—1212),字怀英,永嘉(今浙江温州)人。南宋道士,绍熙初朝廷赐号"观复大师"。著有《混元圣纪》。

太上老君者,大道之主宰,万教之宗元,出乎太无之先,起乎无极之源,经历天

地,不可称载,终乎无终,穷乎无穷者也。(谢守灏:《混元圣纪》)

54.叶适

叶适(1150—1223),字正则,人称水心先生。南宋时期永嘉事功学派学者。

老子论道犹可也,何必及兵?!

道无物,不可得而名。圣人无意于言,既已。苟欲言,非名之则无以显其道,故存其不可道不可名者以为之常,而设为可道之道,可名之名,以寄其非常。此老氏之书所以作也。(《习学记言序目》)

55.李嘉谋

李嘉谋,南宋道教学者。

《老子》五千言,以之求道则道得,以之治国则国治,以之修身则身安。(李嘉谋:《道德真经义解》,《正统道藏》,天津古籍出版社1988年版)

56.忽必烈

忽必烈(1215—1294),即元世祖,元朝的建立者。

大哉至道,无为自然。慎始慎终,先天后人。含光默默,永劫绵绵。东起仲父,西化金仙。百王取则,界圣信传。众教之祖,玄之又玄。(《元世祖御制老子赞》)

忽必烈

57.吴澄

吴澄(1249—1333),字幼清,号草庐,抚州崇仁人。元代理学代表人物。

道自无中生出冲虚之一气,冲虚一气生阳生阴,分而为二,阴阳二气合冲虚一气为三,故曰生三,非二与一之外别有三也。万物皆以三者而生,故其生也,后负阴,前抱阳,而冲气在中以为和。和谓阴阳适均而不偏胜,万物之生以此冲气,既生之后亦必以此冲气为用,乃为不失其本。

此两者,谓道与德。同者,道即德,德即道也。玄者,幽昧不可测知之意。德自道中出,而异其名,故不谓之道也而谓之德;虽异其名,然德与道同谓之玄则不异也。

此章(第二十九章)言天地之道,结语乃言圣人,盖圣人与天地一也。岁功成,而万物归,道之至大也,而天地不居其功,万物不知所主,是天地之道虽大,而不自以为大。圣人亦若此矣,是以能成其大也,亦以其道大而不自以为大,故能成其大焉尔。

"道,犹路也。可道,可践行也。常,常久不变也。……若谓如道路之可践行,而道则非此常而不变之道也。"（《道德真经注》）

58.朱元璋

朱元璋(1328—1398),明朝开国皇帝,政治家、军事家,史称明太祖。

古今以老子为虚无,实为谬哉！其老子之道,密三皇五帝之仁,法天正己,动以时而举合宜,又非升霞禅定之机,实与仲尼之志齐。言简而意深,时人勿识,故弗用,为前好仙佛者假之。（《明太祖集》卷十《三教论》）

朕本寒微,遭胡运之天,更值群雄之并起,不得自安于乡里,遂从军而保命,几丧其身,而免于是乎！受制不数年,脱他人之所制,获帅诸雄,固守江左,十有三年,而即帝位,奉天以代元,统育黔黎。

自即位以来,罔知前代哲王之道,宵昼遑遑,虑穹苍

朱元璋

之切,鉴于是,问道诸人,人皆我见,未达先贤。一日,试览群书,检间,有《道德经》一册,因便但观,见数章中尽皆明理,其文浅而意奥,莫知可通。罢观之后旬日,又获他卷,注论不同,再寻校之,所注者人各异见,因有如是。朕悉视之,用神盘桓其书久之,以一己之见,似乎颇识,意欲试注以遗方来。恐今后人笑,于是弗果。又久之,见本经云:"民不畏死,奈何以死惧之?"当是时,天下初定,民顽吏弊。虽朝有十人而弃市,暮有百人而仍为之,如此者,岂不应经之所云?朕乃罢极刑而囚役之,不逾年而朕心减恐。

复以斯经,细睹其文之行用,若浓云霭群山之叠嶂。外虚而内实,貌态仿佛,其境又不然。架空谷以秀奇峰,使昔有嵬峦,倏态成于幽壑。若不知其意,如入混沌鸿濛之中。方乃少知微旨,则又若皓月之沉澄渊,镜中之睹实象,虽形体之如,然探视不可得而扪抚。况本经云:"吾言甚易知,甚易行,天下莫能知,莫能行。"以此恩之,岂不明镜水月者乎?

朕在中宵而深虑,明镜水月,形体虽如,却乃虚而不实,非着象于他处,安有影耶?故仰天则水月象明,弃镜扪身,则知己象之不虚,是谓物外求真,故能探其一二

之旨微。遂于洪武七年冬十二月甲午,著笔强为之辩论,未知后世果契高人之志欤?

朕虽菲材,惟知斯经乃万物之至根,王者之上师,臣民之极宝,非金丹之术也。故悉朕之丹衷,尽其智虑,意利后人,是特注耳。(《明太祖集》卷十五《道德经序》)

心渊泉而莫测,志无极而何量。惚恍其精而密,恍惚其智而良。宜乎千古圣人,务晦短而云长。(《明太祖集》卷十六《老子赞》)

庙古鸦昏集,遥瞻起敬心。路幽人迹杳。碑偃草丛深。度关光紫气,去后永沉沦。惟有庭前树,多年茂作林。(《明太祖集》卷二十《题老君废庙》)

59.王守仁

王守仁(1472—1528),字伯安,号阳明,浙江余姚人。明朝中叶哲学家、教育家。

至于老子,则以知礼闻,而吾夫子所尝问礼,则其为人要亦非庸下者,其修身养性,以求合道,初亦岂甚乖于夫子乎?(《王阳明全集》第三卷《悟真录》)

60.汤声宾

汤声宾,明代评点家。

其文则瑰伟而不拘律。聚而玩之,钻研未由;徐而索之,旨趣隽永。其若陟太行之颠,而奇松怪石,突出骇眼;游沧浪之顷,而狂澜巨浪,忽至惊心。盖胸中别具个神解,故思人之所不见。今读之者,靡靡而忘神,此诚文字之祖也。(汤声宾:《读老子》,《历子品粹》卷一)

61.李贽

李贽(1527—1602),字宏甫,号卓吾,又号温陵居士。泉州晋江人,明末思想家、史学家。著有《老子解》。

不知而自由之者,常道也。常道则人不道之矣。舍其所不必道,而必道其所可道,是可道也,非常道也。(《道德经解》)

62.德清

德清,明僧人。本姓蔡,号憨山,全椒(今属安徽)人。所著有《法华通义》《楞伽笔记》及注解《庄子》《老

李贽

子》《中庸》等，遗稿有《梦游集》五十五卷、《憨山语录》二十卷。

予少喜读《老》《庄》，苦不释义。……及熟玩庄语则于老恍有得焉。……以老文简古而旨幽玄，则庄实为之注疏。

老以无用为大用。苟以之经世，则化理治平，如指诸掌……所谓真以治身，绪余以为天下国家，信非诬矣。（德清：《注道德经序》）

63.王一清

王一清，号体物子，明万历间道士。生卒年不详。著有《道德经释辞》一书。

有世间之道，有出世间之道。世间之道，有形有名，有理有事，故可道可名也。出世间之道，无形无名，视不见，听不闻，故不容言，不能名也。常者，常住不灭之意。……故知可道可名者，乃太极阴阳五行万物君臣父子政教之道之名，而非真常之道之名也。（王一清：《道德经释辞》）

64.王夫之

王夫之（1619—1692），明末清初思想家，湖南衡阳人。晚年居衡阳之石船山，人称"船山先生"。中国古代唯物主义思想的集大成者。

言兵者师之（《老子》——引者注）。（《宋论·神宗》）

夫其所谓瑕者何也？天下之言道者，激俗而故反之，则不公；偶见而乐持之，则不经；凿慧而致扬之，则不祥。三者之失，老子兼之矣。故于圣道所谓文之礼乐以建中和之极者，未足以与其深也。（《老子衍·庄子通》之《自序》）

王夫之画像

虽然，世移道丧，覆败接武，守文而流伪窃，昧几而为祸先，治天下者生事扰民以自敝，取天下者力竭智尽而敝其民，使测老子之几，以俟其自复，则有瘳也。文景踵起而迄升平，张子房、孙仲和异尚而远危殆，用是物也。较之释氏荒远苛酷，究于离披缠棘，轻物理于一掷，而仅取欢于光怪者，岂不贤乎？司马迁曰："老聃无为自化，清静自正"，近之矣。若"犹龙"之叹，云出仲尼之徒者，吾伺取焉。（《老子衍·庄子通》之《自序》）

65.福临

爱新觉罗·福临(1638—1661),即清世祖顺治帝。法名行痴,号痴道人,又号太和主人,体元斋主人。太宗第九子,是清王朝入关的第一个皇帝。

清世祖顺治帝

朕闻道者先天地而为万物宗,生生化化莫得而名者也。惟至人凝道于身,故其德为玄德,而其言为圣言。老子道贯天人,德超品汇,著书五千余言,明清静无为之旨。然其切于身心,明于伦物,世固鲜能知之也。尝观其告孔子曰:"为人子者,无以有己。为人臣者,无以有己。"而仲尼答曾子之问礼每曰:"吾闻诸老聃。"岂非以人能清净无为,则忠孝油然而生,礼乐合同而化乎! 犹龙之叹,良有以也。

自河上公而后,注者甚众。或以为修炼。或以为权谋,斯皆以小智窥测圣人,失其意矣。开元、洪武之注,虽各有发明,亦未彰全旨。朕以圣言玄远,末学多岐,苟不折以理衷,恐益滋讹误。用是博参众说,芟繁去支,厘为一注。理取其简而明,辞取其约而达。未知于经意果有合否?

然老子之书,原非虚无寂灭之说,权谋术数之谈。是注也于日用常行之理、治心治国之道,或亦不相径庭也。爰序诸简端,以明大旨云。(清世祖御制《道德经》序)

66.姚鼐

姚鼐(1732—1815),字姬传,一字梦谷,室名惜抱轩,人称惜抱先生。桐城(今属安徽)人,清代学者、古文家、诗人。桐城派散文的集大成者。著有《惜抱轩全集》。

老子宋人,子姓,老其氏,子之为李,语转而然。

道,诚可道也。圣人之经纶大经、礼乐刑政,治天下之法,昔何尝不可道乎? 然而非必常道之。时异势殊,道之所以用者,而后有不可施矣。(《老子章义》)

67.邓廷桢

邓廷桢(1776—1846),字维周,江苏江宁人。嘉庆进士,清朝将领。著有《双砚斋诗钞》。

诸子多有韵文,惟老子独密;易,诗而外,斯为最古矣。(邓廷桢:《双砚斋笔记》卷三)

68.魏源

魏源(1794—1857),湖南邵阳人。晚清思想家、诗人。著有《海国图志》等。

圣人经世之书,而《老子》救世书也。老氏书赅古今,通上下。

《老子》之书,上之可以明道,中之可以治身,推之可以治人。

至人无名,怀真韬晦,而未尝语人。非秘而不宣也,道固未可以言语显而名迹求者也。及迫关尹之请,不得已著书,故郑重于发言之首,曰道至难言也,使可拟议而指名,则有一定之义,而非无往不在之真常矣。(《老子本义》)

《老子》其言兵之书乎!"天下莫柔弱于水,而攻坚强者莫之能先",吾于斯见兵之形。(《魏源集》上册之《孙子集注序》)

魏源

第二节 中国近现代名人论老子

1.杨文会

杨文会(1837—1911),安徽石台人,20世纪中国佛学领袖人物。著有《道德经发隐》等。

或问:孔子既称老子为犹龙,何以其书不入塾课耶?

答曰:汉唐以来,人皆以道家目之,不知其真俗圆融,实有悖于世道人心。若与《论语》并行,家弦户诵,则市民之风当为一变也。(杨文会:《道德经发隐》序)

2.陈三立

陈三立(1853~1937),字伯严,号散原。江西义宁人。光绪己丑进士,授吏部主事,江西铁道总办。著有《老子注》。

叙曰:昔衰周之际孔老并出,各专其道,不相为师。然孔子尝问礼于老子,而曰:"窃比于我老彭。"老彭者,故老子也,孔子盖数有取于老子云。老子之书言道言德,澹泊宁静,寙然无为。其后庄周、列御寇之徒枝衍老子,号为道家,其言益放,无所统纪矣。而孔子修《春秋》,定《易》《诗》《书》《礼经》,纪王政之迹,明礼乐之会,七十子相与传之,称儒宗焉。儒与道不相兼。道家言道,儒家言礼,自是徒众益竞于异同,或相奖诬以汩其真,数千年以来混然沉浮,莫能明也。老子虽专言道,以自然为宗,而读其辞,俨乎其若畏,栗栗乎殆而不安。《传》曰:"作《易》者其有忧患乎?"老子盖睹周末之弊,道散礼崩,政俗流亡,莫知其终,于是发愤矫厉,寓之于言,刮磨人心,以冀其瘳。孔子曰:"禘自既灌而往者,吾不欲观之矣!"林放问礼之本,而曰:"大哉问!"孔子周流以明用,老子养晦以观变,其志一也。故老子明其原,而孔子持其流;老子质言之以牖当时,孔子则修其辞以训后世。然而礼亡于秦汉,特用老治,终孝文景之世,世被其化,其效亦既可睹矣。而孔子之孙子思作《中庸》,亦言道言性,言无声无臭,其旨略同于老子,老子固孔子之徒哉!盖天不一道,道不一圣,圣不一治。文质之变,各有其宜;升降之数,各有其情。同之、非之、攻之、因之,揭揭焉抢攘于其间,非所以顺大数,参万世,明治而善学也。注《老子》者,隋唐所列无虑数十家,今四库著录凡九家,而河上公本颇著。余单居无聊,略以所明取而注之。或言河上公章句多不合,乃流俗人所为,是殆然。然唐以来传之千余岁不废。则亦不可得而废也,故仍之云。(陈三立:《老子注》序)

3.严复

严复(1854—1921),福州人。字又陵,又字几道,晚年号愈懋老人。启蒙思想家、翻译家、教育家。

严复

其所称众妙之门,即西人所谓 Summumgenus。周易道通为一、太极、无极诸语盖与此同。(严复:《老子》第一章之眉批)

试读布鲁达奇英雄传中来刻谷士一首,考其所以治斯巴达者,则知其作用与老

子同符。此不佞所以云老子为民主之道也。（严复：《老子》第三章之眉批）

老谓之道。周易谓之太极，佛谓之自在，西哲谓之第一因。佛又谓之不二法门，万化所由起迄，而学问之归墟也。（严复：《老子》第二十五章之眉批）

太史公《六家要旨》注重道家，意正如是。今夫儒、墨、名、法所以穷者，欲以我言求不穷也。乃不如其终穷。何则？患常出于所虑之外也。唯守中可以不穷。《庄子》所谓"得其环中，以应无穷"也。夫中者何？道要而已。（严复：《老子》第五章评语）

夫黄老之道，民主之国之所用也，故能长而不宰，无为而无不为。群主之国，未有能用黄老者也。汉之黄老，貌袭而取之耳。君主之利器，其唯儒术乎！而申韩有救败之用。

爱民治国，而能无用智；天门开合由我，而能为雌；明白四达，而能无为；如此其爱民治国出于诚心，其为雌乃雄之至，其无为乃无不为也。（严复：《老子》第十章评语）

老子言作用，辄称侯王。故知道德经是言治之书，然孟德斯鸠《法意》中言民主，乃用道德，君主则用礼，至于专制，乃用刑。中国未尝有民主之制也，虽《老子》亦不能为未见其物之思想，于是道德之治亦于君主中求之不能得，乃游心于黄农以上，意以为太古有之，盖太古君不甚尊，民不甚贱，事与民主本为近也，此所以下篇八十章有小国寡民之说。无甘食美服，安居乐俗，邻国相望，鸡犬相闻，民老死不相往来，如是之世，正孟德斯鸠《法意》篇中所指为民主之真相也。世有善读二书者，必将以我为知言矣。呜呼！老子者，民主之治之所用也。（严复：《老子》第三十七章评语）

老子为术，至如此数章，可谓吐露无余者矣。其所为若与物反，而其实以至大顺，而世之读老子者，尚以愚民訾子，真痴人前不得说梦也。（严复：《老子》第六十五章评语）

以下三章（指《老子》十八、十九、二十章——引者注）是老子哲学与近世哲学异道所在，不可不留意也。今夫质之趋文，纯之人杂，由乾坤而驯至于未既济，亦自然之势也。老氏还淳返朴之义，犹驱江河之水而使之在山，必不逮矣。夫物质而强之于文，老氏訾之是也。而物文而返之使质，老氏之术非也。何则？虽前后二者之为术不同，而其违自然拂道纪，则一而已矣。故今日之治，莫贵乎崇尚自繇。自繇则物各得其所，自致而天择之，用存其最宜。太平之盛，可不期而自至。（严复：

《老子道德经评点》，1905年版）

4.章炳麟

章炳麟（1869—1936）初名学乘，字枚叔，后改名绛，号太炎，浙江余杭人。国学家、政论家。

《老子》书八十一章，或论政治，或出政治之外，前后似无系统。今先论其关于政治之语。老子论政，不出因字，所谓"圣人无常心，以百姓心为心"是也。严几道（复）附会其说，以为老子倡民主政治。以余观之，老子亦有极端专制语，其云"鱼不可脱于渊，国之利器不可以示人"，非极端专制而何？凡尚论古人，必审其时世。老子生春秋之世，其时政权操于贯族，不但民主政治未易言，即专制政治亦未易言。故其书有民主语，亦有专制语。即孔子亦然。在贵族用事之时，唯恐国君之不能专制耳。国君苟能专制，其必有愈于世卿专攻之局，故曰"鱼不可脱于渊，国之利器不可以示人。"然此二语法家所以为根本。

余谓老子譬之大医，医方众品并列，指事施用，都可疗病。五千言所包亦广矣，得其一术，即可以君人南面矣。

《老子》书中有权谋语，"将欲歙之，必固张之；将欲弱之，必固强之；将欲废之，必固兴之；将欲夺之，必固与之"是也。凡用权谋，必不明白告人。而老子笔之于书者，以此种权谋，人所易知故尔。亦有中人权谋而不悟者，故书之以为戒也。

至于老子之道最高之处，第一看出常字，第二看出无字，第三发明无我之义，第四倡立无所得三字，为道德之极则。（章炳麟：《章太炎作品集·诸子略说下》）

九流里头老子不过是一流，但是开九流著书的风气，毕竟要算老子。况且各家虽则不同，总不能离开历史，没有老子，历史不能传到民间，没有历史的根据，到底不能成家，所以老子是头一个开学派。（张勇编：《学术文化随笔·章太炎》，中国青年出版社1999年版，第26页）

老子以内圣外王之道自持，得其政治之术者，莫若韩非。其后微言渐绝，其绪余犹足以为天下，汉孝文皇帝所行是也。次及王辅嗣辈，始以玄言号召天下，晋治以衰。盖老子尚朴，而玄言之徒贵华，其根株不同，故其藏于心术以发于事业者，其治乱不同亦如此。

……

余尝谓老子如大医，遍列方剂，寒热攻守杂陈而不相害，用之则因其材性，与其

时之所宜,终不能尽取也。(章炳麟:《老子政治思想概论序》,张勇编:《学术文化随笔·章太炎》,中国青年出版社1999年版,第165页)

5.梁启超

梁启超(1873—1929),字卓如,号任公,别号饮冰室主人,广东新会人。资产阶级改良主义政治活动家、政论家。

梁启超

他(老子)说的"先天地生",说的"是谓天地根",说的"象帝之先";这分明说道的本体,是要超出"天"的观念来求他,把古代的"神造说"极力破除。后来子思说:"天命之谓性,率性之谓道",董仲舒说:"道之大原出于天",这都是说颠倒了。老子说的是"天法道",不说"道法天",是他见解最高处。(葛懋春、蒋俊编:《梁启超哲学思想论文选》,北京大学出版社1984年版,第312页)

6.吴虞

吴虞(1871—1949),原名姬传、永宽,字又陵,笔名吴吾,四川成都人。思想家,学者,五四运动中著名人士。

或曰:子既不主张孔氏孝悌之义,当以何说代之? 应之曰:老子有言,"六亲不和有孝慈"。然则六亲苟和,孝慈无用,余将以"和"字代之。既无分别之见,尤合平等之规,虽蒙"离经叛道"之讥,所不恤矣!(吴虞:《吴虞集》,四川人民出版社1985年版,第66页)

7.李宗吾

李宗吾(1879—?),四川人,1911年创立"厚黑学",自称厚黑教主。著有《厚黑学》等。

我国学术最发达有两个时期,第一是周秦诸子,第二是赵宋诸儒。这两个时期的学术,都有创造性。汉魏晋南北隋唐五代,是承袭周秦时代之学术而加以研究;元明是承袭赵宋时代之学术而加以研究;清朝是承袭汉宋时代之学术而加以研究;俱缺乏创造性。周秦是中国学术独立发达时期,赵宋是中国学术和印度学术融合时期。周秦诸子,一般人都认孔子为代表,殊不知孔子不足以代表,要老子才足以代表。赵宋诸儒，一般人都认朱子为代表，殊不知朱子不足以代表，要程明道才足以代表。

老子一书，常分两部分看，他说致虚守静，归根复命一类话，是出世法，庄列关尹诸人，是走的这条路。他说："以正治国，以奇用兵"一类话，是世间法。孔子以仁治国，墨子以爱治国，申韩以法治国等等，皆是以王治国。孙吴司马稷苴诸人，是以奇用兵，这都是走的世间法这条路。老子一书，是把世间法和出世法，一以贯之。两无偏重。所以提出老子，可以总括周秦学术的全体。（李宗吾：《厚黑学续编》，团结出版社1990年版，第3~4页）

宇宙真理，是浑然的一个东西，最初是蒙蒙昧昧的，像一个绝大的荒山，无人开采。后来偶有人在山上拾得点珍宝归来，人人惊异，大家都去开采，有得金的，有得银的，有得铜铁锡的。虽是所得不同，总是各有所得。周秦诸子，都是上山开采的人，这伙人中，所得的东西，要以老子为最多。

老子是道家，道家出于史官，我国有史以来，零零碎碎的，留下许多学说，直到老子出来，才把它整理成一个系统。他生于春秋时代，事变纷繁，他年纪又高，眼见的事又多，身为周之柱下史，是国立图书馆馆长，读的书又多，他自隐无名，不问外事，经过了长时间的研究，所以能把宇宙真理发现出来。（李宗吾：《厚黑学续编》，团结出版社1990年版，第4页）

老子把古今事变融会贯通，寻出了它变化的规律，定名曰道。道者路也，即是说，宇宙万事万物，非走这条路不可，把这种规律，笔之于书，即名之曰：道德经。德者有绳于心也，根据以往的事变，就可以推测将来的事变，故曰"报古之道，广御今之有。"

他见到了真理的全体，讲出来的道理，颠扑不破，后人要研究，只好本着他的道理，分头去研究。他在周秦诸子中，真是开山之祖。诸子取他学说中一部分，引申之，扩而大之，就独成一派。

前乎老子者，如黄帝，如太公，如鬻子管子等，汉书艺文志，均列入道家，算是老子之前躯。周秦诸子中最末一人，是韩非。非之书有解老喻老两篇，把老子的话，一句一句的解释，呼老子为圣人，可见非之学也出于老子。至吕不韦门客，所辑的吕氏春秋，也是推尊黄老。所以周秦时代的学说，彻始彻终，可用老子贯通之。老子的学说是总纲，诸子是细目，是从总纲中，提出一部分，详详细细的研究，只能说研究得精细，却不能出老子的范围。

关于老子年代问题,有人说:孔子问礼于老子,为春秋时人,著道德经之老子,为战国时人,是两人,不是一人,这层不必深问。我们只说:道德经一书,可以总括周秦学术之全体。其书出现于周秦诸子之前,是诸子渊源于老子,出现于周秦诸子中间,或在其后。我们可说:道德经可以贯通诸子,而集周秦学术之大成,无论他生在春秋时,生在战国时,甚或生在嬴秦时,其为周秦学术之总代表则一也。关于老子姓名问题,有种种说法,甚有谓老子姓老者,我想不必这样讲,古人的名字,有点像字学中之反切法,用两个字,切出一个字,举出其人之两个特点,即知其为某人,名字之上,不必一定冠以姓,如祝鮀是名之上冠以官。行人子羽,是字之上冠以官。东里子产,是字之上冠以地。叔梁纥,是名之上冠以字。司马迁是史官,故称史迁,曾受腐刑,又称腐迁。他如髯参军,短主簿,是官职之上,冠以形貌,只要举出两个特点,即可确定其为某人。大约老子耳有异状,故姓李名耳,他是自隐无名的人,埋头研究学问,世人得见他时,年已老矣,人人惊其学问之高深,因其髯发皓然,又是一个大耳朵,因呼之为老聃。聃是生前的绰号,不是死后之谥。他不是生而皓首,乃是世人得见他时,业已皓首了。一般学者,闻老子之名,都来请教,孔子也去问礼。各人取其学说之一部分,发挥光大之,就成为一家之言,发表出来,是新奇之说,人人都去研究。老子自隐无名,其出处存亡,世人也就不甚注意了。犹之四川廖平,与康有为谈一席话,康本其说,跟即著出"孔子改制考""学伪经考",震惊一世,而廖之书尚未出也,其人亦不甚为世注意。老子年龄,大约比孔子大二三十岁,孔子是七十几岁死的,老子修道养寿,享年最高,或许活到二百多岁,著道德经时,已入了战国时代,这也是可能的事。(李宗吾:《厚黑学续编》,团结出版社1990年版,第5～6页)

鲁迅

8 鲁 迅

鲁迅(1881—1936),原名周树人,字豫才,浙江绍兴人。文学家,中国现代文学的奠基人。

老子之辈,盖其枭雄。老子书五千语,要在不撄人心;以不撄人心故,则必先自致槁木之心,立无为之治;以无为之为化社会,而世即于太平。其术善也。(鲁迅:《鲁迅全集》第一卷,人民文学出版社2005年版,第69页)

至于孔老相争,孔胜老败,却是我的意见:老,是尚柔的;"儒者,柔也",孔也尚柔,但孔以柔进取,而老却以柔退走。这关键,即在孔子为"知其不可为而为之"的事无大小,均不放松的实行者,老则是"无为而无不为"的一事不做,徒做大言的空谈家。要无所不为,就只好一无所为,因为一有所为,就有了界限,不能算是"无不为"了。我同意关尹子的嘲笑:他是连老婆也娶不成的。于是加以漫画化,送他出了关,毫无爱惜。(鲁迅:《鲁迅全集》第六卷,人民文学出版社 2005 年版,第 539~540 页)

9.刘师培

刘师培(1884—1919),字申叔,号左盦。晚清学者。

《老子》传于今者,文莫古于唐景龙碑,注莫古于王弼,次则《释文》所详异字,唐、宋各类书所引异文,亦多故本。然王弼以前本书讹脱已多,弼注又疏于诂,故欲绎旧文故谊,必求诸东周、秦汉之书,盖老子之文,恒为《庄》《列》所述,《韩非》解老、喻老诠释尤晰,迄至西汉,则《淮南》所述为详,《文子》之书又袭《淮南》,其他述《老子》者,于周则荀、吕、商、墨,于汉则陆、韩、贾、桓、杨、刘,或明著其文,或述其谊,而殊其词,然所引均故书,所述亦均故谊,有足证今本脱字者。(刘师培:《老子斠补》)

10.熊十力

熊十力(1885—1968),原名继智,号子真,晚年号漆园老人,湖北黄冈人。哲学家。

老子所谓道,绝不是超脱现象界之外而别有物。乃谓现象界中,一切万有皆道之显现。易言之。一切万有皆以道为其体。强以喻明,如一切冰相皆以水为体,非离水而别有冰相之自体。即冰以水为体,则水固非离冰而别有物。一切万象,以道为体,则道固非离一切万有而别有物。若谓道果超越于一切万有之外者,则道亦顽空,而何得名为宇宙实体耶?(熊十力:《十力语要》,广文书局 1977 年版,第 216~217 页)

11.胡适

胡适(1891—1962),字适之,安徽绩溪人。学者、历史学家。

其后好多年,我都是个极端的和平主义者。原来在我十几岁时候,我就已经深受老子和墨子的影响。这两位中国古代哲学家,对我的影响实在很大。

……

老子主张"不争"(不抵抗)。"不争"便是他在耶稣诞生五百年之前所形成的自然宇宙哲学之一环。老子说:"夫惟不争,故天下莫能与之争!"他一直主张弱能胜强;柔能克刚。老子总是拿水做比喻来解释他的不抵抗哲学。老子说:"天下莫柔弱于水,而攻坚强者,莫之能先!"(胡适:《胡适自传》,江苏文艺出版社1995年版,第175~176页)

我认为老子是孔子的同时人,但是是孔子的前辈。孔子可能的确向老子"习礼"的,尤其学习丧礼。我也认为《老子》这部书,不是伪书。我当然不否认《道德经》这部小书,其中或有后人的伪增字句,但是大体说来,它的原始性是可靠的。(胡适:《胡适自传》,江苏文艺出版社1995年版。第320~321页)

胡适

老子便是个最标准的(以软弱为美德的)儒派哲学家。《老子》这本小书中所宣扬的观念,可能远早于老子和孔子。本质上是宣扬以谦卑为美德的哲学;也是中国哲学里第一次出现了一种自然主义天道观的哲学体系。一个日月运行显然无为的宇宙,可是宇宙之内却没有一项事物是真正地无为的。是所谓"无为而无不为"。根据这宇宙的自然现象,老子因而把早期的一些什么宽柔忍让、无为不争、以德报怨、犯而不较、不报无道等等观念综合起来,连成一体(形成一种新的道家的哲学体系),不过老子却强调,犯而不较、忍让不争,却是最强的力量,那根本不是弱;相反的那正是强有力的伪装。(胡适:《胡适自传》,江苏文艺出版社1995年版,第322~323页)

老子出在那个前六世纪,毫不觉得奇怪。他不过是代表那六百年来以柔道取悦干世的一个正统老儒;他的职业正是殷儒相礼助葬的职业,他的教义也正是《论语》里说的"犯而不较""以德报怨"的柔道人生观。古传说里记载着孔子曾问礼于老子,这个传说在我们看来,丝毫没有可怪可疑之点……孔子和老子本是一家,本无可疑。后来孔老分家,也丝毫不足奇怪。老子代表儒的正统,而孔子早已超过了那正统的儒。(胡适:《胡适学术文集》下册,姜义华主编,中华书局1991年版,第673页)

二三十年过去了,我多吃了几担米,长了一点经验。有一天,我忽然大觉大悟了! 我忽然明白:这个老子年代的问题原来不是一个考据方法的问题,原来只是一个宗教信仰的问题! 像冯友兰先生一类的学者,他们诚心相信,中国哲学史当然要认孔子是开山老祖,当然要认孔子是"万世师表"。在这个诚心的宗教信仰里,孔子之前当然不应该有个老子。在这个诚心的信仰里,当然不能承认有一个跟着老聃学礼助葬的孔子。

试看冯友兰先生如何说法:"……在中国哲学史中,孔子实占开山之地位。后世尊为唯一师表,虽不对而亦非无由也。由此之故,此哲学史自孔子讲起。"(冯友兰《中国哲学史》,页二九)懂得了"虽不对而亦非无由也"的心理,我才恍惚大悟:我在25年前写几万字的长文讨论"近人考据老子年代的方法"真是白费心思,白费精力了。(胡适:《〈中国古代哲学史〉台北版自记》,《胡适文集》第六册,第162页)

然而这个在《老子》书里萌芽,在以后几百年里充分生长起来的自然主义宇宙观,正是经典时代的一份最重要的哲学遗产。自然主义本身最可以代表大胆怀疑和积极假设的精神。自然主义和孔子的人本主义,这两极的历史地位是完全同等重要的。中国第一次陷入非理性、迷信、出世思想——这在中国很长的历史上有过好几次——总是靠老子和哲学上的道家的自然主义,或者靠孔子的人本主义,或者靠两样合起来,努力把这个民族从昏睡中救醒。(胡适:《中国哲学里的科学精神与方法》,《胡适文集》第十二册,第403~404页)

12. 郭沫若

郭沫若(1892—1978),原名郭开贞,又名郭鼎堂。四川乐山人。诗人、剧作家、历史学家、考古学家、古文字学家。

老子与孔子同时,且为孔子的先生,在吕氏门下的那一批学者也是毫无疑问的。(郭沫若:《青铜时代》,科学出版社1966年版,第22~23页)

郭沫若

(春秋时代)在冶铸技术方面,老子《道德经》提到"橐龠","橐"是排橐。(郭沫若主编:《中国史稿》第一册,人民出版社1976年版,第360页)

老子即老聃,生卒年不可考,相传为楚国人,做过周的守藏室之史,见闻广博,熟悉各种旧的典章制度,著有《道德经》。但传世的老子《道德经》实纂成于战国时的环渊,《史记·孟荀列传》曾经指出,楚人环渊学黄老之术,著上下篇,这就是《道德经》的上下篇。但他是一个文学趣味太浓厚的人,在纂集老子遗说时。加了些文学性的调色和修饰,遂使《道德经》一书饱和了他自己的时代色彩。这本书的辞藻多半是环渊的,其精神则是老子的。

老子代表那些破落的奴隶主贵族,看到奴隶制的崩溃,又不能转向新兴的封建势力。因此,他用一个超绝一切的虚无的本体代替商周以来的人格神之天的至上权威,同朴素的唯物主义天道观相对立。这个本体他勉强给了一个名字,便是"道",又叫作"大"。《道德经》说:"有物混成,先天地生,寂兮寥兮,独立而不改,周行而不殆,为天下母。吾不知其名,字之曰道,强为之名曰大。""道"字本来是道路的道,在老子以前的人又多用为法则,到了老子才有了表示宇宙本体的"道",把道作为哲学范畴。

"道"即"无",是宇宙万物的本体,是为感官所不能接触的虚无缥缈的东西,一切物和观念的存在,连人所有的至上观念的"上帝",都是由它幻演出来的。上帝和鬼神没有道的存在是不能存在的,有了道,鬼神也就失其威严。鬼神失去了威严,那么,相传为通达鬼神之意的卜筮自然失去了神秘性,所以他说"能无卜筮而知吉凶"。一句话,老子否定传统的天命论时,也否定了客观世界的物质本源,走进了客观唯心主义的死胡同。

老子对奴隶制感到绝望,又找不到前进的道路,表现在政治上就是鼓吹无为而治,回到"小国寡民"的世界。他鄙弃阶级社会的文明,主张"愚民",提倡"绝圣弃智""绝仁弃义",否认知识和道德观念的作用,主张回到无是非无知识的婴儿意识。在作为愚民的手段上,他对于天和鬼神仍然是肯定着的,比如他说"天道无亲,常与善人"等等。这种话和向来的传统思想并无多大差别,标出了奴隶制的印章。他幻想把历史拉回到原始世界,摆脱奴隶制行将覆灭的灾难,具有复古主义的倾向。

《道德经》中的精华是其朴素辩证法思想的因素,揭示了客观世界的一些对立(矛盾)的方面,如正与奇、福与祸、刚与柔、弱与强、多与少、上与下、先与后、实与虚、荣与辱、智与拙、巧与愚;提出"有无相生,难易相成,长短相形,高下相倾"等等命题;并洞察到对立面的转化,例如"祸兮福之所倚,福兮祸之所伏","正复为奇,善复为妖"等坏事和好事依一定条件互相转化的道理。但是,老子又提出"至虚极,守静笃,万物并作,吾以观复",力图把现实的矛盾消解在虚无世界里,以不变应万变,这就否认了对立面的斗争。这样,他的朴素辩证法的思想因素,就被客观唯心主义的体系闷杀了。毛主席指出："辩证法的宇宙观，不论在中国，在欧洲，在古代就产生了。但是古代的辩证法带着自发的朴素的性质，根据当时的社会历史条件，还不可能有完备的理论，因而不能完全解释宇宙，后来就被形而上学所代替。"（毛主席：《矛盾论》，《毛泽东选集》，1967年横排本，第278页）这也是对老子的朴素辩证法思想的最恰当的评价。

《道德经》是一部政治哲学著作，又是一部兵书。由于其中包含着互相矛盾的成分，同儒家有对立的地方，所以后来的法家能吸收其积极因素，改造成新兴地主阶级的政治思想体系。（郭沫若主编：《中国史稿》第一册，人民出版社1976年版，第374~376页）

13.范文澜

范文澜（1893—1969），字仲沄，浙江绍兴人。历史学家。

老子是有极大智慧的古代哲学家。他观察了自然方面天地以至万物变化的情状，他观察了社会方面历史的、政治的、人事的成与败、存与亡、祸与福……他发现并了解事物的矛盾性比任何一个古代哲学家更广泛更深刻。他把这种矛盾性称为道与德。（范文澜：《中国通史简编》，修订本，第一编，人民出版社1949年版，第269页）

范文澜

14.毛泽东

毛泽东（1893—1976），湖南湘潭人。无产阶级革命家、战略家和理论家，中国共产党、中国人民解放军和中华人民共和国的主要缔造者和领导人。

关于丧失土地的问题，常有这样的情形，就是只有丧失才能不丧失，这是"欲将取之必先与之"的原则。（《毛泽东选集》（合订本），人民出版社1968年版，第195页）

我们必须学会全面地看问题，不但要看到事物的正面，也要看到它的反面。在一定的条件下，坏的东西可以引出好的结果，好的东西也可以引出坏的结果。老子在两千多年以前就说过："祸兮福所倚，福兮祸所伏"。日本打到中国，日本人叫胜利，中国大片土地被侵占，中国人叫失败。但是在中国的失败里包含着胜利，在日本的胜利里面包含着失败。历史难道不是这样证明了吗？（毛泽东：《关于正确处

理人民内部矛盾的问题》,《建国以来毛泽东文稿》第六册,中央文献出版社 1992 年版,第 353 页)

学楚辞,先学离骚,再学老子。(毛泽东:《在南宁会议上的讲话提纲(一九五八年一月十六日)》,《建国以来毛泽东文稿》第七册,中央文献出版社 1992 年版,第 16 页)

15.林语堂

林语堂(1895—1976),原名和乐,后改玉堂,又改语堂,福建龙溪人。作家、学者。

道教之创造中华民族精神倒是先于孔子。

老子本身与"长生不老"之药毫无关系,也不涉于后世道教的种种符录巫术。他的学识是政治的放任主义与伦理的自然主义的哲学。他的理想政府是清静无为的政府,因为人民所需要的乃自由自在而不受他人干涉的生活。(林语堂:《老子的智慧》,时代文艺出版社 1988 年版,第 3 页)

林语堂

被称为老子著作的《道德经》,其文学上之地位似不及"中国尼采"庄子,但是它所蓄藏着更为精炼的俏皮智慧之精髓。据我的估计,这一本著作是全世界文坛上最光辉灿烂的自保的阴谋哲学。它不啻教人以放任自然,消极抵抗,抑且教人以守愚之为智,虚弱之为强。其言曰:"……不敢为天下先。"它的理由至为简单,盖如是则不受人之注目,故不受人之攻击,因能立于不败之地。所以他又说:"……以其不争,故天下莫能与之争。"尽我所知,老子是以浑浑噩噩藏拙蹈晦为人生战争利器的唯一学理,而此学理本身,实为人类最高智慧之珍果。

老子觉察了人类智巧的危机,故尽力鼓吹"无知"以为人类之最大福音。他又觉察了人类劳役的徒然,故又教人以无为之道,所以节省精力而延寿养生。由于这一个意识使积极的人生观变成消极的人生观,它的流风所被染遍了全部东方文化色彩。(林语堂:《老子的智慧》,时代文艺出版社 1988 年版,第 4 页)

若以"箴言"作为鉴别中国圣者的条件,老子确实当之无愧,因为,老子的箴言传达了激奋,实非孔子沉闷乏味的"善"所能办到的。(林语堂:《老子的智慧》,时当一个人扮演过尽责的好父亲后,我们能够感觉到,在奥妙的知识领域里,对宇宙的神秘和美丽、生与死的意义、内在灵魂的震撼以及不知足的悲感,究竟能体会多少? 或许没有人能说出他确切的感受;但在《道德经》里,却把这些感受都泄露出来了。

看过《道德经》的人,第一个反应,便是大笑;接着就开始自嘲似的笑;最后才大悟到这才是目前最需要的教训。老子说:"上士闻道(真理),勤而行之。中士闻道,若存若亡。下士闻道,大笑之。不笑不足以为道。"相信大半读者第一次研读老子的书时,第一个反应便是大笑吧! 我敢这么说,并非对诸位有何不敬之意,因为我本身就是如此。

因此,那些上智的学者,便由讥笑老子、研究老子,而成今日的哲学先驱,以致老子成了他们终身的朋友。

老子说:"言有宗,事有君。夫唯有知,是以不我知。"其对生命及宇宙的哲学观,四处散见于他的晶莹隽语中。有关老子的身世臆测和教条,我会在后文中详细剖析给各位读者。老子的隽语是出于现世见识的火花,和爱默生的《直觉谈》一样,对后人造成了很大的影响。若要了解他二人的隽语,势必先得深切透视其思想方可。

老子的隽语,像粉碎的宝石,不需装饰便可自闪光耀。然而,人们心灵渴求的却是更深一层的理解,于是,老子这谜般的智慧宝石,便传到变化繁杂的注释者手中。(林语堂:《老子的智慧》,时代文艺出版社 1988 年版,第 9 页)

一般说来,老庄思想的基础和性质是相同的。不同的是:老子以箴言表达,庄子以散文描述;老子凭直觉感受,庄子靠聪慧领悟;老子微笑待人,庄子狂笑处世;老子教人,庄子嘲人;老子说给心听,庄子直指心灵。

若说老子像惠特曼,有最宽大慷慨的胸怀。那么,庄子就像梭罗,有个人主义粗鲁、无情、急躁的一面。再以启蒙时期的人作物比,老子像那顺应自然的卢梭,庄子却似精明狡猾的伏尔泰。(林语堂:《老子的智慧》,时代文艺出版社 1988 年版,第 11 页)

老子爱唱反调,几成怪癖。"无为而无不为""圣人非以其无私,故能成其私",这种反论的结构恰如水晶之形成:把某一物质的温度改变,即成水晶,但成品却是许许多多的水晶体。

一个事理的基本观点和价值，与另一种普遍为人接受的观点完全相反时，便产生了反面论。耶稣的反论是："失去生命者，获得生命。"这种反论的起因，乃是把两类特殊的生命观（精神与肉体）融而为一，呈现在表面的，就是反面论。

到底什么思想使老子产生了那么多强调柔弱的力量、居下的优势和对成功的警戒等反面论呢？答案是：宇宙周而复始的学说——所谓生命，乃是一种不断地变迁，交互兴盛和腐败的现象，当一个人的生命力达到巅峰时，也正象征着要开始走下坡了，犹如潮水的消长，潮水退尽，接着开始涨潮。（林语堂：《老子的智慧》，时代文艺出版社1988年版，第13～14页）

关尹和老聃不愧为古时的大圣。（林语堂：《老子的智慧》，时代文艺出版社1988年版，第28页）

16.冯友兰

冯友兰（1895—1990），字芝生，河南唐河人。哲学家，现代新儒家的早期代表人物之一。

《老子》的大部分思想表示出另一种企图，就是揭示宇宙事物变化的规律。事物变，但是事物变化的规律不变。一个人如果懂得了这些规律，并且遵循这些规律以调整自己的行动，他就能够使事物转向对他有利。（冯友兰：《中国哲学简史》，北京大学出版社1985年版，第80页）

冯友兰

现在所有的以为《老子》之书是晚出之诸证据，若只举其一，则不免有逻辑上所谓"丐辞"之嫌，但合而观之，则《老子》一书之文体、学说及各方面之旁证，皆可以说《老子》是晚出，此则必非偶然也。（冯友兰：《〈老子〉年代问题》，罗根泽编：《古史辨》第四册，上海古籍出版社1982年版，第421页）

17.钱穆

钱穆（1895—1990），字宾四，江苏无锡人。史学家、国学家。

《老子》为晚出书，汪容甫已启其疑。然汪氏所疑，特在《史记》所载老子其人其事，固未能深探本书之内容。梁任公推汪氏意，始疑及《老子》本书。所举例证，亦殊坚明。然梁氏亦复限于清儒旧有途辙，未能豁户牖而开新境。且《老子》书晚出于《论语》，其说易定。而其书之著作年代，究属伺世，庄老孰先孰后，则其谳难立。余之此书，继踵汪梁，惟主《老子》书犹当出庄子惠施公孙龙之后，刚昔人颇未

论及。持论是非,当待诸者之自辨。而本书所用训诂考据方法,亦颇有轶出清儒旧有轨范之外者。此当列诸简耑,以告读吾书者也。

《老子》书开宗明义,即曰:道可道。非常道,名可名,非常名。以清儒训诂小学家恒见遇之,若不烦有训释。而实不然。先秦诸子著书,必各有其书所特创专用之新字与新语,此正为一家思想独特精神所寄。以近代语说之,此即某一家思想所特用之专门术语也。惟为中国文字体制所限,故其所用字语,亦若惯常习见。然此一家之使用此字此语,则实别有其特殊之涵义,不得以惯常字义说之。

钱穆

韩昌黎有言,道其所道,非吾之所谓道。《老子》书开宗明义,道名兼举并重。即此一名字,其涵义,亦非孔子《论语》必也正名乎之名字涵义,所可一例而视。若深而求之,老子书中所用道名二字,不惟其涵义与论孟有别,并亦与《庄子·内篇》七篇所用道名二字涵义有不同。此正庄老两家之所以各成其为一家言也。此非熟参深通于庄老两书之全部义理,将无法为此二字作训释。清儒惟戴东原《孟子字义疏证》,为能脱出训诂旧轨。焦里堂阮芸台继踵,亦多新见。然清代学术大趋势,则终在彼不在此。抽其耑,未畅其绪,故其所谓训诂明而义理明者,亦虚有其语耳。(钱穆:《庄老通辨·自序》,三联书店 2002 年版,第 2~3 页)

18.老舍

老舍(1899—1966),原名舒庆春,字舍予,北京人。文学家。

周代诸子差不多都是自成一家之言。他们的文字虽

老舍

然很好,像老子的简练,庄子的驰畅,可是他们很少谈到文学,而且有些蔑视孔门的好古饰辞的……。(老舍:《老舍文集》第十五卷,人民文学出版社 1990 年版,第 13 页)

机智是什么呢?它是用极聪明的,极锐利的言语,来道出像格言似的东西,使

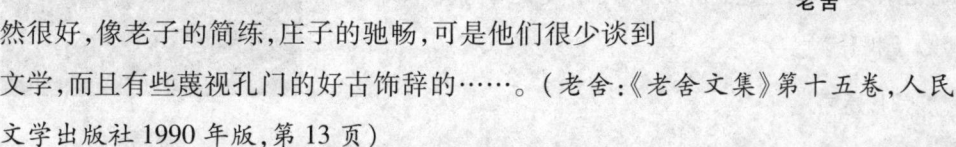

人读了心跳。中国的老子庄子都有这种聪明。讽刺已经很厉害了,可到底要设法从旁面攻击;至于机智则是劈面一刀,登时见血。"圣人不死,大盗不止!"这才够味儿。不论这个道理如何,它的说法的敏锐就够使人跳起来的了。(老舍:《老舍文集》第十五卷,人民文学出版社1990年版,第233页)

19.闻一多

闻一多(1899—1946),原名闻家骅,湖北浠水人。诗人、学者。

其实凤是殷人的象征,孔子是殷人的后裔。呼孔子为凤,无异于称他为殷人;龙是夏人的,也是楚人的象征,说老子是龙,等于说他是楚人,或是夏人的本家。(闻一多:《神话编·诗经编上》,《闻一多全集》第三卷,湖北人民出版社1993年版,第161页)

闻一多

20.朱谦之

朱谦之(1899—1972),字情牵,福建福州人。历史学家、哲学家。

盖华夏先哲之论宇宙,一气而已,言其变化不测,则谓之玄。(朱谦之:《老子校释》)

自昔解《老》者流,以道为不可言。……实则《老子》一书,无之以为用,有之以为利,非不可言说也。曰"美言",曰"言有君",曰"正言若反",曰"吾言甚易知,甚易行",皆言也,皆可道可名也。自解《老》者偏于一面,以"常"为不变不易之谓,可道可名则有变有易,不可道不可名则无变无易(林希逸),于是可言之道,为不可言矣;可名之名,为不可名矣。不知老聃所谓道,乃变动不居,周流六虚,既无永久不变之道,亦无永久不变之名。(朱谦之:《老子校释》)

高亨

21.高亨

高亨(1900—1986),又名晋生,吉林双阳人。古文字学家。

《老子》虽只五千言，但辞要而趣远，语精而义深，运思浃于无名，立说超乎有相，凡宇宙之奥理，史乘之轨迹，物类之象征，人事之法仪，率以片言，摄其妙谛。（高亨：《老子正诂·自序》，开明书店 1949 年版）

夫《老子》一书，文辞简质，旨趣遥深，道家思想，斯为初原，华夏旧籍，斯为珍品。战国之世，庄周时畅其义，韩非择解其文，他书引而释之，亦颇散见。……故老子古义，居今难见其全。（高亨：《老子正诂》，1930 年排印本，第 2 页）

老子不诋訾天地，也不诋訾圣人。而此处云天地不仁，圣人不仁，非自相矛盾也。说文曰："仁，亲也"。韩诗外传曰："爱由情出谓之仁。然则不仁者，只是无所亲爱而已"。十八章曰："大道废，有仁义"。十九章曰："绝仁弃义，民复孝慈"。三十八章曰："失道而后德，失德而后仁，失仁而后义。"老子不取乎仁如此。故曰，天地不仁，圣人不仁也。（高亨：《老子正诂》，1930 年排印本，第 7~8 页）

22.吕振羽

吕振羽（1900—1980），湖南省武冈县（今邵阳县）人，历史学家。

吕振羽

一、老聃之所以提出"小国寡民"的政治思想，正因为其自己所代表的社会阶层存在的依据是封建初期的社会秩序，所以他的要求，是永恒不变的西周型的社会。二、他之反对大封建主和封建战争，正因为其自身的社会地位是消失在这种封建兼并的战争中。三、他之反对新兴地主——商人，正因其自身没落的另一面是这些分子之部分的代起；而且商人又是促进封建战争的一个因子。四、他主张调和统治阶级内部的矛盾，取消斗争，也主张愚民政策，正因为他出身于统治阶级，又还在代表统治阶级的利益。（吕振羽：《中国政治思想史》上册，人民出版社 1949 年版，第 64 页）

23.王力

王力（1900—1986）字了一，广西博白人。语言学家，中国现代语言学的奠基人之一。

王力

既云道可道非常道，则常道乃不可道者也。道之本体，是谓常道。言及本体，无法以形容之,故曰不可名,又曰强为之名也。然则道之本体,已离言说;欲得其真,须凭直觉。盖老子五千言,皆可道之道耳。(王力:《老子研究》,上海书店 1992年版,第 6 页)

24.梁思成

梁思成(1901—1972),广东省新会县人,梁启超之长子。建筑学家。

建筑,作为一种社会现象,早在一两万年前或更早就已经出现了。当我们的老祖先开始使用石器的时候,盖房子的活动就已开始。一直到今天,只要有人定居的地方,就一定有房屋。盖房子是为了满足生产和生活的要求。为此,人们要求一些有掩蔽的适用的空间。二千五百年前老子就懂得这个道理:"当其无,有室之用"。这种内部空间是满足生产和生活要求的一种手段。(《梁思成文集》卷四,中国建筑工业出版社1986 年版,第 235 页)

贺麟

25.贺麟

贺麟(1902—1992),四川金堂人。20 世纪新儒家代表人物之一。哲学家。

我们承认用阴谋权术去解释道家,特别是用之解释老子的趋势,在中国政治策略思想上相当大,一如将道家认作炼丹修仙的趋势相当大一样,阴谋权术与炼丹修仙乃中国政治上、文化上的黑暗面,是开明时代、民主社会所须扫除廓清的,这似乎均非老庄的真面目,只代表被歪曲、被丑化了的道家,或误解老子所产生的流弊。(贺麟:《文化与人生》,商务印书馆 1988 年版)

26.侯外庐

侯外庐(1903—1987),山西平遥人。哲学史家、历史学家。

现在大多数研究者主张《老子》是在战国前期成书的。我们认为,这部书可能容纳了春秋末期的老子的一些思想,但大部分是战国时代的作品,其中主要思想表现了对孔、墨学说的批评。

……

老子揭示了当时社会中存在的严重的阶级矛盾。他指出,被剥削的劳动者已经处于"田甚芜,仓甚虚"的悲惨境地,而统治者却过着"服文采、带利剑,厌(饱)饮食,财货有余"(《老子》第五十三章)的生活。他称这种不合理现象为"盗夸"。老子又指出,人民所以挨饿,就是由于统治者"食税"的剥削;人民所以"难治",经常起来反抗统治者,就是由于剥削阶级的残酷的统治。因此,他认为统治阶级的国家机器愈是加强,法令愈是严密,所谓"盗贼"也就愈为增多。

但老子并没有从这种矛盾的揭露进而鼓舞人民加强斗争,相反的,却消极地主张取消斗争,消解对立。他把社会矛盾的原因归咎于文明的发达,说:"人多利器,国家滋昏;人多伎巧,奇物滋起。"(《老子》第五十七章)因此,老子否定历史的前进运动,否定社会中一切新的变革,提倡回到淳朴的远古生活。(侯外庐:《中国思想史纲》,上海世纪出版集团、上海书店出版社2004年版,第54页)

由《老子》全书看来,"道"与物是根本不同的。老子反复说明"道"没有形象,所谓"道之为物,惟恍惟惚"(《老子》第二十一章),它与有确定属性的物质是对立的,因而是不可知、不可名的东西,老子说:"视之不见名曰夷,听之不闻名曰希,搏之不得名曰微……绳绳不可名,复归于无物,是谓无状之状、无物之象,是谓惚恍。"(《老子》第十四章)"道"既然是"无物",所以它实际也就是虚无,如老子说:"道冲(虚)而用之或不盈,渊兮,似万物之宗。"(《老子》第四章)就是说,"道"不可见而又用之不尽,它博大渊深。恰似万物的本源。这样的"道",完全是虚无缥缈的东西。因此,汉司马谈说道家"其术以虚无为本"。(《史记·太史公自序》)

由此可见,老子哲学体系的本质是唯心主义的,他并不是按自然本身去理解自然,而是力图在自然界之上强加一个非物质的本源。"道"和万物的性质相反,既不具有物质性,也不带有物质世界的规律性,虽然他在"德"的概念方面间或显出"自然之义"而为后世进步学者所批判地吸收。(侯外庐:《中国思想史纲》,上海世纪出版集团、上海书店出版社2004年版,第55~56页)

27.张岱年

张岱年(1909—2004),字季同,别署宇同。原籍河北省献县。哲学家。

张岱年

关于本根,最早的一个学说是道论,认为究竟本根是道。最初提出道论的是老子。老子是第一个提起本根问题的人。在老子以前,人们都以为万物之父即是天,

天是生成一切物的。到老子,乃求天之所由生。老子以为有在天以前而为天之根本的,即是道。道生于天地之先,为一切之母。(张岱年:《中国哲学大纲》,中国社会科学出版社 1982 年版,第 17 页)

先秦哲学中,在仁与兼爱外,第三个最有影响的人生理想论,便是无为。无为的学说,发自老子。老子是道家的创始人。春秋时代,有许多主张避世洁身的隐者。所谓道家者流,实源于此类隐者。(张岱年:《中国哲学大纲》,中国社会科学出版社 1982 年版,第 281 页)

老子是一个极能深思的隐者,成立一个博大精深的哲学系统。他的学说的影响甚大,与孟子同时许多学者,如慎到田骈庄子,都曾受其影响。但因为他是一个隐者,所以关于他的行事,当时人知道的就很少。在中国哲学史上,影响最大的思想家,孔子以外,便是老子。老子的贡献,在其宇宙论;其人生论,是从其宇宙论衍来的。他认为宇宙之本根是道,而道是无为的;人应依循道,所以人也应无为。无为是老子人生论之中心观念。(张岱年:《中国哲学大纲》,中国社会科学出版社 1982 年版,第 283 页)

自然与人为,或天与人,也是人生中一个根本的对立。人类的生活,应该因任自然,无所作为呢;还是应该改变自然,注重创造?老子、庄子主张自然无为,认为一切人为都是自扰,有害而无益;不如返朴任天,反可以不至发生罪恶与病痛。荀子则反对老庄,主张改造天然,努力作为。在老庄与荀子的对立学说之间的,有孔子的兼重天人的思想。孔子的学说实以人为本,而又以"则天"与"无为"为理想境界。孟子的思想,与孔子甚相类似。后来的儒家,大都亲述孔孟的见解,一方面注重人为,一方面又尊天。(张岱年:《中国哲学大纲》,中国社会科学出版社 1982 年版,第 419 页)

老子的"道",既是"天地之始",有天地起源论的含义;又是天地万物所依赖的根据,有本体论的含义。讲本体论,应从老子开始。(张岱年:《玄儒评林》,湖南人民出版社 1985 年版,第 7 页)

老子的社会政治学说是反动的,然而其中也包含了一些对于剥削和压迫的批评,包含了一些批判的成分。

……

老子所不能超越的局限正是春秋时代平民阶级所不能超越的局限,老子在理论上所提出的要求正是当时平民阶级实际生活上所有的要求。所以,我认为,老子哲学正是春秋时期平民阶级的要求和愿望的反映。(张岱年:《中国哲学发微》,山西人民出版社 1981 年版,第 336 页)

老子所谓道是由天道观念转化而来的。在春秋时代,天道指天象变化的规律。最初,天道含有天象变化与人事吉凶的关系的意义,后来天道观念逐渐净化,专指天象变化的规律。老子的创造性的见解即把天与道的关系倒转过来,认为不是道从属于天,而是天从属于道。老子提出"自然"观点,宣称一切都是自然的,于是推倒上帝的创世主的地位,这是老子的划时代的理论贡献。老子发现,天是不能违背普遍规律的,于是把普遍规律抬高起来,抬高到天地之先。老子认为,这道才是最根本的,这道超然存在于天地万物之上,这道可以脱离天地万物而独立,于是这道也就不仅是天地万物的普遍规律,而成为一个超越物质世界的绝对。这道的观念是从天道观念转化而来的,只能是最高原理,而不可能指混然不分的原始物质。韩非《解老篇》说:"道者万物之所然也,万理之所稽也。理者成物之文也;道者万物之所以成也。"韩非把道解释为万理的总合,这是正确的,我们没有证据把老子的道解释为原始物质。(张岱年:《中国哲学发微》,山西人民出版社 1981 年版,第 338~339 页)

老子只是强调自然规律的根本性,把事物的普遍规律绝对化,看作超越一切事物之上的绝对。这个绝对可以称为绝对观念,但不能称为绝对精神。在西方客观唯心论哲学中,绝对观念即是绝对精神,二者是同一的。中国古代哲学的情况有所不同,这是应该分别清楚的。

……

老子的道,不是物质性的实体,也不是超时空的绝对精神,而是非物质性的绝对。在这个意义上,老子哲学可谓一种唯心论(观念论),是客观唯心论的一种特殊形态。(张岱年:《中国哲学发微》,山西人民出版社 1981 年版,第 341 页)

老子哲学虽然最后归结为唯心论,但是老子对于"主宰之天"的批判,对于以后唯物论的发展却有其重要影响,起了促进的作用。汉代唯物论者王充就是继承、发挥了老子的"自然"观点的。宋代唯物论者张载反对老子"有生于无"的唯心论,但赞扬老子"天地不仁"的观点。张载说:"老子言'天地不仁,以万物为刍狗',此是也;'圣人不仁,以百姓为刍狗',此则异矣。圣人岂有不仁? 所患者不仁也。天地则何意于仁? 鼓万物而已。"(《横渠易说·系辞上》)也可以说,老子哲学有唯心论的一面,也有唯物论的一面。老子提出道的学说,为以后的唯心论树立了一个典型;老子推倒了关于主宰之天的信仰,对于以后的唯物论也有比较深远的影响。总之,老子哲学在哲学思想发展史上占有极其重要的地位。简短的五千言,有这样广泛的影响,在哲学史上是罕见的。(张岱年:《中国哲学发微》,山西人民出版社1981年版,第342~343页)

老子辩证思想总结为两句话:"反者道之动,弱者道之用。"(四十章)这就是说,反是事物变化的普遍规律,而柔弱是运用道而保持相对长久的关键。反是不可避免的,而柔弱可以延缓反的到来。

荀子批评老子说:"老子有见于屈,无见于伸。"(《天论》)老子强调以柔胜刚,而没有看到刚强的作用。老子的辩证法有严重的缺陷,但是他对于中国古代辩证法学说的贡献还是主要的。(张岱年:《中国哲学发微》,山西人民出版社1981年版,第346页)

道家的最大贡献是提出天地起源的问题,这是思想史上的伟大突破。上古时代,人们都认为天是最高最大的,是万物的本源。孔子说:"唯天为大,唯尧则之。"这是殷周以来的传统观念。老子第一个提出天的来源的问题,认为天不是最根本的,天也有其来源。这是一项空前的思想突破。于是提出"先天地生"的"道"。这"道"不但是"先天地生",而且是"万物之宗",是万物存在的根据,具有普遍性、永恒性。在这个意义上,"道"是天地万物的本体。老子是中国哲学本体论的开创者。

……

老子的又一重大贡献是提出"反"的观念,"逝曰远,远曰反"(二十五章),"反者道之动"(四十章)。这反的观念即西方近代哲学所谓"否定性"。提出反的观念也是思维发展上的一次突破。老子揭示事物向反面的转化,"物或损之而益,或益之而损"(四十二章)。"祸兮福之所倚,福兮祸之所伏"(五十八章)。幸福可能转化为灾祸:"金玉满堂,莫之能守。富贵而骄,自遗其咎。"(九章)"甚爱必大费,多藏必厚亡。"(四十四章)谦卑可以达到保全:"曲则全,枉则直;洼则盈,敝则新;少则得,多则惑。"(二十二章)老子的这些思想表现了深刻的智慧。

老子关于道的学说及关于反的思想在中国哲学史和中国文化史上有深远影响。这是众所周知的。(张岱年:《道家的深湛玄思与批判精神》,见陈鼓应:《道家文化研究》第十四辑,三联书店1998年版,第17~18页)

28.牟宗三

牟宗三(1909—1995),字离中,山东栖霞人。哲学家,现代新儒家的重要代表人物之一。

假定你了解了老子的文化背景,就该知道"无"是简单化地总持的说法,他直接提出的原是"无为"。"无为"对着"有为"而发。老子反对有为,为什么呢? 这就由于他的特殊机缘而然,要紧扣"对周文疲弊而发"这句话来了解。(牟宗三:《中国哲学十九讲》,上海古籍出版社 2005 年版,第 70~71 页)

张中行

29.张中行

张中行(1909—2006),原名张璇,河北香河人。学者。

在先秦的典籍里,行文求句式整齐,《老子》是突出的代表。如:曲则全,枉则直,洼则盈,敝则新,少则得,多则惑。是以圣人抱一以为天下式。不自见,故明;不自是,故彰;不自伐,故有功;不自矜,故长。夫唯不争,故天下莫能与之争。(第二十二章)(张中行:《张中行作品集·文言的特点》第一卷,中国社会科学出版社 1995 年版,第 72~73 页)

钱钟书

30.钱钟书

钱钟书(1910—1998),字默存,号槐聚,曾用笔名中书君,江苏无锡人。文学家。著有《管锥编》、小说《围城》等。

聊举荦荦大者,以见责备语文,实繁有徒。要莫过于神秘宗者。彼法中人充类至尽,矫枉过正,以为至理妙道非言可喻,副墨洛诵乃守株待兔、刻舟求剑耳。……《老子》开宗明义,勿外斯意。心行处灭,言语道断也。(钱钟书:《管锥编》第二册,中华书局 1979 年版,第 408 页)

31.邓拓(马南邨)

邓拓(1912—1966),原名邓子健、邓云特,福建闽侯人。杂文家。

邓拓

在诸子百家中,尤其值得重视的是所谓道家的主要代表人物——老子。他的著作传世的有《道德经》五千言,这一部书可以认为是我国古代哲学、社会科学和自然科学最早的理论著作,其中包括了丰富的辩证法学说和原子论思想。

老子所谓"道",便是宇宙的本体,即物质的存在。他说"反者道之动"显然是

说明物质结构内部的对立物的斗争,引起了物质运动。同时,所谓"道生一,一生二,二生三,三生万物",则是物质运动发展的辩证过程。这种辩证法的思想早已为人们所公认;并且有许多学者发表了专门的论著,这里用不着一一介绍。我想特别要介绍的是老子的原子论思想。

与希腊古代哲学家德谟克里特和伊壁鸠鲁的原子论相比较,我国古代老子的原子论思想无疑地更早得多。德谟克里特是公历纪元前五世纪中叶到四世纪中叶的人,伊壁鸠鲁是纪元前四世纪中叶到三世纪中叶的人,老子则是纪元前六世纪中叶到五世纪中叶的人,早于德谟克里特约一个世纪,早于伊壁鸠鲁约两个世纪。老子的原子论思想,我认为是值得我们进行新的探讨的重要课题之一。

在《道德经》中,老子说明宇宙万物的起源和本质的时候,指出了"玄之又玄,众妙之门"。汉代张衡认为"玄者无形之类,自然之根,作于太始,莫之能先"。扬雄也认为"玄者,幽摊万类而不见形者也"。这里所说的"玄",用我们现代所谓的"原子"来解释它,似乎更为恰当。而且,玄、元、原三字本来可以通用。清代刊本将玄改为元,一方面是为了避讳;另一方面也因为这两个字可以相通。我们要是把原子这个译名,改称为元子或玄子亦无不可。现在研究原子理论的人,认为德谟克里特发现了最高的不可分的单元,即所谓"万有分子",并且竟然把它解释为原子核;那么,我们更有理由解释老子所谓众妙之门的玄,便是原子,而玄之又玄甚至也可以说是原子核了。

老子又说:"道冲,而用之;或不盈。"有些注释家,把"冲"字看作"盅"的假字,解释为空虚。其实,冲字在这里分明也有相冲的意思。不过,这并不排斥空虚之义。正如德谟克里特认为物体的起源有两个,即原子和虚空,而原子有时互相冲撞,形成原子的旋风一样,老子也有这种思想。

还有,老子认为:"天地之间,其犹橐龠乎。虚而不屈,动而愈出。"又说:"谷神不死,是谓玄牝。玄牝之门,是谓天地根。"橐龠即是风洞,不屈意即不竭,这个意思也很像德谟克里特说的旋风式的原子运动,形成着无穷的物质世界的道理。至于德谟克里特认为任何物质都是由原子和原子间的空洞构成的;物质的密度和强度,跟物质内部空洞的分布有关。这一点似乎也没有超出老子关于谷神和玄牝的概念。

什么是谷神?什么又是玄牝呢?据宋代司马光的解释:"中虚故曰谷,不测故曰神;天地有穷而道无穷,故曰不死。"这个解释比较浅显易懂。但是,玄牝却很少有人解释得清楚,有的人公然宣称因为这些文字"通俗不雅",所以不便做什么解释。我们现在如果大胆地把"玄牝"解释为原子核,那么,这句话的意思也就容易弄明白了。现代科学家解释伊壁鸠鲁的原子学说,认为他把万物都当作是核子的运动和冲击的结果;而处于等速运动中的核子都互相冲击的可能。我们从老子的《道德经》中完全可以看出,老子很早就提出了这样的概念。(马南邨:《燕山夜话·谁最早研究科学理论》,北京出版社 1979 年版,第 431~434 页)

32.任继愈

任继愈(1916—2009),山东平原县人。哲学家,现任国家图书馆馆长。

中国哲学史是中华民族的认识史,多年来一直沿着这条道路考察中国哲学的发展、变化,踪迹昭然、历然。老子首先提出了"无"作为最根本的范畴,是中国哲学史的第一座里程碑。(任继愈:《中国哲学史的里程碑——老子的"无"》,见陈鼓应:《道家文化研究》第十四辑,三联书店 1998 年版,第 117 页)

任继愈

我们回顾中华民族的认识史,竟与儿童思维成长过程有惊人相似之处。

人类认识从有形开始,逐渐由分到合,由具体到抽象,形成"有"(存在)概念。"有"有形象(大小形色等),"有"有性质(坚软、轻重、香臭等),"有"有结果(得到或未得到),各种"有"(存在)都可见闻,可感知,可推得结果。这些都属于人类认识幼年期。

随着生活实践、科学实践、社会实践的深化,从"有"进而认识到"有"的对立面——"没有"。

"没有"是生活中经常遇到的现实。打猎、捕鱼,可能"有",也可能"没有",而且出现的频率很高。把"没有"抽象到概念的高度,也作为认识的"客体"对待,达到这个的认识水平,只在具有先进文化的民族才有这种可能。"没有"没有上升到概念时,只是一次性的客观描述。提出了"无",则是认识的一次飞跃。

由于"无"具有"有"所不具备的"实际存在",号称为"无",并非空无一物,而有总括万有的特点,老子称之为"无状之状,万物之象"。它不同于"有",所以"视之不可见,听之不可闻,搏之不可得","此三者不可致诘,故混而为一"。对这一最高的负概念给以特殊名称,有时叫作"无";因为它具有规律性,也称为"道"。在一定情况下,"无"与"道"同义,有时无也是道,道也是无。

老子的"无"不是停留在描述性的"没有"的认识阶段。"无"并不是消极的存在,而是有它实际多样肯定性的含义,有现实作用,有可以预测的后果,也经常用来对待日常生活、政治生活的一个原则。"无"的发现,为人类认识史开了新生面,的确非同寻常。

《老子》书经历史上老学传人的补充、完善,现存的定本共五千七百字左右。这部书从各个方面提醒人们重视"无"的地位和作用。不但认识"无",而且用"无"的原则来指导日常生活、社会生活以及政治生活。(任继愈:《中国哲学史的里程碑——老子的"无"》,见陈鼓应:《道家文化研究》第十四辑,三联书店1998年版,第118~119页)

老子思想的深刻性在于善于从纷乱多样性的现象中,概括出"无"这一负概念。其可贵处在于把负概念给予积极肯定的内容。老子的"无为"不是一无所有,而是用"无"的原则去"为"。所以能做到有若无,实若虚,以退为进,以守为攻,以屈为伸,以弱为强,以不争为争,从而丰富了中国古代辩证法思想,建立了中国古代辩证法贵柔的体系,与儒家易传尚刚健体系并峙。两大流派优势互补,同样丰富了中华民族的文化宝库。(任继愈:《中国哲学史的里程碑——老子的"无"》,见陈鼓应:《道家文化研究》第十四辑,三联书店1998年版,第120~121页)

我认为《老子》书中如反对仁义,反对法令的一些思想,可能晚出。但老子的天道观(也就是老子哲学的基本部分)是老子本人的思想;贵柔、反对战争和辩证法思想也是老子本人的思想;小国寡民的政治理想也是接近老子本人思想的。(任继愈:《老子新译》,上海古籍出版社1985年版,第10页)

老子的哲学本身包含着向唯物主义和唯心主义发展的两种可能趋向。只看到老子哲学的一个趋向,而否认另一趋向,都不符合老子哲学的本来面貌。老子有时把道解释为"朴",朴是待雕凿的素材,老子的哲学也是一个"朴",有待于后人讲一步发展。(任继愈·《老子新译》,上海古籍出版社1985年版,第45页)

33.南怀瑾

南怀瑾(1918—),浙江温州人。国学家。

中国文化历史,在秦汉以前,由儒、墨、道三家,笼罩了全部的文化思想。到唐、宋以后,换了一家。成为儒、释、道三

南怀瑾

家,这三家又笼罩着中国文化思想,一直到中华民国立国初期。迨发生了"五四运动",当时想"打倒孔家店",在中国文化的主流上,起了一阵涟漪,一度有所变化,又影响了几十年。

对这三家,我经常比喻:儒家像粮食店,绝不能打。否则,打倒了儒家,我们就没有饭吃——没有精神食粮;佛家是百货店,像大都市的百货公司,各式各样的日用品具备,随时可以去逛逛,有钱就选购一些回来,没有钱则观光一番,无人阻拦,但里面所有,都是人生必需的东西,也是不可缺少的;道家则是药店,如果不生病,一生也可以不必去理会它,要是一生病,就非自动找上门去不可。

这譬喻是有其理由的。

细读中国几千年的历史,会发现一个秘密。每一个朝代,在其鼎盛的时候,在政事的治理上,都有一个共同的秘诀,简言之,就是"内用黄老,外示儒术"。自汉、唐开始,接下来宋、元、明、清的创建时期,都是如此。内在真正实际的领导思想,是黄、老(黄帝、老子)之学,即是中国传统文化中的道家思想。而在外面所标榜的,即在宣传教育上所表示的,则是孔孟的思想、儒家的文化。但是这只是口号,只是招牌而已,亦可以旁借"挂羊头卖狗肉"的市井俚语来勉强比拟,意思就是,讲的是一套,做的又另外是一套。(南怀瑾:《老子他说》,国际文化出版公司1991年版,第2~3页)

现代学术界,研究《老子》的趋向,归纳起来,大概可分为三个路线:

第一类:纯粹走哲学思想的研究路线。作这方向研究的人,各有各的心得,各有自己的见解。乃至有人以西方哲学来批评《老子》,或者以西方文化来与《老子》比较。这是学术性的一类。

第二类:就是把《老子》,单纯地归到个人修养,做工夫,所谓修神仙的丹道上去。这一类自几千年前,直到现在,自成一个系统。

第三类:是把《老子》归到谋略学的主流,而且习惯上,有一个很严重的错误观念:认为老子的谋略学是阴谋,是阴谋之术。于是,一说到老庄,就联想到谋略;一说到谋略,就联想到老子学说是很阴险的学问,是搞阴谋的。

这种观念,错误得很严重。

老子是主张用阴、用柔。但是,不要忘记,他和我们固有的文化,远古的源流——阴阳,五行与《易经》诸子等系统,是同一个来源的。阴与阳,是一体的两面,只是在用上有正面与反面的不同而已,无论用阴用阳,都要活用。换言之,要用

活的,不用死的。所谓用阴柔,即不用刚强,不是勉强而为。一件事物的成就,是顺势而来的。因此亦可以说,他是用顺道,不是用相反的逆道。过去以文字表达意义的方法,常用"阴"字来表达"顺道",例如《周易》的"坤"卦,代表"阴"的"顺道"。因此后世的人,误以为老庄的阴柔之学,就是阴谋之学;学老庄的人,用老庄之学的人都是阴谋家。

从历史上看,大家都熟悉的汉史,如道家出身的人物——陈平,他帮助刘邦,奠定汉朝四百年基业,汉高祖刘邦有六次关系到成败的决策,都是采用陈平的主意而获致成功的。但是历史记载,陈平自己说:"我多阴谋,道家之所禁,其无后乎?"足见道家是最忌讳阴谋的。因此,他断定自己将没有后代,至少后代的富贵不会久。后来果然如此,据汉代史书记载,陈平的后人,到他孙子一代,所谓功名富贵,一切而斩,就此断了,后来他的曾孙陈掌,以卫氏亲贵戚,要求续封而不可得。

从此一史实可以说明,道家并不专主阴谋,误会道家是阴谋家,尤其是误会老庄思想是阴谋之学,是一种最大的错误观念。这是今日研究老庄,必先了解的。(南怀瑾:《老子他说》,国际文化出版公司1991年版,第29~30页)

道教就是这样传说,由老子传给关尹子,继续往下传,便是壶子、列子、庄子。一路传下去,到了唐朝,便摇身一变而成为国教,而《老子》一书,也成了道教的三经之首。道教三经,是道教主要的三部经典,包括:由《老子》改称的《道德经》,《庄子》改称的《南华经》与《列子》改称的《清虚经》。

最近,有些上古的东西出土,如帛书《老子》等等。由这些文献资料中,更显示了老子学说思想的体系,是继承了殷商以上的文化系统,亦证明了古人所说的话没有撒谎,是真实的。(南怀瑾:《老子他说》,国际文化出版公司1991年版,第33页)

34.萧萐父

萧萐父(1924—2008),四川成都市人。武汉大学哲学系教授。

《老子》一书反映了道家思想的成熟体系。它熔铸了大量的先行思想资料,既有当时最先进科学技术知识的总结(诸如天体"周行"的规律、冶铸用的"橐龠"的功能等),也有个人立身处世经验的总结。而更主要的是富有历史感地对"大道废,有仁义,智慧出,有大伪"的文明社会的深层矛盾进行了透视和总结。(萧萐父:《道家风骨略论》,见陈鼓应:《道家文化研究》第二辑,上海古籍出版社1992年版,第5页)

不仅《老子》一书以其理论思维水平,对远古至旧制崩解的春秋时期哲学发展的积极成果做了一个划时代的总结,"道"概念的凝成,及"道生一,一生二,二生三,三生万物,万物负阴而抱阳,冲气以为和"这一命题的提出,就已涵摄了以往大量的哲学思辨成果,并使之整合为新的范畴系统;"有无相生……""反者道之动"等哲学概括,综合了古代辩证智慧的丰富成果而标志着我国朴素矛盾观的历史形成。(萧萐父:《道家风骨略论》,见陈鼓应:《道家文化研究》第二辑,上海古籍出版社1992年版,第5页)

35.江泽民

江泽民(1926—),江苏扬州人。原中共中央总书记、中华人民共和国主席、中央军委主席。

要多宣传老子的辩证唯物主义思想,要把民族传统文化的精华整理好、宣传好,使"三胞"和外国朋友了解中国的历史和传统文化的魅力。(1994年6月24日,江泽民总书记参观泉州清源山老子石雕像时的讲话)

早在公元二千五百年前,中国人就开始了仰观天文、俯察地理的活动,逐渐形成了"天人合一"的宇宙观。

春秋战国时期出现的"百家争鸣"局面和老子、孔子等诸子百家的学说,在世界思想史上占有重要的地位。(江泽民:《增进相互了解,加强友好合作》,1997年11月1日在哈佛大学的演讲)

36.李泽厚

李泽厚,(1930—),湖南长沙人。美学家、哲学家。

传言十年前毛泽东说过,《老子》是一部兵书。前人也有此论议。唐代王真说,"五千之言……未尝有一章不属意于兵也"。苏辙说,"……此几于用智也,与管仲孙武何异?"王夫之说,"言兵者师之","持机械变诈以徼幸之祖也"。章太炎说它"约《金版》《六韬》之旨"。我的看法是,《老子》本身并不一定就是讲兵的书,但它与兵家有密切关系。这关系主要又不在后世善兵者如何经常运用它,而在它的思想来源可能与兵家有关。《老子》是由兵家的现实经验加上对历史的观

李泽厚

国学经典文库

古今中外名人论老子

图文珍藏版

察、领悟概括而为政治——哲学理论的。其后更直接衍化为政治统治的权谋策略（韩非）。这是中国古代思想中一条重要线索。之所以重要，一方面在于它对中国专制政治起了长远影响；同时也由于，贯串在这条线索中对待人生世事的那种极端"清醒冷静的理知态度"，给中国民族留有不可磨灭的痕迹，是中国文化心理结构中的一种重要的组成因素。（李泽厚：《中国古代思想史论》，天津社会科学院出版社 2004 年版，第 70~71 页）

以《孙子兵法》为代表的这种兵家思想已成为后世中国的思想传统。它在《老子》那里，便上升为哲学系统。这不是说《老子》一定是直接从孙子或兵家而来（有人还考证《孙子兵法》产生在战国，可能在《老子》之后，如齐思和《中国史探研·孙子兵法著作时代考》，中华书局，1981），只是说《老子》哲学的基本观念可能与先秦的兵家思潮有关系。（李泽厚：《中国古代思想史论》，天津社会科学院出版社 2004 年版，第 76 页）

《老子》是一本非常复杂、异义极多的书。（李泽厚：《中国古代思想史论》，天津社会科学院出版社 2004 年版，第 76 页）

《老子》一书是对当时纷纷扰扰的军事政治斗争，和在这些频繁斗争中大量氏族邦国灭亡倾覆的历史经验的思考和概括。

······

人们经常强调《老子》的消极无为，其实，《老子》一再讲"圣人""侯王"，是一种"以无事取天下"的积极的政治理论。所以它的辩证法在实质上并没有失去主体积极活动性的特征。只是它不是在瞬息万变的军事活动中，而毋宁是在较为久远的历史把握中获得和应用，从而具有静观的外在特征，好像是冷眼旁观似的。

《老子》把《孙子兵法》中所列举的军事活动中的那许多对立项（矛盾）进一步扩展到了自然现象和人事经验，诸如明昧、高下、长短、先后、直曲、美恶、宠辱、成缺、损益、巧拙、辩讷······等等，使矛盾成为贯穿事事物物的普遍性的共同原理。由于观察总结历史经验，由于它的似乎是冷眼旁观的静观气质，使兵家的冷静理知不动情感的特色在这里更为突出，而终于提升为"天地不仁，以万物为刍狗；圣人不仁，以百姓为刍狗"，"失德而后仁"的基本哲学原理。朱熹说"老子心最毒"（《朱子语类》卷 137），韩非说"仁者，谓其中心欣然爱人也······生心之所不能已也"（《韩非子·解老》），当然在摈斥之列。正是在这要害处，《老子》道家与以仁学为基础的孔学儒家区别开来：同样讲人的活动，兵家、道家重客观实际而不讲情感；儒家则以人的情感心理作为某种重要依据。章太炎说:"吾谓儒道之辨,当先其阴骘……行一不义,杀一不辜,虽得国可耻,儒道之辨,其扬攉在此耳。故周公诋齐国之政,而仲尼不称伊吕,抑有由也。"(《訄书·儒道》)在《老子》看来,天地的运行变化是没有也不需要情感的;"圣人"的统治,亦然。重要的只在于遵循客观的法则规律——"德""道"。(李泽厚:《中国古代思想史论》,天津社会科学院出版社2004年版,第78~79页)

"上德不德"。"上德无为而无不为"。《老子》辩证法与兵家的重大不同和发展之处,便是提出了"无为"。"无为"也就是"上德"。就是说,连那些远古习惯规范之类的"德"也不必去刻意讲求和念念不忘。只有任社会、生活、人事、统治自自然然地存在,这才是"无为""上德",也就是"道"。"上德""无为""道""无""一""朴",是老子哲学的核心范畴。

……

《老子》辩证法中另一突出特点是,在对立项的列举中,特别重视"柔""弱""贱"的一方。这就是著名的"守柔曰强"的思想。《老子》再三强调:"弱也者,道之用也";"侯王无以贵高,将恐蹶";"兵强则灭,木强则折";"故必贵而以贱为本,必高而以下为基";"天下之至柔,驰骋于天下之至坚"等等。(李泽厚:《中国古代思想史论》,天津社会科学院出版社2004年版,第80~82页)

后世人们从《老子》辩证法里获得的,也并非对自然的认识,或思维的精确,或神意的会通,而主要仍然是生活的智慧。只是在这种生活智慧的领悟中,由于它本身具有的多义性、不确定性和极为宽泛的概括性和包容性,似乎又能感受到某种超越的哲理而得到精神的极大满足。(李泽厚:《中国古代思想史论》,天津社会科学院出版社2004年版,第86页)

老子以及后来庄子所说的"道"是真,是善,也是美,完全没有分化,三位一体。(李泽厚、刘纲纪主编:《中国美学史》第一卷,中国社会科学出版社1984年版,第216页)

老子美学对后世的影响,集中体现在它创立和奠定了整个道家美学的基础。老子美学的出现,标志着中国古代一种新的美学的崛起。(李泽厚、刘纲纪主编:《中国美学史》第一卷,中国社会科学出版社1984年版,第223页)

37.王蒙

王蒙(1934——),河北南皮人。文学家,曾任中国文化部部长。

从某种意义上说,相争、力争、争夺、争吵一般是弱者的买卖。你已经自己确认自身是弱者了,那么我没有使你不争,使你无为而无不为,使你与世无争而莫能与你争的办法。老子的无为而治是一种高智商,是一种理想境界即化境。不是所有的人都达得到做得到的。(王蒙:《人比人,气死人? 还是学学老子》,载《王蒙自传:我的人生哲学》,人民文学出版社2003年版)

王蒙

一位编辑要我写下一句有启迪的话。我想到了两个字,只有两个字:无为。

我不是从纯消极的意思上理解这两个字的。无为,不是什么事也不做,而是不做那些愚蠢的、无效的、无益的、无意义的,乃至无趣无聊,而且有害有伤有损有愧的事。人一生要做许多事,人一天也要做许多事,做一点有价值有意义的事并不难,难的是不做那些不该做的事。比如说自己做出点成绩并不难,难的是不忌妒旁人的成绩。还比如说不搞(无谓的)争执,还有庸人自扰的得得失失,还有自说自话的自吹自擂,还有咋咋呼呼的装腔作势,还有只能说服自己的自我论证,还有小圈子里的叽叽喳喳,还有连篇累牍的空话虚话,还有不信任人的包办代替其实是包而不办,代而不替。还有许多许多的根本实现不了的一厢情愿及为这种一厢情愿而付出的巨大精力和活动。无为,就是不干这样的事。无为就是力戒虚妄,力戒焦虑,力戒急躁,力戒脱离客观规律、客观实际,也力戒形式主义。无为就是把有限的精力时间节省下来,才可能做一点事,也就是——有为。有所不为才能有所为,无为方可与之语献身。

无为是效率原则、事务原则、节约原则,无为是有为的第一前提条件。无为又是养生原则、快乐原则,只有无为才能不自寻烦恼。无为更是道德原则,道德的要义在于有所不为而不是无所不为,这样,才能使自己脱离开低级趣味,脱离开鸡毛蒜皮,尤其是脱离开蝇营狗苟。

无为是一种境界。无为是一种自卫自尊。无为是一种信心,对自己,对别人,对事业,对历史。无为是一种哲人的喜悦。无为是对于主动的一种保持。无为是一种豁达的耐性。无为是一种聪明。无为是一种清明而沉稳的幽默。无为也是一种风格。(王蒙:《无为是一种境界》,载《王蒙自传:我的人生哲学》,人民文学出版社2003年版)

38.陈鼓应

陈鼓应(1935—),福建省长汀县人。哲学学者。

老子击破了主宰之说,更重要的,他强调了天地间万物自然生长的状况,并以这种状况来说明理想的治者效法自然的规律,也是任凭百姓自我发展。这种自由论,企求消解外在的强制性与干预性,而使人的个别性、特殊性以及差异性获得充分的发展。(陈鼓应:《老子注译及评介》,中华书局 1984 年版,第 83 页)

陈鼓应

老子所发挥的"不辞""不有""不为主"的精神,却彻底消解了占有欲与支配欲,从"衣养万物"中,我们还可以呼吸到爱与温暖的空气。(陈鼓应:《老子注译及评介》,中华书局 1984 年版,第 202 页)

老子的"不争",并不是一种自我放弃,并不是消沉颓唐,他却要人去"为","为"是顺着自然的情状去发挥人类的努力,人类努力所得来的成果,却不必擅据为己有。这种贡献他人而不和人争夺功名的精神,亦是一种伟大的道德行为。(陈鼓应:《老子注译及评介》,中华书局 1984 年版,第 364 页)

第一,认为老、庄所创始的道家是中国哲学的主干。现有的中国哲学史多以儒家思想的发展为主线,这不仅不合史实,而且是狭义化了中国哲学史的内涵。从形上学、认识论、方法论等哲学的主要方面来看,道家思想在中国哲学史上所占的比重都远远超过儒家。儒家思想的核心是政治伦理,但这只是专业哲学的枝节部分。就抽象的哲学思维而言,道家的贡献要远远超过儒家。儒家有所谓形上学或哲学理论建构,也多是渊源于道家,而这些方面普遍为学界所忽视。

第二,中国传统哲学的主要概念和范畴,多渊源于道家。如"无""有""道""器","无极""太极","太一""天理","大化""自然","无为"、"有为","精""气""变""常","虚""实","动""静"等,都始创于老、庄。哲学在中国古代称为玄学,被称为经典之作的"三玄"——《易》《老》《庄》之中,就有两部是正宗的道家,而《易经》,就天道观而言,与《老子》的内在联系至为密切,与"罕言天道"的孔学的联系则甚微。晚于《易经》七八百年的《易传》，是以道家哲学为主体而融汇阴阳、儒、墨、法各学派思想而成的作品。就其天道观与辩证思维方法而言，所受老、庄影响尤为明显。因此从思辨哲学的观点看，《易》《老》《庄》无疑是属于一个思想脉络的典籍。儒家所影响的政治伦理部分，在《易传》哲学体系中，并不占主导地位，而其天地、夫妻、君臣之间的尊卑观念，又恰恰是传统文化中的糟粕部分。此外，就《易》《老》之间做比较，个人以为，《老子》思想系统的完整性与严密性，是超过《周易》的。

第三，老学先于孔学，老子与孔子的师友关系，先秦典籍多有记载。现代学人从梁启超、冯友兰先生等起，基于宗派信仰而置历史事实于不顾，将老学移于孔、墨之后，在此予以纠正。览观近人所写中国学术史，除了胡适《中国哲学史大纲》、任继愈《中国哲学史》等著作之外，一般的哲学史、文学史、美学史多将先秦学说发展顺序错误倒置，最大原因之一，是受了黑格尔"正——反——合"的思想线索所误导。事实上，西周以来的宗法封建制度，行之数百年，弊端丛生，老子首先对周制及其礼治文化提出批判，而思想较保守的孔子，则采取维护的态度，并作若干体制内的改良，以后墨子又对孔子之"道"及宗法"亲亲"政治进行有力的抨击（老、孔、墨当时所讨论的仁义、尚贤等问题，都是周代行之已久而为春秋时代的人所广泛议论的论题），孟子又起而排拒杨、墨，宣扬孔"道"。与此同时，庄子"剽剥儒、墨"，"诋诎孔子之徒，以明老子之术"，并融汇各家，成为道家思想之集大成者。《易传》学派继承早期道家的思维方式及其天道观而发展，基本上是属于道家系统之作。从史实来看，无疑地，老子是中国哲学之父。

第四，老子的思想视野和哲学的深刻度远胜于孔子。而且在先秦，老子思想对各学派的影响也远大于孔子。老聃自著的《老子》，除了于道家系统中影响并产生了杨朱、列子、庄子各大家之外，在春秋末还影响了《孙子兵法》，并且对于向老子问礼的孔子也有诸多启迪。战国之后，老学东入齐地，在那里产生了中国历史上第一个大学派——稷下道家，并且为管仲学派提供了重要的哲学理论基础。稷下所形成的黄老学派，又扩散到晋、楚各方，到汉初汇成一股巨大的思潮。此外，老子也影响了思孟学派本体论和宇宙观的形成，并且成为荀子自然观与认识论的重要构成。与此同时（或稍后），老子思想又西入秦、晋，为法学所吸收，如对韩非的"君道无为，臣道有为"的观念，起着良好的影响。就《吕氏春秋》而言，道家的"道德"是该书追求的最高目标，道家的"无为"是该书的纲领。可见老子思想在先秦思想史上起着主导的作用,这是儒家所不及的。

第五,前些时,学界讨论"儒道互补"的问题,并提出"以道补儒"的说法。从中国政治史或伦理学史来看,这是可以成立的,但从哲学史看,"以道补儒"的观点是不确的。历代许多被认为是儒家的思想家,其实是外儒内道。在文学、艺术领域内,对于创作灵感与精神解放,儒家思想往往起抑制的作用,而道家思想则产生启发的作用。此外,儒、道之间有其互补的一面,也有对抗的一面。本文集突出了它们之间的对抗性——儒、道的不同,在于它们分别发展成为官方思想与民间思想的代言者。

第六,庄子对于时代的灾难有痛切的体会,对于知识分子的悲剧命运有敏锐的感受,正因为如此,他的声音直到今天还能得到无限的共鸣。我个人以为,庄子是整个世界思想史上最深刻的抗议分子,也是古代最具有自由性与民主性的哲学家。我之喜好庄子,远胜于老子,这是根源于个人的时代感。

第七,传统观点与目前学界的看法,都以老、庄尤其是庄子为消极,并且这种看法颇含贬义。事实上,就所谓消极的一面来说,庄子思想之否定权威、独断、教条,诚如尼采所言的"神圣的否定",是具有很大的现实意义的。就积极的一面看,庄子思想把人的生命安放到较广大的天地中去寻找意义,使人的精神与外界宇宙无限地、自由地相联系、相结合;将人的精神从现实世界中提升到一种高度的艺术境界。从这一角度来看,庄子思想之扩大人的思想视野,提升人的精神境界,是其他各家难以望其项背的。庄子的思想,不仅在中国哲学史上居于主导地位,而且对美学史、文学史、艺术史上的影响之大,也非其他诸子所能望其项背。(陈鼓应:《老庄新论》,上海古籍出版社1992年版,第1~4页)

39.陈平(三毛)

陈平(1943—1991),笔名三毛,浙江省定海县人。作家。

思想性的文字和书籍,我爱老子、庄子、孙子和孔子。(三毛:《三毛散文全编》,湖南文艺出版社1993年版,第66页)

第三节　国外名人论老子

1.利玛窦

利玛窦(1552—1610),意大利人。明末来中国的传教士。

中士曰:……吾中国有二教,各立门户。老氏谓物生于无。以"无"为道。佛氏谓色由空出,以"空"为务。儒谓事有太极,故惟以"有"宗,以"诚"为学。不知尊旨是谁? 西士曰:二氏之谓,曰无曰空,于天主理大相悖谬,其不可崇尚明……

利玛窦

第三种教派叫作老子(Lauzu),源出一位与孔子同时代的哲学家。据说他出生之前的怀胎期曾长达八十年,因此叫他作老子。然而在他死后,某些叫作道士(Tausu)的教士把他称作他们那个教派的首领。(〔意〕利玛窦,〔比利时〕金尼阁著:《中国札记》,何高济等译,中华书局1983年版,第109~120页)

目前在中国凡是受过一点教育的人中间最普遍为人接受的意见是,三大教实际上已合为一套信条,它们可以而且应该全都相信。当然由于这样的评价,他们就把自己和别人引入了令人无所适从的错误境地,竟相信谈论宗教问题的方式越不同,对公众就越有好处。实际上,他们最终所得到的东西与他们所预期的完全不同。他们相信他们能同时尊奉所有三种教派,结果却发现自己根本没有任何一种,因为他们并不真心遵循其中任何一种。他们大多数公开承认他们没有宗教信仰,因此在佯装相信宗教借以欺骗自己时,他们就大都陷入了整个无神论的深渊。(〔意〕利玛窦,〔比利时〕金尼阁著:《中国札记》,何高济等译,中华书局1983年版,第113~114页)

2.傅圣泽

傅圣泽(J.F.Foucquet,1665—1741),法国耶稣会士。

《道德经》甚至比《易经》更能解释中国之传统。（参见许苏民：《比较文化研究史》，云南人民出版社 1992 年版，第 81 页）

西方索隐派(Figurism 形象派)傅圣泽关注《老子》，说："道字系指我们基督徒最高的神——造物主上帝。"（安田朴、谢和耐：《明清间入华耶稣会士和中西文化交流》，巴蜀书社 1993 年版，第 154 页）

3.施图柏

老子思想中的基本观念，乃是具有多种涵义的"道"，乃是永恒的、不变的、作为万物始因的理性原则。（［德］施图柏：《老子其人及其学说》(Lao-tse, Seine Personlichkeit und Seine Lehre)，莱比锡，第 21 页）

4.瓦特士

为了正确地评价老子的体系，我们应当给老子的"道"找一个这样的词——这个词在涵义的广度上和联想的未规定性上都尽量接近于"道"。"道"和古代伊阿尼亚的哲学家安纳西门特的"无极"颇为相似，但是要保证"无极"一词可用"道"来代替，我们对安纳西门特的体系还知道得不够。在近代，斯宾诺莎哲学中的"实体"(本体)和谢林哲学中的"绝对"都在很多方面和"道"相类似，但这两个词，都不能作"道"的正确的译名。我决定用"自然"(Nature)一词来作为"道"的对译，并在最抽象的意义上来使用它，——伟大的创造者一自然。（瓦特士：《老子，中国哲学研究》，1870 年版，第 40 页）

5.康德

康德(Immanuel Kant, 1724—1804)，德国哲学家。

老子称道的"上善"在于"无"(in Nichts)，这种说教以"无"为"上善"，也就是一种通过与神格相融合、从而通过消灭人格而取得自我感觉消融于神格深渊之中的意识。中国哲学家为了具备这种状态的实感而把自己关闭在暗室之中，闭眼不看经验而一味沉思他们的"无"的概念，这的确是一个随之而瓦解了他们的理解力、使所有思维自身都趋于终结的概念。（［德］康德：《论历史》。参见许苏民：《比较文化研究史》，云南人民出版社 1992 年版，第 210 ~211 页）

康德

……因此沉思的人遂进入了神秘主义……在此境界,人类理性不能理解自己本身乃至任何事物,相当于感觉世界之知的生活,在此世界的界限内,与其说喜欢限定自己,不如说更喜欢耽于幻想。这么一来,便发生以虚无为至善的老子奇怪的教义,即因感着与神性融合,抛却自己的人性而没入神性的深渊里面,以此意境为无上的宗教。感到这种状态的中国哲学家为求此虚无境界的实现,曾努力瞑目坐于暗室之中。于是由此泛神教(西藏及东方其他民族)及其形而上学的升华,遂发生了斯宾诺莎的学说。这两种说法,都是和那以人类精神为神性出来(又没入神性之内)的古代的流出说,有姐妹的关系。([德]康德:《万物的归宿》。参见许苏民:《比较文化研究史》,云南人民出版社1992年版,第211页)

6.黑格尔

黑格尔(Hegel,1770—1831),德国古典唯心主义和辩证法哲学的集大成者。

对中国人来说,他们的道德律正和自然律一样,乃是外来的实证命令,乃是强制权利与强制义务,或彼此之间的礼节。实体性的理性规定必须通过自由才会成为伦理的信念——而这样的自由(在中国人那里)是缺乏的。……一个抽象主体的观念,即圣人的观念,构成这样的学说的顶点。([德]黑格尔:《黑格尔全集》卷八,拉松本,第158~159页)

黑格尔

东方精神较接近于直观之规定,即较接近于对其对象之直接关系的规定……主体沉没在实体性之中,没有摆脱(精神与自然的)坚固性与(其)统一性而获得主观自由……特别是,有一个人是主体,这一主体,对他的人民来说,乃是精神的"一",乃是一种主观性的形式——在这种形式中,全体为"一"。……而所有的个人(人民)还没有从自身中获得他们的主观自由,对于实体性来说,他们是带有偶然性的。([德]黑格尔:《黑格尔全集》卷八,拉松本,第235~236页)

东方的哲人每每称神为多名的或无量名的……因为有限的名词概念,不能满足理性的需要。([德]黑格尔:《小逻辑》,贺麟译,三联书店1951年版,第109页)

中国人承认的基本原则是理性——叫作"道";道为天地之本,万物之源。中国人把认识道的各种形式看作是最高的学术;然而这和直接有关国家的各种科学研究并没有联系。老子的著作,尤其是他的《道德经》,最受世人崇仰。孔子曾在耶稣前六世纪往见老子，表示他敬重的意思。中国人虽然都可以任意研究这些哲学著作，可是更有一派人自己称为道士或者"道的崇拜者"，把这种研究作为专业。道士们与世隔绝，他们见解里混杂有许多妄想和神秘的成分。例如他们相信，凡是得"道"的人便取得了无所不包的，简直认为是无所不能的秘诀，并且可以发生一种超自然的力量，使得道的能够升天，永远不死（极类似我们曾经谈起过的那种万有的"仙丹"）。（［德］黑格尔：《历史哲学》，王造时译，上海书店出版社 2001 年版，第 135 页）

还有另外一个宗派即"道家"。这一宗派的信徒不是官员，不与国家宗教有关，他们也不是佛教徒，也不是喇嘛教徒。这一派的哲学和与哲学密切相关的生活方式的创始人是老子（生在基督前七世纪末年），比孔子老，因为孔子曾经以颇有政治意味的派头往见老子，向他请教。老子的书，"道德经"，并不包括在正式经书之内，也没有经书的权威。但在道士中［遵从道理的人；他们的生活方式称为"道道"（Tao-Tao，译者按：可能是"道德"之误），意思即是遵从道的命令或法则］，它却是一部重要的著作。他们献身于"道"的研究，并且肯定人若明白道的本原就掌握了全部的普遍科学，普遍的良药，以及道德——也获得了一种超自然的能力，能飞升天上，和长生不死。（［德］黑格尔：《哲学史讲演录》第一卷，贺麟、王太庆译，商务印书馆 1997 年版，第 124 页）

这派的主要概念是"道"，这就是"理性"。这派哲学和与哲学密切联系的生活方式的发挥者（不能说是真正的创始者）是老子，他生于基督前第七世纪末，曾在周朝的宫廷内做过史官。他比孔子要年长些，孔子生于基督前五五一年，但孔子还认识他，并曾同他有过来往。据说孔子为了向他领教曾去拜访过他。老子的著作也是很受中国人尊敬的；但他的书却不很切实际，而孔子却更为实际，在一段时间内曾做过大臣。他的书也叫作"经"，但却没有上面所提到的那些官方的经典那样有权威。这书包含有两部分，道经和德经，但通常叫作道德经，这就是说，关于理性和道德的书。究竟这书当始皇帝大焚古书之时是否得到特许免焚，大家的意见尚不一致，不过人们揣想，始皇帝本人是属于道家的宗派的。"道德经"是这一宗派的主要著作。（［德］黑格尔：《哲学史讲演录》第一卷，贺麟、王太庆译，商务印书馆 1997 年版，第 125~126 页）

老子的信徒们说老子本人曾化为佛，即是以人身而永远存在的上帝。老子的主要著作我们现在还有，它曾流传到维也纳，我曾亲自在那里看到过。老子书中特别有一段重要的话常被引用："道没有名字便是天与地的根源；它有名字便是宇宙的母亲，人们带着情欲只从它的不完全的状况考察它；谁要想认识它，应该不带情欲。"雷缪萨说，从它的最好的意义说，这段话可以用希腊人的λóγos来表示。但是我们从这个教训里得到什么呢？（[德]黑格尔：《哲学史讲演录》第一卷，贺麟、王太庆译，商务印书馆 1997 年版，第 127 页）

7.托尔斯泰

列夫·托尔斯泰(Leo Tolstoy,1828—1910)，俄国文学家。

一早起身，收拾了房间。安德留沙打翻了墨水瓶。我于是责备他。我脸上的表情一定是恶狠狠的……做人应该像老子所说的如水一般。没有障碍，它向前流去；遇到堤坝，停下来；堤坝出了缺口，再向前流去。容器是方的，它成方形；容器是圆的，它成圆形。因此它比一切都重要，比一切都强。（1884 年 3 月 10 日日记）

列夫·托尔斯泰

孔子的中庸之道妙极了，同老子一样——顺应自然法则即智慧，即力量，即生命……（1884 年 3 月 11 日日记）

——我也讨厌我最近的一篇文章的刻毒（指《我的信仰是什么》，于当年 1 月底写出——引者注）。应该写得明了而温和。我的良好的精神状态也要归功于阅读孔子，而主要是老子。（[俄]托尔斯泰 1884 年 3 月 15 日的日记。参见杨建民：《老子对托尔斯泰的影响》，《学习时报》，2003 年 10 月 27 日）

读孔子，越来越深刻，越来越好。没有他和老子，《福音书》就不完全了。而没有《福音书》，他却过得去。（参见扬建民：《老子对托尔斯泰的影响》，《学习时报》，2003 年 10 月 27 日）

余亦欧人，虽于中国伦理哲学未敢谓悉其精蕴，然研究有年，知之颇深，至于孔孟老三氏及其诸学更无论矣！（[俄]托尔斯泰 1905 年 12 月 1 日致中国留学生张庆桐信。参见许苏民：《比较文化研究史》，云南人民出版社 1992 年版，第 321 页）

老子学说的基础，也就是一切伟大的、真正的宗教教义的同一个基础。它是：人首先意识到自己是与所有别人分离的、只为自己谋幸福的有形体的个人……但是，他还意识到自己另有一个无形体的灵魂，它存在于一切生物之中，并赋予全世界以生命和幸福。（[俄]托尔斯泰：《老子学说的实质》，选自《中国圣人老子语录》

他教导人们从肉体的生活转化为灵魂的生活。他称自己的学说为"道",因为全部学说就在于指出这一转化的道路。也正因此,老子的全部学说叫作《道德经》。([俄]托尔斯泰:《老子学说的实质》,选自《中国圣人老子语录》俄文本,1909 年版)

这一思想不仅和《约翰福音》第一章里所写的基督教教义的基本思想相近,而且完全一致。根据老子的学说,人与上帝借以沟通的唯一途径就是道。而道通过弃绝一切个人肉体的东西才能获得……根据老子的学说,道这个词指的既是与天沟通的道路,又是天本身。([俄]托尔斯泰:《老子学说的实质》,选自《中国圣人老子语录》俄文本,1909 年版)

按照老子的说法,要想达到使人意识到自己是精神的和神圣的,只有一条道路,他称之谓"道",其中包括最高美德的概念。这种意识是依靠人人清楚的本性而获得的。所以老子的真髓也就是基督教教义的真髓。二者的实质都在于弃绝一切肉体的东西,表现那种构成人的生命基础的精神的、神圣的本源。([俄]托尔斯泰:《老子学说的实质》,选自《中国圣人老子语录》俄文本,1909 年版)

8.尼采

尼采(Nietzsche,1844—1900),德国哲学家。

《道德经》像一个永不枯竭的井泉,满载宝藏,放下汲桶,唾手可得。(参见莫善钊:《台湾、港澳〈老子〉研究》,《国内哲学动态》1985 年第十一期)

9.韦伯

马克斯·韦伯(Max Weber,1864—1920),德国思想家、社会学家。

大多数古老的民间神以及后来增加的整整一大批新神,统统落入一个受到宽容的祭司等级(道士)的庇护之下。据称,这个等级源于一位哲人(老子)及其教义,这种教义本来同儒教的教义并无原则上的分歧,可是后来却完全被视为异端了。对于这种异端,我们不能避而不见。

韦伯

([德]马克斯·韦伯:《儒教与道教》,王容芬译,商务印书馆 1995 年版,第 227 页)

如果传说可靠的话,老子是孔子的同时代人,但比孔子年长,他是那些脱身官职的隐士中最著名的一位。在老子身上,印度人的影响不是无迹可寻的。([德]马克斯·韦伯:《儒教与道教》,王容芬译,商务印书馆1995年版,第230页)

生等于有"神",长寿术等于养神——这是以老子名义写的《道德经》的教诲,同儒家完全一致,长寿的出发点是一致的,仅仅手段不同而已。([德]马克斯·韦伯:《儒教与道教》,王容芬译,商务印书馆1995年版,第231页)

从最初的阶段来看,老子及其高足所追求的,同一切神秘主义知识分子一样,并不是纵欲的心醉神迷状态——它无疑会作为不庄重的东西被拒斥掉——而是其反面:一种无动于衷的忘我。([德]马克斯·韦伯:《儒教与道教》,王容芬译,商务印书馆1995年版,第232页)

"道"本身是一个正统儒家的概念:宇宙的永恒秩序,同时也是宇宙的发展本身,一切非辩证地完成的形而上学往往认为秩序与发展是同一的。老子把道同神秘主义者对神的典型追求联系起来:道是唯一永恒的,因而是绝对宝贵的;它既是秩序,也是生万物的实在根基,也是一切存在的永恒原型的总体。([德]马克斯·韦伯:《儒教与道教》,王容芬译,商务印书馆1995年版,第232页)

老子也认为,最高的得救是一种心灵状态,一种神秘的合一,而不是西方那种禁欲式的通过积极行动证明了的受恩状态。从外部看,这种状态同一切神秘主义一样。并不是理性的,而仅仅以心理为前提:普遍的无宇宙论的仁爱心情,使这种神秘主义者处在无动于衷的忘我状态中的无对象的快意的典型的伴生现象。这种无动于衷的忘我状态是他们所特有的,可能是老子创造的。([德]马克斯·韦伯:《儒教与道教》,王容芬译,商务印书馆1995年版,第233页)

通过在尘世过一种世俗的埋名隐姓地生活来保持自身的善和卑约是《老子》全书各章的内容,是神秘主义者同世俗关系的特殊的中断——他们即使不是绝对地取消行动的话,也是要把它限制在最低限制——是对他们受恩状态的唯一可能的证明。([德]马克斯·韦伯:《儒教与道教》,王容芬译,商务印书馆1995年版,第233页)

老子本人(或《老子》的作者)并未提出一种独特的不死理论,它似乎是后世的产物。……老子对世俗行为的限制,至少最初是神秘主义的得救占有方式的直接结果。老子只是暗示了一切神秘主义信仰的某些结论,但并未完成这些结论。

老子把"圣人"置于儒教的"君子"理想之上。圣人不仅不需要世俗之德,而且认为这有使他偏离自身得救的危险,世俗道德以及对这种道德的推崇——中国人的自相矛盾的表达——标志着世界已经变得不神圣了,失去了神(《老子》第十八章:"大道废,有仁义")。([德]马克斯·韦伯:《儒教与道教》,王容芬译,商务印书馆1995年版,第233~234页)

老子的基本概念"圣"在儒教系统中不起任何作用,倒不是儒教不知道这个概念,因为甚至对于孔子本人来说,也几乎达不到这一点(《论语·述而篇》:"子曰:若圣与仁,则吾岂取!"),因此,同儒教的理想——君子,即"贵人"——无关。([德]马克斯·韦伯:《儒教与道教》,王容芬译,商务印书馆1995年版,第235页)

要完全贯彻神秘论,就必须完全拒绝人世间的活动,因为他们与灵魂解脱毫无干系。这里,已经十分清楚地表现出一些原则上不问政治的萌芽。然而又不能自始至终不问政治,这种不彻底性也是老子体系的特点,是这个体系的悖论和困难的根源。([德]马克斯·韦伯:《儒教与道教》,王容芬译,商务印书馆1995年版,第236页)

同多数冥想的神秘论一样,《老子》一书中也没有任何由宗教推动的同世俗的积极的对立——以冥想为前提的理性的清心寡欲的要求,来自长寿的动机。([德]马克斯·韦伯:《儒教与道教》,王容芬译,商务印书馆1995年版,第237~238页)

我们曾一再提到老子的"后继者"和"弟子们",这种称呼与事实并不相符。无论老子本人的学说在历史上的本来面目如何,他并没有给后人留下一个"学派"。([德]马克斯·韦伯:《儒教与道教》,王容芬译,商务印书馆1995年版,第240页)

10.杜威

约翰·杜威(John Dewey,1859—1952),美国哲学家、教育家,实用主义哲学的创始人之一。

无为是道德行为的一种规范,是教人积极的忍耐、坚毅、静待自然工作的一种教训,以退为进就是他的标语。因为有这种见解作根据,所以才有中国人的"听其自然"的安分知足的、宽容的、和平的、诙谐的、娱乐的那种人生观。也因为有了这种见解做根底,所以才生出中国人的命定主义。中国人知道自然的程序是徐缓的,所以不慌不忙地等待着应得的收获。([美]杜威:《杜威五大讲演》,胡适口译,安徽教育出版社2005年版)

"无为"容易变为消极的服从;保守容易变为习故安常,变为恐怖及不喜变换。([美]杜威:《杜威五大讲演》,胡适口译,安徽教育出版社2005年版)

11.罗素

伯特兰·罗素(Bertrand Russell.1872—1970),英国哲学家、数学家、逻辑学家。

罗素

老子要我们放弃的三样东西(指老子所说的"生而不有,为而不恃,功成而弗居"中的"有""恃""居"——引者注)中的一样——享有——无疑是一般中国人所珍惜的。……中国人是贪钱的……他们的政治腐败,有权势的中国人以不名誉的方法取得金钱,这一切我们都不能否认。([英]罗素:《中国问题》。参见许苏民:《比较文化研究史》,云南人民出版社1992年版,第336页)

最早的中国哲人是老子,他是道家学说的创始人。老子并不是一个真的人名,仅仅是意指"老哲学家"。据传说。老子年长于同时代的孔子。我对老子的哲学远比孔子的哲学更感兴趣。他认为,每一个人,每种动物和每一样事物都有自己本来就具有的某种方法和行为方式。我们应该使自己活动的方法和行为方式与事物本来就具有的方法和行为方式协调一致,并鼓动其他人也这样做。([英]罗素:《中国人的性格》,王正平译,中国工人出版社1993年版,第35页)

12.赫塞

赫尔曼·赫塞(Hermann Hesse,1877—1962),德国作家,诺贝尔文学奖获得者。

我们现在急需的智慧,都存在于老子的书中;把它们翻译成欧洲语言,这就是我们当前面临的唯一的精神使命。(参见杨武能:《"道"的寻求》,《读书》1984年第七期)

赫塞

13.布伯

马丁·布伯(Martin Buber,1878~1965),德国宗教哲学家,与祁克果、尼采并列为存在主义思潮的鼻祖。著有关于老子的《道教》一文。

老子的教如同他的生命那样也是隐秘莫测的,因为这种教最缺乏寓言。([德]夏瑞春编:《德国思想家论中国》,陈爱敬等译,江苏人民出版社1995年版,第196页)

隐秘便是老子言语的历史。不论耶稣在贝拿勒斯城的说教还是他的登山宝训，被如何神话化了，可这些神话显然以巨大的真实为根据。而老子的一生中则完全不同。他的言语，他的著述，到处都表明：老子之言绝非我们称之为言语的那种东西，而是如同轻风掠过海面时，取之不尽的海水所发出的澎湃声。史家关于老子的简短记载也表明了这点：老子最终去过隐居生活，他离开久居的国度，至关，关令曰："子将隐矣，强为我著书。"（《史记·老子传》）于是老子乃著书上下篇，言道德之意五千余言而去。以后的情况正如我前面所说："莫知其所终。"（《史记·老子传》）这段话无论是一则消息还是象征，皆无所谓，它道出了老子之言的真义。"知者不言，言者不知"（《老子》第五十六章）他在书中是这样写的，他的言语只是如同取之不尽的海水所发出的阵阵澎湃声。

假使我们认为地地道道的寓言是由形象而变成讲述的，那么老子之教却只是形象而非寓言。他把讲述这项任务留给了时间。（［德］夏瑞春编：《德国思想家论中国》，陈爱敬等译，江苏人民出版社1995年版，第197～198页）

"道"意即"路""道路"，可它又有"说话"的含义，因此有时也可以用"逻各斯"来表示。老子以及他那些总以比喻手法阐发道的弟子们，所说的道是上述两种含义中的第一种。然而实际上，就其语气而言，它同赫拉克利特的逻各斯相近，这是因为：二者都将人生的活力原则超验化，但究其根本，它们二者所意指的无非又是作为一切超验性载体的人生。（［德］夏瑞春编：《德国思想家论中国》，陈爱敬等译，江苏人民出版社1995年版，第201页）

老子从人的语言出发去看待认识，称真正的认识为"无识"（"明道若昧"，《老子》第四十一章）。同样，他把圣人真正的行为称作"无为"（"圣人处无为之事"，《老子》第二章）。圣人的虚静不是世人所谓的那种安静，它是圣人内心之为的杰作。

这种"无为"之为是整体本质的作用。干预万物的生命无异于损物害己。清静就是作为，净化自己的灵魂就是净化世界，致虚守静便是益助无穷，合于道就是更新世界。干预者所具有的力量渺小而浅薄，不干预者所具有的力量则巨大而又神秘。无"为"者有为。唯有道至玄同之人方置身于世界之爱之中，"然则人固有有尸居而龙见，雷声而渊默，发动者如天地者乎？赐亦可得而观乎？"（《老子》第六十四章）（［德］夏瑞春编：《德国思想家论中国》，陈爱敬等译，江苏人民出版社1995版，第210～211页）

14.斯宾格勒

奥斯瓦尔德·斯宾格勒（Oswald Spengler，1880—1936），德国哲学家、历史学家。

所有这一切都集中在一个更根本的"道"字里边。在人体内部阴和阳之间的关系就是他生命中的道。在他外面由大群精灵交织而成的经纬则是自然之道。世界具有道，因此它具有节奏、韵律和周期性。它具有理、张力，因之人能认识它，并且从中概括出固定的关系以为将来之用。时间、命运、方向、种族、历史——这一切，用周代初期博大而无所不包的眼光来加以考察，都包容于这一个字中间。（［德］斯宾格勒：《西方的没落》，齐世荣等译，商务印书馆1963年版，第471页）

孔子完全属于中国的"18世纪"。老子（他是轻视孔子的）站在道教运动的中间，这种道教运动依次显示了基督新教、清教和虔诚教的特征。两者最后都传播了一种以完全是机械论的世界观为基础的实用的世界音调。"道"字在中国的晚期，在机械论的方向下，经历了其基本内容的不断变化，这种变化和方向从赫拉克利特到波希多尼乌斯的古典思想中的"逻各斯"一词，和从伽利略到今天这一时期"力"字所经历者正复相同。（［德］斯宾格勒：《西方的没落》，齐世荣等译，商务印书馆1963年版，第501~502页）

自公元前67年以来，中国人传入了流行的印度大乘佛教，这种作为经咒的神圣著作和作为崇拜对象的佛像，由于来自外国，其神通被认为更加广大。老子原来的学说很快就消失了。在汉朝开始的时候（约当公元前200年），神的队伍已经不再是"道德的代表"而成为仁慈的存在。（［德］斯宾格勒：《西方的没落》，齐世荣等译，商务印书馆1963年版，第510页）

15.雅斯贝尔斯

卡尔·雅斯贝尔斯（Karl Theodor Jaspers，1883—1969），德国哲学家，德国最重要的存在主义哲学家之一。

《道德经》一书的存在是不争的事实。不过，这部书的来源也令人生疑。作为整部书被分解得支离破碎。但其中却显示出令人信服的内在联系，尽管其中有些有可能是后加入的、被人改动过的篇章，但这是一本出自一流人物之手的作品是毋庸置疑的。作者透过书中的言辞，几乎就在面前，向我们娓娓而谈。（［德］卡尔·雅斯贝尔斯：《大哲学家》，李雪涛主译，社会科学文献出版社2005年版，第814页）

我们听说过形而上学、宇宙起源说、伦理学以及政治学这样的名词——这是按照西方的分类方法得出的结论。在老子那里，所有这一切都包容在"一"之中，这是老子敏锐深刻的基本思想。（［德］卡尔·雅斯贝尔斯：《大哲学家》，李雪涛主译，社会科学文献出版社2005年版，第816页）

对于生命的意义这一问题，老子作了如是的回答：参与到道中去，以达到本真的境界，这叫永恒，不朽——于倏忽即逝中求得永恒。老子对不朽这一思想表达得极为深刻。（［德］卡尔·雅斯贝尔斯：《大哲学家》，李雪涛主译，社会科学文献出版社2005年版，第830页）

那为什么老子要写一部书呢？对此老子没有陈述理由。只是在传说中提到，写书并非他的意愿，是应守关令的请求，老子尽管同意了但是很勉强这样做的。请允许我们这样来回答：因为这些记载下来的陈述通过自身获得了超越，通过不可言说的冥想以接近自己的主导思想。老子的这一部著作，是第一部伟大的间接传达之作，而真正的哲学思想总是依赖于此而得以流传的。（［德］卡尔·雅斯贝尔斯：《大哲学家》，李雪涛主译，社会科学文献出版社2005年版，第838页）

老子乃是根据一部甚为古老的匿名传说产生的。他的业绩在于深化了神秘主义的见解，并以哲学思想超越它。这一思维的根源性是跟老子的名字联系在一起的。在他之后不仅出现了以高雅的文学形式使得他的思想变得更容易为人们所接受的转变，而且也产生了对他的言论所进行的很明显的迷信和歪曲。但是老子依然是唤醒这一真正哲学的人。

从世界历史来看，老子的伟大是同中国的精神结合在一起的。老子的局限性正是这一精神的局限性：在任何的痛苦之中老子保持着乐观的心境。在这一心境之中，人们既不知道佛教轮回给人构成的威胁，因此也没有想要逃出这痛苦车轮的内心的强烈渴望，也没有认识到基督教的十字架，那种对回避不了的原罪的恐惧，对以代表着成为人类的上帝的殉道来救赎的恩典的依赖。（［德］卡尔·雅斯贝尔斯：《大哲学家》，李雪涛主译，社会科学文献出版社2005年版，第844页）

海德格尔

16.海德格尔

海德格尔（Martin Heidegger，1889—1976），德国哲学家，存在主义的代表人物。

我们通过观看那不显眼的简朴(Einfache),越来越原发地获得(aneignen)它,并且在它面前变得越来越羞怯,而学会这种注意。那些简朴事物的不显眼的简朴使我们靠近了那种状态,依循古老的思想习惯,我们就将这种状态称之为存在(das Sein),并与存在者(Seienden)区别开来。老子在他的《道德经》的第十一首箴言诗中称道了在这个区别之中的存在(das Sein in diesem Unterschied)。(《海德格尔全集》第七十五卷,德国克劳斯特曼出版社,第42—43页)

这首箴言诗(指《道德经》的第十一首箴言诗(Spruch)——引者注)曰:

三十根辐条相遇于车毂(三十辐共一毂),但正是它们之间的空处(das Leere zwischen ihnen)提供了(gewaehrt,允许了)这辆车的存在当其无,有车之用。器皿出自(ent-stehen)陶土(埏埴以为器),但正是它们中间的空处提供了这器皿的存在(当其无,有器之用)。墙与门窗合成了屋室(凿户牖以为室),但正是它们之间的空处提供了这屋室的存在(当其无,有室之用)。存在者给出了可用性(Brauch-barkeit)(故有之以为利),非存在者(das Nicht-Seiende)则提供了存在(无之以为用)。

这个引文包含着这样一个意思:那处于一切之间者(das Zwischen alles),当它就在其自身中被刚刚打开时,并且在留逗(或片刻)与境域的展伸中得其伸展时(weitet in die Weite der Weile und der Gegend),它多半会被我们太轻易和经常地当做无意义的东西(das Nichtige)。……而在其间(Indessen,当其时)则是这样一种聚集(Versammlung),它本身在瞬间与时间(Augenblick und Zeit)中会集着和伸张着(sammelt und ausbreitet)。(《海德格尔全集》第七十五卷,德国克劳斯特曼出版社,第43页)

在之间——对立着的留逗——纪念——纪念中包含的、在遗赠的展幅中对反着的逗留就是所谓"内在状态"——人的"空处"(das Leere des Menschen):源自此空处,那些精神、灵魂、生活的维度,及它们的(由形而上学表象出来的)统一才首次获得其本性。(《海德格尔全集》第二卷,德国克劳斯特曼出版社,第43~44页)

17.汤因比

阿诺尔德·汤因比(Arnold Toynbee,1889—1975),英国历史学家。

与印度人的思想相比,中国人更不倾向于思辨。然而,中国哲学中的道家却陷入了形而上学,并且,静态的阴与动态的阳有节奏地交替的理论,物质世界结构中的五行理论,也都是形而上学的思辨和科学的思辨。不过,即便是道家的形而上学,也附属于他们对于当时中国的社会状况和政治状况的反思。([英]汤因比:《人类与大地母亲》,徐波、徐钧尧、龚晓庄等译,上海人民出版社 2001 年版,第 273 页)

汤因比

比儒家的道的观念更为形而上学的"道"的观念,是由中国哲学派别中杰出的道家发展起来的。这个概念出现在两部非常有名的著作中:被认为是老子写的《道德经》,以及以作者庄子之名命名的著作。庄子生活于大约公元前 365~前 290 年,是孟子和商鞅的同代人。对于道家来说,道是现象世界之内、之后和之外的终极实存。实存的道是无为、不可抗拒和仁慈的,而且,按照所有的这 3 个特征,它与人之道是相对的。按照人之道,人类通过热病之为挫败自己,导致暴力行为,而且,这一切又由于人的聪明才智而不断恶化。在人类生存的任何地方,道家都是最早的一种哲学,它推断人类在获得文明的同时,已经打乱了自己与"终极实在"精神的和谐相处,从而损害了自己在宇宙中的地位。人类应该按照"终极实在"的精神生活、行为和存在。

道家反对工艺技术的进步和专制政府管理社会方法的进步,而这些东西在公元前 4 世纪已产生于中国。到这个世纪,《道德经》和《庄子》已具有了它们现在这样的外形。道家形而上学在实践中的必然结果是彻底的放任主义政策。道家肤浅地忽视了社会道德的理想,而这正是儒家为中国文明的弊病所开的药方。道家为治愈战国时代的创伤的药方是,遗弃文明,恢复人类在新石器时代的小国寡民的生活方式。本书的第二章引述了《道德经》的一些章节,这些章节表明了道家的世界观。公元前 4 世纪的这一中国哲学,不仅与它产生的时代和环境有关,而且与所有的时代和地区,尤其是 20 世纪 70 年代人类的全球状况有关。

在公元前 4 世纪的中国,道家学说可能没有对同时代的人产生实际的影响;它公开批评了战国时代争鸣的其他哲学派别的各种论点,而它对社会则是不负责任的。然而,正是由于不切实际,道家学说才在中国影响久远。作为与中国思想中占主导地位的实用倾向进行抗衡的力量,道家学说有着自身的天地和社会对它的需求。因为实用倾向的哲学在表述主导的中国人的思想态度时,忽略了或没有满足中国思想精神中的某些东西。([英]汤因比:《人类与大地母亲》,徐波、徐钧尧、龚

晓庄等译,上海人民出版社2001年版,第275~276页)

18.J.D.贝尔纳

J.D.贝尔纳(1901—1971),英国物理学家,生物学结构学派的代表人物之一。

《道德经》,这部描述中国人对自然与社会运动看法的中国古典优秀著作,一开始就明确告诫人们,过于刻板的定义有使精神实质被阉割的危险:"道,可道;非常道。名,可名;非常名。"([英]J.D.贝尔纳:《科学的社会功能》,陈体芳译,商务出版社1985年版,第12页)

19.罗杰斯

罗杰斯(Carl Ranson Rogers,1902—),美国心理学家,人本主义心理学的代表之一。

我对人格指导中心的深厚感情,我可能对它说得太多了。我还想提一下我的理论的另一源泉。我开始注意到这一点是由于多年前利昂娜·泰勒的一封私人信件,她在信中向我指出我的思想及行为似乎是西方和东方思想的一个

罗杰斯

中介物。这是一个令人惊讶的想法,但是近年来我发现我确实十分赞赏佛教及禅宗使用的一些方法,尤其是生活在两千五百年前的中国哲学家老子的警句。让我在这里读几句体现老子思想的话,它们曾在我心中激起深刻的反响:

致虚极,守静笃,万物并作,吾以观复。

有一段话把我喜爱的两位思想家的见解联系在一起。马丁·布伯一直在力图阐述老子的"无为"思想。无为实际上是完人的行为,但它在发挥最高效力的时候是如此轻松自在,以至人们常常称之为"无为",以致这个词很容易使人产生误解。布伯在解释这一概念时说:"试图干预万物生长规律的人必将损害这些事物和他自己……颐指气使的人具有的是微小的、显露在外的力量,而无为的人具有的却是巨大的、内在的力量……"

有修养的人不去干扰存在物的自然生长规律,他不把自己的意志强加于他人,但他能促使"万物自化"(老子)。通过自身的谐和,他引导万物趋向谐和,他使它们自由地表现自己的本性,自由地趋向自己的归宿,他把它们内部固有的"道"释放出来。

我认为我在做人的工作的过程中正越来越倾向于"使他们自由地表现本性,自

由地趋向自己的归宿"。

如果我们想说明怎样才能成为一个得力的团体领导人的话，我们也只需看看老子的几段论述就行了：

领导人最好是："太上，下知有之……其次，侮之。犹呵，其贵言。功成事遂，百姓皆谓我自然。"（《道德经》十七章）

但是，我最喜爱的并总结了我很多更为深刻的信念的是老子的另一段话：

"我无为而民自化，我好静而民自正，我无事而民自富，我无欲而民自朴。"（《道德经》五十七章）

我承认这段话过于简练，但对于我来说，它道出了我们西方社会迄今尚未完全领悟的真理。（[美]罗杰斯：《我的人际关系哲学及其形成》，参见[美]马斯洛：《人的潜能与价值》，林方主编，华夏出版社1987年版，第125~126页）

20.铃木大拙

铃木大拙（Suzuki Daisetsu，1905—1971），原名贞太郎，当代日本高僧、佛教学者，13世纪日本禅师道元精神上的直接继承人。

我把他（指老子——引者注）认作是东方的代表。

21.汤川秀树

汤川秀树（Yukawa Hideki，1907—1981），日本物理学家，诺贝尔物理学奖获得者。

早在两千多年前，老子就已经预见到了今天人类文明的状况，甚至已经预见到了未来人类文明所将达到的状况。或者这样说也许更正确：老子当时就发现了一种形势，这种形势虽然表面上完全不同于今天人类所面临的形势，但事实上二者却是很相似的。可能正是这个原因，他才写下了《道德经》这部奇特的书。不管怎样说，使人感到惊讶的总是，生活在科学文明发展以前某一时代，老子怎么会向从近代开始的科学文化提出那样严厉的指控。（[日]汤川秀树：《创造力和直觉——一个物理学家对东西方的考察》，周林东译，河北科学技术出版社2000年版，第99~100页）

老子和庄子的想法是不能纳入形式逻辑的模式中的，但是这不一定意味着老庄思想是不合理的。（[日]汤川秀树：《创造力和直觉——一个物理学家对东西方的考察》，周林东译，河北科学技术出版社2000年版，第55~56页）

在老子和庄子那儿,自然界却一直占据着他们思维的中心。他们论证说,脱离了自然界的人不可能是幸福的,而且人对自然界的抵抗力是小得可怜的。([日]汤川秀树:《创造力和直觉——一个物理学家对东西方的考察》,周林东译,河北科学技术出版社2000年版,第60页)

另一方面,我们现在不得不担忧人类会不会沉没到科学文明这种人类自造的第二自然中去了。老子的"天地不仁,以万物为刍狗"的声明,获得了新的和威胁性的意义,如果我们把"天地"作为包括第二自然界在内的自然界,并把"万物"看作包括人本身在内的话。([日]汤川秀树:《创造力和直觉——一个物理学家对东西方的考察》,周林东译,河北科学技术出版社2000年版,第61页)

今天,如同我们的中学时代那样,老子和庄子仍然是我最感兴趣的和最为喜爱的两位古代中国思想家。我意识到,在某些方面,老子的思想比庄子的思想更为深刻,但是,老子思想的确切含义却绝不是容易把握的。他的文词是艰深的,而且甚至各家注释也往往无法澄清那些晦涩之处,人们归根结底得到的只是老子思想的骨架。([日]汤川秀树:《创造力和直觉——一个物理学家对东西方的考察》,周林东译,河北科学技术出版社2000年版,第65页)

22.斯塔夫理阿诺斯

斯塔夫里阿诺斯(L.S.Stavrianos),美国加州大学的历史学教授,历史学家。

孔子学说之后,中国最有影响的哲学是道家学说。这是可以理解的,因为这两家学说正好相互补充,满足了中国人民在理智和感情上的需要。孔子学说强调的是礼仪、顺从和社会责任,而道家学说则强调个人的种种奇念怪想和顺从大自然的伟大模式。这一模式被解释为"道",也就是"路",所以道家学说的信徒现被称为道教徒。顺从道的关键在于抛弃志向,避开荣誉和责任,在沉思冥想中回归大自然。理想的臣民有粗大的骨骼、强壮的肌肉和空空如也的脑袋;而理想的统治者则是"清心寡欲地治理人民……填饱肚子……无为而治"。([美]斯塔夫理阿诺斯:《全球通史》第十章《中国文明》,吴象婴、梁赤民译,上海社会科学出版社1988年版,第283页)

23.卡普拉

卡普拉(Frank Capra),美国物理学家,人文主义学者。

西方的思维、西方的物理学发展,必定要走到东方哲学道路上去。

我们越深入到亚微观世界,越会认识到近代物理学家是如何像东方神秘主义者一样,终于把世界看成一个不可分割的、相互作用的、其组成部分是永远运动着的一个体系,而观察者本身也是这体系中必不可少的一部分。

真谛隐藏在佯谬之中,这些佯谬不能用逻辑推理来解决,而只能以一种新的认识来理解——当然,这时我们的老师是大自然。([美]卡普拉:《物理学之道——近代物理学与东方神秘主义》,朱润生译,北京出版社1999平版)

在伟大的诸传统中,据我看,道家提供了最深刻并且最完善的生态智慧,它强调在自然的循环过程中,个人与社会的一切现象和谐地融合在一起,和谐就能持续发展,没有和谐就谈不上持续发展。([美]卡普拉:《非常智慧——与著名人物对话》,西蒙与舒茨特出版社1989年版,第36页)

24.李约瑟

李约瑟(Joseph Needham),英国科技史专家。著有三十多卷册的系列巨著《中国科学技术史》。

李约瑟

中国人性格中有许多最吸引人的因素都来源于道家思想。中国如果没有道家思想,就会像是一棵某些深根已经烂掉了的大树。这些树根今天仍然生机勃勃。

儒家思想一直是"成功者"或希望成功的人的哲学。道家思想则是"失败者"或尝到过"成功"的痛苦的人的哲学。([英]李约瑟:《中国科学技术史》第二卷,科学出版社、上海古籍出版社1990年版,第178页)

在这方面(指中国"原始物理学第一定律":阴阳和谐的有机自然观——引者注)中国使我们认识到,我们的思想不应该太严密,而我们的论证则应更加灵活。这意味着我们在科学和社会两方面的许多问题上,要豁达大度。我们应更多地准备接受迄今未闻的可能性的思想,可供选择的技术,实验性的社会组合。(《李约瑟文集》,辽宁科学技术出版社1986年版,第336~337页)

在中国文化技术中,哪里萌芽了科学,哪里就会寻觅到道家的足迹。(参见陈清:《中国古今哲学家评速》,北京语言学院出版社1994年版,第1页)

也许,今天不但中国而且全世界比以往任何时候更加迫切地需要向孔子、老子和墨子学习。([英]李约瑟:《四海之内》,劳陇译,三联书店1987年版,第18页)

知识自然不是任何人的私有财产。老子在《道德经》上说得好,"天下神器……不可执也。……执者失之。"譬如说,每个人每天必须要有 2 毫克的维生素 B1 才能保持身体健康;这样一个道理谁能够永远保密,不让人家知道呢?([英]李约瑟:《四海之内》,劳陇译,三联书店 1987 年版,第 21 页)

从某种意义上说,儒家学说似乎太人道主义化了;因为他们虽然讲人道主义,却是反对科学的。他们对于人类社会以外的世界丝毫不感兴趣。他们抑制这方面的兴趣。于是就产生了道教哲学家的伟大革命,以隐晦的老子和聪明风趣的庄子为代表。

……由此产生了炼丹术,这是一切现代化学的起源。([英]李约瑟:《四海之内》,劳陇译,三联书店 1987 年版,第 88 页)

中国是科学人道主义最早发源地之一。在古代,儒家提供了人道主义,而道家提供了科学。([英]李约瑟:《四海之内》,劳陇译,三联书店 1987 年版,第 90 页)

25.杜兰

威尔·杜兰,美国哲学家、历史学家。撰有十一卷本《世界文明史》。

老子是孔子前最伟大的哲学家。

《道德经》出自何人的手笔,倒是次要的问题,最重要的乃是它所蕴涵的思想,在思想史中,它的确可称得上是最迷人的一部奇书。([美]威尔·杜兰:《世界文明史——东方的遗产》,幼狮文化公司译,东方出版社 1998 年版,第 456 页)

如同卢梭,老子反对人为的一切事物,截然划分文明和自然,这正是"现代思想"异口同声所讲求的。([美]威尔·杜兰:《世界文明史——东方的遗产》,幼狮文化公司译,东方出版社 1998 版,第 457 页)

或许,除了《道德经》外,我们将要焚毁所有的书籍,而在《道德经》中寻得智慧的摘要。([美]威尔·杜兰:《世界文明史——东方的遗产》,幼狮文化公司译,东方出版社 1998 年版,第 459 页)

李政道

26.李政道

李政道(Tsung-Dao Lee,1926—),美籍华裔物理学家,1957 年获得诺贝尔物理学奖。

李政道牛顿力学已被量子力学来代替,在量子力学中有条很基本很重要的定律叫"测不准定律"。这条定律说,我们永远不能测准一切,任何物件假如我们能完全测定它在任何一时间的位置,那在同一时间,它的动量就无法能固定。对普通一般物件而论,动量不固定,就是速度不固定,既然速度不能固定,那就无法完全预定这物件将来的路线了。从哲学上说,"测不准定律"和中国老子所说"道可道,非常道,名可名,非常名"的意思,颇有符合之处。(参见莫善钊:《台湾、港澳〈老子研究〉》,《国内哲学动态》1985 年第十一期)

27.福冈正信

福冈正信(Mausanobu Fukuoka,1918—),日本农业专家。著有《自然农法》一书,他依据中国道家的"自然无为"哲学,提出了自然农法的构想。

自然农法是基于"无为"的哲学观点。主张还原于任其自由的自然。自然农法的实践将解决科学农法所暴露的一切弊端。([日]福冈正信:《自然农法》,转引自葛荣晋主编:《道家文化与现代文明》,中国人民大学出版社 1991 年版,第 170 页)

自然农法是自然之道,无主观的省力之道。"什么也不要干",这是自然农法的出发点和归宿,是手段,也是通向幸福之路的富民之道。"什么也不要干"是稳操胜券的不败农法。不耕地、不施肥、不用农药、不除草,是自然农法的四大法则。([日]福冈正信:《自然农法》,转引自葛荣晋主编:《道家文化与现代文明》,中国人民大学出版社 1991 年版,第 170 页)

自然农法则是一切手段无用论,要求人们真心实意地去亲近自然,放弃一切人为手段,以自然取代人为,这都是基于自然农法的哲学观念。([日]福冈正信:《自然农法》,转引自葛荣晋主编:《道家文化与现代文明》,中国人民大学出版社 1991 年版,第 177 页)

站在脱离现实的"无"的立场上来观察,目的就是还原于"无"的大自然。([日]福冈正信:《自然农法》,转引自葛荣晋主编:《道家文化与现代文明》,中国人民大学出版社 1991 年版,第 180 页)

真正的无为无策却是最上策。([日]福冈正信:《自然农法》,转引自葛荣晋主编:《道家文化与现代文明》,中国人民大学出版社 1991 年版,第 182 页)

28.奥修

奥修(Osho,1931—),生于印度马达亚·普拉德西的古其瓦达,印度作家。

整个中国的文明有两种完全不同的类型,发源于孔夫子和老子的对抗。([印度]奥修:《没有水,没有月亮》,东方出版社1996年版,第222页)

庄子和他的前辈老子是反教养的,他们崇尚自然,纯粹的自然。([印度]奥修:《当鞋合脚时》,范佳毅译,东方出版社1996年版,第8页)

29.霍普夫

路易斯·穆尔·霍普夫,美国休斯敦大学教授。著有《世界宗教》等书。

据说老子在公元前6世纪写下的《道德经》,在中国文化中是除《论语》外影响最大的书。书名照字面说意为"力量与美德之道典"。这是一本五千余言、分为八十一章、以诗歌形式写就的小书。它的注释书逾千本,它的英译本超过四十种。事实上,除《圣经》外,它比世界上任何一本书的译本都成倍地多,也许是中国书籍中最出名的一本了。([美]L.M霍普夫:《世界宗教》,张云刚等译,北京:知识出版社1991年版,第146页)

30.赖特

赖特(Frank Lloyd Wright,1869—1959),建筑家,有机建筑学派的代表。

由于"现代建筑"提倡从"空间"的角度去理解和设计建筑的思潮,同《老子》关于"有无相资"的观念是一致的,所以,《老子》一书的哲学思想引起了许多现代建筑学家的兴趣。在外国现代建筑学家当中,最早对《老子》哲学感兴趣的人物之一,是美国的赖特(Frank Lloyd Wright,1869~1959)。赖特是世界著名的现代建筑大师,也是有机建筑学派的代表,正如中国建筑学家汪坦所描写的那样:"他极推崇中国古代哲学家老子。常引用《道德经》中'凿户牖以为室,当其无,

赖特

有室之用'来阐述他的空间概念。"(《中国大百科全书·建筑·园林·城市规划》,中国大百科全书出版社1988年版,第293页)

关于赖特之推崇老子,我们从如下一件趣事即可见一斑。据说,梁思成先生当年曾给他的学生们讲述过他访问赖特时的一段对话。那是1946年的事,当时梁思成曾作为由九国代表组成的联合国总部建筑选址委员会的中国代表,赴美国工作和讲学。在这期间,他访问了赖特。两个人一见面,赖特就开门见山地问梁思成:"你到美国来的目的是什么?"梁思成回答说:"是来学习建筑理论的。"赖特听了之

后一挥手说:"回去。最好的建筑理论在中国。"紧接着,赖特朗背诵出了《老子》第十一章即有关"凿户牖以为室,当其无,有室之用"那段话的全部内容。赖特把《老子》一书中关于"有无相资"的这段话,誉为"最好的建筑理论",并把它作为校训写在他自己创办的学园的墙壁上。直到今天,人们还可以在赖特学园的墙上看到《老子》中的这段论述。这件事本身,已向人们表明了《老子》关于"有无相资"论的哲学思想,在赖特及其后继者们心目中的价值。(参见葛荣晋:《道家文化与现代文明》,中国人民大学出版社1991年版,第209~210页)

31.里根

罗纳德·威尔逊·里根(Ronald Wilson Reagan, 1911—2004),美国第四十任总统,于1981年至1989年执政。

里根

美国前总统里根在1987年的国情咨文中也引用了老子的"治大国若烹小鲜"的至理名言。这句箴言,当即成为美国人津津乐道的哲理之言,也使《道德经》一书顿时身价百倍。一家出版公司竟花了十三万美金的高价从译者岱芬·米歇尔那儿购买了这部译作的版权。(参见葛荣晋:《道家文化与现代文明》,中国人民大学出版社1991年版,第121页)

32.梅纽因

耶胡迪·梅纽因(Yehudi Menuhin,1916—),美国小提琴家,犹太人。

据《梅纽因谈话录》所载,美国当代著名音乐家梅纽因将《老子》一书随身携带,视其为"最值得经常拿出来看看的著作"。(参见吕锡琛:《道家与民族性格》,湖南大学出版社1996年版,第1页)

33.曼纽什

赫伯特·曼纽什,(Herbert Mainusch,1929—),德国教育家、哲学家、怀疑论美学的倡导者。著有《怀疑论美学》等书。

当代德国哲学家赫伯特·曼纽什认为,老子的《道德经》是一部涉及范围广泛的哲学怀疑论著作,其要旨在于阐述人类理性的局限性,以及人类中种种价值和道德的相对性。(参见葛荣晋:《道家文化与现代文明》,中国人民大学出版社1991

国学经典文库

道德经

图文珍藏版

34.布朗

莱斯特·R·布朗,美国世界观察研究所所长,著有《塑造未来的大趋势(1996)》等书。

美国世界观察研究所所长莱斯特·R·布朗在《建设一个持续发展的社会》一书中说:按照老子的看法,"如果我们把追求物质财富作为我们的最高目标,那就会导致灾难。"老子"提倡无私和博爱,并认为这是在人类事业中取得幸福和成功的关键。"对老子思想的现代价值给予充分的肯定。(参见宝贵珍、杨博:《道家始祖——老子》,中国华侨出版社1996年版,第14页)

第七章　老子九观正义论

第一节　老子的恒道观

一、道法自然

老子所著的《老子》，在人们千百年的认真研读中已经成为博大精深的专门学问，人称老学。老子五千言大作言简意深，其中《道篇》三十七章居首，《德篇》四十四章居次，故《老子》又被道家尊称为《道德经》，而"老学"时下又被一些学者称之为"道学"（非指宋明儒家的"道学"），由此可见"道"之学说在《老子》中的重要分量。

老子关于"道"的论述精华，基本集中在《恒道篇》里，但在其他各篇中也有论及。它贯串于《老子》一书的始末，是老子全书的总纲。可以说，抓住了老子"道"的思想，就抓住了老子思想的精髓，找到了打开老子思想宝库的钥匙，进而为理解和吸收中华优秀传统文化的道家文化奠定牢固基础。

什么是看不见，摸不着的"道"呢？这个问题自老子提出来后，中国哲学思想界一直争论不休，有人将其贬之为没落贵族虚无主义人生观在本体观上的投射，而一向自认为体系庞大、推论严谨的西方哲学思想界，对此也莫衷一是。

其实，对于"道"最好的阐述，不是别的，就是老子自己的说明。有些对老子论道的误解，主要是因为对老子原话理解的歧义产生的。中国人对使用本土语言的老子本意尚且闹不明白,何况是外国人呢? 当然,老子的语言确实有古奥冷僻、异体别义的艰深费解之处,因而各家在注释阐扬时,各有所得各执己见也是很正常的,但只要本着实事求是,言近本义的精神,要搞清老子的本意也绝不是不可能的。这里就在各家先贤学者注释通说的基础上,博采众说,融会分析,择正去误,独出新见,提出自己对老子大道本意的解释,以求教于专家。需要说明的是,老子道论的逻辑性和系统性,在原八十一章的散乱排序中是难以准确全面体现的,就是相对集中于本篇后,也只能大概反映其道论全貌。故在此论说老子恒道本意时,除了一些篇内次序的必要调整外,还适当穿插一些它篇中的有关言论,以保持老子恒道思想的整体性、连贯性、逻辑性和丰富性。

第一,老子认为,"道"的本体,即宇宙的起源,万物的初始,"有物混成,先天地生","独立而不改,可以为天地母,字之曰道"。

第二,"道"是自然法则,是宇宙级万物运引的规律,是绝对真理。所谓"人法地,地法天,天法道,道法自然"就是这个意思。所以,"道"是唯一正确的法则,"一生二,二生三,三生万物"。

第三,"道"是宇宙万物的本质属性,其之大,可涵盖宇宙万物,博大无比,"道大,天大,地大,王亦大";其小,细微如万物的最基本的构成,它存于万物之中,"和其光,同其光",无所不在。

老子认为,就"道"本体而言,是可以谈论的,但人们所谈论的一般的道,却和老子所要谈的"恒久之道"不同。这就像我们所使用的名称概念,是可以为各类事物命名的,但它却不是事物永恒的名称一样。

在老子看来,无法名状,有形而无名的"道",正是万物的初始状态,是万物出生的本原。所以,道的本体,是恒久却虚无的。但是,整天冥思苦想宇宙有无之妙的老子却不肯因此而罢休。他以伟大哲学家探究宇宙奥秘的执着坚毅地说:"恒远的道本体无论多么虚无缥缈,我也要观察它的精深微妙;恒久的道本体无论多么实有丰富,我也要观察它永无休止的运动。"

于是老子发现,"道的'无'与'有'同出一辙,它们名称不同,说的却是同一对象'道'。这里的奥秘极为玄妙啊,它是认识万物奥秘的根本门径。"

根据老子悟道的体验,要想打通这一"认识万物奥秘的根本门径",是极为不易的,要付出艰辛缜密的思维和高度的智慧才能略知一二。这是因为,你在悟道、察道的时候，往往是"你细看它（恒道）却不可见，所以可叫它作'微小'；你想聆听它却不可闻，所以可叫它作'希音'；你要抚摩它却摸不着，所以可叫它作'希夷'。视觉、听觉、触觉这三种感官都不能精确感觉'道'的存在，所以只好把它合称为'一'"。老子在这里所说的"一"，具有本体论和本源论意义，类似古希腊哲学家色诺芬尼所说的统摄世界之"多"全体的"一"以及德谟克利特所说无所不在的"原子"，或现代物理学所说的物质的气体、固体、液体状态中，五官不可分辨的"分子""原子""质子""电子""光子""中子"等，即那种虽然看不见、听不见、摸不着，极细微极难辨却又实际存在，构成了整个宇宙并有内在精神的最基本物质。我们当然不能说老子当年就有了今天科学家对物质内部结构的精确认识，但确实应该承认老

"老子西行"雕像

子两千多年前就做出的天才结论，它不是主观唯心主义的武断或客观唯心主义的臆测，而是充满东方智慧，包罗万象，精妙深刻，洞察入微的恒道哲学。

老子以其高度的智慧解释构成"恒道"的物质精神一体的本原"一"。他说："这个'一'啊，从形而上看并不荒谬无稽，从形而下看也不恍惚虚无。你四处寻找仔细寻思啊，也都不可名状和描摹它，反而又让它复归于无物无形之中。这就叫作'没有状态的状态'，'没有实物的物象'，这就叫作'一'的藏而不见。"老子这里所说的"一"，其实和"道"是一回事，都是看不见、听不见、摸不着的，极细微极难辨而又实际存在的，最基本的精神物质的统一体。因此，"人们追随它而看不见它的尾，迎面而上却看不见它的头。执着于今天所认识的这个'道'啊，就可以驾驭今天所认识的'实有'，就可以知道远古从何时开始，这就是'恒道'的开元纪年啊！"

那么，老子发现的，如同神龙不见首尾，怪石不知起始的"恒道"，到底有哪些特性呢，它是可以穷尽的吗?，老子在反复思考中得出了如下结论："大道好像空虚无物，而使用它时却无所不有。这是因为它永远也不盈满，它就像那深不可测的万

丈深渊，就像是天下万物的宗主啊！它销锉万物的锋芒，化解万物的纷争，融合万物的光辉，趋同万物的生命飞扬！举目遥望那清湛通明的蓝天啊，大道就好像在其中似隐似现呢！我不知道它由来何处啊，但好像是天帝的祖先！"

这里将老子所说的"帝之先"直译为"天帝的祖先"，或者不如意译为"中华始祖黄帝的祖先"更确切。既然是中华始祖黄帝的"祖先"或"先始"，可见"恒道"的原始古老，这与今天科学家们根据宇宙大爆炸说等，所测算出的宇宙发展史所经历的数百亿年演化的生成期，刚好意义吻合。老子由此而自然联想到与宇宙生成密切相关的万物的起源。也就是说，天下万物五花八门，种类繁多，它们从何处而来呢？这是世界上所有哲学家所力图要解决的根本问题，并由此而产生不同的流派和宗教。西方犹太教、基督教、天主教的解释都是，万物都是上帝所创造的，由此产生神学主义；德国哲学泰斗黑格尔的解释则是，万物是理念的产物，由此产生了客观唯心主义。东方儒家亚圣孟子的解释是，万物皆备于我，由此产生了主观唯心主义。老子的回答与他们不同，他早于他们上百、上千年就深刻地指出："生命精神永远不死，它就是恒道玄妙神奇的产门。而恒道玄妙神奇产门的出口，就是天地交合的生命根。它绵绵不绝亿万年，化生出万物啊，仿佛存在于宇宙，永远也没有穷尽！"

那些把老子神化为道教始祖、太上老君的道士理论家，常抓住老子这句话中"谷神不死"的提法，以证明道术的神奇，仙人的长生和老子的神秘，把道家变成了神教。其实，老子这里所说的"谷"，不是别的，其实就是农家常见的稻谷。稻谷由谷种发育成稻子，结出谷穗，又再化为稻谷，来年撒入田里，萌芽分蘖，开花结实，生生不灭，在古人看来，自然是叹为观止，十分神奇的。"谷"的存在维系了人类的生存，其所代表的，正是天下万物所共同具有的生命精神，万物的生命力。所谓"谷神不死"，正是这个意思，岂有它哉？

那么，恒道是如何产生的呢？老子以他惊人的想象力和天才预测大笔描绘道："在那时，有一物浑然天成，先于天地而诞生，它寂静无声啊，它清澈而无形，它寥然独立而不改变自己啊，它可成为天地万物的母亲！我不知道它的名字是什么，只好暂且称呼它为'道'。我勉强给'道'起个名字哟，把它称之为'大'。'大'又叫作'消失'哟，'消失'又叫作'远离'，'远离'又叫作那'反复'。"老子对于"恒道"的追索和所起的不同名字，无论是大，还是消失、远离、反复，其实都是从不同方面揭示了"恒道"内部的对立统一。那就是,恒道至大无比却又转瞬即逝,恒道消失远离而又反复至,循环不已,无穷无尽。从这一充满了哲理的描述里,我们看到了东方哲学家的伟大辩证法思想光辉。

对于反复,即精神和物质回环往复,渐进不已的演变方式,老子还用自己的语言做了进一步的说明,他指出:"'反复'这一现象,就是道的运动。柔弱这一势态,就是道的运用。天下万物生于'有',而'有'却生于'无'。"这就指明了"反复"的规律、万物从无到有的规律与恒道的关系。那就是恒道通过不断的反复来顽强地证明自己的存在,而万物正是从"无"到有,从自在自为的道中产生的。换句话说,道的自在自为,使得"不是"(无)变成了"是"(有)。存在主义大师萨特关于"自为是其所不是,不是其所是"的说法,实由此而来。

有人极力贬低老子之道关于"无"的本体论,其实不妥。正如冯达文先生在《中国哲学的本源·本体论》一书中所说,老子关于"无"的本体论把人的精神境界提高到无执的、空灵洁净的层面上,并以此反观人世间,得以对其有限和不足,拉开一个距离并取批判的态度,这是具有积极意义的。老子体悟道、观察道的目的,不是耽于追随他的后来的玄学家们那样的空想,也不同于佛家出世的学说,而是要把他对于道的认识和人类社会联系起来考察,从而为其所主张的治国之道提供理论的根据。老子认为:"'道'是博大无比的,天是高大无边的,地是广大无垠的,而统治天下的君王也是很伟大。每个国家之中,都会有这'四大',而君王只占据了其中之一,也是很伟大的。因此,人应该效法地道化生制裁万物的治理方法,地应该效法天道寒暑昼夜交替不停地运行,天应该效法恒道生生不息的演变规律,而恒道的法则是自然而然。"这段话,可以说是老子恒道观的总纲,由此派生出不要人为违反自然规律,而要自然无为,垂拱而治,让人民按照自己的天性全面发展,过各得其所的逍遥自由生活的政治思想。

老子极为肯定这一恒道自然哲学的重要性和本质意义。他认为:"如果执着坚守大道政治的伟大形象,天下人民就会归心追往而来,归往团结而不伤害他们,就能安全平稳,享受太平。这就像美妙音乐与可口食饵是有益的,但超过了限度就要适可而止一样,(对人民适当收取税赋也是有益的,但绝不能超过限度)。所以'道'的伟大形象要用语言来描述的话,那就是说,道是平淡无比的呵,它毫无味道呢! 你想看它呀,它微小得不足以看得见;你想听它呀,它细小得不足以听得见,你

老子九观正义论

图文珍藏版

想使用它呢,却永远不可能用完它。"

除了政治的意义、哲学的意义外(如将'天下'理解为'万物',则可引申为顺其自然地善待万物),老子的"执大象,天下往。往而不害,安平太。乐与饵,过格止"之说,还有其美学的意义。那就是指过犹不及、适度为好的美学原则。其意义在于,具有伟大形象和深邃美学内涵的艺术品,往往是冲淡高雅,旨远意深,不可竭尽,意味无穷的,无须人为的过分张扬和夸饰。

由于老子所处的周代,是各国纷争、战乱频仍、民不聊生的时代,故他的恒道哲学首先是针对贪得无厌的统治者,规范他们的统治的。他语重心长地说:"道是恒久的,却无法准确地定义它。诸侯国王若能遵守它,那天下万物和人民都将自然化生繁衍。如见万物化生而想有所作为,那我将主张用无名的'朴'来固守它。如能用无名的'朴'固守它,将不会受到自然的羞辱。不受羞辱而沉静安详,天地万物和人类社会都将回归正道而自然安定。""朴虽小,而天下弗敢臣。侯王若能守之,万物将自宾。"老子的"朴"的哲学的意义十分丰富,它从自然的角度指的是物质原初状态和最基本的规律,从社会的角度指的是人类原始共产主义社会部落酋长的那种淳朴公正的管理之道。那时的物质供应当然不如古代社会,更不如现代社会,但它没有巧取豪夺、逼良为娼的事,有限的生活物资能公平分享,满足每个部落成员的基本生存需要,这又是比现在的财富分配不公的高明之处,其公正人道的精神的是值得效仿的。所以老子主张统治者要归真返璞,成为一个人民爱戴的国王,这就可以避免像夏朝的桀王、商朝的纣王,遭受被推翻、驱逐、囚禁甚至砍头的羞辱。当然,老子的忠告,虽然在特定时期如汉朝初年,实行"黄老之治"时还有一定效果,而在大多数时候对统治者只能是对牛弹琴,无法改变他们的剥削阶级本性,但它对今日的民主政治家们,难道没有深刻的借鉴意义吗?

从价值论的角度说,"朴"具有本源与本体的意义,它并不像有的学者断言的,代表消极、倒退、下降、陈旧的法则,而是代表了道的最本质特性和最高价值。而老子的道,恰如赵馥洁教授所总结,其具有的是自然、虚静、柔弱、独立的价值品格,以绝对利、高度真,至上善,极致美——作为最高价值,确实曾在社会的价值活动中和人们的价值生活中,发挥着提高主体地位("道大""王亦大"),批判儒墨取向(道法自然),调节价值冲突("用柔""知反")和超越世俗价值(为道日损)的重要功能。

在本篇的最后,老子对于恒道这一反复运动的过程,和人类社会的内在关系,再次作了精要的著名论述。他说:"道生出了'一','一'生出了阴和阳,阴阳互动生出了天地人'三才','三才'互为作用创造生化了万物。万物的结构基本一致,都是外阴内阳,通过中气连贯而冲和为一体。天下所最厌恶的,唯有那孤单稀寡而不生育的东西,而王公却都以孤家寡人自称。万物或许会因减损而增益,也会因增益而损少。所以人用来教训别人的,也应该思议一下怎样教育好自己(不要言行不一)。因此强梁恶汉从来都不得好死。我将以此为自己学习的师父。"

在这里,老子以"道生一,一生二,二生三,三生万物"的哲学语言,高度浓缩地阐明世界的演化进程,在世界哲学史上第一次将主客体合一的"道"作为宇宙的本体,将阴阳上升到哲学高度,使其成为万物滋生自化的两种属性,创立了辩证法。他还特意将先贤以"孤寡不谷"称呼君王的用意点了出来,这就是通过他们对自己有意识的贬义性称呼,来时刻警醒他们自己,防止自己成为天下人所厌恶的坏东西!可悲的是,以称孤道寡为荣的历代封建帝王,除了少数像汉文帝、唐太宗那样的明主外,很少有记得老子遗训的,他们往往把称孤道寡当作抬高自己,骑在老百姓头上作威作福的代名词,忘记了称孤道寡内含的应谦虚谨慎的本意,难怪要成为人民所厌恶的东西了。所以说,老子所说的"道生一,一生二,二生三,三生万物",并不只是简单的数字游戏,或者是难以猜测估量的神秘哲学概念,而是从恒道观的高度,从事物产生的本原和矛盾规律出发,对人类社会统治者与被统治者的不可调和矛盾的一种化解。它期望的是统治者对自己地位、数量、比重、人心向背的清醒态度,而不是妄自尊大,胡作非为;它主张的是统治者的言行如一,表里如一,言传身教,身体力行,他们所希望人民做到的,自己首先要做到,他们禁止人们所做的,自己也决不去做。只有这样,他们才可能得到人民的理解和拥护。

当然,老子希望当时鼠目寸光、自私自利的统治者能理解恒道政治其中深奥的道理,是不可能的,即使现在的一些以"公仆"自称的国家公务员,也未必达到了老子所说的这一思想境界。他们之中腐败分子的言行,甚至与当年那些以孤家寡人沾沾自喜,责人严,待己宽,口是心非的统治者没有什么两样。

由此可见,老子的恒道观,不仅以天才的预测,认识到了几千年后,人们借助高科技手段才揭开的自然物理秘密,而且有很高的政治实用价值和永久的文化价值。

这一老子发明的微妙高深的恒道观,影响中国文化进程两千余年,影响世界上千年,对中国人的心理结构和思维方式,更产生了深远的潜移默化的建构作用。它使得中国人比较尊重自然的规律,而不喜欢盲目狂热的强调人定胜天,使得中国人更愿做疏通引导洪水的大禹,而不愿做他那以堵塞阻滞洪水为计终于一无所成的父亲鲧。至于移山的愚公,人们所牢记的大多是他感动天神,把山移走的故事和坚韧意志,而并非真的要去做那些违反社会规律与自然规律不的可能实现的蠢事。

在老子看来,恒道非指一般的道理,而是绝对真理。它与法地、法天、法道的人地天不同,无须"转相法""法自然"或刻意效法任何事物与法则。恒道先天而生,自存不灭,自在无为,至刚,至柔,至大,至正,至强,至顺,自然而然,化生万物,无所不包。在恒道主宰的大自然面前,人们如能长久保持老子所说的东方恒道观的柔弱谦卑态度,去反复行事,谨慎行事,敬畏和爱护养育万物生命的大森林、大草原、大沼泽、大江河、大湖泊、大山脉、大海洋,而不再重复中国大跃进大破坏那样的荒唐的"英雄壮举",不再去疯狂掠夺自然以满足跟前的狭隘需要,也许不失为更明智的选择!

二、老子恒道深探

道。

恒道。

恒久之道。

奥妙神秘的老子之道。

它所引发我们不得不思考的——

问题之一,是如何从老子自己的定义看"道"?

"道"是无始无终、无边无际、无穷无尽、无所不在、无所不能的宇宙万物之道。也正因为老子独创之"道"的博大与高深,使得它成了千百年来,古今中外,多少代学者,绞尽脑汁,著书立说,洋洋万言,说不完,道不明,论不够,探不尽的"谜"。有学者从"首"有"头",有"朝向"的含义看,认为"道"就是往一定的方向走。有学者甚至认为"道"所暗示的是一种古代斩首献祭仪式,把"首"作为放在盘子里的头颅来理解。

而从词义学与词源学看,"道"字从辵 chuò,首声,本意是"道路",引申为"途径","方法","法则"等,与"器"相对,有形而上的意义。因此,在先秦诸子那里,

"道"还可以指思想体系，人生观，世界观，政治主张等。孔子所谓的"道不行，乘桴浮于海。"（《论语·公冶长》），以及"道不同，不相为谋"《论语·卫灵公》等说法，就都有这一含义。因此，推而论之，各家各派，各有主张，各执学说，各占一域的先秦诸子，自然就各有其"道"了。道家有自然无为之道，儒家有克己复礼之道，法家有驭臣治国之道，墨家有兼爱非攻之道，兵家有奇正相生之道，医家有辨证施治之道等等。后来就连由印度引入中国的佛教，也"入乡随俗"，讲起崇佛觉悟之道了。而就"道"的这一思想体系、学说主张的词源本意而言，老子之道也是十分耐人寻味的。

首先，从五千言老子《道德经》看，全书共分为"道""德"两部分，"道"字在上下两篇累计三十八章里一共出现了 64 次，几乎占了全书八十一章的一半，可见"道"在其书里分量之重。其次，除了把"道"作为"可道"、说道一类的动词意义外，老子更多的是以"道"作为哲学观、宇宙论来论"道"的。而"道"在老子的《道德经》体系里，就犹如"乾坤"在《易经》里的地位一样：后者所代表的是易变、易简、不易的阴阳变化规律，是中华文化总道术《易经》的总纲；前者所代表的是宇宙的本体和运行总规律，是老子《道德经》道家学说体系的总纲，是老子九大观念体系中最重要的核心价值体现，是揭开老子全书秘密的钥匙。

这就是说，我们只有抓住"道"，才可能在老子建立的前无古人后乏来者高妙超绝的道论体系里，从人生论、伦理论的角度去化生大道的玄德，从认识论、社会论角度去探求真知、察世之理，从实践论、生命论的修炼去感悟无为、贵身的神奇功效，从政治论、军事论的安民、用兵、治国等实施方略中，去体验老子道论的博大精深，从而发现"道"在老子道德经中的地位，确实是处于金字塔的最尖端——象征着人类的伟大理想和宇宙的绝对真理。

当然，对于老子之道的解读和阐释，不可能是仅用一两个概念、一两张图表就说得清清楚楚明明白白的。由于老子论述方式的独特古朴和老子之道的丰富而深刻的内涵，可以让具有不同解悟能力的人们从不同断句、不同视角、不同学科、不同学派、不同理解、不同层次去阐述，因而存在着大量不同乃至完全相反的看法，这也是很自然和正常的现象。如陈鼓应说："有些地方，'道'是形而上的实存者；有些地方，'道'是指一种规律；有些地方，'道'是指人生的一种准则、指标或典范。"（陈鼓应《老子注译及评介》中华书局 1996 年）；冯友兰先生认为道有两意义："照其一

意义,所谓道,是指一切事物所由以生成者。照其另一意义,所谓道是指对于一切事物所由以生成者底知识。一切事物所由以生成者,是不可思议不可言说底。";更有人说道是"大母神"。(萧兵,叶舒宪《老子的文化解读》湖北人民出版社 1993年)从积极的意义看,这些不同看法的存在,已经证实了老子之道的神秘性与多义解读的可能性,它不仅可以让我们在它们之间进行比较、分析,而且还有助我们从各个学科、学派的不同理解和阐述中,加深对老子之道的理解和认识。

问题之二,是老子之道与"有"和"无"的关系?

据电脑统计,"无"字在老子《道德经》中累计在三十五章里出现了 82 次,"有"字于老子《道德经》中累计在四十四章里出现了 81 次,两字的出现频率几乎相等;其中"有""无"两字同时出现的各章有一、二、八、十一、十三、十四、十九、二十、三十二、三十四、三十八、四十、四十一、四十三、四十六、四十八、五十、五十七、五十九、六十三、六十四、

老子著书立说、传经授道之处——周至古楼观台

六十七、七十一、七十二、七十七、八十一等二十六章。其论述"有""无"的精彩名言有:"恒无,欲也以观其眇;恒有,欲也观其徼。两者同出,异名同谓。""有无之相生也,难易之相成也,长短之相形也,高下之相盈也,音声之相和也,先后之相随,恒也。""反也者,道之动也。弱也者,道之用也。天下之物生于有,有生于无。"等,由此反映出一个可贵信息,老子喜欢"有""无"一起谈,两个概念的出现次数频率几乎相等,属于一对相反相成的概念。但老子分散在各章里谈"有"的时候,则比谈"无"多;"有"在他的道学体系里明显占有更多的篇幅,这就又突出了他更注重实际、实体、实物、实像的唯物主义倾向,也可证明他并非被人误解的那样是一个只知道谈玄务虚的空想家。

在老子的有无之论中，"道，可道也，非恒道也。名，可名也，非恒名也。无名，万物之始也；有名，万物之母也。故，恒无，欲也以观其眇；恒有，欲也观其徼。两者同出，异名同谓。玄之又玄，众妙之门。"以及"有无之相生也，难易之相成也，长短之相形也，高下之相盈也，音声之相和也，先后之相随，恒也。是以圣人居无为之事，行不言之教，万物作而弗始也，为而弗志也，成功而弗居也。夫唯弗居，是以弗去。"这两章，是透析他的恒道与有无关系的经典名言。其中的主旨与深意是，老子认为，"道"是不能简单地用"有"或"无"来描写谈论或规定的。人们把"道"作为一个实体来谈论的时候，它却不是老子所要谈的"恒久之道"了。在老子看来，无法名状，有形而无名，眇然可观的"道"，正是万物的初始状态，是玄之又玄的众妙之门和万物出生与归依的本原。所以，道的本体是恒久而虚无的。但是人们只要认真观察它，那么不管这恒久的道本体有多么实有丰富，也可以观察到它永无休止的运动和精深微妙之处。这正是老子对"道"的发现的极其重要的意义："道的'无'与'有'同出一辙，它们名称不同，说的却是同一对象'道'。这里的奥秘极为玄妙啊，它是认识万物奥秘的根本门径。"舍此途径，人们既无法认识自然，亲近自然，也无法顺应自然，善待自然，受益自然，要么只能膜拜神灵上帝，把自己的命运交给人本质的神话对象来安排，要么只能在破坏自然、毁灭自然的"有"中消亡，在恐惧自然、绝望自然的"无"中沉沦。

对于老子之道的"有"和"无"论是否矛盾的问题，有论者认为，就宇宙生成论而言，老子的道论，认为具体存在的"有"总要有一个开头，而这个开头的东西又不能再是"有"，所以只能是"无"。这就陷入了一个悖论。因为万物都是以"有"为生的，只能从具体的物质形态中化生出来，而不可能从绝对的"无"中产生。而老子为了克服这一矛盾，把"道"说成是包含了物、象和精的一种混沌未分的最初物质，这就不是"无"而是"有"了，岂不是使自己陷入了"无"中生"有"的自相矛盾之中了吗？其实，这一说法并非老子道论本身存在的矛盾，而是自然本身就存在有无的矛盾，只是老子把这一矛盾揭示了出来，后人的理解和认识，却因为没有老子的认识那样深入精微而自己产生了矛盾而已。从存在论与本体论角度看，老子主张的"无"并不是绝对的一无所有，而是指《易经》所说的乾坤演变刚刚开始，宇宙万物尚未形成的混沌无辨的状态。用董光璧先生的话说，老子的"无"就相当于现代物理学中的"基态量子场"，这是一种由现代物理学实验已经改变了的人们对"无"的

认识而产生的"真空"概念。按照其理论,所谓的"真空"并不是指任何东西都不存在的虚空状态,它实际上内涵了无数我们以前所难以感知的极其微小难辨却活跃非凡的粒子。在这一老子道论称为"无"的量子场中,"各种粒子都是真空的激发态,现实世界的一切都是由真空激发形成的。'真空'回到了老子的包藏着无限生机的'无'。"(董光璧《道家思想的现代性和世界意义》,载《道家文化研究》第一辑,上海古籍出版社1992年版,第48页)再从庞朴先生的文字学研究结果看,古人关于"无"的认识,本来就存在三种歧异或者是三个阶段:一是"亡",指有而后无;二是"無",指似无实有;三是"无",指无而纯无。老子所谓"有生于无"的"无",原应为"無"字。(庞朴《说"無"》,见《一分为三》第271~282页)这也正说明了老子关于"有生于无"的说法,本来就指的是万物出生前似无实有的混沌状态,无所谓无不能生有的矛盾。所以,老子之"道",一方面像牟钟鉴先生所理解的那样,"它无形无象,不可感知,以潜藏的方式存在,玄妙无比,不可言说,只能意领,一旦说出,便落筌蹄,失却本真,只可寄言出意,勉强加以形容,也还须随说随扫,不留痕迹"(牟钟鉴等主编《道教通论》第70~71页);一方面,又是可以用现代物理学的概念去解释,用抽象的语言,认真地思索、领悟和直觉,去体味和把握的。这也正是我们不可简单化地把老子之道归为"无"或"有"的原因。

问题之三,老子之道是来自预设还是切身体验?

对于老子之道是预设概念还是来自切身体验的实际存在,学术界一直有不同的看法。陈鼓应持前一看法,他断言:"关于这个问题,我们可以直截了当地说,'道'只是概念上存在而已。'道'所具有的一切特性的描写,都是老子所预设的。"(陈鼓应《老庄新论》,上海古籍出版社1992年版,第36页)但这个回答却引起了许多把老子视为杰出的中国古代先哲,应具有某种思维特性论者的怀疑。他们认为,老子关于"道"的一切特性的描写,不可能像一位数学家推导纯数学定理那样,不受任何主、客观条件的限制。而从老子对道的详细描述看,只能是反映了一种客观实在的体验,是他从宇宙万物和社会人生中思考、体悟出来的亲身实践和经验。如牟钟鉴先生就认为:《老子》"段段饱蘸体验"(见牟钟鉴等主编《道教通论》,齐鲁书社1991年版,第149页)。其实,人们在这里所讨论的,无论是强调老子之道的预设性,还是体验性,都不是决定"道"的核心价值的关键所在。"道"的最高价值在于它的"自然性",那就是"道法自然"——在顺应自然、社会、思维的发展规律中,实现"道"的无为无不为的理想主义精神。因此,我们大可不必纠缠在老子之道究竟是一种所谓"预设"的模式还是体验的结晶的争论上,而应该牢牢抓住"道"的理想和理念既有抽象性又有实践意义的核心价值。

总之,老子的道,根据他关于"道"之特性的描述,诸如自然、无为、虚无、清静、纯粹、素朴、平易、恬淡、柔弱、不争等等,其实既是"饱蘸体验",真实可感,有政治含义和时代精神的,又是高度抽象、概念化、预设性、前瞻性、理想性的伟大哲学家的思辨结晶。它既不是虚无缥缈的空中楼阁,也不是身边可感可触的社会现实,而是根据老子所说的"人法地,地法天,天法道,道法自然"的文化建构模式步步推演出来的道论,因此具有抽象性和具象性这两种特性,是这两种看似矛盾实则统一的概念一而二、二而一的结合体。在老子这一"人,地,天,道"所组合的文化建构图式里,"天"显然占有最接近"道",又对人具有强大影响力的高层的、中介的、引领的关键地位。由此又引出了:

问题之四,老子之道与天的关系如何?

在老子的时代,"天人合一"的思想可谓深入人心。从盘古开天地,死后骨肉、眼睛、血液化为山川林木,日月星辰的神话,到女娲炼石补天,抟土造人的传说,从伏羲发明八卦,把天、地、雷、风、水、火、山、泽列为构成世间万物的基本要素,到古人观天察象,为星宿图阵安上金、木、水、火、土以及青龙、白虎、朱雀、玄武的名称,中国人把太多的人类印记,烙在"天"的身上,使得天与人、天与道、人与道的关系是如此的密切,不仅天是人身体的外化,甚至是人的意志的体现者,即所谓的"天意""天命",以至于孔子这样从来不语怪力乱神的大学者,也有所谓"畏天命"之说。明乎此,我们对老子全书中竟然有四十六章之多出现了"天"字并达到 111 次的高频率,也就不会过于惊奇了。实际上,在老子的心目中,比起生命有限的人类,天虽然要长久而强大,但也不可任意胡为。"飘风不终朝,暴雨不终日。孰为此?天地,而弗能久,又况于人乎"的道理。在老子看来,天与地都不会以人类道德的善恶标准去对待万物,这就是所谓的"天地不仁,以万物为刍狗。"虽然说,用人类的道德标准看,"以万物为刍狗"的天地似乎是不仁无情的,但站在将来的合理的人类社会公平正义的理想看,天之道所坚持的"损有余而益不足"的美德,却远远胜过老子当时所在社会,以至当今那些专门以"损不足而奉有余"的"人之道"。因此,老子把"自然无为"之道,作为无仁有道的"天"的榜样,把"损有余而益不足"的

天,作为被人们拼命掠夺榨取、任意扭曲改变的安身立足之"地"的效法对象,是大有深意的。正如许多学者都已经提到过的那样,老子强调道而以天从道,打破了有神论的人格化的上帝说的禁锢,对人们解放思想,探讨天道与自然的规律,造福人类,是大有贡献的。而从道与天的密切关系上,也引出了——

问题之五,老子之道与本体论的关系如何?

从中国人"天人合一"的观念看,老子从不把"天"作为最高权力和最高真理的象征,而将其置于道之下,是有其深刻原因的。因为在中国"天人感应"的强烈的文化氛围里,"天"确实时常有被人们任意做利己主义的解释,甚至被自称"天子"或代表"天意"的统治者利用其来蒙骗欺压人民的一面。所以老子要以服从自然、顺其自然、自然而然、化生万物的"道"作为"天"的本源和效法对象,以实现自己高远伟大的恒道理想。这也正是老子之"道"既体现出哲学本体论意义,同时又具有天人合一,修道成圣的方法论意义的原因。因此,老子之道与物质化、实体化的"天"的主从关系,是我们主张将老子之道与西方旧形而上学的本体范畴区别开来,不同意张世英先生提出的所谓"旧本体"说的理由。因为照他看来,老子所讲的关于本体论的"道",是"常道",是超验的普遍永恒的东西,因而基本上是一个"自柏拉图到黑格尔的旧形而上学的本体范畴"(张世英《天人之际——中西哲学的困惑与选择》,人民出版社1995年版,第403页)。这就把东西方哲学的文化差异抹平,把柏拉图的"哲学王"和黑格尔的"绝对理念",等同于老子的"圣人"和"道"了。其实,老子的"道"和"天"之所以不是"西方旧形而上学的本体范畴",还因为前者有"无"的特性而后者却有"有"的特性。从天人关系角度看,作为本体化范畴的"天",是"道"的派生物。它一方面具有绝对性、无限性,同时又是道之所生,发育万物、大化流行的过程;而按照老子道论和《黄帝内经》的"天人合一"理论,人的本体取决于"天",人禀受"天"所赋予之性,所以也具有绝对、无限的超越本性。故此,从道本体而言,天是道的产物,人是天地的产物,"人"与"天"是合一共生的。它反映到人的思维意识之中,就出现了敬畏天命、遵循天道、不违天时、顺从天意的中华文化意识。

总之,老子之道与本体论的关系,是本体意义的天人合一,它与西方天人相分的本体论是不同的。这正如蒙培元所说:"按照中国传统哲学,人的存在是形而上与形而下的统一,是形神合一、身心合一的整体存在,并没有西方那种灵魂与肉体相分离、精神与物质相对立的二元论。"（蒙培元《中国哲学主体思维》，人民出版社1993 年版，第 146 页）因此，研究老子道学，有助于我们跳出西方哲学史那种"旧形而上学的本体范畴"，探索天人合一的真谛，解决西方那种灵肉分离、天人相分、掠夺自然的"异化"现象，从本体论的高度，对包括人类在内的天地万物的自然本性及其存在方式做深入思考。进而以"自然无为"的体道方法"复归其根"，全面发展人的自然本性。至于这里所又引出另一个尖锐问题，老子之道是否讲道德，我们将留待下章详解。

第二节　老子的玄德观

一、尊道贵德

《老子》全书分为《道篇》与《德篇》，其中《德篇》的篇幅比《道篇》还多了七篇。更重要的是，玄德"深矣，远矣！与物反矣，乃至大顺！"玄德是每个人追求恒道的必由之路！由此可见玄德观在《老子》一书中的极其重要位置。

然而，老子在一般人心目中，并不是一个严肃正统道貌岸然的道德家，而是一个大胆否定儒家道德，敢于毁仁谤义、绝圣弃智的反道德主义者！这又究竟是怎么一回事呢？原来，老子的所说的"德"，是"含德之厚者，比于赤子"的"玄德"，与儒家的仁德不同。它有如人本主义心理学家马斯洛所说："假如最社会化的人本身亦是最个人化，假如最成熟的人同时又不失孩子的天真和诚实，假如最讲道德的人同时生命力最旺、欲望最强，那么，继续保持这些区别还有什么意义？"（参见《西方哲学初步》，267 页，广东人民出版社 1996 年版）一言以蔽之，它所要保留的是赤子之心，诚实纯真，符合人性的"玄德"，是老子的自然道德，而不是孔子的人伦道德，更不是宋明理学主张"灭人欲"的假道德。老子确实说过"绝仁弃义，而民复孝兹"这样的话，以致于人们把他误认为是一个彻底否定人类社会传统道德，与传统社会格格不入的怪诞哲学家。在中国传统社会长期占据主流文化地位的儒家，固然将其

视为异类,就是所谓的以马克思主义哲学家自封的人们,也把他当成没落奴隶主贵族的思想代表而大加挞伐。

其实,老子并不是一般的反对道德的哲学家,而是对古代社会道德的根源、属性、作用、意义做了全面深刻思考,对道德的产生、道德的标准、道德的建设作了独到阐述的伟大哲学家。他以纯真人为标准,自然取向的复朴化和恒道主义的"古圣化",有助于升华当前人本主义心理学以健康人为标准,未来取向的内在化和乐观主义的"再圣化",而区别于弗洛伊德以病态人为标准,过去取向的外在化和悲观主义的"去圣化"。分析起来,他所说的道德,属于原道家的特定术语,他有时称之为"玄德",有时又称之为"恒德","孔德"或"上德",均含有玄妙之德、恒久之德、美好之德、上佳之德等褒义,而区别于他所大加贬斥和激烈鞭挞的"下德",即剥削阶级的伪道德。

在这里,我们只重点分析选入《玄德篇》中的老子九章,顺便旁及它篇中的相关论述,而不是笼统分析《德篇》的四十四章全部。但即使这样我们也可看出,玄德观是从属于老子的恒道哲学观,仅次于"恒道"的重要哲学概念。可以说,全面把握老子的玄德思想,是正确了解他的道德观及其自然伦理观、政治伦理观的钥匙。

玄德从何而来,又与恒道有什么关系呢? 用文子转引老子的话说,就是"德之中有道,道之中有德,其化不可极"。就是说,德是人们体悟道的产物。人们对道的认识结果必然产生对人的行为的规范,因此德的确立也就包含人们对于道的认识,这是不可能绝对分割开的。老子在经过艰辛的哲学思考后,在体悟出恒道伟大性质的同时,也发现了玄德产生的奥秘。他言约意丰地指出:"伟大玄德的内容形貌,都只服从于恒道的本体。恒道的产物玄德,是非常圆满而又非常隐蔽的。它和道一样,是那样的潜藏而不分明啊,远望而令人茫茫然,其中有壮观的大象啊! 你仔细就近观望啊,再潜心地探究啊,就会发现它中间确有实物啊! 虽幽暗不明啊,也冥冥难辨啊,但其中内有精质啊! 这精质还非常真实,其中有自然规律的宝贵信息。从今天到古代,道德的形态都没改变,以服从引导它的规律。我靠什么知道这些规律的实情呢? 靠的就是这个。"

从所引的第二十一章看,老子对玄德的发现,是以一种东方哲学特有的顿悟、直觉的格物方式实现的,属于模糊把握而又直奔主旨的测断模式。它是在对自然、对人生的认真观察基础上产生的，与一般的胡思乱想、主观臆断有所不同。这段话的关键在于"道之物"的译法，一定要理解为"恒道的产物"，这样联系上下文，特别是全章首句"孔德之容"，就可看出它在本章应该指玄德，如翻译成"恒道的物象"，虽也可通，但意义上则全章就成了论述恒道的问题，与其他章节重复了。

明白了"道之物"所指，我们就可看到，在老子的心目中，玄德是道落实于人生的社会化、伦理化、实用化产物，玄德是产生于并仅次于恒道的物象，它要服从恒道统帅和制约的各种规律——众父，从内容和形式都要与恒道保持一致，从而获得与恒道一样持久的生命力。这与孔子所说的"道之以德，齐之以礼"，把德与礼放在更重要的位置的政治思想是很不相同的。

老子在玄德的远望近察中还发现，玄德虽然极为"玄奥"，似乎难以把握，但也绝非虚无缥缈，无从认识的怪象。相反，玄德虽幽暗不明，冥冥难辨，但其中却内有实情，这内情还非常真实，其中包含着自然的规律。它从古代到今天，基本的形态都没改变。这就为人们探虚就实，鉴古知今，循道渐进提供了可能性。

老子从玄德与人和社会的关系，深入思考了玄德的定义，提出了许多发人深省的问题。他说："集人的生命力和精神于一体，能让它们永不分离吗？糅合物质与精神至最柔顺的境地，人类能变回婴儿吗？清洁心中的明镜，能让它毫无瑕疵灰尘吗？爱护人民，激活国家的蓬勃生机，能够不靠使用狡诈的政治权术知识吗？人们或关闭耳朵眼睛鼻孔，或竖起耳朵听，睁开眼睛看，嗅动鼻子闻，能彼此雌服而不逞强吗？他们的聪明和通达事理，能不通过不良知识的灌输吗？"

元赵孟頫老子画像

老子所提出的这六大问题，其实正是玄德修养的根本问题。它一是要集中精力和神思，而不要像王公贵族那样整日沉湎在驰骋打猎、花天酒地、声色犬马之中，消耗精力；二是要返回到人的童真最佳生命状态；三是要时常清扫有害身心的各种私心杂念，保持类似佛家禅宗后来所说的澄明心境；四是不要玩弄朝三暮四、朝令夕改、出尔反尔、巧取豪夺一类的政治权术，保护而不是抑制人民和国家的蓬勃生机；五是要提倡谦让服帖而不是好勇斗狠的个性；六是要避免有害邪说危害人民，使他们明白恒道、天地、人世的正确道德和有用知识。

仅从这六点修养玄德的途径和主张看,把老子归入让人民无知无欲的愚民政治家之列,是很不公平的。

在同一章里,老子还简洁地为玄德下了一个权威的定义,"化生万物,蓄养万物,使万物滋生而不占有它们,使万物成长而不主宰它们,这就是玄德。"那么,知道了玄德的定义,又应该如何行动呢?老子在《玄德篇》中进一步提出了实践玄德的四项基本原则:

第一,"知道了万物的刚健本性,就应该守住它的柔顺性质,成为天下最低下的小河谿。成为天下最低下的小河谿,恒久的道德就不离开你了。恒久的道德永不离开你,就能复归于婴儿的纯真天性。"这一原则出于古老的《易经》,所强调的是自强不息,刚健有为的乾德和厚德载物、柔顺驯服的坤德的互补,核心还是主张不要逞能好强,违背自然,贪欲过多,要谦让柔顺,回归并保持人类童年的纯真良善。

第二,"知道事物的尊显荣华,就能甘守它的污浊羞辱,成为天下最低洼的山谷。成为天下最低洼的山谷,就能蓄积丰足的恒久道德。恒久道德蓄积足够了,就可以复归于万物初始的原始状态。"这一原则的要点是出淤泥而不染,忍辱负重,积德行善,返璞归真。

第三,"知道万物的纯净洁白,就能甘守它的肮脏漆黑,而成为天下的范式。成为天下的范式,恒久道德就不会背离。不背离恒久的道德。就能复归于天下的无极。"这一原则的要点是勇于追求光明,宁可忍受黑暗也不背离恒道玄德,以期达到最高的境界。

第四,"原始状态被打破分解,就形成了各种器具,圣人被荐用之后,就成为人民的官长。而天下最大的体制——恒道之玄德,那是永远无法分割的。"第四个原则是分工合作,选贤任能,让有德之士成为人民的公仆,坚信符合恒道的玄德是永远不会被割裂瓦解的,它是一个圆满自足的道德系统。

针对现实社会中违反"玄德"定义、阻塞"玄德"实现和背弃"玄德"四项基本原则的种种丑恶现象,老子站在民间反伪道德的立场上指出:"崇尚道德的不鼓吹道德,所以有真正的道德。轻视道德的念念不忘假道德,所以才毫无道德。崇尚道德而自在无为,因而不会有刻意的作为。"这就在哲学上第一次明确划分了重实质轻形式的"上德"与重形式轻实质的"下德"的本质区别。其所谓的"下德不失德,是以无德"的尖锐批评,正是指那些表面上不丢失道德,整天把道德挂在嘴边,说个不停的伪君子。这类人直到今天还附魂在一些满口公德廉政,背地里索贿受贿贪赃枉法的腐败官员身上,人们看见的难道还少吗?

老子认为,人是在丧失了道之后才会专门只崇尚德,是在丧失了德之后才会专门崇尚会爱,是在丧失了仁爱之心后才会推崇所谓正义,人们在丧失了正义之心之后就只能靠礼来限制人们的行为了。反过来说,有道则德自然存在,有德则仁心自然存在,有仁爱之心则无须划分正义与非正义,有正义的指导也就无须拘泥于礼的约束了。这就暴露出当时一些儒家仁义道德的吹鼓手黔驴技穷的窘态。他们背弃了恒道玄德的根本,只想实施次一等的"仁慈",终因为脱离实际,无从入手而无所作为。于是他们只好推行又低一层的"义",刻意地有所作为。待到他们为推行一套精心炮制的完善的"礼仪"而故意作为,却无人去响应时,只好恼羞成怒地捋起袖子,伸出手臂去和别人打架了。这就活画出一班不懂儒家仁义道德真义,只知道急功近利,搞烦琐礼仪花架子的穷酸腐儒的丑恶嘴脸。

所以在老子看来,不讲恒道的道德只能是假道德,而所谓仁爱、义气等,更是比假道德更等而下之的主张。特别是意在维护统治阶级尊卑等级制的所谓礼仪,是国家动乱的祸首。这是因为许多战争和内乱,阴谋和仇杀,正是打着忠诚信义的旗号进行的,所谓"忠君敬上","言必信,行必果",在许多时候竟成了一些臣子、儒生、侠士们不讲恒道原则,不论公德正义,不管国家存亡,不顾人民生死,只知道个人私利,记碑留名,一味愚忠,冒死拼命的借口和精神归宿,结果造成了天下大乱、生灵涂炭的悲惨局面。这正是老子所深恶痛绝的。难怪他要坚决主张:"所以大丈夫,要保留玄德的敦厚本质,而不要保留假道德的糟粕,要据守恒道玄德的坚牢实质,而不要追求假道德的浮华。所以应该去除礼义而取恒道。"可见,老子虽批判伪道德,毁弃伪仁义,但却同时主张道法自然,德归恒道,人修玄德。

那么,老子理想中的玄德高人,也就是人们千古传颂的圣人,应该是具有怎样的一种品德的人呢?他是那种党同伐异的诛杀蚩尤的仁君吗?是将自然界的毒蛇猛兽斩尽杀绝的后羿吗?对此,老子根据恒道的理想,作了正面的回答。他说:"圣人一向都没有贪欲私心,他以老百姓的心为天地良心。对于良善的人和物,他善意地对待他们,对于不良善的人和物,他也同样善意地对待他们;这是因为他的德行美好善良。对于守信的人们,他非常信任他们,对于不守信的人们,他也同样信任他们"。这就为我们刻画了一位与天地合德、与万物同心的伟大玄德圣人的光辉形

象,他不同于西方圣经中那唯我独尊,非我族类,必斩尽杀绝而后快的上帝,也不同于那种把文化和意识形态与己是否合辙作为唯一标准的狭隘的现代全球战略家。反观当今全球的战乱纷争,钩心斗角,连横合纵,不都是由于私利以及文化和意识形态的差异,导致了彼此的不信任、猜忌、施压、制裁、封锁、钳制、削弱乃至于动武的吗?

老子认为,玄德圣人之所以能做到不分彼此一视同仁,"这是因为他有守信的美德。圣人他在治理天下时,内聚心性,安详和合,成为天下万物的浑厚爱心,百姓都像是他的耳目一样,圣人把他们都当亲生孩子照看。"有了如此可敬可爱,如慈祥父母的圣人治理天下,人民怎会不心悦诚服,安居乐业呢? 这真是老子为后人描画的由玄德政治家治理的理想的世界。在这个世界里,一切都是根据恒道的规律,按照玄德的原则进行的。"恒道化生天下万物,玄德细心地蓄养它们。万物形成了它们的形状,器官促成了它们的诸多功用。所以万物都尊奉恒道而崇尚玄德。"

那么,万物所乐于尊奉的恒道规律又是怎样的呢,它需要人们去刻意宣传鼓吹,加官晋爵,以作道德表彰吗? 老子认为,"恒道所尊奉的规律,也正是玄德所崇尚的,这就是不要人为地去尊崇什么爵号虚荣,而要永久地保持自然而然。让恒道去化生万物,让玄德去蓄养它们,使它们茁壮生长,得以满足心愿。"根据这一指导思想,玄德就是"给万物以荫蔽爱护,给万物以毒刺锻炼,给万物以食料供养,让万物周而复始,生生不息! 生养万物而不占有,有所作为而不自恃高明,促进万物生长而不主宰它们。这就叫作玄妙美德。"

老子对自己大力推行的这一玄德政治心向往之,并鼓励人们努力成为:"善于建树伟业者不拔离恒道,善于抱持玄德者不脱离自然,子孙万代都祭祀他们。以玄德修养自身,他的品德就会高洁纯真"的有德之人。在玄德建设的文化战略上,老子提倡一种脚踏实地的务实做法,那就是从自己做起,由本地作起,然后向全国和天下推广。他认为,"以玄德修养自家,家的美德就会富裕充实;以玄德修养乡里,乡的乡德就会成长发扬;以玄德修养全国,全国的美德就会丰美盛大;以玄德修养天下,天下的玄德就会广阔博大! 以有德之身反观自身,以有德之家反观自家,以有德之乡反观本乡,以有德之国反观本国,以有德天下反观当今天下大势。我是以什么方式知道未来天下必然会如此的? 以对玄德的深刻认识。"

乍一看,老子的玄德修行主张与儒家的"修身,齐家,治国,平天下"没有什么两样,其实大为不然。除了在身、家、国、天下的层层推进的形式相似外,老子的主张其实要高明许多。首先在道德内容上,他的玄德是建立在恒道基础上的自然伦理道德,涵盖了自然伦理和社会伦理的方方面面,远比儒家的政治伦理道德更要恒久和伟大。其次,在理政的方法上,老子提倡的玄德修养,不是儒家闭门思过、三省吾身式的个人修炼,而是以科学的开放心态和比较的眼光进行的,即"以有德之身反观自身,以有德之家反观自家,以有德之乡反观本乡,以有德之国反观本国,以有德天下反观当今天下大势"。提倡榜样的力量和个人的修养,和家庭、社区、国家、天下的道德精神文明建设的有机结合,从而显得雍容淡定,明睿超远,更有博大的胸襟和开拓的气派!

在玄德的个人修炼方面,老子也有一套独特的主张,由此影响了日后的道家和道教,形成了东方文化脱俗超凡的道德惨身之道。在老子看来,"涵养深厚道德高尚的人,好比是有赤子之心的婴儿"。对于类似的人类心理的复归状态,弗洛伊德解释为是人类心理发展到某一阶段因某种焦虑而退回的早期阶段,是自我调节本能的冲动与现实的要求的"倒退作用"。而老子则视其为人类道德精神升华的主动行为,达到这一境界的纯真赤子,"狂蜂恶虫毒蛇都不蜇咬他,凶禽猛兽也不搏杀吞吃他,他骨骼软弱筋腱柔软而握物牢固,不知交合之事而阳物坚挺,这是他精诚专一所至。他能终日大声啼哭而不气逆嘶哑,这是他内心自然平和到了极点的缘故。"这种精诚专一,这种平和之至,是玄德之人进入了恩精虑净,既不树敌也没有人以其为敌的思想境界的表现。"知道和谐万物的就叫作恒常,知道恒常之道的就叫作明达事理。有益于生命的就叫作祥和如意,有意使性子的就叫作故意逞强。万物强壮过甚就会衰老,这就叫作不守恒道。不守恒道违背自然规律的就会过早灭亡。"

谈到所谓的"壮",我们不能不联想到《易经》对"大壮"卦德的阐述。其"上六"爻辞说:"羝羊触藩,不能退,不能遂,无攸利,艰则吉。"象传解释说:"不能退,不能遂,不祥也。艰则吉,咎不长也。"这就是说,在事物大壮的顶点阶段,看似壮大到了极点,无所不能,奋力前进,其实就像好斗逞能的公羊把尖角触入了篱笆一样,落得了一个既不能退又不能进的不利局面。这也就是老子所说的万物强壮过甚就会衰老,不守恒道,违背自然规律的就会过早灭亡的深刻道理。而要摆脱过壮逞强的困境,就要靠艰苦的努力,这样过错才不会拖得太久。

在推广自己柔进恒常、无私平和的恒道玄德主张的时候，老子深感要获得人们的理解和实行的相当艰难。他感慨万分地说："上等的贤良人士听了恒道，仅仅能奉行它。中等的一般人士听说了恒道，好像似懂非懂，下等的浅薄人士听说了恒道，哈哈大笑弃之不顾。"这多么让人痛心。但老子并没有因此而抛弃自己的恒道玄德主张，相反，他以哲学家的远见卓识不无幽默地说："其实他们不笑，就不足以显示出恒道的深奥。"所以有识之士建议说：

> 光明的恒道仿佛昏昧难辨，
>
> 进步的恒道犹如后退不前，
>
> 平坦的大道好似坎坷之路。
>
> 高尚的道德就像低洼山谷，
>
> 伟大的光明如同蒙受污垢。
>
> 广阔博大的道德像内涵不足，
>
> 建立高尚道德好似偷懒懈怠，
>
> 品质真诚却有如那背信弃义。

在这里，老子一连用了八个"如"字句式的对立比喻，以反面的贬词"费、退、类、谷、辱、不足、偷、渝"等的层叠，不断加强语势。在反复说明了真正认识玄德真髓的艰难后，他进而满怀信心地用恒道的伟大原理，鼓舞自己学说的勇敢追随者说："最大的方域没有边界，至大的用器很晚做成；宏大的声音几乎无声，极大的物象没有形状。恒道啊永远褒奖难以名状的至大之物，也只有恒道，不但善于开创万物，而且善于成就万物。"

时至今天，依然在崎岖道路上追求光明和远大理想的人们，当不会忘记老子关于大象无形、大器晚成的鞭策！

二、老子玄德悟探

德。

玄德。

玄奥美德。

玄妙高深的老子之德。

它所引发我们要深入思考的——

问题之一，老子彻底否定道德吗？

初读《老子》的许多人，都不会不注意到老子一书的反"道德"意义而深感震惊。老子自己也确实曾说过："不上贤，使民不争；不贵难得之货，使民不为盗；不见可欲，使民不乱。是以圣人之治也，虚其心，实其腹，弱其志，强其骨。恒使民，无知无欲也。使夫知不敢、弗为而已，则无不治矣。"以及"绝圣弃知，而民利百倍。绝仁弃义，而民复孝兹。"的话；如果我们把他的"不上贤"理解为反对尊崇有道德的高人，把"恒使民，无知无欲也"，"绝圣弃知"，"绝仁弃义"理解为取消道德教育的言论，再联系他关于否定仁义道德的著名论述："上德不德，是以有德。下德不失德，是以无德。上德无为，而无以为也；上仁为之，而无以为也；上义为之，而有以为也。上礼为之，而莫之应也，则攘臂而扔之。故失道而后德，失德而后仁，失仁而后义，失义而后礼。夫礼者，忠信之泊也，而乱之首也。前识者，道之华也，而愚之首也。是以大丈夫居其厚，而不居其泊；居其实，而不居其华。故去彼而取此。"我们是很容易把他归入到反道德主义者的队伍去的。事实上，也确实有人认为，"《老子》的'天地不仁'更明确地取消了道和天的道德意义"，"《老子》的'道'是人道的对立物"（张世英《天人之际——中西哲学的困惑与选择》第 364 页）。这实际上是片面曲解了老子的《道德经》的崇道贵德意义的。

据电脑统计结果，《老子》一书提到"德"的地方累计有十六章 46 次之多，他甚至把全书分成了道篇与德篇，以至《道德经》后来成了《老子》其书的书名。此外，老子在书中多次提到符合他的道德标准的"圣人"与"为道者""德者"如"圣人恒无心，以百姓之心为心。善者，善之；不善者，亦善之，德善也。信者，信之；不信者，亦信之，德信也。圣人之在天下，翕翕焉，为天下浑心。百姓皆属耳目焉，圣人皆孩之。""古之为道者，微眇玄达，深不可志。夫唯不可志，故强为之容曰：与呵，其若冬涉水。猷呵，其若畏四邻。严呵，其若客。涣呵，其若冰泽。沌呵，其若朴。湷呵，其若浊。旷呵，其若谷。浊而净之，徐清。安以动之，徐生。葆此道者不欲盈，夫唯不欲盈，是以能敝而不成。"以及"故从事而道者，同于道。德者同于德，失者同于失。同于德者，道亦德之；同于失者，道亦失之。"；老子书中还数次提到只有起码的道德标准的"君子"，如"君子居则贵左，用兵则贵右。故兵者，非君子之器也。"可见，老子不但大谈其"德"，而且还有他心中的明确的道德标准。那就是，

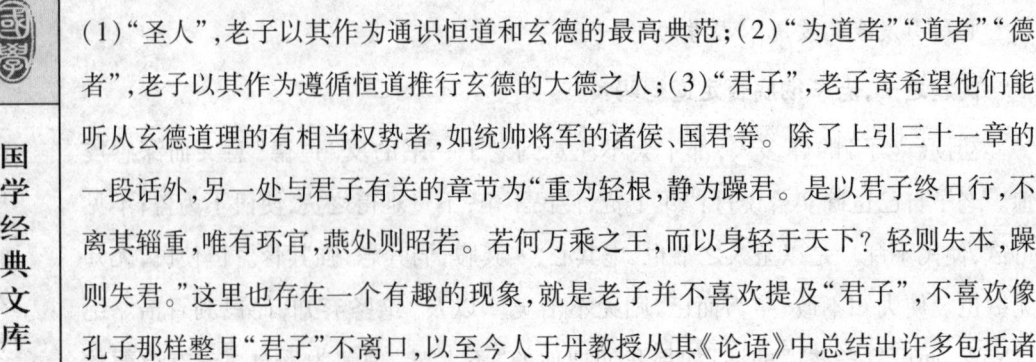

（1）"圣人"，老子以其作为通识恒道和玄德的最高典范；（2）"为道者""道者""德者"，老子以其作为遵循恒道推行玄德的大德之人；（3）"君子"，老子寄希望他们能听从玄德道理的有相当权势者，如统帅将军的诸侯、国君等。除了上引三十一章的一段话外，另一处与君子有关的章节为"重为轻根，静为躁君。是以君子终日行，不离其辎重，唯有环官，燕处则昭若。若何万乘之王，而以身轻于天下？轻则失本，躁则失君。"这里也存在一个有趣的现象，就是老子并不喜欢提及"君子"，不喜欢像孔子那样整日"君子"不离口，以至今人于丹教授从其《论语》中总结出许多包括诸如"心灵之道""处世之道""交友之道""理想之道""人生之道"的"君子之道"，在老子那里是没有的。他更看重的是道德标准更高的圣人，以及所有愿意追随圣人的执政者。仅就他在全书中对道德、有道圣人和德者的详论与推介而论，我们就无法把他的学说归入反道德主义一类。由此引发的——

　　问题之二，老子的"玄德"的文化源头从何而来？

　　我的回答只能是，由人文始祖伏羲所创制的八卦所演变成书的《易经》中来。众所周知，《易经》是中华民族智慧的宝典，道德的真经。它的六十四卦各有一德，在经文和《易传》中均有明确的表述。如将其《杂卦传》翻译过来，其大意就是"《乾》卦之德刚健，《坤》卦之德顺柔，《比》卦之德欢乐，《师》卦之德忧愁。《临》《观》两卦之德义，或者施与或者恳求。《屯》卦之德端倪初见而不失居所，《蒙》卦之德思虑繁杂而很显著。《震》卦之德是万事启动，《艮》卦之德是一切停止，《损》《益》两卦是易德盛衰的开始。《大畜》之德是适时蓄积，《无妄》之德是无端遭灾而不妄为。《萃》卦之德是聚集而《升》卦之德是升而不落下来。《谦》卦之德是轻己尊人而《豫》卦之德是警戒懈怠。《噬嗑》之德是借食喻争，《贲》卦之德是不要过多润色，《兑》卦之德是喜见会说，而《巽》卦之德是驯服隐伏。《随》卦之德是无故追随，《蛊》卦之德是整饬治理。《剥》卦之德是提防烂脱剥落，《复》卦之德是迷途知返。《晋》卦之德是追求光明白昼，《明夷》卦之德是谨慎诛杀。《井》卦之德是通井助人，而《困》卦之德是相遇互助。《咸》卦之德表示迅速结合，《恒》卦之德表示永久保持。《涣》卦之德表示分离散开，《节》卦之德表示适度制止。《解》卦之德表示缓解开脱，《蹇》卦之德表示步步艰难。《睽》卦之德外拒，《家人》之德内和。《否》《泰》两德类别性质相反，一个否定一个肯定。《大壮》之德表示过壮则止，《遁》卦之德表示当退则退。《大有》之德表示众多，《同人》之德表示亲和，《革》卦之德表示除去故弊,《鼎》卦之德表示取纳新法,《小过》之德表示矫枉过正,《中孚》之德表示诚信中直。《丰》德说明遮蔽是因为茂密过多的缘故,亲人寡居在外就是《旅》德的含义。《离》卦表示像火焰一样向上,而《坎》卦表示像水流一样向下。《小畜》卦是积累得比较寡少,《履》卦是谨慎不处。《需》卦是不贸然跟进,《讼》卦是争讼而不亲近。《大过》之德是批评颠倒正反,是非不分,《姤》卦之德是巧遇媾和,柔弱善遇刚强。《渐》卦之德表示女儿思归待嫁,等待男子的行动,《颐》卦之德是涵养正气。《既济》之德是大事已定,《归妹》之德是女儿有了好归宿。《未济》之德表示男子的穷困未展。《夬》卦之德表示冲决突破,象征刚爻和柔爻的决裂。易卦诸德表明:君子之道长久而宽广,小人之道忧愁而狭窄。"

如我们再将其易德精华浓缩为四言诗歌,则可表述为:

八言易德歌

乾天刚健,自强不息;厚德载物,坤地方直。

万物萌生,初创屯积;开蒙乐学,培正研习。

积云渴雨,需饮求食;公正平和,讼争平息。

师出有名,良将无敌;慎择好友,密交亲比。

以柔制刚,小畜积雨;谨言慎行,薄冰巧履。

天地安泰,上下通气;否极泰来,先乱后治。

同心同德,同人同志;红霞满天,大有厚利。

戒骄戒躁,谨慎谦虚。警惕生变,安乐逸豫。

随时俱进,应变得宜;振民育德,盅除惑去。

亲临实地,吉无不利;仰观俯察,通情达理。

噬嗑重刑,明断法治;以文化成,修美白贲。

去伪存真,剥华显质;山重水复,闻道不疑。

有为无妄,超然睿智;大畜才德,日新月异。

安享其成,颐养情志;谨防大过,独立不惧。

坎水闯关,守信依时;离火明艳,柔顺附丽。

心灵通达,咸感贞吉;守恒识道,风行雷厉。

退避避险,逍遥隐居;声威大壮,循道识礼。

升职有道，明德晋级；避凶知危，脱险明夷。

持家有方，家人康怡；睽违不和，协调理析。

山高水长，何惧寒滞；出离苦海，解难救济。

损下宜少，不夺民利；损上利众，增进广益。

央决铲恶，坚刚正义；防微杜渐，姤合巧遇。

聚众萃英，共商大计；选贤用能，升平盛世。

知困苦学，早悟奋起；修井提水，看淡得失。

水火不容，革故改制；养贤鼎新，改天换地。

雷震压惊，内省反思；逢艮正位，止于当止。

循序渐进，自成好事；欣结良缘，归妹依礼。

光明正大，丰茂不蔽；谦和柔善，徙居行旅。

大人相助，巽风物齐；深修兑德，和睦欢喜。

坚贞自守，涣散离析；适可而止，合理节制。

中孚诚信，广结善士；小过无妨，照忙小事。

功成既济，仍须努力；风高帆悬，大江未济。

　　从以上对中华易德的高度概述可见，老子玄德观的文化源头，正是由上述丰富广博的中华易德宝库中来。如老子对"天长，地久。天地之所以能长且久者，以其不自生也，故能长生"的大地无私奉献精神，以及对"知其雄，守其雌，为天下溪。为天下溪，恒德不离。恒德不离，复归于婴儿。知其白，守其辱，为天下谷。为天下谷，恒德乃足。恒德乃足，复归于朴。知其白，守其黑，为天下式。为天下式，恒德不忒。恒德不忒，复归于无极。朴散则为器，圣人用则为官长。夫大制无割"和"大方无隅，大器晚成，大音希声。大象无形，道褒无名。夫唯道，善始，且善成"的居下守雌，善始善成，正直方大的大地宽厚柔顺美德的赞美，《易经》就早有同样的表述。如"象曰：至哉坤元！万物滋生，乃顺承天。坤厚载物，德合无疆，含弘光大，品物咸亨。牝马地类，行地无疆，柔顺利贞，君子攸行。先迷失道，后顺得常。西南得朋，乃与类行；东北丧朋，乃终有庆。安贞之吉，应地无疆。"如"象曰：地势坤，君子以厚德载物。"如"文言曰：坤至柔而动也刚，至静而德方。后得主而有常，含万物而化光。坤道其顺乎，承天而时行。"等等。而在某种意义上，老子所称道的"道生之，畜之，长之，遂之；亭之，毒之，养之，复之。生而弗有也，为而弗恃也，长而弗宰也。此之谓玄德。"也可从大地对万物的生之，畜之，长之，遂之，亭之，毒之，养之，复之，生而弗有，为而弗恃，长而弗宰的"玄德"中得到印证。

再如老子推崇的"上善如水。水善，利万物而有静，居众人之所恶，故几于道矣"的水之美德，以及推崇水以"天下之至柔，驰骋于天下之致坚"所表现出来的高深力厚，无坚不摧的道德威力，在《易经》与水有关的坎卦、井卦和兑卦中，也早有所表述。其中包括对坎水的守信，井水的甜美，湖水的欢悦的赞美等。特别是谦卦作为六十四卦中唯一的六爻皆吉，一无凶险的吉卦，更是提示老子得出了"利万物而有静，居众人之所恶"的水，以谦柔虚静，"重积德而无不克"的结论。由此可见，《易经》赞美大地、柔水的美德，确实给老子无穷的道德启发，成为他借鉴古代圣人的道德光辉典范，建立道家玄德体系的宝贵思想资源。那么，我们又遇到了——

问题之三，老子的"玄德"包含哪些内容？

老子"玄德"体系所包含的内容，主要有论道与德及其关系，玄德修炼的标准；以及如何修道养德这三个方面。对于第一个方面，即关于恒道与玄德的地位和主从关系，我们下面还将专门提及和论述。对于第二方面，即玄德的修炼标准，老子曾经根据修炼者的君王或重臣身份，划定了不同等级。其一为低标准，就是做一个不乐杀人，不贪图逸乐，不迷于五色五音享受的君子，做一个"以道佐人主，不以兵强于天下。……果而毋骄，果而毋矜，果而毋伐，果而毋得"的重臣。其二为次高标准，这就是要向为道者、德者看齐，要甘心忍受天下人的诟骂，不妄作非为，这就需要保持一种谦柔的心态，甘心"为天下谷"，这样才能"恒德乃足"。只有"恒德乃足，复归于朴"才能"知其白，守其黑，为天下式。为天下式，恒德不忒"。"恒德不忒"，才能"复归于无极"。其三为高标准，这就是要向"我"——老子自喻的为道者和德者一样，坚持尊道崇德，真知察世，贵生爱身，无为而治的正道，这才可能成为一个真正的玄德精神的体现者。对于普通百姓，老子的玄德观并没有提出过高标准，只要能学会像老子自己那样"恒有三宝，持而宝之"。即做到"一曰慈，二曰俭，三曰不敢为天下先"。做到"美言不信"，"为而弗争"。远离邪说，不争不贪，朴实善良，"有车舟无所乘之，有甲兵无所陈之，而民复结绳而用之。甘其食，美其服，乐其俗，安其居"，就行了。这也是老子的玄德主张，限于时代局限，没法认识到人民今后生活水平和文化水平提高后，会有个性全面发展的更高的道德追求的不足之处。

至于第三方面,即修道养德的方式,老子主要提出了三个方法或曰途径。一是把握好知识的来源渠道,不贪多,不信邪,做到"少私寡欲,绝学无忧""绝圣弃知","美言不信",杜绝不良说教的毒害;二是以圣人为榜样,不从庸众,特立独行,尊道贵德,这就是所谓的"孔德之容,唯道是从"以及"我独顽以鄙。吾欲独异于人,而贵食母";三是重视养生,爱护身体,珍惜生命,"塞其兑,闭其门",远离犬马声色,通过"载营魄抱一","抟气至柔","修除玄监",为雌守柔,至虚极,守静督,万物旁作观其复,天物云云归其根,复命知常没身不殆等一套玄德修炼方法,达到形完神足的道德境界。这也就是后来由道教道医加以再发挥的内外修炼、养生培德、延年益寿的主要方法。那么,我们又有了一个此前第一个问题提及却尚未展开的——

问题之四,老子的"玄德"与"恒道"是什么关系?

关于这一点,我们可以从老子自己的论述中,至少寻得三点答案。第一,老子的玄德观首先强调的是恒道与玄德都同样重要,都优先尊贵于万物,这就是"万物莫不尊道而贵德"的道理;第二,老子的玄德观明确理顺了恒道与玄德的关系,坚持道在德先,德以道行的两者的主从关系,以恒道的道德要求为玄德内容的道德取舍标准,这就是:"道之尊,德之贵也,夫莫之爵,而恒自然也。"这也是老子坚决反对颠倒道与德的自然关系,"失道而后德,失德而后仁,失仁而后义,失义而后礼。"致使道德沦丧的败德行为的理由;第三,老子强调了恒道与玄德的互相依存,缺一不可的相辅相生关系,这对万物而言,就是类似于易经所说的乾天刚健生阳开泰,坤地厚德载物养生,两者互为作用,化生万物的"道生之,德畜之"——以道德两者的和谐互动作用,建设起玄德宏伟的理想大厦。

总之,老子之"玄德"主要指人的纯粹本性和最高境界,所谓"含德之厚,比于赤子"的修养境界,所谓"玄德深矣远矣,与物反矣"的神奇奥妙,都是由恒道与玄德的"母与子"关系决定的。在老了看来,"玄德"为圣人之宝,应为有道者和德者所拥有,为学道君子所应有,而只有"恒道"才是玄德和万物的本源。这也是他反对离开道去谈德,以至于背离大道钻进死胡同的原因。但"玄德"作为"恒道"理想的实践者和推行者,对宇宙万物的存在及其形成过程,也还是有重要意义和作用的。这正如《管子·心术上》所说:"德者道之舍,……故德者得也,得也者,其谓所得以然也。以无为之谓道,舍之之谓德,故道之与德无间。"这就是说,"德"是"道"的容器和体现,万物依赖"玄德"而得以生长,得到护佑和遮蔽,得到刺激和锻炼,得以认识"道"的精髓和伟大,实现道的自然规律。所以"玄德"与"恒道"在很大程度上可以说是紧密无间而没有什么分别的,我们可以同意老子之"恒道"不仅仅是一个自然哲学范畴,而且更是一个通过"玄德"的中介与过渡,所建构的"关于人的内在本体和价值的形而上学范畴"的说法。同时,也正是因为对人而言,老子恒道是要靠人的自觉实践,通过所谓"践道""体道",才能与"道"合一,获得自由,从中显示出其独特的理论价值与实践意义的学说,才引出了又一个严峻的——

问题之五,孔夫子彻底摧毁了中国人的真道德吗?

对于这个问题,忧心忡忡的黎鸣于 2007 年 4 月 16 日在网上发表《孔夫子彻底摧毁了中国人的真道德》一文认为,两千多年来,由于"独尊儒术"的缘故,"孔夫子及其儒家彻底摧毁了中国人的真道德。"他认为,只有老子在其《道德经》中所表达的"自然之道"和"自然之德",即比今天盛行于西方人类自然共同体中的公道德,或曰真理之道和真实之德,或称平等、民主、自由之公理、公道和人类自然共同体文明之公德还要更高尚的老子"玄德",才是"真道德"和"公德",而孔夫子及其儒家主张的"孝悌忠恕之道"的"德",则是"不折不扣、完完全全孔夫子及其儒家徒子徒孙们的伪道德、假道德,也即私道德。"他做此判断的理由是,孔夫子的"道"是政道,是"君君臣臣父父子子"的正名之道,是汉儒的"三纲之道",是打着"平天下"旗号的"修身、齐家"的"治国之道",是忠诚于家族的私道。所以,孔夫子及其儒家的"德",也就只能是家族内部的"孝悌"之"私德"(得),其流行使得"两千多年来,在中国的这块土地上,不断凌替的朝代,举国上下的权益,仅为一人、一家、一姓、一个团体所僭夺、所私有、所专制、所宰割",而这正是"孔夫子及其儒家,彻底摧毁了中国人的真道德,也即公道德"的证明,是孔子对老子"玄德"的最完全、最绝对、最干净和最彻底的颠覆,是两千多年来,中国人只能永远隔离于人类的真道德、公道德的原因。应该说,黎鸣对流传了两千多年,在国人心目中已经根深蒂固的孔子的整套道德说教的种种弊端,是有所察觉的,其批判则是五四运动时期和文化大革命时期批孔风潮的延续,但却失之偏激。这是因为人类道德的建设,不论是公德还是私德,都不可能离开社会的文化经济基础而超前发展。"文化大革命"以解放全世界受苦人为己任的"奉献"和彻底"斗私"的伟大道德实践无疾而终就是证明。事实上,孔子之道德虽有致命弱点,却也是两千多年封建社会的发展所需求的。这一点,只要从昔日汉唐盛世取得的世界美誉,从"儒教文化圈"的日本与亚洲四小龙所取得的令人瞩目的经济成就,以至至今还有所谓"新儒家"对此念念不忘,想从儒教文化中吸取振兴中华的营养,就可以看出一二。

因此,我们能否"为老子的真道德正名,以便重新取代,在汉语中僭居了两千多年真道德之名的孔夫子的假道德、伪道德、私道德",不仅仅由老子的"真道德"是否公正、是否公道所决定,不仅仅由一两个人的还中华民族之全体以真道德权益的公正、公道的呼吁所决定,不仅仅由"西方文化进入中国都快两个世纪了,中国人却还仍然建立不起自己的自然共同体的真道德、公道德的社会体制来,这真应该是我们现代全部中国人的耻辱"的悲愤心态所决定,不仅仅由"我们既愧对我们自己伟大的圣人老子,也愧对近现代西方的许多伟大的哲人"的耻辱感所决定,而且还更主要的要由我们对老子恒道和玄德的认识深度,由我们对孔子儒家道德的批判继承的合理把握,由我们伟大的改革开放的进程,所提升的我国综合国力与实现和谐社会的文明程度,由世界文明的进程和人类认识的高度所决定! 这也是我们绝不轻言"孔夫子及其儒家的徒子徒孙们,长期以来彻底摧毁了中国人关于真道德、公道德的任何一点思考的可能",以至悲观失望,一筹莫展的原因。实际上,众多学者今天对老子恒道与玄德的深入研究,本身就是在重建老子早就为我们提倡过的作为人类自然共同体的真道德、公道德的玄德观念。这既是为了我们自己,更是为了我们的子孙,也是为了全人类共同的福祉的。

第三节　老子的真知观

一、信言不美

如前所述,庄周曾指出天下学问本出于一家,这就是古代"无所不在"包罗万有的道术,只因后世学者各执一端,片面发挥才支离破碎,分崩离析,错谬百出。正如庄子在《天下》这篇公认为中国最早的学术评论之作中指出,古之所谓道术者,是完备的学问,只有研修这一真学问,才配称为博大真人,才最接近古代完备统一的真道术。

然而，由于春秋战国时代"天下大乱，圣贤不明，道德不一"的局面影响，王道、霸道、乃至于盗道兴起，各行其是，风云一时；易、道、儒、墨、法、兵、名、纵横、阴阳、各主其说，争相"判天地之美，析万物之理，察古人之全"，却"寡能备于天地之美，称神明之容"。因而造成了数散于天下，流派方术，互不相通，"百家往而不反，必不合矣，后世之学者，不幸不见天地之纯，古人之大体，道术将为天下裂"的可悲局面。像庄子在《天下》里所批评的执着于大禹苦行说，腿毛脱净的墨翟、禽滑厘墨家一派，带华山之冠以自表，为人太多为己太少的宋钘、尹文名家一派，齐万物而纵脱无行的彭蒙、田骈、慎到法家一派，方术多而称雄晓辩的惠施、桓团、公孙龙名家一派，以及老子所批评的强调仁义道德，克己复礼的孔子儒家一派，只会打仗用兵却不知道不可赞美杀人利器的兵家一派等等，就都是看到了总道术有价值的某一面，极力发扬光大，将其推到了极端，形成墨家、名家、法家、儒家、兵家以及道家各支派，反而暴露出其偏离总道术，支离破碎的固有的不足和片面性，而不为人所取的。

当然，从积极的意义看，"道术为天下裂"的时代，其实正是中国历史上难得一见的百家争鸣时代，各种学说纷纷行世，门派林立，开坛授徒，各执己见，互相驳难，大大促进了中国思想文化和学术的发展。但这也使得当时的士阶层，即知识分子阶层产生了极大迷惑，到底那家的意见占有真理，值得学习？而学习又如何化繁为简，化无为有，贯通为一？学习的对象、内容、途径、态度和标准又该如何确立？这确是每个学习者所不得不加以认真考虑的。老子的真知观，就是为回答这些问题的，它具有哲学家所总结的对立与转化思维、反向与正悟思维、玄览与静观思维的特点，立足于恒道玄德的理论基础，针对各种社会、认识的实际问题，设喻论理，由浅入深地阐明了道家

老子雕塑

的真理观、学习观，可说是老子"九观"大作的精辟方法论和认识论的重要有机组成部分。

老子在"真知观"里，针对"人之迷也，其日固久矣"的现实，首先阐明了人类认

知的对象，即学习的内容的多寡与精选问题。他开门见山地说："天地不讲仁义，将万物当作草狗。圣人也不讲仁义，把百姓当作草狗。天地之间，就像是大风箱吧？内部空虚而不穷竭，愈鼓动它风出得愈多。听到学到的东西太多太滥，办法和出路反而没有了，还不如坚守中正而不偏。"这就是说，被各门各派学者神化了的"圣人"，其实和天地对待万物一样，都是以平常之心看待平民百姓的，并没有儒家所刻意强调的仁义之心。而在产生学问的天地之间，就像在大风箱里一样，人们用力鼓吹得越多，用华美言辞，"高深道理"所包装炮制出来的各流派玩意就越多，结果弄得一些缺少融会思辨能力的人，听多了各种说教，又不会分析，弄得一头雾水，遇到了问题反而不知听谁的话好，依谁的才对，造成不知所措，走投无路的严重后果。

因此，老子认为，"少则得，多则惑"是以圣人执一以为天下牧。"这个"一"，就是抓住恒道这个根本，这个知识的本始和母体，这才是第一位的。所谓"天下有始，以为天下母。既得其母，以知其子。既知其子，复守其母，没身不殆。"就是说只要认识了恒道这一天下的创始者，守住知识的母体，就能知道它所产生的一切知识，找到解决一切问题的正确途径，否则就会越学越滥，越学越糟，越走越偏，被一些多余有害的狡智、邪说、禁忌类知识所困。"吾何以知其然也才？夫天下多忌讳，而民弥贫。民多利器，而邦家兹昏。人多知，而奇物兹起，法物兹章，而盗贼多有。"

确实，从自然和人类社会的历史和现状看，多知多惑，民贫邦昏，远不如知一，执一，所谓"天得一以清，地得一以宁，神得一以灵，谷得一以盈，侯王得一而以为天下正。"而百家分裂，各执偏见，陷入"多闻数穷"，"多歧亡羊"的困境，正是因为所闻和所循路径太多，偏离和肢解了恒道这个"一"，反而使人不知何去何从啊！故此老子强调，"民之难治也，以其知也。故以知知邦，邦之贼也。以不知知邦，邦之德也。恒知此两者，亦稽式也。恒知稽式，此谓玄德。""是以圣人之治也，虚其心，实其腹，弱其志，强其骨，恒使民无知、无欲也。使夫之不敢、弗为而已，则无不治矣。"这并非是要推行一些人所误解的否定知识的愚民政策，而是要使人民虚心实腹，弱志强骨，无知无欲，以获得玄德的真知和恩惠，掌握没有被分裂的真理，获得天清地宁，神灵谷盈，大正天下的"一"，免得贪多滥学，偏离正道，无所适从。这才是老子的本意。

事实上，在求真理，钻精一方面，确如老子所言，"可信的真理修辞不美，华美的谎言不可相信。知识专门的人不博学，博学的人无专门知识。良善的数量不会太多，多而滥的东西无好货。"学贵专精，迷信"知者""博者"，往往会受骗于"美言""谎言"。"信言不美，美言不信，"质朴的真理，即使不用夸张修饰，也有无穷的力量。"善者不多，多者不善"，真理只有一个，而众多的歪门邪说却不是什么好东西。为了这唯一的真理，"圣人没有过多的积存，他用完了一切为了别人，自己拥有的反而更多了；他尽其所有都献给人类，自己获得的反而更多了。所以天下的恒道，是造福而不是危害万物，人类社会的道理，是有所作为而不争强豪夺。"在这一章里，老子实际上已经为人类解决了学习的基本内容问题，这就是独一无二，奉献人类的"恒道"。

与孔子强调"学而不厌"并肯定知识的无限积累不同，老子更多地从否定的观点看待无用的感性知识，他主张"为学者日益，闻道者日损。损之又损，以至于无为。"就是说不要像"为学者"那样，只知道一味灌输和增益多余的感性知识，反而离道越远，只有像"闻道者"那样不断地减损自己的多余心志、无用知识和错误行为，用足玄览静观的功夫，才能悟道真知。对于圣人说来，他无论是在财物或知识上都无须过多的积存，在学问上他把握唯一的恒道就足矣。他执着地向别人传授自己所有的唯一恒道，尽其所有都献给了人类，自己获得的反而更多了。近代革命的先行者孙中山就是这样的伟人。他所执着的就是为了推行天下为公的三民主义，他把一切都献给了祖国和人民，反而得到了更多的赞誉和怀念。

解决了学习的对象和内容的问题，明白了学习必须以恒道为基本点之后，接着就是学习的态度和方法问题。老子在此问题上提倡一种谦虚的实事求是的态度。他认为："知不知，尚矣。不知不知，病矣。是以圣人之不病，以其病病也，是以不病。"懂得自己的不足而善于改正，端正学习的态度和方法，是至为重要的。"善于潜行者，不会留下痕迹。善于雄辩者，不会留下话柄。善于计数者，不需要筹码。善于关闭者，没有什么门锁不可开启。善于打结者，没有什么绳索不可解开。因此圣人，一贯善于挽救人，而决不废弃人才，也不抛弃物料里的财富，这就叫作'追随光明'。因此善良的人，是善良人的老师；不善良的人，是善良人的借鉴资源。不尊重自己的老师，不爱惜自己的资源，似乎很明智，其实很迷惑！这就叫作微妙的要诀。"很显然，老子所提倡的正确学习方法，就是贵其师，爱其资，尊重指引恒道的老师，注意吸取正反两方面的教训，向往并努力追求光明。从教育者的角度来说，就是爱惜人才，爱惜物力，尽一切可能挽救人，帮助人，提倡为教育对象即人民做出全

部奉献。所谓"受邦之询,是谓社稷之主。"统治者和教育者本来就应担负向人民说明和解释恒道的义务,接受他们的质询,这一见解闪射出老子民主思想的光辉。

对于学习和热爱恒道真理的人,老子还谆谆教诲道:"能识人善任者,是明智的。有自知之明者,是聪明的。能胜过别人者,是有力量的。能战胜自己者,是真正坚强的。知足常乐者,是富有的。自强健行者,是有志气的。不失掉住所者,可以活得长久。死后不被人忘怀者,是生命的长寿者。"这就是说,人在学习时,重要的不仅是要有自知之明,更重要的还要有"自胜者强"的坚韧毅力。当我们明白了自己的短处和缺陷后,就要下苦功夫去弥补消除它。这才是有志气的自强健行者。也只有这样的人,才可能把握恒道的真理并为之奋斗终生,得到人民的永久怀念。

在学习的途径和实践运用方面,老子也做出了与众不同的回答。他反对墨家的苦行主义,儒家的克己复礼,主张涤心玄观,不循常识,在闭门深思的无为状态中,以仔细观望、潜心探究的方法,去探知事物的规律(望呵! 沕呵!),从而悟道真知。这就是所谓的"脚不迈出门户,以知晓天下的事情。眼不窥视窗外,以知晓天体的运行。有的人出走得越遥远,他所知道的反而越少。因此圣人,不出行而知道的很多,不露面而满天下闻名,不妄为而成就了丰功"。对于老子这种似乎是不观不行不为的玄览静思式的学习方法,一般人都会觉得很难理解,但以智慧著称的鬼谷子却有其独到的体悟和精彩的描述。他说:"无为而求安静,五脏和,通六腑,精神魂魄固守不动,乃能内视、反听、定志,思之太虚,待神往来。以观天地开辟,知万物所造化,见阴阳之终始,原人事之政理,不出户而知天下,不窥牖而见天道。"可见,老子主张的学习途径看似有轻视实践之嫌,甚至被人扣上了典型的唯心主义先验论,其实并不尽然。他所主张的真知途径,是集中心智的对道的心观玄览,而不是一般感官的眼观闻见所能把握的。这也正是一些全神贯注,痴迷投入的数学家、科学家足不出户,食不甘味,埋头演算、试验、思索,却取得惊人的科学成就,获得诺贝尔奖的原因。

从老子对恒道的深刻体悟,对吃人社会的正义批判,对人生起伏的透彻了解看,他主张的识道绝不是一般的朴素唯物主义或机械唯物主义者所能达到的,更不用说主观唯心主义或先验论了。实际上,这正如鲁迅反对读中国书,只是一种故作偏激的反对只动手脚不动脑的主张一样,老子的"不出于户以知天下",只是他反对走马观花,蜻蜓点水式的肤浅表面的学习而已。他所主张的是像他那样,大量的从经典著作中获取知识,并通过独立的思考去解决疑难,获取真知。他也并不一概反对必要的出行求知和比较方法,如在推行玄德时他就曾主张过由近及远,出门考察比较参照的认识方法,即"以身观身,以家观家,以乡观乡,以邦观邦,以天下观天下。吾何以知天下之然兹?以此。"可见,老子的由近及远,比较观察的认知和学习方法,其实暗合毛泽东后来所倡导的由表及里、去粗取精、去伪存真的学习方法,一种需要凝神深思,心力集中,探幽入微,深入本质的学习方法。这实际上是进入了哲理思考,达到哲学高度的追求绝对真理的恒道学习方法。

试以他对"有无"本质的阐释,就可以看出他主张的这种学习方法的特点。他说:"三十支辐条合为一毂,恰当使用当中的空无之处,就完成了车的功用。抟揉黏土作成陶器,恰当使用当中的空无之处,就发挥了陶器的功用。在室内凿开门窗,恰当使用当中的空无之处,就发挥了居室的功用。因此把握有可以兴利,把握无也可以发挥功用。"老子正是通过了他所主张的独特求知途径,发现了人们所视而不见的哲理,发现了在特殊时空条件下极有价值的"无"。具体而言,这就是车轮的三十个辐条当中的空无之处,陶器中间的"空无之处",门和窗中间的"空无之处",等等,并不是人们一般认为的毫无用处的"无",相反,把器物中间该"空无"的部分清空后,其空无处正可以发挥其独特的功用。如车轮辐条间的空无减轻了轮子的重量,便于车子承载并运输更多货物,陶器中的空无可以盛物,屋宇门窗中间的空无可以通风通行,等等。这都是"当其无有",正确处理了"有""无"关系,因而"有之以为利,无之以为用",使"无""有"互相配合,兴利增益的结果。

老子强调"无"的重要性,确是真知灼见,而它与正确理解老子的"恒道"也有极为密切的关系。这是因为,恒道在某种意义上,也是特殊时空条件下具有极高价值的"无"。在一般人看来是空无的恒道,其实不但实有,而且大有用场,具有普遍的指导意义和永恒价值。而正是有了总括了古代道术之精华的恒道,才有了"一生二,二生三,三生万物"的世界,才有了人类社会的正义和正道。所以,老子在学习真知,在真理的标准上,高瞻远瞩地提倡一种与恒道相符合的标准。这种标准不以一般的圆满,丰富,正确,灵活,鲜明,雄辩,激情为衡量标准,而是以对恒道的功用为价值标准。用他的话说,那就是:"伟大的成就看起来总有些缺陷,但它的功用不会因此而有弊端;极丰盈充实的看起来空虚冲淡,但它的功用却不可穷尽。极正直者看起来很弯曲,极灵巧者看起来很笨拙,极富裕者看起来似乎不足,极善辩者看

国学经典文库

老子九观正义论

图文珍藏版

起来迟钝木讷。燥热战胜寒凉,柔静胜过狂热。清正柔静,可以匡正和安定天下!"

　　根据这一标准,符合恒道的,就应该大力弘扬,反之,则要加以限制。所谓"知道的不胡说,胡说的不知道。堵塞邪说,关闭歪门",就是老子以此为标准,和反恒道的错误主张坚决斗争的表现。老子的"知者弗言,言者弗知"和佛家十善业果强调的"不妄语""不绮语"意思接近。但是,老子的"塞其兑,闭其门"的真知观,并非是消极的强制禁绝不同意见和学说,而是以其作为学习的资料,经过批判消化,解构重组,融会在恒道学说之中,这就是所谓的"调和万物争奇斗艳的光芒,使之混同于祥和红尘之中,消弭事物中一切矛盾的敌对锋锐,解决它们的纷争冲突,这就叫作玄德大同! 所以不可以贪得而亲近谁,也不可以贪得而疏远谁。不可以贪得而增益谁,也不可以贪得而危害谁。不可以贪得而尊贵谁,也不可以贪得而轻贱谁。因而能成为天下的贵人。"在这里,老子实际上阐明了一种包罗万象,天覆海涵的博大胸襟和贵人立场。这就是消除门派偏见,不以学派和意识形态的不同别亲疏,谋私利,而是一视同仁地吸收彼此所长,达到玄德大同,浑然一体的大道境界。

　　在真理的探求道路上,聪明睿智如老子,也深感恒道学习和传播的艰难。他感叹万分地说:"我的话,很容易明白,很容易实行,可人们竟不能明白,而且也不能实行啊! 凡是言论都有主题,凡是事情都有宗旨。完全是因为无知啊,所以才不了解我!"他多少有些无奈地自我安慰道,"知道我的人稀少了,那我就更高贵了。因此静思独立的圣人,总是披着粗布褐衣而怀抱着美玉。"

　　那么,为什么老子所发现而力图让人们真知的恒道真理,如此难为世人所知晓,所领会,所运用呢? 这不能不牵涉到一个中国哲学界长期争论的难题,即知与行的问题,知难行易还是知易行难的问题。老子曾说:"使我挈有知,行于大道,唯他是畏。大道甚夷,民甚好解。"但实际上,"多易必多难。"他始终没有像孔子那样明知不可而为之,逆天而行,周游列国,四处推行自己的学说和政治主张,而是骑牛出关,一走了之。而他认为"民甚好解",本来十分平易好懂的恒道学说,也一直为人争论不休,至今没有个了结。看来,这和他持有"愚人之心也蠢蠢呵,鬻人昭昭! 我独若昏呵,鬻人察察! 我独闷闷呵——沕呵,其若海! 望呵,其若无所止! 众人皆有以,我独顽以鄙。吾欲独异于人,而贵食母"的清高心态,坚持"绝圣弃知,而民利百倍""天下皆知美之为美,恶已;皆知善,斯不善矣"的反伪知识的价值观,深信"民之难治也,以其知也。故以知知邦,邦之贼也。以不知知邦,邦之德也。恒知

此两者,亦稽式也。恒知稽式,此谓玄德。玄德深矣,远矣,与物反矣,乃至大顺"的安民观,均不无关系。

作为一个独立思考,顺其自然,言贵如金的伟大哲学家,老子相信,"猷呵! 其贵言也。成功遂事,而百姓谓我自然。"他主张多虑少言,让真理自然而然、润物无声地传播于世,而不喜欢标榜门户,高坛论道,四处张扬,所谓"炊者不立,自视者不章,自见者不明,自伐者无功,自矜者不长。""是以圣人自知而不自见也,自爱而不自贵也。故去彼而取此。"这也正是恒道真知至今鲜为人知的原因吧。然而,桃李不言,下自成蹊,真理所在,光耀后人。当历史的浮尘被人们抹去,真知的光芒重现人间时,老子的恒道学说又再度为有识者所高度重视。这也正是我们从老子的真知观的梳理阐扬中,所获得的感受之一。

二、老子真知再探

知。

真知。

绝圣弃知。

信言不美的老子真知。

它所引发我们要深入思考的——

问题多多,老子彻底否定知识吗?

实际上,老子并不一般地否认知识。他的"真知观"是打开老子的智慧宝库,深入了解其恒道、玄德以及察世、无为、贵身、安民、用兵、治国诸观精髓的钥匙。不言而喻,对于老子这样一位在世界文化轴心时代创立了见解深刻独到的道学系统理论,影响中国乃至世界两千多年的伟大哲学家,必定有自己完整而独特的认识论观点,以实现其认识恒道与玄德的奥秘,掌握察世、无为、贵身、安民、用兵、治国的方法和规律,建设自然美好的恒道社会的超远理想。

问题之一,老子的真知以什么为标准?

毫无疑问,老子的真知标准,以他"一以贯之"的道家学说看,从他对玄德的论述和整个哲学观系统看,只能以人对"恒道"的了解程度,对玄德的修养程度,对贵身的养生护身程度,对察世的深广度,对无为的领悟度,对安民、用兵一套治国方略与恒道的依存的理解深度所决定。

问题之二,老子是反对真知的反智论者吗?

智慧超绝的老子,为什么会是一个反对真知,主张愚民的反智论者,这确实是一个令人费解的十分矛盾的现象。古代汉语里的知兼有认知与知识的意思,两者都与我们所要讨论的"真知"——真正的知识——"道"和"德"以及与获取它的方法有关。事实上,老子绝对没有忽视真知、认知的价值和作用的意思。据电脑统计,《老子》全书里的"知"字共有 69 字,出现于总共 34 章里,占了老子总章数的44%以上,可见频率之高,分量之重。特别是在老子的第六十五章里——"故曰:为道者,非以明民也,将以愚之也。民之难治也,以其知也。故以知知邦,邦之贼也。以不知知邦,邦之德也。恒知此两者,亦稽式也。恒知稽式,此谓玄德。玄德深矣,远矣,与物反矣,乃至大顺。""知"字竟然反复出现了 7 次之多,而且老子还把"以知知邦"斥为"邦之贼",把"以不知知邦"赞为"邦之德",并把这两种截然对立的认识观和治国术根本对立起来,强调"恒知此两者",就掌握了"稽式"——自然的法则,它既是恒道的规律,也是恒道社会的模式和实现恒道理想的途径。而只有长久地知晓并运用这一"稽式",才算真正弄懂了深广,远大,精微的"玄德",才可能"与物反矣,乃至大顺。"达到自然美好的恒道理想境界。可见,老子对"知"的认知、宣教、贯彻、"稽式"作用的极端重视。然而,也正是出于对老子这句话的理解的巨大歧义,使老子蒙受了极大羞辱,让他不恰当地获得了反知识、反智论的愚民政策主张者的不雅称号——如余英时先生就在其《反智论与中国政治传统》一文中,将《老子》归入"反智论"的阵营,认为"老子讲'无为而无不为',事实上他的重点却在'无不为',不过托之于'无为'的外貌而已。故道家的反智论影响及于政治,必须以老子为始作俑者。"(见余英时:《历史与思想》台北:联经出版事业公司,1976 年9 月初版,1979 年 7 月第 5 次印行,第 10~11 页。)这就需要我们很好地去辨识老子真知真意了。

问题之三,老子认为"真知"需要学习吗?

实际上,老子之所以被误解为否定真知的反智论者,主要是由于他独特的学习方法和主张所造成的。如前所述,老子谈"知"之处很多,却又歧义纷繁。为求真解,我们可以先从最简便的角度和方法切入,那就是看老子是如何论"学"获"知"的。因为"学"是"知"的前提,"学"与"知"的关系最为密切,弄清了他的"学"也就明白他所要的"知"了。在老子的《道德经》一书中,谈"学"之处只有4章5次,其意较易领悟。这就是"绝学无忧。""故强良者不得死。我将以为学父。""为学者日益,闻道者日损。"以及"是以圣人欲不欲,而不贵难得之货;学不学,而复众人之所过;能辅万物之自然,而弗敢为。"等四处。其大意是,从学恒道修玄德的角度看,甘愿学习别人所不愿学习的似乎是无用的真知识("学不学"),善于从反面教材中得到深刻的教训与启迪("强良者不得死。我将以为学父"),时时减损对学道识德有害的杂乱知识("为学者日益,闻道者日损"),甚至远离那些无用无益的知识,就可以无忧无虑了("绝学无忧")。所以说,老子并不是绝对地反对学习知识,他所主张的是通过正确有效的途径,获得最高最善最大的真知识——恒道而已。

问题之四,老子的"真知之士"以什么为标准?

从学习必须服从恒道,增长玄德的目的出发,老子为"真知之士"确立了明确的标准,这就是"上士闻道,勤能行之。中士闻道,若存若亡。下士闻道,大笑之。弗笑,不足以为道。是以建言有之曰:'明道如昧,进道如退,夷道如类。上德如谷,大白如辱。广德如不足,建德如偷,质真如渝。'大方无隅,大器晚成,大音希声。大象无形,道褒无名。夫唯道,善始,且善成。"从学有所成的角度看,这句话的意思就是以对待"道"的态度和取舍,来划分上士、中士与下士。那些闻道勤行的,是最聪明的真知之士;那些闻道似懂非懂的,是中等才智的学士,那些闻道之后大笑不顾,毫不理解,自以为是的所谓"聪明人",才是下等学士。由此可见,那些自以为学得多,见得广的高明人士,并不是老子所要肯定的有道之士,真知之才,他对真正人才的学与知的标准是以道为准,与众不同的,因此才招致了不少学者的误解。

我们知道,以"学而时习之"(《论语·学而》)为乐的孔子,也曾经把"学"与"知"和是否人才的标准做了仔细划分,这就是"生而知之者上也,学而知之者次也;困而学之,又其次也;困而不学,民斯为下矣"(《论语·季氏》)。由此可见,类似于孔子以及他所请教过的老子这样的大学问家,以及先秦时期的不少学者都认为,就知识的获得而论,有快慢先后之分,有不学而知,有学而后知,有困学而后知,有困而不学不知的四类人。而不学而知,或"生而知之者",是普遍的,本能的,上等的,也是最简捷的,最有实效的。过去,我们经常把"生而知之者"与"唯上智下

愚不移"联系起来,做阶级论的理解。其实,"生而知之者"与"学而知之""困而学之","困而不学"并没有截然不同的阶级的鸿沟,"生而知之者"一方面可以作为"聪明人物"解释,一方面还可以理解为这是他伴随着自己生命和生活的过程,在社会大环境和社会总关系的综合作用下,自然而然地了解了他所应接受的知识,所应尽的义务,包括统治者与被统治者的子弟对其身份、地位与职责、特权有无的了解和认同等。即使就前一意义而言,统治阶级里固然有"生而知之者",但也有许多"学而后知","困学而后知","困而不学"的人;而许多好学有知之人,甚至似乎是有奇技巧智的"生而知之者",也往往出自民间百工百业之间。所以,对先秦诸子尤其是道家学派与儒家学派的创立者来说,"学"只是一种手段、形式、过程、渠道,而"知"才是目的、内容、要求、归宿。

问题之五,老子认为获得真知要以何种态度?

如上所述,老子对"学"之方法的探讨,包括众说纷纭,我们还可细加研讨的"玄监"法,"稽式"法,"执一"法,"减损"法,"母子"法,"塞兑闭门"法,"大器晚成"法等等,只是他对认识"道"的一种手段、方式、形式、过程、渠道的探讨,而最终如何"知"——"道",才是他的真知观的目的、内容、要求与归宿。明乎此,我们才能进一步理解老子所说的许多正言若反的话,如"绝学无忧。"如"为学者日益,闻道者日损。"如"天下有始,以为天下母。既得其母,以知其子。既知其子,复守其母,没身不殆。塞其兑,闭其门,终身不堇。启其兑,济其事,终身不救。见小曰明,守柔曰强。用其光,复归其明,毋遗身殃,是谓袭常。"从学习与认知的途径的角度应如何理解。事实上,老子关于"绝学无忧","得其母以知其子,知其子复守其母"的说法的原意,都是一种对求道的最有效的学习方法与途径的探讨,都是为闻道、得道即获得"真知"——对恒道的真正了解并付诸实践服务的,而不可能是一种欺众惑国的愚民政策。因为在老子看来,对"道"的理解应该是也极可能是人们与生俱来的本性,本能,本知,是"生而知之者"所自然而然就可领悟的,是只可意会,难以言传的知识精华,故用不着过多地花费心思,去做违反自然获知规律的事情,从外部强制性地灌输给人们。特别是对那些自以为是的"下士",强制的灌输只能是适得其反,招来笑骂与强烈的抵触情绪,反不利恒道的宣教施行。老子的这一特殊的学道悟道方法,影响深远,尤其是与中国化佛学的禅宗,那反对死读经书,认为人心中本有佛性,坚持"明心见性"的顿悟法是相通的。

此外，从真知的主体差异与接受知识所要经受的考验看，也往往会出现孔子所说的情况——"君子不可小知而可大受也；小人不可大受而可小知也。"（《论语·卫灵公》）由于"恒道"与"玄德"本身的神秘幽深，高远超绝，不见头尾，我们需要根据不同接受对象的标准去衡量学习与获取"真知"的效果，还要考虑闻道者与教育者本身对道的理解是否深透，等等。若不分资质，一味由水平见地高低不同的灌输者用歧义语言去描绘"道"，用各种学说去宣讲"道"理，效果不但有限，可疑，恐怕还会把简单的事情复杂化，弄得人人不知所措了。这也正是老子所担心的情况——"愚人之心也蠢蠢呵，鬻人昭昭！"它与孔子所担忧的，由于"知德者鲜矣"的现实存在，其不当宣讲反而会造成"巧言乱德"（《论语·卫灵公》）的不良后果也如出一辙。一向认为"就有道而正焉，可谓好学也已。"（《论语·学而》）十分熟悉学习规律的古代大教育家孔子曾说："知之者，不如好之者；好之者，不如乐之者。"（《论语·雍也》）就老子所认为的获得真知的传道学习方法而论，其实也是同一个道理，即他们都认为获得真知的正确态度，甚至于是否获得真知的标志，不是为"知"而去"学"，而是爱此而不疲的"乐"。这种发自内心自然而然的对"道"与"德"的由衷喜爱，欣然接受和乐于施行，也正是老子所肯定的获取真知的态度，也只有具备这种态度的人，才是"闻道，勤能行之"的"上士"——具有真知与高尚玄德的恒道人才！

问题之六，怎样才是获得真知的途径？

如上所述，老子的真知以明道为标准，以"闻道，勤能行之"的上士的态度为上品。然而，"道"是大象无形和不可言说的真实存在，具有老子所说的："视之不见名曰夷，听之不闻名曰希，搏之不得名曰微，此三者不可致诘，故混而为一"的特性。按照庄子后来的理解，这样的道"自本自根，未有天地，自古以固存。神鬼神帝，生天生地，在太极之先而不为高，在六极之下而不为深，先天地生而不为久，长于上古而不为老"（《庄子·大宗师》），所以具有无始无终无边无际的至上性和超越性的一面。因此，老子所要真知的"道"就统摄了人的学问的全部意义，真知的最高原则，以及人的生命精神的最高境界。而人们要获得真知的第一步，就是要掌握适当的方法，遵循正确的途径，以避免南辕北辙的失败。其具体方法是——

（1）天人合一，超越是非

"天人合一"从真知观角度看，是一种心灵境界和认识途径。由于"道"是自然

无为的"道"是"无状之状，无物之象"，是不可闻、不可见、不可言的，所以人们不可能直接直观地把握"道"，或通过语言把对它的认识传达给别人，这就是所谓的"道可道，非常道"。因此，必须通过自己在解除了世俗规范的系缚，打破了世俗价值观的障碍，使人从有限的世俗经验世界中超拔出来，进而获致天空海阔的精神自由，与天合一后，才可以从"人法地"，深入了解厚德载物的大地开始，进而通过对"天法道"的观察体悟，了解其效法的"道"本体的最高价值，获得全面的发展与最大的自由。因此，根据老子的真知观，如果我们今天还仅仅局限于有限的社会经验和普通知识的积累堆砌，就会被这些知识爆炸所产生的垃圾信息淹没，非但不能真正认识"地"，也不可真正了解"天"，更无法把握"道"，从而自然而然的平和生活。这也正是所谓"大道废，有仁义；慧智出，有大伪"的原因。因此，要使人复归于道而臻于"天人合一"的境界，就要从"天人合一"的学道过程中，超越现实的境界和是非观念，以"天法道"的超越的智慧去认识和实现恒道。

所谓要"天人合一"而超越人本位的是非观念，就是要从人的诈智巧饰中超脱出来，不是把知识和技术作为牟取人类一族私利的工具，而是按照"天人合一"的恒道逻辑，来判定人类向自然大肆求索的活动的是与非，重新判断人类在主客二分时所确立的价值观，以及在这一价值观控制下的是非之辩所

老子说经台

带来的负向价值。这就是老子所说的："天下皆知美之为美，斯恶已；皆知善之为善，斯不善已。"（《老子》第二章）"善之与恶，相去若何？"在老子看来，"少则得，多则惑。"相对于"独立而不改"的永恒无限的恒道来说，学道者只有把自己的精神状态与道的本然状态合二为一，紧紧"执一"即抓住"道"的核心，站在"执一以为天下牧"，即"天人合一"的法地法天法道的立场上，与"道"同一，与玄德同一，根据恒道与玄德的标准去观察和检验世间的是非，按照"道者同于道，德者同于德，失者同于失"。才能知道什么是绝对的价值，解析是非、善恶、美丑等相对性的因素。

（2）虚极守静，观复察变

在老子的真知观看来,要达到识"道"的超越境界,就要在对道观照的时候,保持宁静虚己、淡泊无欲的澄明空灵之心境,从而提升学道者的精神人格力量。众所周知,善于察时观变的《易经》,专门辟有复卦,以"一阳来复",周而复始,来了解和解释世界运行的规律和现象。老子在精研易理的基础上,也有所谓的"致虚极,守静笃,万物并作,吾以观复"的见解。其要义正是通过"涤除玄鉴,能无疵乎",达到一种内心的高度虚静的状态,使主体与客体在道中自观其复,自察其变,达到超然物外,心清洞明的悟道境界。在某种意义上,这是一种"同道合德,抟气抱一"的直觉式的内心体验的思维方法,是返璞归真的审美观照,是用全身心来把握道本体对象的情感体验、价值判断和审美过程的统一。其目的是通过"载营魄抱一""抟气致柔"等方法,以合道合德的自身与心灵,透过世间万象去认识其本质,再"以身观身,以家观家,以乡观乡,以国观国,以天下观天下。吾何以知天下然哉?以此",最终求得对"道"的体验和对人的终极关怀,为人生和社会创设一整套活动原理和规则。

(3)正言若反,逆向思维

老子的哲学智慧具有"正言若反"的否定性特点。这可以从他关于"信言不美,美言不信。知者不博,博者不知。善者不多,多者不善。圣人无积,既以为人,己愈有;既以予人矣,己愈多。故天之道,利而不害;人之道,为而弗争"的真知观里清楚地看出来。这也是他善于通过否定而实现肯定,通过否定性思维、反向思维、逆向思维达到肯定的结果。如他所说的"天下万物生于有,有生于无",以及"常无,欲以观其妙;常有,欲以观其徼"等,就是通过对"无"的否定和观察,从反面呈现出"道"的本性的。而他所说的恒道与玄德的表现,无论是"大成若缺,其用不弊。大盈若冲,其用不穷"的特性,还是"大直若屈,大巧若拙,大辩若讷",以及他所论证的"曲则全,枉则直,洼则盈,蔽则新,少则得,多则惑"的学习方法等,都具有"正言若反"的同一特性。从事物的反面、否定的方面了解其应该肯定的方面,往往比仅仅从肯定方面了解它更为深刻,这是老子典型的以反为正,以反求正的哲学智慧。事实上,不仅在"道"的建构和对"道"本体的认识与描述上,老子是通过对现存事物的否定来实现的,就是他所讲的"自然"与"无为",也是对世上人为的反自然的行为的批判,是否定君主专制主义和文明发展所导致的文化价值失落及各种异化现象的。"为学者日益,闻道者日损。损之又损,以至于无为。无为,则无以为。将欲取天下也,恒无事。及其有事也,又不足以取天下也。""是以圣人欲不欲,而不贵难得之货;学不学,而复众人之所过;能辅万物之自然,而弗敢为。"

第四节　老子的察世观

一、有欲弗居

极富文史知识,写过中国文学史的鲁迅,在《故事新编·出关》里给我们说了一个并非完全杜撰的故事:一天,孔子隔了好久又来向老子求教,在说了一番"我自己久不投在变化里了,这怎么能够变化别人呢"的近期学习心得,得到老子赞许后,恭敬地登车离去。聪明的老子送他一出门,回屋立即吩咐弟子庚桑楚准备出走,以免遭孔子背地里玩花样。当庚桑楚愤愤不平表示要干一场时,老子又以自己牙齿掉了,舌头还在为例,说明了世上硬的早掉,软的还在的道理。

这个故事说明了老子具有见微知著,洞察世象,随机应变的非凡能力。再结合老子的著作看,老子的这一世象观察力助他形成了对人类社会的基本看法。这就是他的察世观,即社会观、世情观,它是从属于他的恒道观,服务于他的玄德观,与真知观一起为他的无为观和贵身观立论的。在西方哲学公认的构成哲学理论的经验、理性、直觉、洞察等四个思维要素中,属于洞察一类。它为老子的恒道观提供了借鉴和论据,是他在社会即人世上推行他的恒道主张的有力论证。了解老子的察世观,有利于全面把握他的恒道思想的人民性、人道性和理想性,还老子思想以本来的历史地位。

名人说过,哲学是时代思想的精华。而要想了解老子恒道玄德哲学的真髓,也只有从了解为他的无为、贵身、真知的人生观和认识论,提供理论背景的真实的历史场景入手,把握他察世观的基本立场,才能真正了解他的安民、用兵战略和治国纲领。

老子所生活的春秋末期向战国过渡的时代,是铁器发明、农业发展、百家争鸣、文明进步的时代,同时也是大一统的周朝礼崩乐坏、天下大乱、国将不国、民不聊生的时代,出现了"朝甚除,田甚芜,仓甚虚","天下无道,戎马生于郊"的悲惨局面。

其原因,一是周朝实行的井田制经济制度,已经不适应生产力和经济的发展,建立在与原始自然经济相去不远的分封制基础上的小国"共有"的旧的生产和分配方式,已经不适应新兴地主阶级私有经济的发展。二是周朝仿照夏朝、商朝以血缘关系亲疏、大宗小宗、大功小功为基础建立起来的周朝分封制政治统治,也已不再适应天下形势要求经济文化大融合的发展需要。大大小小的诸侯、所属大夫乃至家臣的经济实力,已经因为生产工具和生产力的进步发生了升降变化,各自的物欲奢望、政治野心也随之膨胀起来,家族内部父子兄弟之间,也撕去了温情脉脉、礼让谦恭的面纱,为权利财色而拼死争夺起来。以至出现了司马迁所说的"《春秋》之中,弑君三十六,亡国五十二,诸侯奔走不得保其社稷者不可胜数"(《史记·太史公自序》)的混乱局面。

司马迁认为,这种国亡家破,弑君杀子的人间惨剧,如《易经·坤卦》及《文言》所揭示,这种社会大变动和进化,是因为如自然界阳气退藏,阴气凝发,履霜而至坚冰的社会内在矛盾冲突所致,"察其所以,皆失其本已。……非一旦一夕之故也,其渐久矣。"而善于从古代道术中吸纳真义,从自然变化、社会变迁、国家兴亡、人事更迭的种种天象世象中仔细观察的老子,更是从中获得了其演变规律的深刻认识,做出了哲学的解释,为推行恒道的治国方案寻求了依据。明末名僧憨山"所谓不知《春秋》,不能涉世,不知老庄,不能忘世,不知参禅,不能出世"(《梦游集·学要》)的说法,就儒佛而论不无道理,但将老子混同庄子,抹杀了《老子》的察世、治世一面,则有些偏颇了。

老子在《察世》的开篇,就站在恒道的高度,首先发现和解释了人类社会从温情脉脉、淳朴厚道,真诚知少的初始状态,向虚情假意、虚仁假义、六亲不和的当今社会反常现象急剧转化的原因:"恒道废置了,才有了仁义。狡诈智慧出现了,才有了极大虚伪。家族里六亲吵闹不和,才有了孝心慈爱。国家昏暗混乱,才有了坚贞忠臣。"人类之所以大力倡导、推崇和表彰仁义、道德、智慧、孝心、慈爱、忠臣这一套,其原因正是其反面的东西——叛离恒道、虚伪、狡诈、吵闹不和、国政昏暗混乱——这些东西太多了。如果不铲除产生这些现象的根本,恢复恒道大业,仅仅靠提倡仁义礼智,做一些表面功夫的文章是不能彻底解决问题的。

然而,老子想要从根本上解决这些社会弊端的改革计划,即大力推行道家的恒道大业,废弃儒家复古的仁义礼智,墨家的兼爱非战,法家的重法不修玄德,兵家的军事主义等这一类治标不治本，甚至是本末倒置的错误政治主张，却招到了王公贵族和其他诸子百家的激烈反对，苛责漫骂。老子对此痛心疾首地发问道："应诺赞成与苛责反对，其间相距到底有多远呢？美善与丑恶，其间的区别又是什么呢？"真是黑白颠倒，鱼目混珠，难以明辨！

他举目观察尘世，发现人们重视神鬼，竟然超过了重视恒道。生活在动乱和恐惧中的人们，为求免祸保命，宁可祭祀神灵，也不愿意按照恒道的规律去行事。对此，老子很不以为然。他明确地表示："人所畏惧的一切，也不可能一点都不畏惧人！远远的瞭望啊，世界的黑暗还没有尽头啊！"如果真有神，那神也会怕人，而不只是人怕神！求神保佑，还不如实行那不可穷尽的恒道！

老子感叹自己在求神祭祖的热闹风俗中，就像是一个孤独的世外之人："众人们闹嗡嗡熙熙攘攘的，就像是饱餐盛大祭宴的酒席，而在春天高兴地登上了高台！我沉静淡泊一点也不轻佻啊，就像还不会咳嗽发声的婴儿！我劳累困乏啊，就像无家可归。众人都高兴而有余兴啊，独有我忘记了我自己。"这里的"我独遗我"，是一种沉浸在哲理的思索中物我两忘的超脱境界，是道家始祖老子所发明的悟道的思维方法，它就是后来庄子发挥的所谓"坐忘"，在玄思中忘掉自我，物我两忘，求得精神超脱，与佛祖成佛的冥想觉悟也大致相近。

正是在"遗我""坐忘"的悟道中，老子对恒道和其他学贩子的谬论有了深刻体会，他以讽刺的语调说："愚人的心也真愚蠢啊，只有学贩子才明明白白！我独自一人就像昏了头啊，只有学贩子才明察秋毫！我独自昏昏沉沉闷闷观察，世上潜藏而深微的万物啊，犹如无穷无尽的大海！远远望去啊，就像是漫无止境！众人都有为有准则啊，独有我最顽劣而鄙陋！我想特立独行以有别于愚人，而注重衣食父母那伟大的恒道！"在这里，老子潜心于世象观察，废寝忘食，达到了闵闵专一，神清目明的境界。他表面赞扬众人都有自己的所为，都有自己论事的标准，来和自己的"顽以鄙"对比，似乎在自贬，其实使用的是反义，即批评众人的"有为"，有"准则"背离了恒道，这当然是因为老子主张的是"无为"，论事的标准和众人也大不相同的缘故。

老子的自贬除了谦虚的意思外，也跟他一贯不喜欢自吹自擂，自我标榜有关。像儒、法、墨各家末流的学贩子那样，夸夸其谈自己的主张如何如何高明正确，老子认为是不可取的。他说："吹嘘自己者不会有所建树，自视高明者难得显身扬名，喜欢自我表现的不明白事理,好自夸的得不到功劳,自高自大的很难长进。这些行为对恒道而言就是:吃得太饱,做得太过,万物大概都讨厌这类行为! 所以凡有贪欲者不能长久于世。"这一批评不仅针对学贩子,针对贪官昏吏而发,对所有的人也都有指导意义。

在这个辩证的世界上,老子还发现,无论是学习还是为人,执政还是用兵,总之,一般都是"曲从的可以保全,屈枉的终能复正。低洼的将会盈满,敝陋的终将更新。适当减少会有心得,盲目增多终归迷惑。所以圣人抓住事物的根本作为治理天下的准则。他不自视高明所以得到显扬,他不喜欢自我表现所以明白事理;他不好自夸所以立下赫赫功劳,他不自高自大所以茁壮成长。唯独因为他不与人争功,所以没有人能与他争功。古人所说的委曲求全,难道只是几句空话吗? 所以啊,功劳确实真的全部归于圣人了。"这正是善于观察世界,依照天下规律办事的恒道推行者,即圣人与愚人、鬻人、众人的不同之处。

老子这一少说为佳,贵精毋滥,防暴修德的思想,来自自然的启示和对社会的认真观察。他总结说:"寡言少语,自然无为。狂风飘扬刮不了一早上,瓢泼暴雨下不了一整天。是谁刮风下雨呢? 是天地,而天地都不能持久维持的,又何况是人呢! 所以做事遵从规律的,都共同尊奉归依恒道,修德者都共同归依修养玄德,失道者都同失道失德有关联。归依玄德者,恒道也会德化养育他。与失道失德者为伍的,恒道也将抛弃他。"这里所用的"道者同于道,德者同于德,失者同于失"的排比句,"同于德者,道亦德之;同于失者,道亦失之"的对应句,铿锵有力,气势磅礴,逻辑性强,充满了说服力和雄辩力,说明了同道同志,同心同德的可贵,以及失道失德、失助失势的可悲。

老子通过对恒道的精心观察和认真体悟还发现:"道永久恒远,却没有具体形状。'朴'虽然弱小,而天下却没有谁敢臣服它。诸侯君王如果能守住它,天下万物都将主动归附而来。"这就是要想办法抓住人类本真的最根本的基因"朴",让人民回归到善良的天性中,消除以强凌弱,以智欺愚,以富压贫的不合理社会现象。如果这样,"天地阴阳交合,得以普降甘甜雨露。不用命令人民,天地的恩惠自会平均施予万物。圣人开始创立文化制度,万物都有了合适名位。名位既然确立了,就应该知道适可而止。知道适可而止,所以始终不会陷入危险。使伟大的恒道在天下施行,就像谋划小小河谷流向那长江大海!"这就在哲学上阐明了凡事都要把握度的道理。如中国的大跃进,之所以好心办错事,就是度的失衡,不知适可而止,滥用国力所致。

那么,使恒道在天下施行,"猷小谷之与江海"的伟大事业,真的毫无危险,轻而易举吗?如果真的如此,那老子也就不会出关远行,留书遁世了。但老子依然对相信自己学说的继承人和追随者寄托了满怀希望。他鼓励他们说,"使我与有识之士携手,推行那伟大的恒道,最怕的就是他方向不明。伟大的恒道其实很平易,人民很好理解它。朝廷封官很忙,田地却很荒芜,粮仓更是空虚;而贵族却穿着华丽衣服,佩带长长利剑,饱食足欲而家产富裕,这就叫作夸耀强盗行径!夸耀强盗的行径,那是违反恒道的。"在这里,老子明确表示了自己对当时黑暗社会现实的清醒观察和强烈不满,对夸耀王公贵族

老子、女娲娘娘、洪钧老祖画像

这种反恒道、反人道的丑行的言行和政治主张,十分愤恨,称之为背离正道的邪道!

为了引导人民走向幸福安康的和平大道,老子在看不到人民的普遍觉醒、自觉参与的情况下,只能寄希望于伟大的先觉者即圣人。这虽然和他说的"大道甚夷,民甚好解"有些矛盾,但在当时人民普遍缺乏教育,对恒道主张一无所知的历史背景下,是必然的和可以理解的。老子说:"绵长的大江浩瀚的大海,之所以能成为千百条河谷的主宰,是由于它善于处在众多河谷的下游,因此能成为千百条河谷的主宰。所以圣人想要居于人民之上,就必须以谦下的言辞尊崇人民;他想要引导人民,就必须谦虚地站在人民之后。所以他虽然站在人民的最前列,而人民却不会想伤害他;他虽然居于人民头上并治理他们,而人民却不会觉得负担沉重;天下的人民因此而乐于拥戴他,而不会讨厌他。这不就是他不与人争,因此天下没有人能与他争的缘故吗?"这就将恒道理想社会的实现,寄托在谦虚无为,得民爱戴的圣人身上,为他们画了一幅理想人格的画像。

老子在本篇的最后,将自己观察世像的心得无私地贡献给了心目中的理想圣人,并对他们所应有的品质作了如此评述:"上天的运行规律,就像张开弓箭一样,

高起的压下它，低下的抬举它，多余的减损它，不足的补充它。所以天道的运行规律，就是减损有余的补益不足的。人类的社会规则却不这样，居然减损不足的供奉有余的。谁能拥有富余的财富，而取出一些以奉献天下呢？是实行恒道的圣人吧！所以圣人有作为而不占有，成就大功而不居功自傲，像他这样的做法，是不想表现炫耀自己的贤能啊！"在这里，老子把人世间反恒道的"人道"与"天道"相对比，揭露出剥削阶级社会穷的愈穷，富的愈富的极为反常，引起人们疗救的注意。中国著名的剧作家曹禺，也正是由于对"故天之道，损有余而益不足。人之道则不然，损不足而奉有余"这一著名警句深有感悟，而把它标明于名剧之首，表明了他赞同老子对这黑暗不合理社会的刻骨愤慨的！

二、老子察世精探

世。

察世。

察时观世，

以道达变的老子察世。

它所引发我们要深入思考的——

老子的察世观，以"天之道"和"人之道"的对立与矛盾的化解为中心，虽然其重要性，知名度看似均不如他的恒道观、玄德观与无为观等，却深化了他对这些观念的认识，是他哲学体系不可或缺的组成部分。其独特的视界与论说，来源于他对恒道本体与规律的深刻理解，来源于他秉承玄德理念和真知观对春秋时期乱世之象的洞察与批判，来源于他对上古母系和谐社会传说的向往留恋，对他形成指导统治者无为而治的无为观，珍爱生命更好发挥积极作用的贵身观，以及爱民抚民的安民观、和平主义的用兵观为主要内容的治国观，产生了重要影响，故应该引起我们的足够重视。

（一）老子察世观与诸家异同何在？

在一篇题名为《〈老子〉集注》（见"中国国学网"2006 年 4 月 19 日）的文章里，作者认为，如果没有特别争论的话，所谓"中国古典哲学"不外包含法、释、道、墨、儒五个"主干"流派——其他的小流派过分陷溺于个别分支，与主流研究的对象不

是同一个层次，可以暂时不加理睬；另外还有一些理论派别完全可以归到这五个派别中，因此也可以暂时放在一边。为了认识和把握中国古典哲学的特点，比较圆满地解释这个问题，不妨以打一个比方的办法，从感性上理解这个问题。而作者下面这段对先秦诸子的学说所做的颇为生动的描写，对我们了解老子的"察世观"确也不无启示——

例如一个人要打另一个人的耳光，不同的学派主张不同的方法。

法家的做法是：扑上前去，干干脆脆地就是一记响亮的耳光。

释家的做法是：口中念念有词，"四大皆空，人生是苦"——认命了吧！

道家的做法是："好啊！好啊！'此亦一是非，彼亦一是非'。你以为你打了我，其实不如说是我用脸打了你的手。我打了你，而你还不知道真实情况。可笑啊，可笑！可怜啊，可怜！……"

墨家的做法是："畜生！不准胡闹！怎么什么道理都不懂？大哥打了你，完全是为了你好，为了大家好！怎么一点义气都不讲！"

而儒家的做法比较特别一点。孔子历来强调要"身体力行"。所以他轻轻地拍打自己的厚脸，一边打，一边唱："约束自己啊，回到礼的约束，这就是道德的最高境界啊。如果有一天大家都做到了，天下就安宁啦！"所以儒家认为每个人都要这么拍打拍打自己。当然，有的时候，由于人们没有掌握好孔子的莫名其妙的"权"，就这么自己把自己给打死的也不少。所以孔子认为，一流的猛兽不是如法家那样四处猎食的猛兽。最好的肉食者是：只要哼一声，弱小的动物就自己举着盘子，带着作料，跑道主人面前等待被吃——当然，如果被食者能够提前刷洗好身体就更好了，这可以免去主人患消化系统疾病。

根据以上表现，可以看到，真正自己动手打人的只有法家一家；而释、道、儒、墨并不需要亲手打人。这样就可以看出这些流派因此可以分为两个大的类，一类是实际负责操作的，如法家；另一类则负责做解释、安抚的工作，就是所谓的"意识形态"。虽然维护统治的目的相同，但其中的奥妙则完全不一样。

通过作者的描绘，法、释、道、墨、儒五个"主干"流派，就像是主人家里的五位汉子。他们各司其职，各尽其责，虽说血缘、身份、扮相、秉性、学说、主意、操守、识见、追随者的多寡与目的都各不一样，但同样都在主人家里操劳已久，并都立下了汗马功劳，在中华文化的大家谱上，打上了自己至今磨灭不去的历史印记。但以上的描绘，特别是颇为不雅的"打人耳光"的举动，与中华和谐文化的格调似乎相去甚远，为了尊重他们自己的学说，区别其个性和历史形象，我们试给他们做另一番描绘如下——

法家类似于管家，他忠心耿耿，为主人出谋划策，不仅注重日常家政事务的实际操作，包括法律制度的设立健全、官吏的培养和任用、处理经济、秩序、战争等事务，而且还教会统治者驾驭群臣的法术，对除蠹防奸，拓疆农耕，富国强兵，实行法制有完整的一套理论。

释家像是一位远方贵客，心思缜密，智慧超群，著作等身；他超脱俗务，不事农桑，安居广厦，整日烧香敲钟，燃灯读经，以世事无常，空空如也，劝慰主人宽心行善，去除烦恼为务，除了强寇压境，火烧眉毛的时候，大多数时间从来不去负实际的治国安邦重任，只是经常帮主人施恩行惠，倒也深得民心，心宽体胖，无病无灾。

墨家像是主人家里地位低下，有时还客串一下杂役忙些粗活的远方亲戚，他经常在下面从事一些令主人放心不下心神不定的拜鬼弄神的小团体活动；但有时也会在非常时期挺身而出，举起非攻反战的大旗，高呼泛爱的口号，保卫主人家的安全，但后来却销声匿迹，几乎不知所终了，只有在一些非政府组织里，还似乎有他的身影。

儒家像是主人家里的尽心尽责的老教书先生，他不仅仅负责小公子的礼仪品德教育，有时还会得到有为有德的主人器重，风光无限，担负起主人家里的祭祀、家政、外交事务，忙里忙外，不亦乐乎；但不幸遇到昏聩荒唐的主人，又还要坚持"文死谏，武死战"的古训，大说一套不看来头、不合时宜的话，如劝说主人把贵客敬奉的佛骨快给扔了等，那就难免遭到流放、坑埋和砍头的厄运了。

相比之下，道家与上面几位都有所不同，更像是主人家里的一位清客。他清雅睿智，志德高远，养生有道，才思敏捷；平日里陪主人琴棋书画，说些似乎是不着边际，大道无为，虚静守柔，令主人似懂非懂，不以为然，却又难以辩驳的话，却又不担负具体的俗务，但若一时怠慢了他，又见他云游洞天福地自在逍遥去了，直到主人宏图难展，心劳形销时，才想到把他请来，讨教些家国大计，养生之道，席间更忘不了他那套尊道贵德，无为清静的谆谆教诲，确也曾为自己的家业兴旺助了一臂之力的功劳，但始终又对他的尖锐批评感到刺耳而难以入心。

如果我们基本认同以上对法、释、道、墨、儒的哲学意义和历史作用的通俗化描写,那就不得不对《(老子)集注》作者,用"一个人要打另一个人的耳光,不同的学派主张不同的方法",来描写"中国古典哲学"的做法,表示一些异议了。因为这首先不符合中华传统文化以和谐为主流的哲学理念,也漏掉了对专门研究如何"亲手打人",却坚持"不战而屈人之兵"的东方和平主义的兵家的分析。其次,即使是如作者所言,法、释、道、墨、儒五个"主干"流派中,在非常情况下,真的需要"一个人要打另一个人的耳光,不同的学派主张不同的方法"的时候,也不会是"真正自己动手打人的只有法家一家"。实际上,从思想融合和承传的角度看,法、释、道、墨、儒五家的思想早已经互融会通,你中有我,我中有你了;因此,不仅接受了释、道、儒、墨的思想的人,都会"亲手打人",像老子的道家学说还有专门的用兵战略谋略,墨家也以非攻的实际行动反对战争,以战止战,以暴抑暴,为他们的和平反战主义服务;甚至道家和释家还分别发展起武当拳、太极拳和少林拳一类的中华武术功夫,为"亲手打人"服务。当然,中华武术讲究武德,并不无理轻易出手伤人,这又是中华文化的正义和谐和平的理念所致,这里就不加详述了。

(二)老子"察世观"的基本观点是什么?

(1)老子对自己所处的时代持批判态度。对一些昧着良心给统治者唱赞歌的御用文人,他也十分反感。就是在当时社会一度暂时安定,众人嘻嘻哈哈,野游寻乐的时候,老子也保持清醒的头脑,对当时世道人心不古,诸侯称王争霸的时局隐患,充满担忧。所谓"唯与诃,其相去几何? 美与恶,其相去何若? 人之所畏,亦不可以不畏人! 望呵! 其未央才! 众人嚸熙熙,若乡于太牢,而春登台! 我泊焉未佻,若婴儿未咳。累呵! 如无所归。众人皆有余,我独遗我。愚人之心也蠢蠢呵,鬻人昭昭! 我独若昏呵,鬻人察察! 我独闷闷呵,汹呵,其若海! 望呵,其若无所止! 众人皆有以,我独顽以鄙。吾欲独异于人,而贵食母。"就是他当时忧心如焚,却无人理喻,独自徘徊的自我写照。

(2)老子把时代黑暗归罪于贵族统治者。与儒家祖师孔子认为当时时世之乱的原因,是"礼崩乐坏",儒教不行,因此要"克己复礼",修身齐家,培养忠臣孝子,恢复礼制,共尊周天子的政治观点不同,老子把政治昏暗的原因归结于偏离了恒道的贵族统治者:"故大道废,案有仁义。知慧出,案有大伪。六亲不和,案有孝兹。邦家昏乱,案有贞臣。"他严正地说:"使我挈有知也,行于大道,唯他是畏。大道甚夷,民甚好解。朝甚除,田甚芜,仓甚虚,服文采,带利剑,餍食而货财有余,是谓盗夸。盗夸,非道也。"这就是说,在朝廷里金碧辉煌,王公贵族穿着华丽衣服,饱食终日,无所事事,整日里不是佩着长长的利剑,招摇过市,"驰骋田猎使人心发狂";就是囤积"难得之货","金玉盈室","贵富而骄",在"五色使人目盲","五味使人之口爽,五音使人之耳聋"的腐朽生活里自得其乐,而人民的谷仓却空空荡荡,被严刑峻法折磨得气息奄奄,朝不保夕。

(3)老子坚决反对统治者的无道战争。"春秋无义战"。一旦周王朝的权威沦丧,各个诸侯国羽翼渐丰,野心膨胀,就会纷纷觊觎邻国的财富人口,争相发起攻城略地,杀人盈野的不义之战。"师之所居,荆棘生之"。"天下有道,却走马以粪。天下无道,戎马生于郊。罪莫大于可欲,祸莫大于不知足,咎莫惨于欲得。故知足之足,恒足矣!"就是老子对当时战争给人民带来的惨痛灾难的严厉批判。

(4)老子以"天之道"批"人之道"。老子批判这一不合理社会的法宝,是他的恒道观与玄德观。他指出,社会不公的原因,是违反了人法地,地法天,天法道,道法自然的恒道规律:"天之道,犹张弓者也。高者抑之,下者举之,有余者损之,不足者补之。故天之道,损有余而益不足。人之道则不然,损不足而奉有余。孰能有余,而有以取奉于天者乎? 唯有道者乎? 是以圣人为而弗有,成功而弗居也。若此,其不欲见贤也。"这就是说,只有像天道一样实行"损有余而益不足",推行《易经》所主张的损益合度(损卦与益卦)之道,构建安泰和谐(泰卦)的政治格局,才能在恒道的基础上化解所有的社会矛盾,实现最大限度和最长远的和谐社会。这也就是老子所说的:"道冲,而用之有,弗盈也。渊呵,似万物之宗! 锉其兑,解其纷,和其光,同其尘! 湛呵,似或存! 吾不知其谁之子也,象帝之先。"

不可欲见

(5)老子学说力劝统治者同道同德。老子用"飘风不终朝,暴雨不终日。孰为此? 天地,而弗能久,又况于人乎! 故从事而道者,同于道。德者同于德,失者同于失。同于德者,道亦德之;同于失者,道亦失之。"以及"将欲取天下而为之,吾见其弗得已。""以道佐人主,不以兵强于天下。其事好还。""夫乐杀人,不可以得志于

天下矣"的道理,说服统治者明白自己的国力再强盛,也不可能与天地相比,若连年征战,终归会有国力耗竭枯源的时候,所以万万不可偏离恒道和玄德,以发起战争满足自己的私欲。他还用"炊者不立,自视者不章,自见者不明,自伐者无功,自矜者不长。其在道曰:余食赘行,物或恶之。故有欲者弗居。"的道理,企图使统治者减少贪欲恶念,明白"道恒,无名。朴虽小,而天下弗敢臣。侯王若能守之,万物将自宾。天地相合,以俞甘露,民莫之令,而自均焉。"以及"江海之所以能为百谷王者,以其善下之也,是以能为百谷王。是以圣人之欲上民也,必以其言下之;其欲先民也,必以其身后之。故居前而民弗害也;居上而民弗重也,天下乐推而弗厌也。非以其为争与? 故天下莫能与争"的大道理,做一个"太上,下知有之,……成功遂事,而百姓谓我自然。"的明君英主,获得人民的衷心拥护而长治久安。事实证明,老子说的这番道理可谓语重心长,苦口婆心,精辟深刻,但在封建时代的社会文化经济的发展,还没有进入民有、民享、民主、自由、平等、博爱的现代化社会阶段,人民的权利和义务还没有获得足够重视和法律保障,统治者的道德思想境界也还没有达到民本主义的高度的时候,他的劝谏是不现实的,在当时不可能受到完全采纳,在今天也还有待于要继续深入研究和推行的。

(三)老子察世观以母系社会为理想国参照系吗?

老子"察世观"所提出的社会循道改良主张,是否有一个具体的参照系? 如果有,那究竟是近古父系社会还是远古母系社会,这又是否意味着他是一个主张复辟倒退的哲学家? 这些问题,都是我们在分析他的察世观亦即社会观时,所不可回避的问题。

对于第一个问题,即老子"察世观"所提出的社会循道改良主张,是否有一个具体的参照系? 回答是肯定的。这可以从他的《道德经》里对理想国"小国寡民"的描写里看出来。那么,对于第二个问题,老子心中的理想社会参照系,到底是近古父系社会还是远古母系社会呢? 我们认为显然是后者。理由如下:首先,老子全书,自始至终没有出现过一个被儒家津津乐道,推崇备至的近古父系社会的圣人代表人物,如黄帝、尧、舜、大禹等等。这绝不是老子的偶然疏忽和无理怠慢,而只能是有意为之。因为在春秋时期,黄帝、尧、舜、大禹等大名如雷贯耳,尽人皆知的时候,老子如要借其名声来说教,没有理由故隐其名。

其次,老子全书中屡次提到的"圣人",在全书中虽达到28次之多,还提及一些德者、为道者等，却无一例外，全都是些无名无姓的道德高深人物，在当时父系社会很难找到一一对应的人物，故只能到更古远的母系社会里去探寻。

最后，也是最重要的理由，老子全书充满了对母亲、女性、阴柔乃至玄牝（产门）、生育力的极力赞美，这也是与当时和更古老的父系社会所倡导的对父亲、男性、阳刚和阳物及其生殖力的赞美所迥异的。如他对雌性本质和玄德生育力的赞美就是："天门启阖，能为雌乎？明白四达，能毋以知乎？生之，畜之，生而弗有，长而弗宰也，是谓玄德。""知其雄，守其雌，为天下豁。为天下豁，恒德不离。恒德不离，复归于婴儿。"如他以母性的生育特征，比喻恒道化生万物，为立国之基的说理："道生之，而德畜之。物刑之，而器成之。是以万物尊道而贵德。道之尊，德之贵也，夫莫之爵，而恒自然也。道生之，畜之，长之，遂之；亭之，毒之，养之，复之。生而弗有也，为而弗恃也，长而弗宰也。此之谓玄德。""天下有始，以为天下母。既得其母，以知其子。既知其子，复守其母，没身不殆。""重积德则无不克，无不克则莫知其极。莫知其极，可以爱国。有国之母，可以长久。是谓深根固柢，长生久视之道也。"都透露出老子对天下母性的尊崇爱戴。而老子对女性之柔的赞美，如"木强则恒，强大居下，柔弱微细居上。""天下莫柔弱于水，而攻坚强者，莫之能先也，以其无以易之也。水之胜刚也，弱之胜强也，天下莫弗知也，而莫之能行也。"都体现出他尊崇女性的尚柔精神。

特别值得注意的是，老子还将远古母系社会里重坤尚柔的道德标准，阴柔温顺的审美标准和女人特性，作为他治国者的榜样："大邦者，下流也，天下之牝也！天下之交也，牝恒以静胜牡。为其静也，故宜为下。故大邦以下小邦，则取小邦，小邦以下大邦，则取于大邦。故或下以取，或下而取。故大邦者，不过欲兼畜人。小邦者，不过欲入事人。夫皆得其欲，则大者宜为下。"而他对自己所持有的护身"三宝"的论述："一曰慈，二曰俭，三曰不敢为天下先。夫慈，故能勇。俭，故能广。不敢为天下先，故能为，成事长。今舍其慈，且勇；舍其俭，且广；舍其后，且先，则必死矣。夫慈，以战则胜，以守则固。天将建之，女以慈垣之。"也明显带有女性部族首领——老子心目中的"女圣人"的慈善和蔼特点。这从最后一句的"天将建之，女以慈垣之"的祝福语中也可以看出端倪。

据萧兵、叶舒宪所著的《老子的文化解读》一书（湖北人民出版社1993年版，170页）介绍，当今国际最著名的神话学者约瑟夫·坎贝尔在其四卷本著作《神之

面具》中指出,东方和西方神话在起源上有一明显差别。西方神话主要发生于父权制的狩猎或游牧社会,反映着男神对女神的胜利取代或男神的统治地位。东方神话发生在农耕社会,反映着以女神为主的母权社会。由这一基本差异出发,坎贝尔还归纳出东西方神话的六大对立特征:

(1)西方神话强调男神对女神的统治和神对人的统治;东方神话强调男神女神平等和神人平等。

(2)西方神话强调男神女神之别和神人之别;东方神话强调男神女神和神与人之间的神秘"混合"。

(3)西方神话强调人的必死性;东方神话强调人的不死性。

(4)西方神话多表现野心与攻击欲;东方神话多表现被动性与和平。

(5)西方神话追求英雄主义;东方神话则不然,尤其当英雄主义体现为野心和斗争时。

(6)西方神话中的欲望在于建立独立的自我;东方神话中的欲望在于消解自我,回归无意识(参见[美]罗伯特·西格尔(Robert A.Segal):《约瑟夫·坎贝尔导论》,花环出版公司,1987年,第5章)。

由此可见,以农耕文化著称的中华文化,在其源头的东方神话,是以强调男神女神平等和神人平等——如女娲的造人说;强调男神女神和神与人之间的神秘"混合"——如伏羲与女娲的人首蛇身交尾图;强调人的不死性,多表现被动性与和平——如西王母、嫦娥等;尤其当英雄主义体现为野心和斗争时,东方神话中的欲望更表现在于消解自我,回归无意识,这也是母系社会并没有多少有名有姓的女圣人传名至今,却只能靠依稀的传说留印在老子的脑海里的原因之一。

《老子的文化解读》的作者还在书中指出:"细读《老子》便不难发现,大母神原型在老子的整个思想体系中发挥着十分重要的作用。这一原型有时被确认为是'天地之根',即独自发育了整个世界的'原母'或'玄牝';有时又被表现为神秘的'道'及其创生功能的隐喻";"在老子的意识中,宇宙万物的出现不是男性创世神'造'的结果,而是作为'道'的大母神'生'的结果。'生'这一母题弥漫在整个老子哲学之中"。至于所谓的"大母神"(the Great Mother)又称大女神(the Great Goddess),或译"原母神",则是比较宗教教学中的专门术语,指父系社会出现以前人类所崇奉的最大的神灵,她的产生比我们文明社会中所熟悉的天父神要早两万年左右(见[德]艾里希.纽曼(Erich Neumann):《大母神:一个原型的分析》,英译本,普林斯顿大学出版社,1972年,第94页)。此外,该书作者还提到了"德国比较神话学家,文化圈理论的倡导者之一施密特曾归纳出与父系游牧文化圈相对的母系农业文化圈的意识形态特点。他认为农业种植的发明是女性的功绩。最早从事耕作的也是部落社会中不从事狩猎活动的女性。因此早期农耕文化一般具有母系社会的性质,女子由于给部落社会提供了较稳定的事物来源,其地位也相应地获得了提高。反映在宗教神话方面,地母神、月神成为主要崇拜对象,二者混合后倾向于发展为至高无上的女神——女上帝。"(《老子的文化解读》,175—176页)由此可见,老子之所以在书中极力赞美母亲、女性、阴柔乃至产门和生育力,而不是父系社会的父亲、男性、阳刚和阳物及其生殖力,正是基于这种中华母系农业文化圈的意识形态特点,以及国人对女上帝——女性圣人和"大母神"的由衷尊崇。

当然,我们在结束本章的时候所不得不强调的是,对智慧超群,独创了道学理论体系,具有深刻的社会观察力的老子来说,对母系社会、大母神、女圣人的尊崇,归根结底,不是为了尊崇某个具体的神话人物如女娲,而是为自己的恒道观寻找理论根据,为使察世观成为改造社会的锐利思想武器,为自己的恒道理想社会提供一个生动参照系。这也是我们始终认为老子绝不是一个主张复辟倒退的哲学家,而是一个具有正义感和伟大人道主义精神的道圣的理由。

第五节　老子的无为观

一、不争无尤

不少学者都有一个共识,即儒家是用肯定的方法确定人生的价值,并以立德、立功、立言来超越个体自然生命的有限性,以实现精神生命的永恒价值,而老子及其道家则是用否定的办法,通过对现实社会的批判和人生问题的透析,寻找人生的价值。这是很有见地的。但必须强调的是,老子所用的否定办法,不仅见于对现实社会的批判和人生问题的透析即"真知""察世"上，而且见于其为建立恒道理想国，以实现人类精神生命的永恒价值的特殊实践——"无为"的不懈努力上。

综观《老子》全书九篇八十一章，《无为》篇的确占有特殊重要的地位，可以说是老子学说的行为观。如果说第一、第二篇《恒道》《玄德》是开宗明义的"起篇"，第三、四篇《真知》《察世》是承前启后的"承

老子降生

篇"，前两篇谈道论德，后两篇谈学论世，一放一收，合成了《道德经》的总纲和前言的话，那么第五篇《无为》，就是全书由虚转实的"转篇"。它在全书中起到重要的转折和桥梁的作用，将全书最为抽象的理论基础，最具原则性的总纲即一、二篇，以及相对抽象，一般说理的三、四篇，转向了全书最具体、最实际的"合篇"，即全面推行老子恒道玄德哲学的四个方面。它包括了第六篇《贵身》、第七篇《安民》、第八篇《用兵》和第九篇《治国》等等。

从后面这四篇的基本内容看，主要是以"恒道""玄德"为指导思想，以"察世""真知"为认识方法，以"无为"为行为准则，在"贵身""治国""安民""用兵"等方面的社会实践和理论总结，均属于"有为"的范畴。而"无为"照字面理解，却有"不作为"的意思，似乎与儒家的"仁"所强调的主体对命运的抗争的"有为"相反。那么，应该如何理解"无为"是老子的行为观，是恒道实践的桥梁和行为准则呢，"无为"到底是主张实践还是拒绝实践呢？如果说它主张的是实践，它提倡的明明是无所作为的"弗为"，如果说它不主张实践，又如何解释它所说的"无为而无不为"，以及老子其后关于"贵身""治国""安民""用兵"的一系列有为论述呢？显然，要揭开老学的这个谜底，只能根据他的"反者也道之动也"的理论思维方式，从他全书的哲学观系统去找，切忌断章取义，不顾全篇。

以电子软件遍查老子全书，"为"字共出现了105次，其基本含义有"作为"（以万物为刍狗），"主宰"（将欲取天下而为之），"为了"（为腹不为目），"实行"（古之善为道者），"做到"（能为雌乎？）等等，除了少量介词外，大多是指有所作为的动词，只不过动作的具体所指，随上下文的含义而有所变化而已。既然如此，我们如何理解老子所说的"无为"，即"不要有所行动"，以及它的具体所指呢？要而言之，

那就是无为而循道，无为而修德，无为而真知，无为而察世，无为而贵身，无为而不乱用兵，无为而安民，无为而治国。用文子引述老子有关"无为"的话来解释，那就是："无为名尸，无为谋府，无为事任，无为智主"，其大意为，不要作虚名的僵尸，不要作计谋的灵府，不要作杂事的主人，不要作巧智的主人。也就是说，不要去做一切违反自然，操心劳碌，绞尽脑汁，为虚名浮利卖命的无益之事。这就是串联了老子九观的无为主旨。

显然，老子的"无为"论所要否定的，是种种不符合恒道与玄德的行为，这些行为是如此之多，以至于老子不得不专论强调。事实上，无为与道和德的关系是非常的密切，所谓"道无为而无不为也。""反者也道之动也"，"天地之道，无为而备，无求而得，是以知其无为之有益也。"所谓"至德无为，万物皆容"（文子转引老子），都说明了与"有为"相反的"无为"之于恒道玄德的重要性。而在人类没有探知理想的解决问题方法时，制止胡为，暂缓有为的老子之法也许不失为最佳选择，它至少可以避免出现类似世界核大战、地球温室效应那样的灾难。因此，老子一书论及无为之处，远不止本篇中所选的九章，而是还有许多，如在安民、治国两篇里就不少，只不过其他章因以别的主题为名，故划归它篇而已。故可说，老子的无为观，既是批判宗法制度、名教礼仪、帝国君权的利器，也是阐述高瞻远瞩，雄才大略的"人君南面之术"的心得。不了解老子的"无为"，就无法真正了解和推行他的恒道与玄德，就无法贯彻他的"真知""察世""贵身""安民""用兵""治国"主张。总之，"无为"是为了"有为"，只有有所不为，才能有所为，"无为"与"有为"是辩证的统一，这正是伟大哲学家老子强调"无为"的原因。

有些研老者往往看不到老子的这一真义，在突出"无为"在老子哲学中的地位时，却又把他主张的"无为"当成了消极无为的倒退哲学、懒惰哲学、庸人哲学、没落奴隶主贵族的反动哲学等，真是差之毫厘，谬以千里！须知，盲目的有为，不但控制不了人所想控制的一切，反而还会使人受到它们的反控制！这与精研现象学的德国哲学家海德格尔关于"人控制物越厉害，人受物的反控制也越厉害"的发现，是一致的。

然而有人却可能不服气，老子不是明明说过："居无为之事，行不言之教。""损之又损，以至于无为。""为无为，事无事"吗？怎么能否认他的"无为"主张就是无所作为呢？对此，著名的老子研究专家罗尚贤先生，别出心裁地将"无为"解释为

"无违",指不违反恒道的行为,这可谓透过字面抓住了其中要义(参见《老子通解》,罗尚贤著)。但"为"字的含义是既然是"作为",要让一般人把它理解为"违",毕竟拐了个弯,许多人都未能认可。其实,"无违"与"无为"之间的等号,只是就意义相通推论之后而言,而"无为"的真义,其实是而且也只能是"无妄为"。因为"无妄为"才能"无违","无违"是引申,"无妄为"才是老子"无为"的本义。"无妄为"可以与"无为"同义与"有为"相对,而"无违"只能与"无妄违"同义与"有违"相对。

那么,什么叫"无妄为"?这可从易经中的"无妄"卦中得到启示。"无妄"卦的卦德就是"无妄为"。即"无妄"的卦辞所揭示的:"无妄,元亨利贞。其匪正有眚,不利有攸往。"其大意为"无妄为,是非常亨通有利而正确的。如果谁不坚守正道,就会盲目妄动,这就不利于顺利前进了。""妄"在汉语里通常是指超离常规,荒谬不合理的胡作非为,或不着边际的胡思乱想。如胆大妄为,轻举妄动,狂言妄语,妄自尊大,妄念狂想,妄图、虚妄、愚妄,等等。对老子说来就是指背离恒道玄德的一切错误行为。而"无妄"则正好相反,它是指不超离常规,不荒谬怪诞,不胡作非为,不胡思乱想,依恒道玄德正轨行事的正确行为。在老子充满辩证法思想的智慧头脑看来,只有堵死"妄为"的路,削减"妄为"的志,做到"无为"即"无妄为",才能实行"有为"的道。因此他要在展开论述治国、安民、用兵等"有为"方面的施政大计之前,精心设计地论述另一面"无为"即"无妄为"的重要性。只有这样,《老子》才成为正反兼论、完备严谨的大著;也正因为这样,《无为》篇才在分量上有了与后四篇相反相成的重要作用,而这也正是"无为"思想在老子思想中极为重要,贯穿始终的原因。不破不立,不塞不流,不止不行。这历来是中华文化具有悠久历史的辩证法思想传统,不独老子。而在强调意志自由和个人主义的西方,哲学家如叔本华,也看到了一味放纵欲望和意志的悲剧,不得不在可怕的痛苦的意志面前,退缩到理性主义的盔甲中。

可惜的是,有些关注老子的哲学研究者,往往忽略了这一点,把"无为"思想等同于"无所作为"。如有人在解老时就断言;"老子虽然认识到了对立面互相转化的规律,但他却没有找到掌握这一规律、运用这一规律去推动事物发展的方法,相反却被这一规律所局限,只能采取消极的办法去对待事物。例如他看到了成功与失败转化的必然,为了防止败和失,他说:'无为故无败,无执故无失。'……这完全说明老子只能采取消极态度去对待对立面互相转化的规律，认识不到对立面的转化要有一定的条件，没有一定的条件，对立面的双方就不会转化。"（张清华主编，张焕斌副主编《道经精华》，时代文艺出版社1995年版，第9页）人们很难想象，像老子这样充满睿智，能够在两千多年前就发现了恒道幽眇的规律，并在诸如"将欲翕之，必固张之。将欲弱之，必固强之。将欲去之，必固与之。将欲夺之，必固予之"等一系列战略制定方面，也体现出光辉辩证思想的东方哲人，竟会幼稚到连对立面的转化要有一定的条件这样的简单问题也一窍不通。事实上，论者的误解在于只孤立地抓住了老子"无为故无败，无执故无失"的一句话，而没有将这句话与老子的思路和整个体系联系起来，没有看到"古之善为天下者，无为而无不为也"（文子引老子）。老子的"无为"其实是"无妄为"，是为了实现"有为"以致"无不为"的前提。因为人们只有不妄为，才能不四处碰壁，才能不徒耗精力甚至搭上生命，才能更有效、更有节、更迅速、更有利的实现"有为"，实现"无不为"，取得恒道大业的光辉胜利。这也正是老子大道之邦的最高境界——"我无为也，而民自化。"——建设一个太平无事，风正民富，和谐淳朴的理想社会！也正是在这一意义上，老子不仅不是一个消极无为的懒汉和愚人，而且是一个积极有为的勇者和智者！

对于进入当代文明社会的人们说来，智虑聪明，所欲甚多，所需要的往往不是要哲学教会他们去取得什么，而是要教会他们不要去妄取什么。这正是老子无为思想的精髓。正如老子告诫那些野心勃勃、妄图称王称霸的王公贵族那样："要想为夺取天下而妄为，我看他不可能办到。天下人的天下，是神圣不可侵犯的重器，不是谁可以任意主宰的。强行主宰天下者将会失败，妄图执掌天下者会丧失它。"这不仅是人类社会的普遍规律，已经由蒙古帝国、罗马帝国、拿破仑帝国以至于希特勒帝国的覆灭所证实，而且是恒道的普遍规律。"万物或主动行动或被动追随，或有日光普照或有风吹雨打，或强盛一时或连连受挫，或得到栽培或遭到损堕。因此圣人，要去除过度，去除贪大，去除奢侈。"只有这样，正义事业才能不断推进。

从古人所推崇的黄帝、尧、舜、禹等明君的统治时期看，这些圣人确实没有像后世帝王尤其是暴君昏君如纣王、隋炀帝那样有过度膨胀的野心、好大喜功的胃口，以及豪华奢侈的生活。因此老子借其圣人口说："我无为也，而民自化。我好静，而民自正。我无事，而民自富。我欲不欲，而民自朴。"如果能做到这一点，上层无为，人民自化，"虚其心，实其腹，弱其志，强其骨。恒使民，无知无欲也，使夫之不敢弗为而已。为无为，则无不治矣。"那就没有什么治理不好的。这就是老子重视"自化"而批判儒家的"教化"的无为观。

也许有人要问，统治者过分贪求，野心膨胀，开边拓土，固然不好，难道连倡导美、善、仁、义这些正面的品德行为也不需要了吗？老子毫不含糊地回答，只要抓住恒道，连这些表面文章的所谓仁政措施其实也是大可不必的。因为，"天下的人如果都知道，'美'是美好的和有价值的，那令人恶心的丑恶就随之而来了；天下的人如果都知道什么是'良善'，这已经就是不善的源头了。"如果统治者不是从"无妄为"的恒道出发，而仅仅是把"美""善""仁""义"作为一种宣传的手段和迷惑人的幌子，使其成为某些投机者猎取功名利禄的捷径，那"美"和"善"就变味了。试看东施效颦，王莽篡汉，以及"文革"时期四人帮打着学雷锋的旗号，让人们甘当他们御用的没头脑的螺丝钉和马前卒，不都是这一类的历史丑剧吗？

从万物自然生长，美丑自然淘汰，善恶自然消长的现象看，"那存有和虚无的互相生成，困难和容易的互相促成，长和短的互相形成，高和下的互相盈亏，发音和声响的互相应和，先进和后来的互相追随，这些都是事物的永恒规律。所以精明的圣人，平时安居不做无益的行为，推行不用空言虚话的身教。让万物自行运作而不去人为启动它们，顺其自然而不会凭主观意志强制它们，成就了大功业而不居功自傲。因为只有他自己不居功自傲，别人才不可能夺去他的功劳。"从老子此处为圣人即社会的英明领导人的精心设计看，他们平常应该安居无事，放手由职能部门代理具体政务，自己则依靠一种"无为而治"的开明政治方法管理国家，关爱人民，推行"不言之教"，即无须花费空言虚话的以身作则的身教，达到教育群众的目的。眼下，为什么一些人声嘶力竭地教育别人，推广美德善行，却收效甚微呢？不正是他们没有身体力行，以身作则，甚至腐败堕落，而又偏好言行不一，夸功自傲吗？

老子对这些统治者违反恒道的做法很是不满，并启发他们说："天道长远，地道久远。天地之道之所以能够如此长久，是因为它不为自己而生存，所以能长生永久。因此圣人，谦让退谢而能身先天下万民，置身于度外而能保存自身，不正是以他的无私为公，实现了他的私人宏愿吗？"如果所有的统治者都能有天地圣人这样厚德载物、无私为公的精神，他还有什么个人心愿不能实现呢！

正因为如此，老子强调，圣人即所有谦守为公的统治者，都要"为无为，事无事"，"做一个自然无为者，从事似乎无用的事，品味极其平淡的哲理。"这样很可能会遭到一些埋怨，甚至受到一些老想怂恿别人去妄为，以便自己从中渔利却不得逞的人的怨恨。但这并不可怕，对付他们的最好对策是，"无论怨言的大小多少，都以善良德行来报答怨恨者。这很难做到吗？其实很容易啊！这样做很伟大吗？其实很细小啊！天下的难事常常从容易处开始，天下的大事往往从细小处着手。这就是圣人始终不自以为大，而能成就他的伟大事业的原因。轻易向别人许愿的，必定很少会守信用；总是志向变易不定的，必定会碰到重重困难。所以圣人总是谋划难办的事，就反而始终没有什么困难了。"对于坚信恒道的人来说，天大的困难也不难克服，只要出言必行，由小做起，持之以恒，肯定有成功的一天。而为了恒道的实现，要勇于和善于团结那些反对恒道的怨恨者，这一点后来由毛泽东发展为要团结所有可以团结的人，包括那些反对过自己后来被实践证明是错了的人的光辉思想。由此看来，有些人把老子的"无为"作为消极避世的代名词，确实失之武断和简单化了。因为在老子看来，无为不仅有利于圣人自己的修养，而且有利于吸引弱小和强大的同盟军，一起建设恒道的大业。这就是所谓"恒道，泛滥四溢啊，它可以左右一切。它成就了功业完成了万事，而不留名，是因为它包罗万象。万物都归附于它，却不做万物的主宰，就能永久无私寡欲，从这一意义上可以说道很小。万物都来归附于它，而不做它们的主宰，从这一意义上又可说道很大。所以圣人的能耐，就是成就伟大的事业，由于他从不自大妄为，所以能成就光辉大业！"这一大道之邦宏伟事业的成就，是老子用无为的对社会现实批判的否定的方法实现的，这是它与儒家用有为的对上层统治肯定的方法确定人生价值，及其立德、立功、立言的途径的不同之处。

对于老子说来，要达到这一圣人的境界，实现道家的人生价值，就要有水样的玄妙善德。用他的话说就是："最高的善行如同水。水非常良善，它有利万物而安静无为，居住在众人所厌恶的低洼潮湿处，这就接近于恒道了。居住善于选择有利的地方，心情善于保持深渊般恬静，施予善于像天一样的宽厚，说话善于信守诺言，公正善于平和治理，做事善于讲求效能，行动善于顺应时机。只是因为不与人争利，所以不会有过错怨尤。"这正是中国人熟知的水利万物，上善如水，利万物才能受利于万物的深刻道理。

为什么水会成为"上善"？不就是由于它安静无为，不好争利，具有择居善地，

图文珍藏版

心情恬静,施予宽厚,信守诺言,公正平和,求实能干,顺应时机等七大美德吗? 正是由于它具有老子所看重的"无为"的品行,所以能作为"天下最柔弱的,驰骋于天下最坚硬的物体中。它从一无所有中产生,进入毫无隙缝的刚硬物体之间。我因此而深知,无为是多么的有益啊! 不用语言的身教,无为自然的益处,天下人很少有达到这一境界的。"

应该说,老子的"上善如水"的无为观,培养了中华民族明势应时,吃苦耐劳,忍辱负重,宽厚善良,坚韧不拔的品德,是有积极意义的。它战胜自然界和社会上强横势力的方法,不是正面抵抗,而是以柔克刚,无为自化。用王弼的解释,那就是上德之人才能有德,无为而无不为,反之,"凡不能无为者,皆下德也,仁义礼节是也。"(《老子注·三十八章》)当然,这确也给人以某些消极的印象。因此不仅在现在难以被力欲主宰世界的强权政治家、军事家所接受,就在当年推行实力外交,连横合纵、战伐斗狠、血流飘杵的诸侯争霸时期,也是与时世格格不入的。有鉴于此,老子不由得在出关避乱前叹息道:

"古时善于尊崇推行恒道的人,思虑微妙而精深通达,几乎深不可测。正因为它深不可测,所以只好勉强的描绘它说:慢慢小心啊,就像冬天涉水过河。周密谋划啊,就像畏惧四边的强蛮邻居。严肃恭敬啊,就像招待尊贵的客人。漫漫涣散啊,就像冰凌消融的春泽。混沌无知啊,就像粗朴原木。水深沉沉啊,就像污水浊浪。宽旷深广啊,就像幽深山谷。浑浊的静止净化它,就会渐渐地使它清洁澄净。安滞的不停推动它,就会徐徐的生发它的生机。能够保留坚守此道的,就不会追求盈满。只有虚心而不追求盈满,才能自甘凋敝而不急于求成啊!"

这就活画出伟大哲学家在科学研究,哲理思考,修身养性,成功立业时勤奋深思,兢兢业业的敬业精神,表现了中华民族谦虚谨慎的敬畏观和无妄观,这又哪有半点消极主义的庸人哲学呢?

在学习与实践恒道方面,老子倡导的无为态度,与好高骛远的态度也是不同的。它表现为不贪多,不淫志。"学习的人要天天增益知识,明道的人要天天减损心志,不断地减损淫志贪欲,以至于达到自然无为的境界。只要不违反自然胡作非为,自然就能无所不为。要想取得天下,就永远不要生事惹祸。等到一旦生事胡为时,那又不够格取得天下了。"即使只是想在某一领域、某一方向、某一技能方面名列前茅,也不要多惹事,多生事,多招事,而要时时减损多余的心志与贪念,集中精力于某一目标,以求得重点突破和独创伟构。

而在目标有限的十分必要的学习过程中,也要有高清晰度的分辨能力和选择力。因为知识领域往往是如老子所说,"可信的真理修辞不美,华美的谎言不可相信。知识专门的人不博学,博学的人无专门知识。良善的数量不会太多,多而滥的东西无好货。"在知识财富方面,与物质财富一样,"圣人没有过多的积存,他既然是以自己的所有为了别人,所以自己所拥有的东西愈多,就都把它施予给别人了。所以天下的恒道,是福利万物而不是危害万物,人类社会的道理,是有所作为而不要争强抢夺。"当世界已经进入文化创意经济时代,文化知识尤其是创意经济已经在知识产权的保护下,在人类财富中占有越来越大的决定性的分量的时候,回顾一下老子在知识和财富上的无为态度,也是很有益处的。对拥有全球巨额知识产权的亿万富翁说来,保护知识产权固然是必要的,但只要自己的文化创意产品能用于人类的正义和幸福事业,是不是也能像艾滋病抗体药品的发明人那样,给予穷困的需要者一些施予,而少一些市场份额、商业利润、劳资福利方面的争强抢夺呢? 这自然是在恒道指导下的无为态度才能做到的。

二、老子无为义探

为。

无为。

无为无不为。

老子正言若反的无为。

它所引发我们要深入思考的——

问题之一,老子的"无为"是消极哲学吗?

老子的无为是人们谈论得最多的话题之一,但一直很难得到确切的解释,可谓众说纷纭。据电脑统计,"为"字一词与"无为"一词,在《道德经》全书中,分别在累计47章和累计7章里,各出现了105次和9次,"为"在字数上远比"无为"多,只是略少于在全书中出现的"天"字的111次,在章数上则多于"天"字的46章。可见老子对"为"的论述之多与重视程度,远超过对"无为"的论述次数与重视程度,这也是符合一个想有所作为,认真研究如何作为的,积极的哲学家的实际情况的。那

么，为什么还会有那么多的人对老子的"无为"产生疑义，在解释时歧义纷纭呢？这就要求我们做进一步的认真分析了。

问题之二，老子的"无为"是什么意思？

老子的"无为"，如果将两个字分开来解析，本来十分简单，那就是"无"表示"不"，表示"没有"，表示否定；"为"表示"做"，表示"作为"，表示"有为"，表示肯定。离开了这一基本判断的任何解释，都是偏离老子原意，不得其解，不得要领的。因此，老子的"无为"就是不为，不做的意思，这是明明白白的，毫无疑义的。至于老子所说的"无为"是什么意思，也就是说他所说的不要做什么，那就不是三言两语可以说清楚，而是要详加分析的了。

老子直接说到"无为"的地方不多，只有7章。与我们出于了解老子"无为"之意，兼顾全书九观的逻辑性，在"无为篇"里选用的九章并不完全重叠，只有第二、四十三、四十八、六十三等四章相合，故有必要在这里再做探讨。

其一，"天下皆知，美之为美，恶已；皆知善，斯不善矣。有无之相生也，难易之相成也，长短之相形也，高下之相盈也，音声之相和也，先后之相随，恒也。是以圣人居无为之事，行不言之教，万物作而弗始也，为而弗志也，成功而弗居也。夫唯弗居，是以弗去。"这里主要通过揭示社会的反常现象，矛盾现象，说明万物都要遵守恒道规律，不必做强其所难，拔苗助长，自夸成功的事情的道理，强调圣人都是"居无为之事，行不言之教"的。

其二，"上德不德，是以有德。下德不失德，是以无德。上德无为，而无以为也；上仁为之，而无以为也；上义为之，而有以为也。上礼为之，而莫之应也，则攘臂而扔之。故失道而后德，失德而后仁，失仁而后义，失义而后礼。夫礼者，忠信之泊也，而乱之首也。前识者，道之华也，而愚之首也。是以大丈夫居其厚，而不居其泊；居其实，而不居其华。故去彼而取此。"通过对社会上违反自然与恒道美德——"失道而后德，失德而后仁，失仁而后义，失义而后礼"的虚伪做作现象的尖锐批判，指出"上德无为，而无以为也"，即"崇尚道德而自在无为，因而不会有刻意的作为"的道理。

其三，"天下之至柔，驰骋于天下之致坚。出于无有，入于无间。吾是以知无为之有益也！不言之教，无为之益，天下希及之矣。"通过对天下之至柔，无拘无束，自由无为的水，却能驰骋于天下之致坚之间的自然现象的分析，老子强调了自己从中知道了"无为之益也"与"不言之教"的好处。

其四，"为学者日益，闻道者日损。损之又损，以至于无为。无为，则无以为。将欲取天下也，恒无事。及其有事也，又不足以取天下也。"老子主张尽量用减损法，减损人们的荒谬偏见和愚蠢行为，损之又损，越来越明白事理，以至于无为——再不保留一丝荒谬偏见而绝不做愚蠢行为，这才可能真正拥有天下，实现天人合一。

其五，"以正治邦，以奇用兵，以无事取天下。吾何以知其然也哉？夫天下多忌讳，而民弥贫。民多利器，而邦家兹昏。人多知，而奇物兹起，法物兹章，而盗贼多有。是以圣人之言曰：'我无为也，而民自化。我好静，而民自正。我无事，而民自富。我欲不欲，而民自朴。'"老子在这里继续批判社会的不道现象，主张按圣人之教诲行事，这就是让统治者做到"无为"，而让人民自化，自正，自富，自朴，过上自然美好的生活。这里既有老子超越时代的空想的一面，也有许多相当合理的思想。

其六，"为无为，事无事，味无味。大小多少，报怨以德。图难乎？其易也！为大乎？其细也！天下之难做于易，天下之大做于细。是以圣人终不为大，故能成其大。夫轻诺必寡信，多易必多难。是以圣人犹难之，故终于无难。"这段话是老子对"无为"智者的全面要求，这就是根据"天下之难做于易，天下之大做于细"的规律，从"为无为，事无事，味无味。大小多少，报怨以德"的事做起，最终不为大，却能成其大。

其七，"其安也易持，其未兆也易谋。其脆易判，其微易散。为之乎其未有，治之乎其未乱。合抱之木，作于毫末。九层之台，作于蔂土。百仞之高，始于足下。为之者败之，执之者失之。是以圣人无为也，故无败也；无执也，故无失也。民之从事也，恒于其成而败之。故曰慎终若始，则无败事矣。是以圣人欲不欲，而不贵难得之货；学不学，而复众人之所过；能辅万物之自然，而弗敢为。"老子在这里，通过对"合抱之木，作于毫末。九层之台，作于蔂土。百仞之高，始于足下"的自然规律和社会建筑现象、旅行现象的规律性总结，再次强调了"圣人无为也，故无败也；无执也，故无失也"的道理。这一章也说明，老子的"无为"是通过"有为"实现的，这也是他的无为不等于不为，而是不妄为的证明。

问题之三，老子的"无为"源头在哪里？

要想说清楚老子的"无为"是指不要做什么，还要从他这一"无为"思想的源头

说起。老子的"无为"思想源头，不是来自别处，就是来自《易经》，来自《易经》的"无妄"一卦。"妄"字的本意已经有"为"的意思，只不过是特定意义的"为"，就是妄为、妄动、胡作非为的意思。如《左传·哀公二十五年》："彼好专利而妄"，就是说那人喜欢妄为，喜欢做不法、不宜、不道、不该做的事情。因此，古人的用词习惯，"妄"就是指妄为，"不妄"就是指"不妄为"，也就是"无妄为"。因此，"不妄为"的意思，在《易经》里，就用"无妄"的卦名来表示，而无须用"无妄为"来表示。明乎于此，我们就不会以为《易经》的"无妄"卦少了一个"为"字，因为《易经》的"无妄"本身就是"无妄为""不妄为"的意思，用不着再加"为"字，画蛇添足了。

同样的道理，老子的"无为"，其实也就是"无妄"的意思，为了明了，我们也可以按照现代汉语的习惯，加上"为"改写成"无妄为"，意思是完全一样的。那么，我们是否可以将"无为"解释为"无违"呢？其实也是可以的，因为无妄，无妄为，不胡作非为，其实也就是"无违"，不要做违反自然规律、恒道规律的事情的意思。不过，比较而论，因为"违"是"违背"的意思，是一个及物动词，需要有一个宾语，这个宾语要具体起来很容易复杂化，而"为"是"做"的意思，"不违背"显然不能直接等同于"不做"，而且古人又早已有用"无妄"指"无妄为"及"无为"的习惯，因此，按照老子"无为"论的源头，以比"无违"更简捷明了的词句，把"无为"解释为"无妄"或者更符合现代汉语习惯更清晰的"无妄为"，应该是最接近老子原意的。

问题之四，老子的"无为无不为"是一个过程吗？

有人以为，老子的"无为无不为"无论是一组对立的概念还是一组统一的概念，都是非此即彼，或彼此彼此的。这就是说，如果你要想做到"无为"，就没法"无不为"；或者刚好相反，只要你一做到"无为"，马上就可以"无不为"了。这两种看法都没有理解老子的真意，把"无为"与"无不为"当作互不相干或完全同一的概念。实际上，"无为"与"无不为"是一对看似含义完全相反，其实却有着紧密内在联系，可以通过一个漫长过程无限接近但又永远不能完全重合的一对概念。这是什么意思呢？它的意思就是，无为，则无以为。无为就是不妄为，不胡作非为，就是通过"损之又损，以至于无为。"以最大程度不做蠢事，不做坏事，不帮倒忙，不开倒车的前提下，减损贪欲心志，减损偏见谬误，为无为，事无事，味无味。大小多少，报怨以德，以天下之难做于易，天下之大做于细的苦干执着精神，居无为之事，行不言之教，最终实现恒道社会里人人心想事成，"能成其大，终于无难"的"无不为"的宏愿。

由此可见，"无为"与"无不为"并不是水火不容的两极，但也不是一跨而越的小沟。任何人都可以通过"无为"来实现自己"无不为"的梦想。但这是一个要花费一个人毕生精力去努力追求的生命过程，一个你在追随恒道，无为无不为时，自然而然的成长、成熟和精神升华的过程——"无为无不为"的过程。在这个过程中，你将意识到你必须舍弃，必须无为的一切，真正做到我们时常说的"有所为有所不为"，这才能抓住你真正想要，真正需要，真正对你和所有人都有益的一切，实现你的人生价值，进入心想事成的"无不为"的生命之谷。

问题之五，老子的"无为无不为"是道的表述吗？

从"无为无不为"归根结底是人的个体以至全人类实现天人合一，契合自然之道，实现个体的内在的充实圆满和人类的生命最高价值的漫长过程的角度看，它其实正是对恒道的一种向往和表述。而人们由"无为"到"无不为"的进化过程，其实也就是依照老子所说的"人法地，地法天，天法道，道法自然"的恒道原则与推演理论，实现恒道理想的过程。由于我们有恒道篇专论这一问题，此不赘述。

问题之六，老子的"无为无不为"是对人的最高要求吗？

"无为无不为"是老子为了解决人的有限的生命与无限的精神追求和物质追求的绝对矛盾，所设计的恒道人生图，是老子道学理论对人的最高要求。与佛家用"四大皆空""空即是色"，"色即是空"，"空空如也"的终极理论，来抹平人心的浮躁、不平、妄念，回归空灵、祥和、静穆的境界不同；与儒家用个体服从群体，服从上尊下卑的礼制和国家民族的利益，以立德、立功、立言来扬名立万，实现人生价值而为后世永久怀念为荣不同；与基督教让人相信自己与生俱来的罪孽，需要向上帝做一生的忏悔恕罪，在唯一的上帝的引领下解除精神的枷锁，走向生命的彼岸，进入美好天堂不同；与伊斯兰教奉真主为最高天神，以他制定的清规戒律，在多妻多子的大家庭里，经济互补，融合教徒之间的关系，彼此排斥异教徒不同，老子的"无为无不为"原则，把人生的自主权交给人自己，只宣称人要按照"自然而然"的恒道玄德的最高原则行事，却不主张理会违反自然的时过境迁的过多烦琐的清规戒律，更讨厌制定和执行那些违反自然矫揉造作的繁文缛礼。因此，只有老子，只有老子"无为无不为"的学说，才具有将各类学说与教义整合为一的潜在可能。当然，要真正实现这一可能,本身就是一件"无为无不为"的巨大工程。

问题之七,老子的"无为无不为"是对统治者的忠告吗?

老子的"无为无不为"思想,不仅是针对一般个体而言的,他还有一个更直接的目的,就是要忠告当时和以后的统治者,让他们不要主观臆断,好大喜功,强民所难,有为而治,更不要贪欲膨胀,肆意妄为。横征暴敛,穷兵黩武,侵国夺城,置人民于水深火热之中。在老子看来,"为无为,而无不治","圣人无为也,故无败也;无执也,故无失也。民之从事也,恒于其成而败之。故曰慎终若始,则无败事矣。是以圣人欲不欲,而不贵难得之货;学不学,而复众人之所过;能辅万物之自然,而弗敢为。"这就是说,只有无为才能无败,只有恒道自然,才能无过,"无为"是统治者

老子炼丹图

"取天下"和"治天下"的手段,而儒家积极推行的"以德治国",法家的主张的"忠臣治国",其实都是"有为"的表现,后果堪虑。这也正是他所指出的:"大道废,有仁义;智慧出,有大伪;六亲不和,有孝子;国家昏乱,有忠臣。"因此,只有实行"无为而治",才可能"为无为,而无不治"。

老子的"无为无不为"思想,亦即对统治者而言的"无为而治"的思想,对以后的统治者和统治术都有相当的影响。就连一贯主张礼治的孔子也曾说过:"无为而治者其舜也与?夫何为哉?恭己正南面而已矣。"(《论语·卫灵公》)这就把他心中的圣君作为"无为而治"的典范了。回顾战国汉初的黄老学派,正是道家的一个支派,它融合道、法,主张"清静自定",适应了汉初休养生息、稳定政治局势和恢复发展经济的需要,得到统治阶级的重视而极盛一时。据《史记·乐毅传赞》记载,战国末期至汉初黄老学派的传授关系是:河上丈人——安期生——毛翕公——乐瑕公——乐臣公——盖公——曹参,直到汉文帝、汉景帝及窦太后。他们与《史记》中提到的陈平、田叔、司马季主、郑当时、汲黯、王生、黄生、司马谈、刘德、杨王孙、邓章等,都尊奉黄老之学。从1973年在长沙马王堆三号汉墓出土的帛书《老子》乙本看,卷前还有《经法》《十六经》《称》《道原》四篇古佚书,都是战国黄老学派的作品(参见《中国思想史·上册》245页)这一学派的共同特点,就是从《老子》

原著出发,全力研究人类社会的成败、得失、祸福,熔铸道、法,兼采儒、墨、名家、阴阳家的一些成分,形成自己的政治、哲学、军事思想体系。汉初与唐初的兴盛事实证明,托名黄帝,实际上以老子"无为而治"思想为核心的黄老学派,正属于道家学派一流。其学风特点和社会历史贡献,正如司马谈在《论六家之要指》中所评述的那样:"道家使人精神专一,动合无形,赡足万物。其为术也,因阴阳之大顺,采儒墨之善,撮名法之要,与时迁移,应物变化,立俗施事,无所不宜,指约而易操,事少而功多。(参见《史记·太史公自序》)这也正是我们今天继续思考老子无为思想的意义——以老子无为而治的方法,实现"治大国如烹小鲜",如庖丁解牛,游刃有余地统治管理的至高境界。

问题之八,老子的"无为无不为"还有现实意义吗?

老子的"无为无不为"思想,不是一种西方哲学意义上的知识体系,而是一种中华民族的生命哲学智慧,一种基于他的"恒道"与"玄德"学说的行为论和实践论。它的宗旨和意义,不在玄远不可企及的未来彼岸世界,而在全球的、国家的、民族的,个人生活的伟大现实实践之中。对于个体生命而言,它是安身立命,实现人生价值的最佳途径;对于国家与民族而言,它是一种强盛不衰、保境安民的高明战略;对于世界和人类而言,它是实现万邦和谐,天人合一,与万物自化的恒道的理想追求。因此,虽然老子的"无为无不为"看起来"玄之又玄",似乎让人不着边际,但只要深入研究其中奥妙与精华,其中的悲世悯人,珍爱生命,济世情怀,却值得反复体味。其对于人类的一切事务,包括现代管理在内,都具有深刻的启示意义。

问题之九,老子的"无为而治"具有管理学意义吗?

当今的世界,文化的作用越来越重要。一定的文化,尤其是具有价值观意义的哲学和道德文化,越来越成为管理科学的核心理念,在政治管理、经济管理、文化管理、社会管理、企业管理等领域里,发挥着越来越大的作用。如老子的"无为而治"的管理学意义,就打破了某些现代人认为老子的"无为"管理是一种消极管理无效管理的偏见。许多成功的事例与企业的实践都证明,管理哲学与管理科学属于不同的思想领域,具有不同的思想视野。积极的有生命力的管理哲学,旨在提供一种哲学思维方法,创造广阔的知识空间,而不是像见物不见人,见人不见脑,急功近利,僵化死板的管理哲学与管理科学那样,限制管理者与被管理者的思想空间与行

动自由,以营造僵硬划一、机械呆板的社会秩序或创造有限的少数人独占的物质财富为目的。老子的"无为而治"管理哲学属于积极生命的哲学。它重视恒道的巨大精神感召力,最大限度地将人的自由精神和创造力发挥出来,将科学的有效的有为管理,变成人们主动创造并自觉接受的无为管理,实现人的最大价值和创造力,为恒道理想服务。

随着近代科学的发展,哲学与科学已经互相分离,各自占有不同的思想领地,并实现着更高层次的互通合一。在管理领域,泰勒的管理方法在现代西方科学理性的支配下,把管理变成了一门精密计量的科学,但他终究因为把人作为机械人,与其他把人当作经济人、单向度的扁平人的各种所谓"丛林管理科学"一起,被进入了哲学高度的企业文化的新管理学所取代。以往赖韦伯所谓近代的工具理性的发展以产生的管理思想的基础,在信息化高度发展的创意经济时代的今日已经不复存在。正如许多管理学者都已经越来越清楚地认识到的那样,管理哲学的重要任务之一就是总结和探索管理实践中的最高智慧。这一智慧来自对生活实践的观察,也来自先哲们的真知灼见。从先哲那里获得灵感,寻找社会生活包括管理实践的智慧,是管理科学升华为管理哲学的法门。老子,就是一个精神长存在我们生活当中的伟大先哲。他的"无为而治"的管理哲学思想,对于现代管理科学依然有着积极的指导意义。以老子为代表的高度重视人的主动性、自由精神和创造性的"无为而治"的理念,已经构成了现代管理哲学的革命化运动的一个组成部分。这也正是在科学技术发展日新月异,人的自由和独立创造性越来越重要,已经成为经济发展最重要的增长点和无限财富涌流的源泉的今天,哲学在管理中存在的越来越高的价值所在。

要而言之,管理哲学所要思考和解决的管理实践中最为根本的问题,就是管理中的有为与无为,纪律与自由,兴趣与服从等,这是任何一个需要管理的地方、单位、企业、部门所普遍存在的矛盾,它归根结底是管理者和被管理者的矛盾,它的解决手段是约束和制度化的控制,内在动力与矛盾是利益分配的级差、潜在冲突与管理组织所希望达到的既定目标。为此,如何调整其中的"有为"的管理的基本内容,将周密的制度设计,极其细致的行为规范与发挥人的主动性统一起来,将内在利益的矛盾冲突化解于共同的目标追求的实现中,使得管理者与被管理者的界限日趋模糊而互为作用,使得每个人都能在组织这一台大"机器"中的法制化政策、法规、法律的功能制度安排下及其伟大目标驱使下,实现自己的自由和生命的最高价值。这就是我们领悟老子的管理哲学智慧,在"有为"中实现"无为"的管理哲学。

第六节 老子的贵身观

一、守柔知常

身体是革命的本钱,这句话名闻四海,常被人用来劝告那些狂热亢奋,透支体力、精力和生命,拼命干活,兴业图利的工作狂,教导他们首先要学会保重身体,珍惜生命,然后才可能更好地更长久地为人民为祖国工作的浅显而又深刻的道理,其思想的源头,实出自老子。

正是在老子"长生久视",贵身为民的思想影响下,人本主义的养生之道和生命观在中国得到了广泛流传。特别是道教的建立,更是把养生得道成仙作为教派的鲜明特色,而区别于同样在中国传统文化中居于主流地位的佛教与儒教。如明孝宗很早就有"以佛治心,以道治身,以儒治世"的说法(参见明胡谧《三教平心论》)。道安所著的《二教论》,也很早就明示了"佛忘身而济物,道服饵而养生"的两教区别。再从明代碑刻《少林寺混元三教九流图》的"佛家见性,道家保命,儒家明伦"图文看,也宣示了儒家是谈人际关系的学问,道家是说养身保命的道理,佛家是讲见识真心的智慧。这些都是我们理解老子贵身观深旨的宝贵启示。

老子具有中国特色的"贵身观",又可称为贵生观,养生观,养身观,保身观,保命观,生命观,等等。它是老子对人生命的关怀,是老子哲学思想的重要组成部分,与儒家的舍身求仁,佛家的舍身饲虎固然不同,与庄子的"无己"也是异趣的。从消极的一面看,它可以明哲保身,避祸远害,"苟全性命于乱世,不求闻达于诸侯"。司马迁说,"老子,隐君子也",就是这个意思。而从积极的一面看,它洁身自好,养生拒腐,治身修德,自我完善,积极保全,可以珍惜性命,留存实力,从而更好实现贵

身为民,恒道治国的理想。如"文子问治国之本。老子曰:本在于治身。未尝闻身治而国乱者也,身乱而国治者未有也。故曰:修之身,其德乃真。"(见《文子》)从科学的方面推而论之,它还可以和人们的身心观、健身观、长寿观、修德观以至于生命观、行为观、世界观等联系起来,从道教的宗教文化方面来看,也可以和洞天福地,内丹外丹,修炼成仙,得道飞升,长生不老等神秘观念联系起来。这也正是老子被尊为道教始祖的理论根据之一。

　　老子的贵身观及在其哲学思想的重要意义,是与其在实现老子恒道蓝图——"天将建之"——实现恒道理想国的伟大目标中的重要作用所决定的。"夫唯无以生为者,是贤贵生"。在生死线上挣扎的广大人民是最珍惜生命的。可以说,人及其生命是世界上第一个可宝贵的,重人必贵生,这个生命价值意义的发明权也属于老子。它与鼓吹"不成功,便成仁","杀身以成仁",重伦理价值轻生命价值的儒家思想截然不同。在诸子百家中,没有一家像老子这样把"身体是恒道的本钱"的辩证道理阐析得如此深透,把身体和事业的关系处理得如此和谐的。

老子与牛

法家主张的推行者和集大成者商鞅、李斯、韩非等,不是被车裂就是被下狱赐死。儒家虽承认身体发肤,受之父母,不敢毁伤,但似乎缺少具体对策,就连其祖师和卫道者孔子、韩愈等,也都不是困于陈、蔡,惶惶如丧家之犬,就是因劝谏迎佛骨而险些掉脑袋。墨家主张摩顶放踵,粉身碎骨,在所不辞,身体本来就无足挂齿。兵家研究战争,虽强调保存自己,但面对"杀人一万,自损三千"的流血惨剧,也无可奈何,安之若素。杨朱拔一毛利天下而不为,完全将自己外在于社会,否定了诸子各家奉献社会的积极意义,也不可取。至于后来尊奉老子的道教,虽也有黄巾军、五斗米教那样的支派,不惜舍身奉教,举兵起事,造成了人员重大伤亡和社会动乱,但那是社会高压所迫,并非老子贵身观原意。正如庄子所说:"生者,德之光也;性者,生之质也。性之动谓之为,为之伪谓之失。"(《杂篇·庚桑楚》)其意为,生是德的光辉,性是生的本质。性的活动叫作为,行为虚伪叫作失去本性。这就说明了"为"与"生"与性质。也就是说,宝贵的生命是玄德的灿烂光辉,只有无伪即无妄为的行为,才是符合生命本性的律动,不离恒道玄德的行为。这倒是十分接近老子无为观与贵身观实质的合理阐析。

那么,应该如何看待老子的保全自身的贵身观呢? 一言以概之,老子的贵身观是诸子百家中最有人道主义思想光辉的以人为本的先进观念,是保证恒道玄德于人类无为境界中完全实现的实践论,是指导人类身心健康的宝贵经验的总结和生命观,也是道教依照老子"道法自然"的说教实现人生价值的理论基础。老子的贵身观如恒道观、玄德观、无为观一样贯串于全书,有些话即使主要是针对其他问题所说,抽取出来也可作为贵身观的有机组成部分,因此,中国本土的唯一宗教——道教的养生家选择老子思想作为修身养性,得道成仙的古老经典,总结出导引术、内功法、外功法、自然虚静法、形神抱一法、涤除玄览法、虚心实腹法、冲气去同法、抟气致柔法等等,以达到养神、守精、合气、强形而又归于"一",即"得一""守一"的养生长寿目的,绝不是偶然的。20 世纪 80 年代在湖北江陵县出土的中国目前最古老的古代导引术专著——《引书》,就引入了老子的语录来阐述导引术原理。

值得注意的是,老子的贵身观在文化价值取向上,以注重个体的贵生、贵虚、贵明、贵善取代只注重群体的功利主义,在文化控制上以自化取代教化,在文化理想上以返璞归真取代繁文缛礼,在手段上则注意"曲则全"和"功成身退",把自己的生命价值建筑在对恒道的体悟,对玄德的修养以及对无为观的遵循上。他说:"通达清虚的心境,就达致身心和谐的极点。心灵守静无欲,就可以缘督而保身。万物在身旁运动作为,我以虚静之心观察它的反复生息。天下万物芸芸众生,都将各自复归于它们的根本,这就叫作虚静。虚静自然,这就是复归本命。复归本命,是恒常的天道。知道恒道,是明白人。不知道恒道,太愚妄! 狂妄胡作,更凶险! 知道恒道,就能心容天下。心容天下于是公正无偏,公正无偏于是能治国。治国于是能顺天行事,顺天行事于是能合道。合乎恒道于是能长久,终身都不会有危险。"由此可见,只有以客观冷静的不带偏见和狂热的观察,在社会实践、生产实践和科学实践中,先了解了万物如何复归本命,即按照恒常的天道运转的根本道理,才可能做到胸怀宽广,心容天下,公正无偏,与旁人建立友好的合作关系,顺应恒道行事,化险为夷。

在名与身、财与身的关系上,鬻子很早就说过:"知其身之恶而不改也,以贼其身,乃丧其躯。"但从古至今依然有很多人分不清轻重,甚至宁可为了名和财而不顾

一切,毁德灭身。中国古代"二桃杀三士"的故事,"人为财死,鸟为食亡"的警言,都道出了个中的教训。特别是时下中国进入改革开放后,有多少不法奸商为了牟取暴利而弄虚造假,铤而走险,身败名裂。有多少贪官为了贪赃吞财而枉法徇私,坐监丢命?就是在世界范围,为求财争名而挑起战端,前赴后继,巧取豪夺,剽窃盗版,作奸犯科,运毒贩人,盗窃情报,背叛祖国,坑害人民,最后倒毙亡命,身陷囹圄,处以极刑的,每年又有多少?这不是要财要名不要身和命吗?老子沉痛地发问:"名声与身体哪个更可亲?身体与财货哪个更重要?获得与失去哪个有危害?太爱名声的花费必定多,多聚藏财宝的损失更大。因此知足不贪的就不会受辱,知道适可而止的就没危险,可以长久平安。"这一重德贵身,知足长安的名言,与曾子关于"富润屋,德润身,心广体胖"(《大学》)的说法意思相同。可惜,伟大哲人的话,如今真能记在耳边的能有几人?

对于那些争名夺利,贪财失德的极端分子说来,人们在其覆灭之时,所最爱提起的一句话,那就是"天网恢恢,疏而不漏。"而这句震惊世人的名言,正出自老子。他的原话全文是:"勇于果敢妄为的就会被杀掉,勇于不敢妄为的就可以存活。这两类'勇敢',或者有利或者受害,上天所厌恶的那种蛮勇霸道,有谁能知道其中的缘故呢?天的恒道是:不好战而善于取得胜利,不巧言而善于得到响应,不须召唤而会自己前来,似单纯精一而善于谋断。铺天的大网啊广大恢宏,网眼再疏空啊绝不失漏。"可以说,这一章集中表达了老子守道贵身的"英雄观"。世界上有两种"勇者"或者说"英雄",一种是勇于妄为胆敢乱来的人,会被杀掉。一种是勇于不胡作非为的人,可以存活。这两类"勇者",谁是真正的"勇敢"呢?那些明知法网在前,天网在上,还硬要拿自己的脑袋和国民的生命财产往上碰,与党纪国法、国家和平和世界潮流作对的狂妄之徒或耀武扬威的鹰派领袖,最后都落了个颓然倒台、身首分离、惨不忍睹的下场,又能怨谁呢?如果能放弃诸如混世魔王、全球霸主、世界警察一类的虚名,不做那些违逆民心、天怒人怨的坏事,而是做勇于不胡作非为的人,不是可以存活更久更好吗?

在老子眼中,世界上凡是敢于胡作非为的人,都是不知道恒道为何物,更不知道恒道从何而来的人。从恒道出发的贵身观看,"天下有了初始的'一',它就成为天下万物的根本。既然得知了万物的根本,就可以知道那根本的产物。既知道了那根本的产物,就要再牢牢守住它的根本,这样就能终身不危险。"具体的做法是,自觉抵制社会上不良意识的侵袭,牢牢地"堵塞耳鼻眼这些孔窍,关闭接触外界的门户,就能终身不受其毒害。"反之,如若"开启耳鼻眼这些孔窍,济助迎纵那些淫欲事,那就终身无可救药了。"所以说,"看见细小的叫作明白,坚守柔弱的叫作强大。借用恒道之光,复归恒道光明,不要遗留下致命的祸殃,这就叫作遵守常规正道。"有的人往往脱离老子恒道观、玄德观和贵身观的整体系统这一大前提,仅仅抽出这句话,再联系其他的只言片语,就武断地认定老子是否定知识,闭耳塞听的反知识、反审美主义者,这是十分片面的。因为这实际上否定了人们对信息毒药、文化垃圾和声色诱惑的合理拒绝。

老子屡遭批判的有关原话是这样的:"五颜六色使人眼花目盲,跃马驰骋到野外四处打猎,使人心里贪婪发狂。难得的财宝货物,使人的行为都不正常。五味佳肴使人口爽贪吃,五音缭绕使人头昏耳聋。因此圣人的治理,为饱腹而不为眼看。所以去浮华取务实。"其实这段话的意思跟上面一样,只是对"塞其兑,闭其门"的对象说得更具体了。在物质贫乏的古代社会,有谁能整天跑马打猎,享受五味佳肴、五音缭绕的声色之乐呢? 当然是王公贵族。把老子从贵身观的角度对他们奢侈生活的耐心劝谏,从恒道玄德观高度对他们进行的严厉指责,看成是老子对人类艺术文明、饮食文化的反动,这无论如何是张冠李戴了。

对于王公贵族遭受批评后的仇视,以及争名贪财者遭贬斥的怨恨,甚至痛骂他为不肖之徒的谰言,老子似乎早已经有了充分的思想准备。对此,他以一种曾在无为观中所提倡的以德报怨的宽容态度回答了他们,"天下人都说我,极力推崇大道,而不贤能。我唯有'不贤能',所以才能成长壮大。如果'贤能',那早就细弱微小了。我一直拥有三件宝贝,始终护持并珍爱它们:第一个叫'慈爱',第二个叫'俭朴',第三个叫'不敢为天下先'。因为慈爱,所以能勇敢无畏;因为俭朴,所以能广大渊博;因为享乐不敢抢先于天下,所以能取得成就,从事长久的伟业。今天我如果抛弃了慈爱,姑且蛮勇冒险,抛弃了俭朴,姑且广采暴敛;抛弃了谦让后退,姑且争先逞强,那就必定死亡了。慈爱之心,以它战斗则能胜利,以它坚守则能稳固。天下将来建设理想国,你一定要以慈爱之心护卫她。"

这段话,可以视为老子贵身观的核心宣言。它分为三层意思。一是回击论敌的攻击,为了恒道的实现,哪怕是被人诬陷为"不肖之徒"也在所不辞。这表现了老子在捍卫恒道立场上,有为而且坚定勇敢的一面。在事关原则的大是大非面前,

贵身观并不是要人们软弱退缩,鲜明表现正义立场是允许而且必要的,老子的言论就已经作了诠释。

二是向全人类包括不明正道的论敌献上自己所珍藏的三件宝贝。这样做,不是有意哗众取宠,而是根据老子关于"为无为,事无事,味无味。大小,多少,报怨以德。"的一贯思想进行的。这三件宝贝,就是"慈爱","俭朴","不敢为天下先"。"慈爱"是恒道之本,玄德之魂,有爱才有恨,才有勇敢。"俭朴"是修德之要,保身之纲,是避免声色诱惑,节约社会资源,增广渊博学识,保证身心健康与社会和谐的秘诀。所谓"治人事天,莫若啬。夫唯啬,是以早服。早服是谓重积德。重积德则无不克。无不克则莫知其极。莫知其极,可以有国。有国之母,可以长久。是谓深根固柢,长生久视之道也。""不敢抢先于天下",是拒绝名利,否定好胜逞强,脚踏实地,循序渐进,得以成就和从事长久伟业的保证。它与佛家唯识宗关于在"我慢心"所产生的四种心态中,好善心全善,好美心无善无恶,好真心半善半恶,好胜心全恶的理论可以互参。老子认为,"天下莫柔弱于水,而攻坚强者莫之能先也,以其无以易之也。水之胜刚也,弱之胜强也。""天下之至柔,驰骋于天下之致坚。无有入于无间。吾是以知无为之有益也。不言之教,无为之益,天下希及之矣。"不敢抢先于天下,看起来既无为又柔弱畏缩,其实是后发制人,以柔克刚,自然比莽撞轻敌,犯险冒进要好得多。

三是再次从反面说明了若抛弃这三件宝贝,将会造成的蛮勇冒险、广征暴敛、抢先逞强的严重后果,号召人类保持人道主义、人本主义即慈爱的精神,掌握贵身观的精髓,反对冷酷残忍的兽性兽行,为恒道理想国的实现而勇敢奋斗!反观世界上一些口口声声爱国爱民的鹰派政治家,却又狠又贪又莽撞,这怎能不碰得头破血流呢?

对于生活在统治者身边的实权派、务实者即各级官吏,老子善意告诫他们要"宠辱皆惊",这恰好与后世名人的"宠辱皆忘"相反,但含义同样是积极的。这就是说,"不论得宠或受辱,都如同受到惊吓。重视大祸的降临自身。什么叫作'得宠受辱,如受惊吓'呢?宠爱是上边对下属而言的,得宠犹如受到惊吓,失宠也如受到惊吓,这就叫作'得宠受辱,如受惊吓'。什么叫作'重视大祸的降临自身'?我之所以有大祸患,是因为我有我的自身,等到我没有了我自身,我还有什么忧患呢?所以能爱护身体而献身天下的,才可以把天下的重任委托给他,能爱惜自身而为了天下的,你才可以将天下希望寄托于他。"在这里,老子不仅为天下爱戴的圣人贤者提出了忠告和民选标准,实际上还打破了臣君名分,大胆号召自爱自警,有志于恒道的臣子向昏庸贪暴的主子造反了! 不是吗? 对主子即君王的宠辱,臣子是要加倍小心的,免得在形势不利时就遭受灭顶之灾,这是贵身之道。而懂得这一道理,爱惜自身而又愿意献身于天下恒道伟大事业的,你就可以鼓动天下人民都追随他,就可以把天下的希望寄托在他身上了。这样的人,如果历史上真的出现过,那很可能是指周朝的奠基者周文王。不正是他巧妙地应对了商王所施加的宠辱,积蓄力量最终推翻了纣王违反恒道的统治,建立起开明繁荣的新国家吗? 由此可见,老子的贵身观是为恒道服务的,他主张的是"退其身而身先,外其身而身存。"是坚持为了恒道实现的爱身与舍身的辩证统一。他

老子问礼图

的贵身重生不是贪生怕死,而是保命为人民,惜命为天下。试想,如果一个人毫无自爱之心,甚至连命都不要,或整日花天酒地,狂饮滥嫖,腐肠伐性;或甘当要钱不要命的贪官和赌徒,或为了争名排位钩心斗角而孤注一掷,身心俱损;或为了逞一时之快,图个人虚名而盲目冒险,铤而走险,人民能放心地将天下的希望和重要职务交给他吗?

从贵身保生的立场出发,老子还告诫人们,"所持过多还不断地充盈它,还不如适时及早地停止了。捶打器物让它过于尖锐,将不可能永久的保存。金玉堆满了屋室,不能永远守住它。显贵暴富而骄横,自己种下了祸根。事业成功抽身自退,是天下自然的道理。"一些企业家和有钱人在事业上取得成功后,不知道回报社会,广做善事,广结良缘,只知道斗富炫财,狂敛无度,灯红酒绿,烧钞票,建豪宅,包二奶,结果惹祸上身,遭抢被盗,财失命丧,不得善终。这种事情屡见报端,能不醒乎? 所谓"天之道,犹张弓者也,高者抑之,下者举之,有余者损之,不足者补之。故天之道,损有余而益不足。""余食赘行,物或恶之。故有欲者弗居。""执大象,天下往。往而不害,安平太。乐与饵,过格止。"意思就是说,只有循道行事,爱民贵身,细水长流,损余益少,才符合人的生理和心理要求,如果一味逆天行道,轻死贱生,暴食

暴饮,多欲淫志,透支精力,只能早亡。而不过分享乐和饱食,珍惜生命,就可以来往无害,平安祥和。在老子看来,广大人民从来都是善良而爱惜生命的,不得已铤而走险实出于无奈。"民众的看轻死亡,是因为他们求生的厚望很强烈,这样他们才轻视死亡。只有那求生而不得的人,才是最贤良而珍惜生命者。"

为了让更多的人知道贵身之理,老子在他书中还处处留下了许多可从贵身养生角度去理解的名言。如"天长,地久。天地之所以能长且久者,以其不自生也,故能长生。是以圣人,退其身而身先,外其身而身存,不以其无私与,故能成其私。"就可以帮助指导我们正确处理好事业与长生的关系。另如"道生一,一生二,二生三,三生万物。万物负阴而抱阳,中气以为和。……故强良者不得死。我将以为学父。"这句话前两句,就已经与《易经》《黄帝内经》的阴阳学说一起,成为中医的理论和调理人体阴阳平衡,治病救人的根据,而后一句则成为循道贵身的教训。再看下面这三段老子名言也是如此:

"载营魄抱一,能毋离乎?抟气至柔,能婴儿乎?修除玄监,能毋有疵乎?爱民活国,能毋以知乎?天门启阖,能为雌乎?明白四达,能毋以知乎?""恒德不离,复归于婴儿。""含德之厚者,比于赤子。蜂疠虫蛇弗蛰,攫鸟猛兽弗搏,骨弱筋柔而握固。未知牝牡之会而朘怒,精之至也。终日号而不嘎,和之至也。和曰常,知和曰明。益气曰祥。心使气曰强。物壮则老,谓之不道。不道蚤已。"

这三句话给人们包括道教和神仙家以强身健体,返老还童的生动启示。从健康角度看,儿童的心理,生理和抵抗力等方面确有许多成人不如的地方,这使得一些人产生了采补、生精、延寿的念头,而更多的人则萌发了通过养心,练功,锻炼,修身,运气从而达到身心健康的合理愿望,并在实践中积累了五禽戏、太极拳、大雁功一类行之有效的锻炼方法。另如道家道医的内丹外丹修炼,去粗取精后,也有调节身心和化学实验的积极作用。而那种把男女双修养身引向损人利己的"采补修炼",把锻炼塑身引向损己娱人牟利歧途的极端化的"健身"乃至"变性"法,经老子"物壮则老,谓之不道。不道早已"的批评影响,在国内也很少有市场,如日本培养的早夭的相扑士,泰国的人妖等,在中国流传不开就是一例。

在个人贵身修养方面,老子坚信"人之生也柔弱,……柔弱微细,生之徒也。""重为轻根,静为躁君。"主张通过"居善地,心善渊,予善天,言善信,正善治,事善能,动善时。""虚其心,实其腹,弱其志,强其骨"的修炼方法,进入清净勿躁,损志无为，"塞其兑，闭其门，和其光，同其尘，锉其兑，解其纷"的心境，实现"躁胜寒，静胜热。清净可以为天下正。"的目的，避免"轻则失本，躁则失君。"的后果。这些主张都要求人们尤其是统治者切勿轻举妄动，而要持重稳静，最后达到"善建者不拔，善抱者不脱"的理想境界。

对于老子贵身养生主张中所谓"深根固柢，长生久视"，"盖闻善执生者，陵行不避兕虎，入军不被甲兵，兕无所揣其角，虎无所措其爪，兵无所容其刃。夫何故也？以其无死地焉"的说法，道教曾加以神秘化的解释，但这并非老子原意。其实，老子重视的一贯是人事而不是鬼神。用他的话说，那就是："天道无亲，恒与善人。""以道立天下，其鬼不神。非其鬼不神也，其神不伤人也。"其意思很清楚，只要坚守恒道，修养玄德，成为善良之人，天道人间自然相亲示爱，社会自然和谐平安，再灵验的"神鬼"也无奈人何了。这也正是"道者，万物之注也。善，人之宝也"的恒道贵身规律所决定的。老子笑言的这种鬼神也不会不畏人的态度，正是中国人在神乃至上帝的面前不像西方人那样诚惶诚恐，反而能加以利用，以神制神，以鬼治鬼，甚至敢于挑战神权的原因。且看中国的老君庙之多，以及哪吒、孙悟空之英勇，就可以明白老子关于"神鬼也不伤好人而护卫人民，人之所畏亦不可以不畏人"的说法，在民间流传之深远了。这对人们循道贵身，防止误入邪教，舍命修炼，也是极好的教益。

"谷神不死，是谓玄牝。玄牝之门，是谓天地之根。绵绵呵！其若存！用之不堇。"从贵身观看，老子的这句话可理解为，只要掌握了生命生生不息的秘密，人类的生命之源就将用之不竭。这正是老子贵身观最积极的乐观预言！

二、老子贵身新探

身。

贵身。

功遂身退。

没身不殆的老子贵身。

它所引发我们要深入思考的——

问题之一，老子的贵身就是贵生吗？

老子贵身观所面对和要解决的问题，是身体与生命、事业、玄德、恒道、养生的关系问题。在他以及我们的眼中，身体是人的形体，是鲜活生命的储存罐。身体与生命一样，都是人类个体的有机存在形式。但身体要依靠生命的运动才能维持自己的新陈代谢和自由运动，而生命也要有机存在于身体之中才能存活与延续。在没有特殊保护条件下，没有生命的身体只是一个速朽的躯壳，无法承担养育生命实现人的价值的自身价值。只有积极养生，保护身体，珍爱生命，才能为事业的开创、玄德修养、恒道探索和生命价值的实现提供阵地。这就是老子贵身观的真谛。在这个意义上可以说，老子的贵身就是贵生。

既然如此，为什么用"贵身"而不是"贵生"来为老子本篇命名呢？首先，这主要是从尊重老子的原著和原意考虑的，因为老子对于贵生的阐述大多属于民生问题，这些部分可以归入安民、用兵、治国等篇里详论；而老子原著中本来就有"故贵为身于为天下，若可以托天下矣"的提法，因而本篇也主要从老子的"贵身观"来阐述。其次，正如坚持"汉语思想奠基于贵身论"的学者所论，贵身是在杨朱的思想、老子的思想、孔子的思想中反复强调的本体论命题，它强调身体存在的本体性、价值性，要人们敬畏生命。这个观念具有重要的现代价值。因此，从贵身论出发，我们可以进一步丰富人道主义思想，提高当代社会的人道主义水平。

贵身论的首要命意是：以身为天下贵。杨朱坚持"不以天下大利，易其胫之一毛"，意思是，"身"是天下最贵之物，"身"是自然世界中唯一以自己为目的事物，"身"不是"利天下"的工具，相反，天下应该以"身"为利。《道德经》第十三章"故贵以身为天下，若可寄天下；爱以身为天下，若可托天下"，说的也是此意。在此基础上，我们如果真正理解孔子"仁者爱人"的"仁政"思想，便可以知道，汉语言始原思想在贵身论上是统一的。先秦思想家杨朱坚持高调提到"身体"，意思是"身体"因其个体性、实在性而在伦理学上具有优先地位。这种贵身论的思想，在中国思想的始原处并不是异端，相反贵身论是中国先秦思想的基石之一，是中国思想的最重要出发点。这对我们认识老子贵身观的哲学价值是有启发的。

一般认为，先秦诸子对身体的认识，当从古人对"人"的认识开始。从甲骨文中的"人"字标划看，是一个人的身体侧站的形状，这也就意味着，汉语中的"人"字的书写，是从"人的身体"的象形意义而来的。这不仅符合汉字的象形造字规律，而且也说明"人"字是最早的字根之一，是中华民族对人的身体与思维的探索的开始。当然，"人"字由最初的简单的字源意义，向汉语"概念"的复杂意义的转化过程，是极其复杂的人的思想进化过程。孔子创立完整的儒教学说，为"人"赋予"仁"的道德文化意义，是在表示单人旁的人字旁边，增加表示两个人的关系的"二"字开始的，正确处理人与人的关系，做到仁者爱人，就实现了"仁"。《说文·人部》指出："仁，亲也，从人、二。"《论语》中有时将"仁"直接假借为"人"，这就是朱熹所说的："有仁之仁当作人。"其例子就是《论语·雍也》："虽告之曰：'井有仁焉'其从之也？"另一种说法是，"仁"从"心"、从"身"，其本义当是"心中想着人的身体"，与从"心"从"人"表示"心中思人"的"爱"字造字本义差不多，孔子以"爱人"来释人是不错的(参见葛兆光，中国思想史·第一卷.上海：复旦大学出版社，1998 年，179~180 页)。

有学者认为："身"在汉语思想中至少有三个层面的含义：第一层面的"身"为躯体，无规定性的肉体、身躯；第二层面的"身"是身体，它是受到内驱力作用的躯体；第三层面的"身"是身份，它是受到外在驱力(社会道德、文明意识)作用的身体——这种"身"观念，坚持人的"身/心"二元论，而且把"心"看成了"身"的主宰。孔子伦理道德思想的核心是"己所不欲勿施于人"，"人"在他眼中是有肉身有欲望有实践的实体，而不是精神虚体。孔子有所谓"行有余力，则以学文"的说法，他实际上是把能修身能"行动"的人，放在学文"求知"之人前面的。杨伯峻说："论语没有一个'理'字，而朱熹的集注处处都是'天理'，'理'诸字；孔子已经认识到人类社会的物质生活的重要意义，才有'先富后教'的主张，可是朱熹的集注到处是斥责人欲的词句。"(杨伯峻.论语译注·导言.北京：中华书局，1958 年.8 页)这就是说，孔子的"仁"是和"身体之人"结合在一起的，是与身体密切联系的。有学者据此认为："贵身论中的'身'在先秦思维中处于从实体论的'身体'向虚体论的'自身'转化之中。哲学上的'自'概念实际上在老子和孔子的时代尚没有产生，因为'自'在哲学中的出现意味这一个非常重要的思维飞跃：它意味着人类把自我作为主体性从对象世界抽离出来，意味着超越实在论，以虚在论为基础的主体论思维的确立。显然，在老子和孔子的时代，他们的思维是实体论的，作为代用品，他们还只是用'身'来指代自我。"

应该指出的是，这里把老子、孔子都当作"只是用'身'来指代自我"的先秦思

想家,是不确切的。在老子的《道德经》中,"人"的概念是身心合一,知行合一的生命体,共在40章中出现了82次,除了与其他名词结合成为众人、愚人、善人、鬻人、人主、圣人等一些专有名词外,大多数时候都是指具有普遍意义的身心结合的"人",而且是人的各种行为的关联者和承受者,如伤人、知人、教人、治人、畜人、事人、予人、用人等。这些"人"与"身"的意思互相关联,却又并不等于同一的概念。"身"字在全书共计9章中出现了23次,比人字出现的次数少很多。另外一个值得注意的情况是,在以上列举的9章之中,除了第1章外,没有一章是"身""生"并用的。由此可见,老子对"生"的意义和"生"的保护的重视,不仅仅体现在对身体的重视上,还涉及了更广泛的领域,这说明老子对"身"的所指是非常明确的,就是指承载了人的生命的肉身,一个可能因为人的心志欲求过度而被忽略的实体。这正是我们在下面的进一步分析中,所首先要明确的。

事实上,老子与实际上已经开始了悬设和"身"对应的"道""德""心""志"的精神虚践概念的孔子一样,尝试用这些概念来展示其对"身"的不同侧面的认识,这确实也许为后世的汉语思想形成身心二元论,形成重道贱身的思想提供了某种隐约的思想线索。但这并不是老子思想中"贵身观"的本意,也不是它成了一个被后世汉语思想主流遗忘了甚至是否定的命题的原因。有学者说得好,"贵身论"是汉语思想的一个起点。它能否成为汉语始原思想的一个根本性信念,关键要看汉语始原思想是否建立了一种身体本体论的哲学,"即不仅要坚持身体是存在的本源,还要反对身体和意识的二元论,反对意识高于身体、独立于身体的观点。"而老子就是这样做的,他不仅视身体为生命存在的本体与前提,还认为恒道和玄德的重要性在一切知识之上,对于人来说,减损无用的知识,是保证身心健康的重要的手段。他提出的"虚其心,实其腹,弱其志,强其骨"就是要强化人的腹骨即身体,开阔和虚化人的心志,使人从被物欲所异化的状态中解放出来,获得身与心的同步健康发展和完美结合。这也是他贵身观的精髓。因此,老子看似有"心志"之"神"与"腹骨"之"身"对立的思想,但他并不主张身心二元论,而是坚持了"贵身"为本,"恒道"为先,"玄德"为重,虚心实腹,弱志强骨的"贵以身为天下"的一元论思想。《老子》中一系列关于"身"的思想,与本书选用的"贵身观"9章对照,有九、十三、十六、四十四、五十二等章是重合的,包括都可以从"贵身观"角度来理解的"身退""有身、无身、贵为身、爱以身""没身""终身"等。未选的只有第七、二十六、五十

四、六十六等4章,新增的有谈"五色使人目盲"的十二章,谈"我恒有三宝,持而宝之。一曰慈,二曰俭,三曰不敢为天下先。夫慈,故能勇。俭,故能广。不敢为天下先,故能为,成事长"的六十九章,谈"知不知,尚矣。不知不知,病矣。是以圣人之不病,以其病病也,是以不病"的第七十三章,以及谈"勇于敢则杀。勇于不敢则活。此两者,或利或害,天之所恶。孰知其故?天之道,不战而善胜,不言而善应,不召而自来,单而善谋。天网恢恢,疏而不失"的第七十五章,等等。这四章都牵涉到老子贵身观的具体内容,故此合为一篇。

其一,"天长,地久。天地之所以能长且久者,以其不自生也,故能长生。是以圣人,退其身而身先,外其身而身存,不以其无私与,故能成其私?"说的是人效法天地的长生之道,无私而能成其私,退让而能领先,置生命于度外反而能保存自身的道理。

其二,"持而盈之,不若其已。揣而锐之,不可长葆也。金玉盈室,莫能守也。贵富而骄,自遗咎也。功遂身退,天之道也。"说的是人不可骄傲盈满,不可恋栈,贪求富贵,要谦虚自卑,及时功成身退的道理。这点可以从之前范蠡逍遥江湖,安然无恙,后来的韩信功成不退,终于被缚杀头的结局看出。

其三,"宠辱若惊,贵大患若身。何谓宠辱若惊?宠之为下也,得之若惊,是谓宠辱若惊。何谓贵大患若身?吾所以有大患者,为吾有身也,及吾无身,有何患?故贵为身于为天下,若可以托天下矣;爱以身为天下,女可以寄天下。"说出了一个深刻的道理,就是只有爱护自己身体的人,才可以寄天下的希望于他的身上。否则他的品德再好,谋略再高,也会因体力不支,无法尽职尽责,完成自己的使命而抱憾终身,给人民的事业造成无法挽救的重大损失。

其四,"至虚,极也。守静,督也。万物旁作,吾以观其复。天物云云,各复归于其根,曰静。静,是谓复命。复命,常也。知常,明也。不知常,妄!妄作,凶!知常,容。容乃公,公乃王,王乃天,天乃道。道乃久,没身不殆。"这是老子认识自然规律,"没身不殆"的法宝。

其五,"重为轻根,静为躁君。是以君子终日行,不离其辎重,唯有环官,燕处则昭若。若何万乘之王,而以身轻于天下?轻则失本,躁则失君。"这是对统治者的苦口规劝,劝他们要自尊自重,不要为了急功近利而失掉根本,丢了性命,失去天下。这从秦始皇终日出巡,躁动盲进,却忘记了选好接班人的这一根本大计,结果设想

中的万世江山社稷,不过二世即亡的教训里,可见一斑。

其六,"名与身孰亲?身与货孰多?得与亡孰病?甚爱必大费,多藏必厚亡。故知足不辱,知止不殆,可以长久。"正是多少要钱不要命,要名利不要身,不知满足,一味索取,结果一无所获之徒的深刻教训。

其七,"天下有始,以为天下母。既得其母,以知其子。既知其子,复守其母,没身不殆。塞其兑,闭其门,终身不堇。启其兑,济其事,终身不救。见小曰明;守柔曰强。用其光,复归其明,毋遗身殃,是谓袭常。"说的是如何"塞其兑,闭其门,终身不堇",如何"启其兑,济其事,终身不救"的教训,以及如何"见小曰明,守柔曰强。用其光,复归其明,毋遗身殃"的道理,其关键在于守住大道之母而不改"袭常"。

其八,"善建者不拔,善抱者不脱,子孙以祭祀不绝。修之身,其德乃真;修之家,其德有余;修之乡,其德乃长;修之国,其德乃丰;修之天下,其德乃博。以身观身,以家观家,以乡观乡,以邦观邦,以天下观天下。吾何以知天下之然兹?以此。"说的是如同易经"观卦"里所说的道理,通过身边事物的由近而远的细致观察,认识修身博德的天下道理。

其九,"江海,之所以能为百谷王者,以其善下之也,是以能为百谷王。是以圣人之欲上民也,必以其言下之。其欲先民也,必以其身后之。故居前,而民弗害也;居上,而民弗重也。天下乐推,而弗压也。非以其为争与?故天下莫能与争。"说的是易经里的"谦卦"早已阐明,老子却把它与统治者的道德修养联系在一起,说明他们只有不高高在上地压迫人民,而是把自己放在人民的后边,谦虚谨慎,不抢不贪,多做好事实事,才可能自然而然地得到人民的衷心拥护和乐于推戴的道理。

与老子上述专门谈及"身"的各章和《论语》中有关身体的论述加以对比。可以看出老子与孔子对身体重视程度及其各自贵身观的差别。据有的学者统计,《论语》中出现"身"的句子有 14 处,其中 13 处是指"身体""本身""本人",只有一处是用作量词,"身"可谓《论语》思想的一个核心指向和核心问题。与阐发了身体本体论思想和丰富的社会学、伦理学观念的《论语》相比,《老子》的"身"是《老子》全书的"九观"之一,是构成老子哲学体系的重要组成部分。与孔子直接谈身不同,老子对人身的处置,有时是通过"人"来表现的,如伤人、畜人等。但老子对"身"的用法也很丰富,绝不亚于孔子。"身"在老子那里可以"终""救""殃"(没身不殆……终身不堇。……终身不救。……毋遗身殃），可以"轻"（若何万乘之王，而以身轻于天下）；可以"贵""有""无""爱"（贵大患若身？吾所以有大患者，为吾有身也，及吾无身，有何患？故贵为身于为天下，若可以托天下矣；爱以身为天下，女可以寄天下）；可以退、先、外、存（退其身而身先，外其身而身存）；可以"后"（其欲先民也，必以其身后之）；可以"观"（以身观身）。而孔子的"身"则可以"杀"（杀身成仁），可以"致"（事君能致其身），可以"忘"（一朝之愤，忘其身），可以"辱"（降志辱身），可以"省"（三省其身），可以"正"（其身正，不令而行），可以"洁"（欲洁其身，而乱大伦），等等。可见，比起老子来，孔子对"身"的使用远远没有老子那么丰富，那么充满了辩证法，这也是老子的恒道思想远远高于所有先秦诸子的原因。

问题之二，老子的贵身观与事业有关吗？

老子的"贵身"与人的事业有密切的关系。与儒家、佛家的看轻肉身，看空物质，重视精神，不惜"杀身成仁"，"舍身饲虎"不同，老子始终把贵身作为实现事业成功的物质前提。因此，他才一再强调"故贵为身于为天下，若可以托天下矣；爱以身为天下，女可以寄天下。"强调只有首先珍爱宝贵自己身体的人，才可以把天下的希望托付于他。否则将会因为身体的早夭而给人民的事业造成无法挽救的重大损失。在某种意义上，诸葛亮的早逝造成统一全国的汉朝复兴大业的夭折，孙中山的早逝造成国共合作大好局面的消失就是两例。而实行无为而治的圣君，与重视锻炼身体、爱护身体以更有效工作的人民领袖，也正是因为其长寿而能更好地造福世人的。

有学者认为，先秦诸子真正的"贵身论"并不是仅仅坚持"自我的'身'贵"，而是要坚持孔子的"推己及人"，认定"所有人的'身'同贵"的思想，在此基础上，为了"所有人的'贵身'"而舍身就是"贵身"的最高境界和最伟大事业了。因此可以从老子关于"是以圣人欲上民，必以言下之；欲先民，必以身后之"的"后身"观念里（个人的"身"的重要性放在民之众"身"之后），正面推演出老子主张的"舍身"的必然结果。这种说法是有违老子的原意的。因为老子的"后身"观念，只是指在名利、荣誉、地位的面前的自觉主动地谦让，后取，而不是视同无物的完全放弃，舍弃，更不是连自己身体也舍弃不要了。老子认为，只有通过这样的谦让，后取，才能表现出圣人的大公大德，实现人民乐于推戴圣人，让他为上，为先的目的。这与孔子主张无条件地把仁的追求放在贵身之上，坚决主张："志士仁人，无求生以害仁，有

杀身以成仁。"是不同的。且不说孔子的"仁"具有无条件维护王权的消极意义,即使从孔子的"舍身"是高于"贵身",是为了追求精神价值的"仁",而不惜让众多的"志士仁人"舍弃自身去拯救他人的"身"的积极意义看,与老子的"贵身"也有质的不同,因为老子认为只有"道"才是"世界上最宝贵之物",只有尊道贵德才是贵身的目的。而从道的本质看,它是自然而然的,身作为自然界以道为自身为目的之物,只要保持自然无为就行了,不应当成为任何其他事物包括"仁"或"礼"的工具。

有学者认为,"后世汉语思想,尤其是儒家正统思想,更多地看重心、精、气、志、神对身体的超越和控制,把身心对立二分。从孟子心、气、形三位一体论身体观开始,身体的哲学本体论地位渐渐丧失,甚至后世不仅不再把身体看作存在的本源和根据,相反把它看作是妨碍人的升华,必须经过静心、养气,加以克服的东西。经过这种变化,后世汉语思想中的'身'在哲学上大多已经不是指'身体',而是指心灵主宰下的外形——或者可以叫作心的外化,荀子直接把身体看作是'心'的'践形'"。因此,汉语思想从认识到人是肉身实体,是包含着实践驱力的实践者——身体,到后来却在方向上犯了错误,把"身"等同于"身份",而忘记了更为本源的应当是内驱力作用下的"身躯"。于是"后世儒家只是知道如何研究心、精、气、志、神对身体的超越和控制,把它们当作和'身'对立的身体主宰者,脱离了'身'的长生讲'不朽',以超越身的有限,追求功、德、言的无限。"这是很有道理的。但是,遵循老子的尊道贵德的"贵身观"思想的道家,尤其是发明了道医和炼丹的道教,以及数千万练功健身以求延年益寿的修道者们却不是如此。他们把身体的修炼当成了实现恒道的崇高的事业,把"精""气""神"当作修炼不朽真身的关键所在,把减损"心""志""欲"等看成是修"身"事业的驱动力,这与孟子所说的:"生我所欲也,义亦我所欲也,二者不可得兼,舍生而取义者也。"把"生"视为不如熊掌的外物,从属于政治利益之"义"的牺牲,可以为义而舍生灭身;或如佛教所宣扬的那样,把身作为空空如也的幻"相",可以舍身饲虎以求法成佛是不同的。因此,只有老子和道家、道教,才强调"身"可不朽,"长生不老"。

问题之三,老子的贵身离不开修德吗?

"载营魄抱一,能毋离乎?抟气致柔,能婴儿乎?修除玄监,能毋有疵乎?爱民活国,能无以知乎?天门开阖,能为雌乎?明白四达,能毋以知乎?生之畜也;生而弗有;长而弗宰也,是谓玄德。"是老子的玄德"贵身观"思想的核心命义及现代价值。他此后还有"含德之厚,比于赤子"之说。在老子看来,最有厚德即玄德的人,是体现了道的自然本性的"赤子",是玄德和不为外物所役的赤裸裸的婴儿无为状态的身体的完美结合。在老子看来,凡是使得人的身体堕入"名""货""得""欲"的在世状态,而拼命追求的"音""色""猎""余食""赘行"等感官享受,都是妨碍身体自然本性持存的,摧残身体的。所以,老子认为人应该减损心志,知足知止,远离声色之乐,不让这些外界事物和影响危害身体本身,危害人们尊恒道,修玄德。可以说,老子的这一"贵身观",或者称之为"赤子观",与孔子孟子的"君子观"是很不一样的。孔孟的"君子观"是"身体发肤,受之父母,不敢损伤",通过修身,求仁,养心,养浩然之气来达到齐家、治国、平天下的功利目标。而老子则是"贵以身为天下",坚持循道修德的贵身观。

特别要指出的是,老子的贵身观,与那些只以"身"为自身目的的贵身论完全不同。后者认为既然"身"在伦理学上和"天下"相比具有优先地位,就可以无节制地占有外物、主宰世界,相反,老子的贵身观认为"身"要服从恒道,要修养玄德,要懂得自身的所亲、所爱、所止,一句话,懂得如何调理真身并与他身众身和世界和谐相处,这才可以"知足不辱,知止不殆,可以长久。"老子的这一长生贵身思想,坚持了"身"贵于天下万物、财货与名声,认定了生命是自然界中最宝贵的事物,明确摆正了生命之身和无生命之物之间的关系,以及生命之身和其他的生命之身之间的关系,这就是"善建者不拔,善抱者不脱,子孙以祭祀不绝。修之身,其德乃真;修之家,其德有余;修之乡,其德乃长;修之国,其德乃丰;修之天下,其德乃博。以身观身,以家观家,以乡观乡,以邦观邦,以天下观天下。吾何以知天下之然兹?以此。"老子认为,要想成为子孙以祭祀不绝的善建者、善抱者,就要修之身,使德真;修之家,使德余;修之乡,使德长;修之国,使德丰;修之天下,使德博。而这一切,又是从"以身观身"开始,通过每个个体的"身"的自观、他观、众观,然后层层推而广之,最后"以家观家,以乡观乡,以邦观邦,以天下观天下",实行玄德广博,实现恒道目的。这与后来的反对以自我为中心,唯我独尊,为了自己的利益而伤害他人的"身"的先秦诸子,如孔子所说"推己及人""己所不欲勿施于人",即使在伦理学上要求视他人的身为己身,"身"而平等的真正的贵身论是一致的。

此外,老子的贵身观在玄德修养上还有"贵柔""守弱"和"善忍"的特点,它从"上善若水,上德若谷"。水"利万物而不争",因其"至柔"而能攻天下之"至坚"的上善之德推论而来,为后世大众提供了贵柔善忍,尚雌贵弱的价值取向,形成了以清虚自守和"善忍"为特色的道家玄德修养文化。关于老子开创的道家学派的一贯宗旨是柔弱善忍和谦卑退让,历史文献中有不少记述。如《史记·老子传》说:"老子修道德,其学以自隐无名为务",庄子评论老子为"以濡弱谦下为表";《吕氏春秋·不二》则断定"老聃贵柔",而《汉书·艺文志》的说法则是:"清虚以自守,卑弱以自持。"此外,属于老子道家学派的,如关尹"贵清",列子"贵虚",宋鈃、尹文"见侮不辱",田骈、慎到"与物宛转,舍是与非"等,都是如此。

问题之四,老子的贵身以恒道为宗旨吗?

老子的贵身观是以恒道为宗旨的生命观。而"恒道"的表述方法又如同老子所说的"道可道也,非恒道也",是说不清,道不尽的。这就使我们有了不同角度去探索的可能。

(一)老子的贵身观:生命和谐之道。

老子的贵身观的要义是生命的和谐。而恒道正是最完满的和谐。道之体在生,得道则生则繁荣,此乃宇宙和谐的基石。老子认为:"知和曰常,知常曰明"。"和"即和谐,"常"即规律。在自然面前不可以为所欲为,而要做到"至虚,极也。守静,督也。万物旁作,吾以观其复。天物云云,各复归于其根,曰静。静,是谓复命。复命,常也。知常,明也。不知常,妄!妄作,凶!知常,容。容乃公,公乃王,王乃天,天乃道。道乃久,没身不殆。"老子的这一说法,说出了一个重要真理,就是人类要明白贵身观的真正含义,就是"身"要至虚守静,知常复命,顺应自然之"道",保持生命的和谐。

(二)老子的贵身观:阴阳和谐之道

《易经》说:"一阴一阳之为道"。老子据此指出,阴阳两气互相激荡而成为新的生命和谐体,用他的原话来说则是:"道生一,一生二,二生三,三生万物。万物负阴而抱阳,中气以为和。"老子反对"六亲不和",主张在阴阳的对立中实现"和",包括"音声之相和","和其光"等,在老子看来,"少则得,多则惑。是以圣人执一以为天下牧。只有抓住了"阴阳之和"这一由"道"演化为万物生命的关键,才能了解人即使作为宇宙的精微,也要遵循"道"的变化的规律。由此可见,老子贵身观的动机和目的,是由万物包括人身的生命的要求,逐步向上推求,推求到作为宇宙根源的处所"道",作为人生的安顿之地的。因此,老子和道家的贵身观,可以说是他的恒道哲学的产物,他不仅要在宇宙的根源发现人的根源;并且要以宇宙的根源来决定人生相应的生活态度,并取得人生的安全立足点。所以说,老子思想的根本还在于对人的关注,是以人为本的。

(三)老子贵身观:循道向善的天之道

老子的贵身观认为天之道与人之道有密切的关系:虽然"天地不仁,以万物为刍狗。圣人不仁,以百姓为刍狗。天地之间,其犹橐籥与? 虚而不淈,动而愈出。多闻数穷,不若守于中"。只要做到"以道立天下,其鬼不神。非其鬼不神也,其神不伤人也。非其神不伤人也,圣人亦弗伤也。夫两不相伤,故德交归焉。"做到"我恒有三宝,持而宝之。一曰慈,二曰俭,三曰不敢为天下先。"做到"圣人恒无心,以百姓之心为心。善者,善之;不善者,亦善之,德善也。信者,信之;不信者,亦信之,德信也。圣人之在天下,翕翕焉,为天下浑心。百姓皆属耳目焉,圣人皆孩之。"就可以"天将建之,女以慈垣之"。实现"夫天道无亲,恒与善人。"他的这些话,从贵身观的角度理解,就是只要以道立天下,人神就可以相和而不相伤,万物和人人也都可以被圣人视为草木一样平等;而只要保持慈善之心,人人向善,人人守信,就会获得天道的护佑而守中,返璞,归真,长生。

(四)老子贵身观:无为不争的人之道

老子认为"物壮则老,谓之不道。不道早已。"他认为:"治人,事天,莫若啬。夫唯啬,是以早服。早服是谓重积德。重积德则无不克,无不克则莫知其极。莫知其极,可以有国。有国之母,可以长久。是谓深根固柢,长生久视之道也。"从贵身观的角度看,他认为只有循恒道重积德,才可以深根固柢,长生久视。这与他主张"圣人为腹不为目",应该高度重视社会外界的影响因素,是相相辅相成的。如他所说:"宠辱若惊,贵大患若身。何谓宠辱若惊? 宠之为下也,得之若惊,是谓宠辱若惊。"。只有真正做到外惊内静,"为腹不为目",不为外界荣辱乱了心志,才是修德贵身的人之道。王夫之对此加以发挥道:"众人纳天下于身,至人外其身于天下。夫不见纳天下者,有必至之忧患乎? 宠至若惊,辱来若惊,则是纳天下者,纳惊以自滑也。大患在天下,纳而贵之与身等。夫身且为患,而贵患以为重累之身,是纳患以自梏也。惟无身者,以耳任耳,不为天下听;以目任目,不为天下视;吾之耳目静,而天下之视听不荧,惊患去已,而消于天下,是以百姓履籍而不匹倾。"(王夫之:《老子衍》)确是十分精辟。他说明,一般人如果对于身体的宠辱荣患十分看重,甚至于视身外的宠辱远远超过自身的生命,以为人活着就是为了名、位、货等身外之物,把它们摆在比生命还要宝贵的位置之上,确实是大错特错了。老子从"贵身观"的角度出发,认为身体生命远贵于名利荣宠,所以一方面要清静寡欲,不为声色货利之事所动,一方面要重视大祸降临自身,分析宠辱原因,才可以趋吉避凶,没身不殆。

老子根据循道而行的无为自然的贵身观,还主张"人之道,为而弗争。"他借圣人之口说:"我无为也,而民自化。我好静,而民自正。我无事,而民自富。我欲不欲,而民自朴。"又说"孔德之容,唯道是从",只要人们广德容人,随从于道,不争无为,则德可正,人可化,命可久。这种老子所描述的"守弱、谦下、无为、顺应自然"的行为方式,是一种高明的积极的归真的方式,是身体行为与人的本质,和自然、社会、他人和谐相融的一种理想人格。它使人排除杂思妄念,回归本性,返归婴儿,在出入于"道"中心灵遨游中,体验万物的变化与复归,超越时间、空间的限制,以直觉的心态将万物符合道的本然状态充实于人的心灵之中,体悟"道"之规律与真谛。

问题之五,老子的贵身与养生有关吗?

老子的贵身观最积极的现实意义,是为道家竭力推行弘扬光大的中华养生文化,开辟了广阔的道路。老子原书主要谈道与德,但换个角度即可作为悟道修德养生之解释。因此,他直接谈养生之道的地方看似不多,却字字珠玑,妙含玄机,充满哲理,给人以余味无穷的丰富启迪。其主要的养生之道有:

(一)道法自然法。

老子主张"人法地,地法天,天法道,道法自然。"中华养生文化也认为人类生来就有充盈的精气,只要修炼好道德,效法天地万物的自然规律,如"太极拳""五禽戏""大雁功"等,就可以学会用"精""气""神""力"实现对身体的操控,让身体活动在生命的自然状态里,就可以达到养生的目的。像老子所说的那些"善执生者"一样,"陵行不避兕虎,入军不补甲兵,兕无所揣其角,虎无所措其爪,兵无所容其刃。夫何故也?以其无死地焉。"在自然而然的"无为自化"的"无死之地"实现生命的价值。

(二)抟气至柔法。

老子的抟气至柔法，一连提出了六个问题："戴营魄抱一，能毋离乎？抟气至柔，能婴儿乎？修除玄监，能毋有疵乎？爱民，活国，能毋以知乎？天门启阖，能为雌乎？明白四达，能毋以知乎？生之，畜之，生而弗有，长而弗宰也，是谓玄德。"按照老子在这一章中一口气提出的六问去实践，想方设法——将魂和魄合而为一，实现互不分离；聚结精气以达到柔和温顺，使之能像婴儿那样纯洁质朴；将心中杂念洗净淘空，做到一尘不染，明澈如镜；努力爱民治国，实现无为而治；将天门（对应脑门之一处）开阖，使之能遵从万物之母（道）；明白四达，做到无知无为，不用心机，从而实现灵魂的净化与守一，自然扫除杂念，身柔体健，自然安康。在老子看来，婴儿的状态，是贵身观抟气至柔法追求的"赤子"之"身"的理想状态，他没有经过世俗精神和制度文化的浸染，不受情感波动利益声色诱惑保全了"自身"，而抟气至柔的"修身"才能使人返老还童恢复婴儿般的生命状态。

（三）抱一专神法。

心专神聚气定则万事成。"营魄"的解释之一，即先天之气"营"与后天之气"魄"之合的称呼。而老子所说的"载营魄抱一"，就是说灵与魂做到和谐同一的问题。具体来说就是要减损心志，控制情欲，知足贵身、制性制欲。老子认为，"知足不辱，知足不殆，可以长久"，不知足，不知止，便会危亡倾覆，走向自己愿望的反面。他的抱一养生法，强调"不失其所者，久也。死而不忘者，寿也。"要按"抱一"的要求来修身和抑性制欲，包括控制自己的情欲和外界声色影响。这就是要注意"五色使人目盲，驰骋田猎使人心发狂，难得之货使人之行方，五味使人之口爽，五音使人之耳聋"的危害，做到"为腹而不为目"，通过气守丹田，达到运气，聚气，化气，生精，专神，健康，长寿的目的。

问题之六、老子贵身论可以进行现代意义的转化吗？

在老子之书里，"人"，"身"与"生"的意思互相关联，却又并不等于同一的概念。"生"在全书共计16章中出现了34次，远远比"身"字在全书共计9章中出现了在23次要多。其中的"生"有时作为民生解，有时可以作为对"身"的生养、刺激、锻炼解。如"道生之，而德畜之。物刑之，而器成之。是以万物尊道而贵德。道之尊，德之贵也，夫莫之爵，而恒自然也。道生之，畜之，长之，遂之；亭之，毒之，养之，复之。生而弗有也，为而弗恃也，长而弗宰也。此之谓玄德"就是如此。生命的个体包括其身体，只有按照道的规律，接受生命的考验，才能不断发展壮大，延长寿

命。在这方面,中医学经典《黄帝内经》也有相同论述,我们可以看到其中一脉相承的全道养生的思想:"黄帝曰:余闻上古有真人者,提挈天地,把握阴阳,呼吸精气,独立守神,肌肉若一,故能寿蔽天地,无有终时,此其道生。中古之时,有至人者,淳德全道,和于阴阳,调于四时,去世离俗,积精全神,游行天地之间,视听八达之外,此盖益其寿命而强者也,亦归于真人。其次有圣人者,处天地之和,从八风之理,适嗜欲于世俗之间,无恚嗔之心,行不欲离于世,被服章,举不欲观于俗,外不劳形于事,内无思想之患,以恬愉为务,以自得为功,形体不蔽,精神不散,亦可以百数。其次有贤人者,法则天地,向似日月,辩列星辰,逆从阴阳,分别四时,将从上古合同于道,亦可使益寿而有极时。"(参见《黄帝内经·素问·上古天真论篇》)由此可见,从《老子》到《黄帝内经》,从中医学、武术气功、养生学到风水学,中华文化的贵身观与养生健身内容是十分丰富的,它是对佛学强调身相为空色,只注重以行、住、坐、卧等身姿来禅悟涅槃成佛,却不注重肉身健康的做法的修正,是世界追求身心和谐的养生文化的宝贵财富。

然而,也有学者如葛红兵等不无道理地认为,后世中国人已经不够重视"身"。在东方思想的圣殿之中,当"存天理,灭人欲"的主张一度盛行时,人的"身"被驱逐了。它的原因是东方思想的整体性欠缺。当哲学家们以蔑视和践踏"身"为荣耀的时候,当代中国思想界完全有必要进行一场认真的反思,重新回到汉语言始原思想的发生处,体会它神秘玄远的哲音。而先秦诸子的"贵身论",尤其是老子的涉及恒道、玄德、事业、养生等领域的"贵身观",无疑是非常重要的文化资源。在先哲那里,身将自身作为目的,无约束地实现身体自身,自由是在这个意义上说的自由。当然,此一自由并非纵欲。身体本体论作为哲学命题要重新回到人们的视野,必须完成多方面的价值转换。事实是,它也的确拥有广阔的理论前景:贵身论和现代生态哲学、贵身论和人权中心主义的现代国际政治伦理、生命质量为中心的生命意识等等都有着某种逻辑暗合。正如老子所说,视有身为无身,才是治身的最高境界,也才是身体本体论关于自由的最高境界。

第七节 老子的安民观

一、慎终若始

老子安民观的核心纲领,基本由育民法、治民法、抚民法三部分组成。它与他的治国观、用兵观相辅相成,鼎足而立,是其哲学体系依据恒道观,玄德观在政治、文化、军事领域的政治纲领和社会实践论,同时贯穿了其无为观、贵身观、察世观的思想内核。

老子安民观中的育民法,即教育民众的基本方法,主要有两个重点。一是虚心实腹,弱志强骨,二是绝圣弃知,见素抱朴。所谓虚心实腹,弱志强骨,用老子的话就是"不崇尚贤良,使人民不争名夺利;不看重难得的货物,使人民不当强盗;不炫耀那些刺激物欲的东西,使人民不心乱骚动。所以圣人所实行的治理方法,要谦虚阔容内心,要充实腹中才学,要弱化贪狠之志,要强健筋骨体魄。这样持久地在人民中坚持下去,以期达到天真无欲的超脱境界。这不过是使人知道不敢乱来、不妄为而已。而天下也就不会治理不好了。"从人类社会的实践经验看,老子的这一见解是非常深刻的。它的要义是,不鼓吹虚名,不炫耀财宝,不激发人民的贪念,让人民口中有食,肚里有料,心无贪欲,志气平和,身体强健,淳朴无为,自然会天下太平。

可惜的是,在现实社会中,人们往往是反其道而行的多。有时还常巧立并提倡各种名目、荣誉称号,诸如什么"勇士""骑士""功臣""英杰""之星""勋章""爵位"之类,让人们毕其一生甚至赔上命去努力争取,导致不少逐利贪欲、弄虚作假的事情发生。有的商店和传媒如电视台、报纸等则大搞"有奖销售""百万富翁""彩票抽奖"之类的活动,用五花八门的丰厚奖品,撩起人们追求物欲的强烈愿望,以至造成了夫妻反目,父子成仇,朋友义断等种种不良社会影响,这都是人们熟知而难以改变的事实。

老子育民法的另外一个重点，是绝圣弃知，见素抱朴。老子认为："弃绝假圣狡智，人民利益将百倍增加。弃绝仁义说教，人民将恢复孝顺慈爱。弃绝取巧贪利，盗贼将会从此消失。这三句话啊，写成文章还不足，所以还要让它有所论述：体现本质爱素朴，减少杂念与私欲，弃绝伪学无忧愁。"应该说，老子主张的这一育民法，是他遭到最多非议的一个观点，也是最容易引起人们误解的一个观点。这也难怪，一个如此聪明的老子竟然主张抛弃仁义，消灭知识，这岂不是要把人类拉向倒退吗？

其实，老子所说的"绝圣弃知"，"绝仁弃义"，"绝巧弃利"，是达到"绝学无忧"，"见素抱朴"，"少私寡欲"的手段，最终还是为了实现恒道社会的"民利百倍"，"民复孝兹"，"盗贼无有"的安民目的。这是因为，在老子看来，"大道废，案有仁义"，"故失道而后德，失德而后仁，失仁而后义，失义而后礼。夫礼者，忠信之泊也，而乱之首也。前识者，道之华也，而愚之首也。"正是由于人类背离了恒道，背离了人之所以成为人的根本，即人道主义，人文精神，才演绎出德、仁、义、礼、法等一套不如一套的清规戒律，才导致了社会的混乱和失控，才有了"朱门酒肉臭，路有冻死骨"一类骇人听闻的"损不足以奉有余"的反天道反人道的倒行逆施，才有了"罪莫大于可欲，祸莫大于不知足，咎莫惨于欲得"，以奇巧淫技制造假冒伪劣产品，金玉其外，败絮其中，牟取暴利的无底贪婪，才有了为这一切违反恒道准则做无耻辩护的伪学、伪知识，以及为维护这一违反恒道的社会秩序而制定的礼制、法制和吏治。这也正是老子主张"绝圣弃知"，"绝仁弃义"和"绝巧弃利"的时代背景和目的。

在老子看来，也只有把统治者这一套表面看来是鼓吹道德仁义，智慧聪明，奇巧淫技，实际上为了维护残酷统治，满足无穷私欲的说教和做法通通去除，人民才可"绝学无忧"，不受这一套假仁假义的奴役哲学的欺瞒，才能"见素抱朴"，回复到"少私寡欲"的原始公产社会公正无私、按需分配、其乐融融的理想境界。

当然，今天看来，老子的这一"三绝三弃"主张，也是有很大的时代局限的，他没有也不可能看到人类社会今天的创意经济和高科技生产力发展和合理性，没有也不可能找到实现恒道理想社会和人类知识智慧充分发展后的伟大成就之间的最佳结合点，这也是他所处时代的文化视野局限造成的。但老子对反人道的伪道德、伪知识和过度贪欲的猛烈抨击，对理想恒道社会的设计蓝图，却是远见卓识，极富创意的。联系当前社会由知识经济到创意文化经济的提法的转变,内中正隐含着老子当年对离经叛道的科学工具理性的警惕和对人文关怀与人道主义的希望。

也正是在这个意义上,老子才认为,在教育人民的纲领上,最重要的是不偏离恒道,切忌把人民训练成假仁假义、贪婪好斗的狡诈之徒。"所以说,推行恒道的人,不是要用恒道使民众变明白,而是要用它使他们淳朴愚钝。民众之所以难治理,是因为他们自以为是。因此以伪知识教化国家,是国家的盗贼!以不自以为知教化国家,才是国家的福德。永远知道这两种不同的教化结果,也就核查知晓了自然的法则。永远明白自然法则,这就叫作玄妙美德。玄德真深奥啊,真悠远啊!它携万物反归于恒道啊,终于进入了非常顺畅和谐的大美境界!"如果说,老子在教育实践上,不如弟子三千,贤人七十二,主张"学而不厌,诲人不倦"的孔子的话,那么,他在教育思想上强调修养玄德,循道安民,反对旧教育的根本失误——维护反人道的奴役制度方面,却做出了更大的贡献!

治民法,是老子根据恒道理想所提出的遵循恒道,未兆先谋,慎始慎终,小国寡民的安民之法。它的要义在于使人民既没有被统治的痛苦感觉,也没有追求物欲富贵的贪婪欲望。

在回顾人类政治起源并探讨社会治乱规律的过程中,老子得出了如下结论:"政治初创昏昧怜悯时,人民生活虽艰难而淳朴浑厚。政治过分明察苛刻时,国家就会对人民造成侵害!灾祸啊,为幸福所倚赖,幸福啊,为灾祸所降伏。谁又能知道其中奥秘的极致?当事物变迁没有个定准,公正就会颠覆变成诡奇,善良就会颠覆变成妖孽。这些都是人们所迷惑的,它的日子确实已很久远了。所以说:方正伟大的不会割裂偏私,兼容并蓄的不会尖刺伤人,正直循道的不会受缚越度,光明正大的不会让人惊颤斜视。"

在这里,老子所说的古代社会的"其正闵闵",其实指的就是人类原始的和谐政治形式。"闵"的意义至少有三层:一是怜悯,二是昏昧,三是深远貌。老子的"其正阍阍"三义皆有,属于模糊概念,指的是原始社会那种看似沉闷、昏昧、深远,实则怜悯体恤人民的政治状态。这正是老子心向往之的古代圣人所实行的以人为念的政治。在这一政治条件下,必然产生"其民屯屯"的抚民效果。"屯"在易经诸卦中意为初始阶段,生活艰难,即所谓"屯始","屯难"。"屯"的形义又近沌、纯,可引申为混沌、纯朴之义。将其做模糊概念理解,"屯屯"可解释为在古代圣君的统治时期,政治宽容,人民生活虽艰难却淳朴浑厚,安闲自在,没有钩心斗角、尔虞我诈的事情发生,这也正是老子向往的理想抚民政治。

老子所说的"其正闵闵"与当年和现代的"其正察察"形成了鲜明对比。"其正察察"指的是过于明察苛责的严酷统治,其结果是造成"水至清则无鱼,人至察则无徒"的消极被动局面。在某种意义上,正是由于为政者的过分检察、监察和行政过于烦琐苛求,人民动则获咎,不堪忍受,才被迫铤而走险,造成"其邦夬夬"——刚猛的苛刻残暴政治对柔弱民众的无情侵害的恶现状,这当然是老子坚持恒道的抚民政治所要反对的。在他看来,若论政治文明的理想状态,恒道玄德远胜严法酷刑。

根据国家的长治久安和循道治民的政治需要,老子不仅反对在现实生活中对人民的过度苛察,而且建议英明的统治者要未雨绸缪,防患于未然。他指出:"那些安稳的容易维持,那些还没有先兆的容易谋划。那些脆弱的容易折断,那些细微的容易消散。着手于事情还没有发生的时候,治理在局势还没有混乱的时候。"在安抚人民的经济文化建设方面,老子强调要遵循恒道,切忌妄为,更要慎始慎终,避免一般人常犯的虎头蛇尾,半途而废的错误。他说:"双手才能合抱的大树,由那细小的幼芽长成。九层之高的楼台,垒起于一小筐泥土。百仞之高的山崖,要由脚下开始攀登。妄为者将遭到失败,固执不改的会损失。因此圣人不妄为,所以不会失败。不固执地坚持错误,所以不会失利。民众在做事的时候,经常是刚取得成功又毁败了它。所以要谨慎终结如同开始时一样,这样事情就不会失败了。因此圣人甘愿做别人不愿做的,而不看重难得的货物;甘愿学习别人所不愿学习的,教别人所不愿意教的,而修复补救众人的过失;这就能辅助万物的自然发展,而不敢胡作非为。"能洞察出事物往往毁于刚刚成功的一刻,是老子政治智慧的过人之处。那些金戈铁马一统中华的煌煌大朝——秦朝、隋朝等,不是在取得政权不久,就因背离了安民政策而毁于一旦吗?

在立法监控和行政执法的关系上,老子的治民法反对统治者的任意妄为和直接干预,即所谓的"人治",主张由专门的执法人员去执行国家制定的法律。他说:"如果民众向来怕死,就会一直有主管刑杀的官吏。代替主管刑杀的官吏杀人,就是代替木匠砍伐。而代替木匠砍伐者,很少有不砍伤自己手的。"这就是说,任何人包括最高统治者都没有超越法律的权力,直接去决定人民的命运。人民中有人犯了罪,应该由主管刑杀的专职官吏,根据法律量刑和执行,如果不这样,人民就会反抗,使凌驾于法律之上的权力者受到惩罚。在当今各国,有的统治者超越法律去践踏人权;在国际舞台上,强蛮的霸权主义者不是尊重联合国宪章或主权国当事各方的意愿,依照国际法并结合各国的法律,由该国的司法执法人员去执行法律,惩治犯罪,而是用直接插手、干涉、制裁、轰炸甚至派兵占领别国的方法,去强制实现自己单方面的政治意图和人权标准,这又哪能不受到害人害己,被刀砍伤手脚的严厉惩罚呢?

抚民法,是老子反对统治者挑起战争,涂炭生灵的扩张主义和霸权主义的安民政策。他主张"缩小国家的疆界,减少人民的数量,使够百十人用的器物闲置,使人民看重生命而不四处漂泊,拥有车马舟船而无须乘坐,持有盔甲兵器而不必陈列备用。人民仍然像从前一样朴实地结绳记事,甘甜地品尝粗食淡饭,以朴素的服装为美,以淳朴的风俗为乐,安住在简陋的居所里。邻国的村庄互相可以对望,鸡犬之声也能互相听见,村民们直到老死,也从不互相往来。"长期以来,一些人尖锐攻击老子的这一"小国寡民"的安民思想,却没有很好考虑老子说过的"毋闸其所居,毋压其所生",坚决反对隔离人民、压制人民的话,更没有考虑它的锋芒所指,主要是那些不顾人民的利益和宝贵生命,拼命开疆扩土,不惜烽火连天,血流成河的帝王公侯;也没有考虑它的文化意义,正是要从当时的周朝天下"一统化"的僵化礼仪文化体制中打开缺口,保留东西南北各地各族人民"甘其食,美其服,乐其俗,安其居"的自由和民俗文化个性,以避免中华文化的单一抽象和苍白乏力。这对我们借鉴欧盟抵抗美国文化,在倡导欧洲一体化的同时,保留各小国的民族文化特色的经验,正确对待当前以超级大国为核心,以美国文化主导世界经济文化方向的"全球化",在加入 WTO 后继续保持国家和民族文化的独立自主性,不是也很有参照意义吗?

老子的抚民法敢于反抗高压政治暴力。对于那种违背人民意愿,强制人民按照自己的意愿行事,甚至不惜以流血恐怖相威胁的强权统治者,老子严正的警告说:"人民不怕威胁恐怖,那非常恐怖的事情就要发生了。所以不要关闭人民所住的居所,不要压塞人民所赖以生活的路。只有不厌恶人民,人民才不厌恶你。因此圣人有自知之明,而不喜欢自我表现,他自尊自爱而不自大。所以去除自大而取自爱。"可惜的是,不仅当年的诸多暴君,对老子的警告置若罔闻,就连当今已经翻译了许多版本的老子著作的西方各国,对老子的这一至理名言大都也毫无领悟。试看美国主政者党同伐异的蛮横作为,就可知一二。在某种意义上,国际上的恐怖主义,正是民间地下非法恐怖组织,利用冷战对峙、南北对立、贫富悬殊、种族冲突的不合理国际格局和社会现象,对强权政府明目张胆的恐怖镇压的隐蔽性流血报复。对此,用西方圣经主张的唯我独大,以暴除暴,以牙还牙的西医外科手术方法,去解决巴以冲突一类的国际争端,只能是治标不治本,泼油灭烈火。因此,只有用老子倡导的不让人民讨厌的安民方法,根据易经阴阳和谐原理,取上医治国、固本培元的中医之术,运用辨证施治,如扶正去邪的方法,才可奏效。

老子说得好:"如果民众向来不怕死,用杀头恐吓他们又有什么用呢?如果民众向来都怕死,而出现作乱的人,我将抓获而杀了他,那还有谁敢再犯法呢?"这正是老子所主张的恩威并用,以刑治乱的治民方法。看起来,用刑杀的方法来治国,似乎和老子一贯的无为、贵身、阴柔、安民的主张相违背。其实不然。因为依法治国,以刑除乱,正是为了国家的长治久安和人民的根本利益。它和偏离恒道,一味迷信刑罚,造成"法物兹章,而盗贼多有"的滥法苛法现象是根本不同的。所以,把老子的"无为"视作无所作为,把老子的"贵身"视作苟全性命,把老子的"责法"视作取消法治,把老子的"抚民"视作放任自流,是完全错误的,与老子的恒道相去甚远。还有人将老子的这一主张当作他站在人民对立面,主张统治者杀掉造反者的反动行为,这也是文不对题的。因为老子在前面已经说过"民不畏死,奈何以死惧之"的话,他完全懂得统治者不可能以镇压人民的反抗取胜。因此,他这里所说的"为畸者",只能是那些扰乱社会治安的极少数为非作歹者。这类人,以扰乱社会和平稳定,浑水摸鱼为目的,在任何一种现实社会制度中都会出现。老子所说的,自然是指这类危害恒道大业,为和谐社会与广大人民所不容者。

老子以真知察世的如炬眼光,清楚地看到,人民的激烈反抗和冲破现成法律秩序的"罪行",其实正是统治者不顾人民生死,胡作非为,苛刻盘剥所造成的。"人民遭受饥荒,是上面夺取吞食的税收太多,因此才忍饥挨饿。老百姓之所以很难治理,是因为他们上司的贪欲妄为,所以才无法治理。"这就是说,制止贪官污吏的巧取豪夺,轻徭薄赋,才是抚民恤众,国富民安的正确途径。世界上本来并没有什么天生的不怕死的乱民贼党,相反,大多数人民都是善良而爱惜生命的。"民众对死亡的轻视,是因为他们求生的厚望很强烈,这样他们才轻视死亡。只有那求生而不得的人,才是最贤良而珍惜生命者。"这就堵住了所有把人民当成天生暴民和冷血恐怖分子,把别国一概当成"无赖国家"的强权独裁政治家的口,高扬起正义、民安、国治的伟大恒道旗帜。

二、老子安民略探

民。

安民。

见素抱朴。

无为自化的老子安民。

它所引发我们要深入思考的——

问题之一,安民观在老子学说里的地位如何?

老子学说中的"安民观"所占有的地位,是和"民"在他心目中的重要地位紧密相联系的。"民"字在老子书中累计在 15 章里出现了 33 次,已经超过了我们分篇所需要的 9 章的分量。这还没有计算与"民"的意义紧密相关的"人"字,在老子全书累计 40 章里出现的 82 次。因为即使不计"众人"这一可以直接与"民"挂钩同义之词,其实很多时候在老子书中单独出现的"人",其意义也是完全可以跟"民"字的意义等同的。如老子的"夫天下多忌讳,而民弥贫。民多利器,而邦家兹昏。人多知,而奇物兹起,法物兹章,而盗贼多有。"以及"故大邦者,不过欲兼畜人。小邦者,不过欲入事人。夫皆得其欲,则大者宜为下。"等句里的"人多知"和"畜人"里的"人",换成"民"字也是可以的。在先秦尤其是老子还没有使用"人民"的概念的时候,从这些带人带民的章句的大量出现,我们可以看到民包括众人在老子全书中的重要分量。以"安民"作为老子学说的重要成分,应是完全可以成立的。

问题之二,在老子的安民观里"王"大还是"民"大?

在老子眼中,与"民"对立的是"王"。这是由"王"的统治者地位和"民"的被统治者地位所决定的。老子全书中"王"包括"侯王"共在 9 章里出现了 14 次,在次数上不及"民"字出现次数的二分之一,也不到"圣人"出现在 24 章共 28 次的章数一半,只是比"君子"出现的 2 章 3 次略多。由此可见,在老子推行的恒道安民治

国事业中,"圣人"的地位最为重要,"王"或"侯王"次之,而儒家所推崇的"君子"则是最无足轻重的。再细观其中的一句:"是以君子终日行,不离其辎重,唯有环官,燕处则昭若。若何万乘之王,而以身轻于天下?轻则失本,躁则失君。"。其实指的就是"王"。只有另一章中,有时也可以从君子的广义出发,用他代表王之外的掌握实权的权臣或大将等:"夫兵者,不祥之器也。物或恶之,故有欲者弗居。君子居则贵左,用兵则贵右。故兵者,非君子之器也。兵者,不祥之器也,不得已而用之,铦袭为上,勿美也。若美之,是乐杀人也。夫乐杀人,不可以得志于天下矣。是以吉事上左,丧事上右。是以偏将军居左,上将军居右,言以丧礼居之也。杀人众,以悲哀立之。战胜,以丧礼处之。"

老子认为,"道大,天大,地大,王亦大。国中有四大,而王居其一焉。人法地,地法天,天法道,道法自然。"这就是说,王作为"人"中的一员,在国中的"四大"里,占有"一大"的地位,但总体地位则在"四大"最后,要通过效法地、天、道来实现自己作为一"大"的价值。而"王"作为"四大"之一的重要性,是与他有无"民"的地位所决定。如果没有"民",没有民的拥护和爱戴,"王"就失去了存在的依据、价值和意义,成了真正的孤家寡人,一无用处了。可见,老子之承认"王"的地位和作用之大,是以"民"也就是"人"在宇宙万物中的地位和巨大作用所决定的。所谓"王"和"民"的区别,在社会的系统里只是社会分工和角色的不同而已,两者都属于"人"的范畴。目前有的老子版本中"王"字写作"人",将人与天、地、道合称为"四大",其实并不一定合乎老子的原意。因为我们遍查老子全书,尚没有单独将"人"列出来作为一"大"加以论述的章节,但却有许多涉及统治者即"王"应该如何行事,如何成大业的段落。如"知常,容。容乃公,公乃王,王乃天,天乃道。道乃久,没身不殆"。"道恒,无名。朴虽小,而天下弗敢臣。侯王若能守之,万物将自宾。""道恒,无名。侯工若能守之,万物将自化"等等。叮见,从老子对治国主体统治者作用的看重,从他将"民"作为治国者的下属、作为被治理的客观对象看,他所说的可与天、地、道合称为"四大"的,只能是"王",而不是被其治理的对象"民"或包括王自己的"人"。

如此说来,并非要把老子归入重视"王"的"英雄史观"而非重视"民"的"人民史观"的哲学家,从而贬低老子学说的价值。因为由于时代的局限,人民限于物质基础和思想水平还没有以整体的自觉行为登上历史舞台,老子当时也还不可能有人民创造历史推动历史前进的唯物历史观,他把安抚百姓、培育百姓、造福百姓的历史重任,寄托在人类文明史发展的必经阶段,凭借制度的权威,一呼百诺的统治者"王"的身上,是十分自然的。而老子的许多安民思想,也不仅仅是对"王"才有用,对今天的国家治理者,以及已经凭借民主制度当家做主了的人民大众,也有很好的借鉴作用,这是我们在探索老子安民观思想的进步意义时,所首先要明确的。

问题之三,"使民不争"是老子安民观吗?

前面在总论与译注时已详述过,老子"安民观"的核心纲领,基本由育民法、治民法、抚民法三部分组成。它与他的治国观、用兵观相辅相成,鼎足而立,是其哲学体系依据恒道观,玄德观在政治、文化、军事领域的政治纲领和社会实践论,同时贯穿了其无为观、贵身观、察世观的思想内核。在研究老子"安民观"的许多论述中,也有不少学者得出了自己的独特理解。如有的学者就有将老子的安民措施归纳为十五个方面的,其中包括:(一)不尚贤,贤,谓世俗之贤。辩口明文,离道行权,去质为文也。不尚者,不贵之以禄,不贵之以官。(二)使民不争,不争功名,返自然也。(三)不贵难得之货,言人君不御好珍宝,黄金弃于山,珠玉捐于渊。(四)使民不为盗,上化清净,下无贪人。(五)不见可欲,放郑声,远美人。(六)使心不乱。不邪淫,不惑乱也。(七)是以圣人治,说圣人治国,与治身同也。(八)虚其心,除嗜欲,去乱烦。(九)实其腹,怀道抱一,守五神也。(十)弱其志,和柔谦让,不处权也。(十一)强其骨。爱精重施,髓满骨坚。(十二)常使民无知无欲。反朴守淳。(十三)使夫知者不敢为也。思虑深,不轻言。(十四)为无为,不造作,动因循。则无不治。(十五)德化厚,百姓安。这十五点归纳虽然略嫌琐碎,有的理解也略有偏差,但总体看还是比较全面的概括。

在上述对老子安民观的概述中,其中一个可以提炼出来的,较为集中的观点就是"使民不争",或者用老子的另一句名言来说,就是:"人之道,为而弗争。"这是老子安民观的第一大特色。其与十五条中可以参比的主要内容包含了:第二条、使民不争,就是让人民不去争功名,返回到自然的状态里去。它与第三条、不贵难得之货,不抬高稀世珍宝的价格;第四条,使人民不为强盗,上层阶级自化清净,下层百姓没有贪婪敛财之人;以及第十条,削弱人民的好斗好争好抢之志,提倡和柔谦让,不依仗和利用权力牟取私利等,其实是互相联系的。这也就是说,它不仅仅是说王、侯王、人君不要太贪好珍奇宝贝,要把黄金抛弃在山野,把珠玉捐于深渊(老子本无此句），而且也是针对普通人以及统治者说的，即让他们以及鼓动和治理他们的人，不要为了物质利益而抛弃一切，背离恒道，追逐权力，腐蚀权力，贪图功名利禄与财货之类。用老子的原话来说，那就是："不上贤，使民不争；不贵难得之货，使民不为盗；不见可欲，使民不乱。是以圣人之治也，虚其心，实其腹，弱其志，强其骨。恒使民，无知无欲也。使夫知不敢、弗为而已，则无不治矣。""余食赘行，物或恶之。故有欲者弗居。""昔之得一者。天得一以清，地得一以宁，神得一以灵，谷得一以盈，侯王得一，而以为天下正。其至之也，谓天毋以清，将恐裂；谓地毋以宁，将恐发；谓神毋以灵，将恐歇；谓谷毋以盈，将恐渴；谓侯王毋以贵以高，将恐蹶！""朝甚除，田甚芜，仓甚虚，服文采，带利剑，厌食而货财有余，是谓盗夸。盗夸，非道也。""名与身孰亲？身与货孰多？得与亡孰病？甚爱必大费，多藏必厚亡。故知足不辱，知止不殆，可以长久。"

且不说"文化大革命"以阶级斗争为纲时，人为挑起争斗的恶果，只联系今天一些地方在市场经济的利益驱动下强化人为之争，或者以GDP为政绩与社会进步的唯一标准，非科学非全面的片面发展；或者人为抬高物价，囤积居奇；或者人为设置贸易壁垒，画地为牢；或者放出虚假信息，人为制造供货紧张气氛；或者以次充好，以假乱真，牟取暴利等等，制造出一种"使民乱争"的怪象，就是值得深加检讨的。当然，老子的"使民不争"的出发点虽说是好的，有利于人性的返璞归真，道德的完善和社会的和谐稳定。但其中确也有老子的空想成分，他没有看到人类社会从不争到争，再从争到不争是一个漫长的不可避免的历史过程，没有现代市场竞争所带来的社会生产率的极大提高和物质财富的极大增多，以及在公正公平合理制度的保障下对人民合理的基本需求的尽量满足，就难以为将来的"不争"创造必要的物质基础和历史前提。当然，从人的需求不可遏止和难以满足，以及会随时代的前进而日益增多的社会发展趋势看，老子所说的"不争"在任何时候都是需要的，它是我们对乱争现象的有力批判和反驳。关键在于统治者要根据人民的意愿和社会实际去划定合理的"争"与"不争"的界限，即什么可以争，什么不可以争，什么该争，什么不该争，以及可以争、该争的范围的公平竞争条件和标准，以及如何合理合法的去争等等，使得该争的争，该不争的不争，该上的上，该下的下，该发的发，该让的让，该活的活，该荣的荣，使社会充满活力，充满朝气，而又不违规失控。

问题之四，"无为自化"是老子安民观吗？

老子说："以正治邦，以奇用兵，以无事取天下。吾何以知其然也哉？夫天下多忌讳，而民弥贫。民多利器，而邦家兹昏。人多知，而奇物兹起，法物兹章，而盗贼多有。是以圣人之言曰：'我无为也，而民自化。我好静，而民自正。我无事，而民自富。我欲不欲，而民自朴。'""无为自化"，可谓老子安民观的第二大特色。他所主张的"无为自化"里的"无为"，即《易经》所专卦提倡的"无妄"，有着丰富的社会内涵和智慧，是去除无道恶行，保证人民能循道修为，安居乐业的实践论，这点我们已经在前面专篇详论。

结合前面所引述的十五条看，作为老子的行为观，"无为"的具体要求可以见于第一条、"不尚贤"，就是不要去人为树立什么"贤人""贤能""贤士""贤良"一类的榜样。因为这些都属于"世俗之贤"，在评选推荐中，很容易被一些人操纵利用，背离大道而暗箱操作，失去推荐贤能的本质而成为玩弄文采花样的花架子。只有"不尚贤"，不以利禄和做官来引诱人民，才能打消一些人利用"上贤"的机会来谋私利的念头。当然，联系老子的全书思想看，他对圣人、为道者和大德者还是十分敬仰推崇的。他的"不上贤"，只是针对当时社会的弄虚作假现象而言，不可做取消一切榜样的偏狭态度来理解。同时，他的这一忠告也至今还有其振聋发聩的现实意义。"第五条"，"不见可欲，放郑声，远美人"。其实，这一条的来源并非老子本意，老子只是说"五音使人耳聋"，"五色使人目盲"而已，郑声作为优美民歌的组成部分，天生自然的美人等，只要不危害社会，也不一定非要远离不可，只是不要去贪求乱志就行了；"第六条"，"使心不乱。即不邪淫，不惑乱"。这是任何正教包括佛教、伊斯兰教、基督教等都共同主张的普世教条；"第八条"，"虚其心，除嗜欲，去乱烦"，这是对老子治心之术的解释，原意可以见于与第一条同一出处的"不上贤，使民不争；不贵难得之货，使民不为盗；不见可欲，使民不乱。是以圣人之治也，虚其心，实其腹，弱其志，强其骨。恒使民，无知无欲也。使夫知不敢、弗为而已，则无不治矣"；"第九条"，"实其腹，怀道抱一，守五神"，这是将老子重视民生的具体措施扩展到思想领域了，不过从先满足人民的物质需求，丰衣足食，然后再追求精神充实的角度看，也可以自圆其说；"第十一条"，"强其骨。爱精重施，髓满骨坚"，这是从贵身观与性的角度对"强其骨"的健身法解释，离老子原意大致不远。但有一条是值得注意的，就是老子在使民"无为"方面，大多数的用语都是否定性的，劝止

性的,但也不是绝对没有主动追求的部分,如"强其骨",就属于一种自觉的主动的健身,这与老子的"贵身"和"无为无不为"的主动进取精神,是完全吻合的。它也证明,老子的"无为"与人民的"自化""自朴"等,都并非什么都不为的消极态度,而是一种正言若反,在否定中追求肯定,在化民、正民、安民中追求社会稳定和谐的积极方略。

同时,我们也应该看到,老子所说"无为",不仅仅是人民的自发自化的行为,其实也包括了对统治者本身的严正要求和道德改变,他们正是老子寄托了推行"无为自化"的安民方略的主体阶层。其作用见于第七条、"是以圣人治,说圣人治国,与治身同也。"用老子的话来说就是:"我无为也,而民自化。我好静,而民自正。我无事,而民自富。我欲不欲,而民自朴。"这就是将圣人作为安民的智慧主体,通过他的治国——施政,治身——以身作则的榜样,使得"自化"的内容和表现,包括:第十二条,"常使民无知无欲。反朴守淳"。第十三条,"使夫知者不敢为也。思虑深,不轻言";第十四条,"为无为,不造作,动因循。则无不治";第十五条,"德化厚,百姓安",等等,相继一一实现,最终完成安民、富民、正民的"自化"的过程。

问题之五,"愚民政策"属于老子安民观吗?

老子的安民观,从其最基本的核心理念看,是一个通过"我无为,我好静,我无事,我欲不欲"的统治者的无为而治,而实现"民自化,民自正,民自富,民自朴","德化厚,百姓安"的"自化""自安"(安其居)、"自乐"(乐其俗)的自进化自然过程。问题在于,老子所说的这一套"虚其心,实其腹"的安民、富民、正民政策,是否属于愚民政治呢?如果不是,我们又怎能否定老子确实说过的这句话:"为道者,非以明民也,将以愚之也。民之难治也,以其知也。故以知知邦,邦之贼也。以不知知邦,邦之德也。"否定这白纸黑字,铁板钉钉的事实,否定老子这里明明白白带有"愚民"观点的表述呢?如果我们承认我们无法否认老子确实有愚民政策的思想,又应该从什么角度去理解他话里话外的深刻含义?去正确评价老子安民观的正面意义与历史价值呢?

我们知道,孔子也说过类似的"民可使由之,不可使知之"的话,即使人们不用新的断句法,改成"民可,使由之;不可,使知之"的句式为他开脱,也并不会抹杀他作为中国古代大教育家的地位。这从当今世界各地由我国支持的孔子学院的遍地开花就可以略知一二了。因为我们对孔子在教育史上的地位与功绩的评价,主要是从他的完整的教育思想,从他的众多弟子的心得体会与成长,从他为中华民族文化的创新所做出的重要贡献里得出的,而不是只凭他的只言片语。

同样的道理,我们对老子的"愚民政策"也应该做如此解。即使我们不去挖空心思,为老子的这句似乎可以作为"呈堂证供"的愚民论调做特别的解释或辩解,我们也应该把他的"为道者,非以明民也,将以愚之也"这句话,放到他的整个理论体系里,才可能得到正确的理解。如果我们同意这一意见,同意从实现恒道而恒道又确实值得去实现的角度去看问题,问题就迎刃而解了。这也就是说,老子的所谓的"愚民政策",主要是为"为道者"着想的,"非以明民也,将以愚之也",只是他为了通过"以不知知邦"的安民教育政策,去除不良知识的负面影响,实现玄德与恒道的手段。而对人民而言,他所反对的是"知慧出,案有大伪。六亲不和,案有孝兹。"他所希望的是"明白四达,能毋以知乎?"是"知常,明也。"是使人民富裕,快乐,正直,朴实,强健,长寿,聪明(不自视故章,不自见故明),不受外界不良风气的腐蚀,不再使用笨重的武器与家什,不再遭受战争的动乱流离之苦,不再陷于"出生,入死。生之徒十有三,死之徒十有三;而民生生,动皆之死地,亦十有三"的悲惨境地。试想,对于一个明确指出"人之饥也,以其取食税之多也,是以饥。百姓之不治也,以其上有以为也,是以不治",坚决反对对人民横征暴敛,实行多征多税害民政策的伟大思想家,如果他从不想通过愚民政策来榨取民脂民膏,来可耻地为贪婪的统治者的残暴罪行涂脂抹粉而分一杯羹,而是一位勇敢地以"损有余而益不足"的天之道,来批判"损不足而奉有余"的人之道的伟大人道主义者,一位为民众利益而不倦奋斗的伟大智者,我们又何必要斤斤计较,揪着他为了实现恒道而采取的"以不知知邦"的具体手段不放呢?

这也就是我们主张既不一叶障目不见泰山,全盘否定老子富有许多真知灼见的安民观思想;也不故为圣哲讳,把他本来确实就有的"愚民"政策,轻轻一笔勾销,化为乌有的原因。

第八节　老子的用兵观

一、柔弱胜强

老子主张"君子重于道德,不重用兵"(文子转引)。所以,老子的用兵观,即他的战争观,主要包括了恒道和平主义的战争观,即无为不争、以柔克刚、以退为进、哀兵必胜、后发制人的军事战略观,以及以德克敌、玄德贵身的无敌观等,三个组成部分互相联系,以前者为立场,中者为战略,后者为手段,言虽简而意深重,值得仔细品味。因为它是东方战争观的精华,是整个东方的文化和平主义的基石,对世界和平,同享恒道幸福,具有深远的启示意义。

老子站在恒道的人民立场,向往的是"小邦寡民。使十百人之器毋用,使民重死而远徙。有车舟无所乘之,有甲兵无所陈之。而民复结绳而用之。甘其食,美其服,乐其俗,安其居"的和平世界。对所有以实力为后盾妄图称霸掠夺的非正义战争,首先表示了坚决反对的立场。他在"用兵"的开篇中明确提出:"要以恒道辅佐治国者,不以武力逞强称霸于天下。天下事情都将会周而复还。"脱离了人类的恒道,或恃仗武力强大先发制人,或不容分辩以暴易暴,今天的发起侵略者,明天就会被人反攻;今天的占领者,明天就会被赶走。从德国法西斯的包围莫斯科,到柏林的被占和统一,从"日不落"帝国的开始奴役印度,到最终在香港降下骄横的米字旗,从日本发起东亚战争到战败投降,历史的演变都说明了并将继续说明这一强弱转化,攻守易势的真理。

从战争的反复性和所造成的严重后果看,好战和贪得是兵家大忌,越是炫耀武力强大就会越早衰亡。所以,"军队驻扎的地方,湘楚的荆棘遍地丛生。善于用兵的统帅,取得了成果就适可而止了,绝不会去一味逞强。取得成果而不骄横,取得成果而不矜夸,取得成果而不好战,取得成果而不贪得。已经做到了这几点,可称为果敢取胜而不好强。事物壮大以至于过早衰老,就叫作不守恒道。不守恒道就会提早衰亡。"

老子论兵,高瞻远瞩,与单纯的谋略性、技术性的兵书不同。他是站在大道立场上,从反战的和平主义出发的。老子明确指出:"用兵这东西,是不吉祥的国家利器啊,万物或许都不会喜欢它。所以想有所作为的,都不会拥兵自重。君子平常安居时贵左。用兵打仗时才会贵右。所以说,兵器这东西,不是君子的好武器。兵戎武器,是不吉祥的国家利器啊,只有在万不得已的时候才能用它。"这就是说,在和平时期,有理智的好人——东方君子,所注重的应该是所谓"左阳道,朝祀之事",即光明正大的朝廷国家大事,而不是所谓"右阴道,丧戎之事"。君子只有在万不得已非要使用武力时,才把通常需要在隐蔽阴暗中进行的,与丧事兵戎密切相关的军事行动,放在国家的重要位置。这就是君子常时贵左战时贵右的含义。从这一意义看,再有借口的用兵行为,再锐利的杀伤性武器,在恒道和平主义者眼中也是丑恶的,所以以丧礼的仪式来庆贺胜利,这种东方式的凯旋仪式,具有多么深广的悲天悯人的人道主义胸怀!它表现出东方民族及其哲人老子,对战场人我双方牺牲者的人性同情和尊重,与冷血麻木的杀人狂欢恰成为鲜明对比。

正是针对当时"春秋无义战"——各国统治者为填饱私欲,连年征战而造成人民伤亡惨重的悲凄情景,老子从厌恶战争的人道立场出发,深深感叹道:"天下实行恒道,太平无事,就卸下军中跑马以粪肥田。天下违背恒道,战乱频繁,战马的小驹生到了荒郊外。天下的罪恶啊,没有比贪得无厌更大的了,天下的灾祸啊,没有比毫不知足更大的了,天下的过错啊,没有比贪得无厌更惨痛的了。所以说,知道适当满足的满足,才能永远满足啊!"在这里,老子以锐利的眼光,一下子抓住了战争的罪恶本质,就是人的贪欲。当这种贪欲蒙住了人们的双眼,使之只看到利益的诱惑,功名的显赫,而看不到人民的流血和惨痛,不惜舍身相搏时,战争就爆发了。然而,这种妄图取得天下所有资源的战争,能满足霸权主义的胃口吗?不能!老子认为:"将欲取天下而为之,吾见其弗得已。夫天下,神器也,非可为者也。为者败之,执者失之。"而要告别战争,就应该如老子所说,学会"知足之足恒足矣"和"知止所以不殆"的道理,遏止贪欲,回归和平。

如何实现和做到这一点呢?老子借用圣人的话说:"我无所作为,而人民自然开化自由。我好静不争,而人民自然正直无私。我不无事找事,而人民自然富裕幸福。我不愿满足奢望,而人民自然淳朴敦厚。"在老子看来,如果统治者都能以古时的圣人为楷模,达到他们的极高思想境界,好静不争,自止奢望,不无事找事,人民自然会正直无私,淳朴敦厚,富裕幸福起来,又何须战争怪物,何须研究用兵呢?"是以圣人无为也,故无败也。"

正是从这一坚持恒道、止贪息战的和平主义战争观出发,老子建立起中国道家无为不争、以柔克刚、以退为进、哀兵必胜、后发制人的军事战略思想。他认为"夫唯不争,故莫能与之争",并极力主张:"善于作谋士的贤人,不崇尚武力,善于作战的勇士,不轻易动怒,善于克敌制胜的将领,不与敌交战。善于重用人才的统帅,常以谦下的态度待人。这就叫作无争玄德,这就叫作善于用人,这就叫作壮大天道,是古人的极高境界。"

应该说,这种不尚武,不动怒,善于用人,不战克敌的军事思想,正是坚持"以正道治国,以诡奇用兵。因而能够无为而取信天下"的道家战争观的表现。老子认为,这种坚守恒道方向,灵活运用兵法的军事战略,是唯一正确的治国用兵之道。他说:"我以什么来知道这一点呢? 天下有许多的忌讳,而人民却日渐贫穷。民间有许多好兵器,而国家更加昏乱逞强。人民多诡诈知识,奇巧器物就泛滥了。法律典章制定得越多,盗贼也随之更多。"与法家主张严刑峻法,奖罚分明,开疆扩土,墨家主张敬鬼和兵家主张研制兵器,攻城略地不同,道家的祖师老子明确反对"民多利器"——民间自制凶器,"奇物兹起"——民间滥制扰乱人心的奇巧器物,"法物兹章"——大量制定烦琐严酷的法律条文的反恒道做法。特别是包括各类军规军法在内的法律条文的大量制定,其结果,不是把战士弄得手足无措,就是将他们一步步地训练成只知道盲目服从长官的战争杀人机器。从西方小说中所刻画的荒谬绝伦的"第二十一条军规"看,老子的批评,绝不是空穴来风!

在具体的战略战术方面,富有辩证法智慧的老子,也提出了许多可以说是最精明的军事家也未必想得到的高招。这就是,"想要收敛它,先姑且扩张它。想要削弱它,先姑且增强它。想要除去它,先姑且笼络它。想要夺占它,先姑且送予它。"在军事实践中,这种"欲擒故纵"的方法,又被称之为"诱敌深入"的方法,它以土地、城池、人员、武器、粮草等军事要地和物资人员等的"放弃","充实"并麻痹敌人,使其产生获胜得利的轻敌思想,然后再利用"特洛伊木马"之类的内应条件和敌人兵力分散的弱点,重点打击,各个击破。老子认为,懂得这一道理,"这才叫作稍明事理。"而他关于"柔弱胜过刚强,鱼儿不能脱离藏身的深渊。国家利器不可展示于外人"的忠告,则是要战争的指导者不可离开对自己有利的地形,不可过早暴露自己强大的致敌死命的秘密武器,以防敌人觉察防备而失去应有的威力。从老子的军事思想建立在无为柔弱,又处处为柔弱后发制人者着想的战略意图看,其对战争开始时处于守势的弱者一方,如中国等和平反战国家,确系生死攸关,不可掉以轻心。

从保卫和平、哀兵必胜、后发制人的用兵观出发,老子借善于用兵者之口说:"我不敢采取主动,宁可被动防守。我不主动前进半寸,而宁愿后退一尺。"老子用他深奥而充满想象力的哲理性语言说:"这就叫作采取无形的行动,举起无形的臂膀,拿起无形的兵器。于是就不会树敌了。"乍一看,老子在这里所说的"行无行,攘无臂,执无兵,乃无敌矣"很不好理解,什么叫作"采取无形的行动,举起无形的臂膀,拿起无形的兵器"呢,这是不是在玩弄字眼,搞什么文字游戏或主观唯心的神秘主义呢? 要打通这里面的极难点,关键是对老子"无"字的准确理解。

老子对"无"的说法很多,如"道恒,无名。侯王若能守之,万物将自化。化而欲作,吾将镇之以无名之朴。阗之以无名之朴,夫将不辱。不辱以静,天地将自定。"又说,"反也者,道之动也。弱也者,道之用也。天下之物生于有,有生于无。"这是从恒道高度阐明了"无"的原始初创地位。此外,他还对"无"的具体的实质而神奇的功用,做过如下的解释:

"三十辐同一毂,当其无有,车之用也。埏埴为器,当其无有,埴器之用也。凿户牖,当其无有,室之用也。故有之以为利,无之以为用。""善行者无辙迹,善言者无瑕谪,善数者不以梼策,善闭者无关籥而不可启也,善结者无墨约而不可解也。是以圣人,恒善救人,而无弃人,物无弃财,是谓曳明。"

这一切都说明,无形的力量,才是最大的力量,无形的行动,才是最有效的行动,无形的武器,才是最厉害的武器,无言的雄辩,才是最有说服力的雄辩。如我们今天所说的国际正义、经济援助、文化影响等让人信服佩服赞同的"软实力"等,它有时甚至比那些外在的暂时的军力兵力武力等硬实力更强大。这也就是老子所说的"行无行,攘无臂,执无兵,乃无敌矣"的真意所在。而对依靠有形力量,有形武器即硬实力去建立的"无敌"形象的梦想,老子则不屑一顾,嗤之以鼻。他说:"灾祸没有比号称无敌更大的了,企图天下无敌几乎失去我的宝贝呀! 所以举兵力量相等时,悲愤同仇的哀兵必胜!"

哀兵必胜的原因,在于其作为受害者和被侵略者而勇敢复仇的伟大的道德力量,在于其坚持恒道的正义性。它形成了老子以德克敌,玄德贵身,攻心为上的无敌观。老子认为,"重积德则无不克。"用文子转述他的话说,这是因为"上德者天下归之,上仁者海内归之,上义者一国归之,上礼者一乡归之。无此四者民不归也,不归用兵,即危道也。""心服于德,不服于力。德在与,不在求。……故与之为取,后之为先,即几于道矣。"这就是说,上德才能服人,积德才能无敌不克,仁慈才能奠定胜利基础。"夫慈,以战则胜,以守则固。"慈爱和平的力量是无穷的,有德者不乱树敌因而也无敌,仁慈的统治者胜于残暴的独裁者。"朝甚除,田甚芜,仓甚虚,服文采,带利剑,厌食而货财有余,是谓盗夸。盗夸,非道也。"非道者,战必败,利剑再多也没用。而遵循恒道,修养玄德,维护正义的人,则往往并不需要炫耀武力就可凝聚人心,克敌取胜。所谓"天之道,不战而善胜,不言而善应,不召而自来",就是这个意思。

用兵和战争必然导致重大伤亡,其所引发的生死观,是人类所无法逃避的。对此,坚持"贵身观"的老子有其独特的看法。他清醒地看到了生与死一线之间既矛盾又统一的辩证关系,这就是贪生怕死的容易送命,勇敢面对危险的反而得到生存。用他的话说那就是:"人出生后,或脱险,或遇难,十人中生存下来的有三人,十人中遇难而死的有三人。而其余民众为了拼命求生,不论如何行动都自寻死路的,十人中也有三人。这是什么原因呢?这是贪生惜命的结果。"人类自出生以来,三分之一死于非命,三分之一难逃死路,只有三分之一得以幸存!这是多么可怕的现实,而这一战乱背景正是春秋战国时代五霸七雄你争我夺,杀人掠地的悲惨结果。在这场浩劫中,只有贵身自好,执着生命,坚挣恒道的勇士,才能永生吧?老子以诗意的语言说:"我听说那些善于坚执生命的人,上山不躲避犀牛猛虎,入阵不披挂盔甲兵器。暴怒的犀牛,没处顶它的尖角,凶恶的猛虎,没处舞它的利爪,锋利的兵器,没处容它的刀刃。这是什么原因呢?这是他面对不死之地啊!"面对不死之地的善执生者,实际上是老子对具有玄德,敢于蔑视反人道战争的正义之士的一种力量和人格的肯定,他们正是所谓的"含德之厚者,比于赤子,蜂疠虫蛇弗蛰,攫鸟猛兽弗搏,骨弱筋柔而握固",因而能在战争中永生。

至于一般逆来顺受的普通人,则难以逃脱在战场被砍杀送命的悲剧。但那些以杀人为快的强梁者,虽得胜于一时,却终究不会逃脱覆灭的命运,终将被眼下他们看不起的新生的正义的弱小力量所吞灭。历史上这方面的例子不胜枚举：在中国改朝换代的时候，哪一个貌似强大拥有国家机器和优势兵力的腐朽政权，最终不是被看似弱小的起义军所推翻了呢？老子深刻地指出："人的生命是多么的柔弱，而死后就永远伸直僵硬了。万物草木初生时也很柔脆，待死亡时也就枯槁发黄了。所以说：坚强好胜者，属于终将灭亡一族；柔弱微细者，属于生命兴旺一族。所以说，兵力强大的打不赢，树木强韧的可久长。都是强大的居下，柔软、弱小、轻微、细嫩的居上。"而这就是他在遵循恒道前提下所一贯坚持的"勇于敢者杀，勇于不敢者活"，"强良者不得死"的生死观、强弱观、勇敢观、贵身观在战争观中的体现。它与老子主张的"天下之至柔，驰骋于天下之致坚。无有入于无间"。"天下莫柔弱于水，而攻坚强者莫之能先也，以其无以易之也"的尚柔精神是一致的。

老子的上述用兵思想，深刻影响了中国兵家，为东方军事学奠定了基础。在历史上，将老子书作为兵书研究的就不少。如《隋书·经籍志》收录的《老子兵书》一卷，南宋郑樵作《通志略》中收录的《道德经兵论要义述》四卷等。实际上，《老子》一书充满了军事辩证法和方法论色彩，表面柔弱却孕育了无穷的刚强实力，研究者视其为道家兵书是颇有道理的。其对学界公认的兵圣名典的深刻影响，可见于下表所示：

二、老子用兵初探

兵

用兵

积德必克

哀兵必胜的老子用兵

它所引发我们要深入思考的——

问题之一，老子的用兵之道是什么？

战争是国家之间、利益集团、民族部族之间矛盾不可调和时的超常激化状态，是对和平的威胁与破坏，是流血的政治，是民众的灾难，同时也是治国者和每一个关心治国大计的哲学家所不得不面对和关心的严峻课题。在老子一书中，"兵"字共在7章里出现了13次，"战"字在累计4章里出现了4次；"兵、战"同时出现，重复不计的也有 10 章 17 次,超过了我们为老子九观分篇所需要的 9 章。可见"用兵观"在《老子》一书中独立成篇是言之有据的。实际上,作为古代杰出的哲学思想家,老子也确实在《道德经》里形成了他道德至上和平主义的用兵思想,成为他恒道九观哲学体系中所不可或缺的组成部分。

老子用兵之道

首先,老子对战争的危害与原因具有清醒的认识。他认为:"天下有道,却走马以粪。天下无道,戎马生于郊。罪莫大于可欲,祸莫大于不知足,咎莫惨于欲得。故知足之足,恒足矣!"认为是统治者的贪婪和"不道"所造成的,因此主张消除战争,实现天下和平。他主张"以道佐人主,不以兵强于天下。其事好还。师之所居,楚棘生之。"劝告统治者不要使用武力去称霸天下。因为战争不仅使得田野荒芜长草,造成深重灾难,还会使自己也遭受到报复。由此形成的——

老子用兵之道第一个特点,就是重视"天道",这其实也就是他所说的"人法地,地法天,天法道,道法自然"的恒道。这是老子用兵首先重视战争的正义性质,强调"重积德则无不克",反对乐杀人,反对先发制人的主动挑起侵略战争,坚持东方和平主义的基本点。他告诫战争的发起者说:"勇于敢则杀。勇于不敢则活。此两者,或利或害,天之所恶。孰知其故?天之道,不战而善胜,不言而善应,不召而自来,单而善谋。天网恢恢,疏而不失。"这就是说,天之道是和平发展,反对霸蛮式的勇敢的,是不好战而善于取得胜利,不需要巧言而善于得到响应,不须召唤而会自己前来,十分单纯精一而善于谋断的,它铺天盖地的巨网是广大恢弘,网眼再疏空也绝不失漏的! 这是一种无论道路多么坎坷,但将最终决定将人类命运的强大无比的恒道力量,一种战无不胜的伟大力量。

因此,人类要顺从这种强大力量,就要实行人道主义、和平主义,反战主义,保有老子所说的"三宝"。这"三宝"用他的话来说,就是:"我恒有三宝,持而宝之。一曰慈,二曰俭,三曰不敢为天下先。夫慈,故能勇。俭,故能广。不敢为天下先,故能为,成事长。今舍其慈,且勇;舍其俭,且广;舍其后,且先,则必死矣。夫慈,以战则胜,以守则固。天将建之,女以慈垣之。"这句话从老子的用兵思想看,就是要坚持"慈"性的人道主义,无论是在建立反战和平主义的战争观,哀兵必胜,优待俘虏的用兵观上,还是在建立"后发制人",不搞单边主义、霸权主义的"不敢为天下先"的军事策略上,或者是反对穷兵黩武,反对巨额国防开支的"俭"的国防预算与国防建设上,都要把握这"三宝"原则,把国家的建设重点,放在和平发展的基石上,坚决反对大国称霸的霸权主义、单边主义,广交朋友,协和万邦,效法"恒道"的精神与路径,建设一个没有战争,人民安居乐业的和平世界。从孟子所说的:"仁者无敌","天时不如地利,地利不如人和"看,其仁慈和平思想是与老子相通的。韩非在《解老篇》中说:"慈于子者不敢绝衣食,慈于身者不敢离法度,慈于方圆者不敢舍规矩。故临兵而慈于士吏则战胜敌,慈于器械而城坚固。故曰:慈,以战则胜,以守则固。"这个评说是符合老子以慈为宝的用兵之道的。

在老子重道贵德的用兵观和军事思想的影响下,著名的古代军事家孙子就在他的《孙子兵法》开篇之首的《计》篇中,谈到了兵之"道"。这就是:"兵者,国之大事,死生之地,存亡之道,不可不察也。"同时孙子还警告那些企图以战争谋私利的国君说:"夫兵久而国利者,未之有也"(《孙子·作战篇》),这也就说明,在战争中最重要的是重视其"道",也就是天道,存亡之道,和平之道,正义之道,以及珍惜生命的人道。在《老子》书中,"道"有时候也称为"德",它是"道"的以及"重道"的具体表现。这就是老子强调的"重积德则无不克,无不克则莫知其极。莫知其极,可以有国。有国之母,可以长久。是谓深根固柢,长生久视之道也。"

问题之二,老子用兵之道的硬实力与软实力是什么?

老子用兵之道的第二个特点,是硬实力与软实力并用。对于武器装备一类的硬实力,老子从不强调武器的巨大与重量,甚至主张"使十百人之器毋用,有甲兵无所陈之"。他也不热心于研发那些杀人利害的超强武器,认为:"兵者,不祥之器也,不得已而用之,铦袭为上,勿美也。若美之,是乐杀人也。夫乐杀人,不可以得志于天下矣。是以吉事上左,丧事上右。是以偏将军居左,上将军居右,言以丧礼居之也。杀人众,以悲哀立之。战胜,以丧礼处之。"这些都是从他的恒道反战思想出发考虑的。但老子对硬武器以及硬实力的运用,也有唯一却是最重要的一句提示,那就是"柔弱胜强,鱼不脱于渊。邦利器不可以示人"。这也就是说,要把击败敌人,消灭敌人,战胜敌人的"国之利器",无论是实力,武力,还是武器,都要像大鱼潜藏深渊一样的很好地收藏起来,不要轻易将它展出示人。这一方面可以长久保持这一秘密的强大武器的威慑力,使敌人不敢轻举妄动;一方面可以不至于被敌人窃取了这重要的军事武器秘密,加以仿照或防范,使之降低了应有的国防能力。

对于"软实力"的运用,老子只说了一句非常难解却意味深长的话,那就是:用兵有言曰:吾不敢为主而为客,吾不进寸而退尺,是谓:行无行,襄无臂,执无兵,乃无敌矣。祸莫大于无敌,无敌近亡吾葆矣。故称兵相若,则哀者胜矣。那么,究竟如何理解老子所说的采取无为无形的行动,举起无为无形的臂膀,拿起无为无形的兵器,于是就不会树敌而且天下无敌了呢? 这还要从当代世界对用兵的"硬实力"与"软实力"的一般理解和认识谈起。

众所周知,目前在分析一个国家综合国力的构成要素时,通常将之分为有形力量与无形力量,即使所谓的"硬实力"与"软实力"。硬实力(hardpower)和通常是指物质力量和国家的经济实力,科技实力,军事实力以及资源实力,包括土地面积、人口、自然资源等。软实力(softpower)则包括了国家的凝聚力、核心价值观以及文化被普遍认同的程度和参与国际机构的程度,发挥的影响力等。通常来说,硬实力是指看得见、摸得着的物质力量,如航空母舰、核武器、远程战略轰炸机、核潜艇等"硬力量"。"软实力"指的是精神力量,包括政治力、文化力、外交力等软要素,如美国比较具有亲和力和影响力的好莱坞大片、可口可乐、迪斯尼、耐克这样一些具有美国象征的产品,中国制造的产品遍布世界,学习汉语传播中华文化的孔子学院等。它不仅可以为国家带来丰厚的经济利益,也广泛地传播了各国的价值观念,形成了影响世界的软实力。

军事领域的"硬实力"与"软实力"是既紧密联系,又互相区别的两种力量。老子很早就发现了这两种不同的力量,并提议统治者加以区别运用。从现代国际战略关系和战争史看,"硬实力"与"软实力"并不是简单的加减关系,而是相辅相成、相互制约和协调的关系。"硬实力是软实力的有形载体、物化,而软实力是硬实力的无形延伸。"长期以来,强化"硬实力"一直是超级大国和许多国家的国防建设和武力威慑的重点。但这种过于偏重硬武力的倾向,也开始逐渐显示出其严重弊端。如轻信不实军事情报悍然发起伊拉克战争之后,美国的"软实力"开始悄悄地被它的单边主义的美国外交政策所削弱。那种以为在"硬实力"与"软实力"的较量中,实力要"硬",越"硬"越好,很自然产生地"重硬轻软","欺软怕硬"的习性,在新军事变革条件下开始发生了逆转。

正是在这一全球背景下,号称"纵横美国政学两界"、长期任美国哈佛大学肯尼迪政府学院院长并出任过克林顿政府助理国防部长的小约瑟夫·奈,在2002年出版了专著《美国强权的悖论:世界唯一的超级大国为什么不能一意孤行》,明确提出了"软实力"的概念。他认为:实力有"硬实力"和"软实力"。"硬实力"指军事力量或经济力量,凭借这种力量能"强迫和强制"对方遵从己方的意志;也称"有形力"或"暴力"。而"软实力"则指文化的力量、榜样的力量、理念和理想的力量,凭借这种力量能潜移默化地"影响和制约"对方,也称"无形力"或"柔力"。与此同时,新加坡国立大学东亚研究所的署名文章,也以《中国"软实力"悄然崛起》为题,在论述了中国的"软实力"发展现状后,指出对其不可小视并强调指出:"和平崛起理论引导着中国对'软实力'的追寻,而'软实力'的发展正在逐渐充实着和平崛起理论。"

应该说,美国战略专家和新加坡学者对美国与中国硬实力与软实力的作用分析是很有道理的。硬实力在改变人的观念,消磨或增强人民与军队的斗志或战斗力方面,在赢得或失去国际的同情支援方面,在扩大或缩小自己的统一战线阵营方面,在最终改变人心和战局最后胜负方面的持久而决定性的作用,日益显示了出来,而这就是两千多年前的老子所说的"天网恢恢,疏而不失",就是他很早就提出了的采取"行无行"——采取看不见的无为无形的"软实力"的行动,包括强化自己核心价值观、道德观的感召力,增强自己的文化竞争力、外交力、经济规约、国策等

"无形力"或"柔力"的强大压力等;"攘无臂"——举起无为无形的"软实力"的臂膀,包括增强自己的民族凝聚力,做好团结战斗的思想准备,扩大同情和支持自己的阵营,广泛挽臂联手团结自己的盟友等;"执无兵"——拿起无为无形的"软实力"的兵器,包括发表战斗宣言,揭露敌人的阴谋并坚决批判,以批判的武器对付敌人的侵略阴谋,采取具有威慑力的文化宣传攻势等,于是就不会像美国单边主义的决策者那样四处树敌,而天下无敌——没有人把你当成敌人了。

前已说过,老子对十百人才能搬动的庞大笨重的武器装备之类,是很不以为然的,对涉及国家是否"积德",安民之类的"软实力"却是重视有加。而以往国际上那些只注意下功夫大抓武器装备建设的"硬实力""硬装备"的"唯武器论"的正宗代表,也开始注意到今天的武器装备的"软装备"——软件了。过去武器装备只重视硬件,忽视软件列装的时代过去了。由于信息技术的发展,现代武器装备不仅嵌满了芯片,而且捆紧了软件。软件成为保证武器装备的正常运行,扩大和提升武器装备的功能,甚至"再造出"全新的、系列的武器装备的高度机密。因此,在武器装备上一直领先全球的美军开始产生了一种观点:新军事革命的本质并不在于技术和硬件,而在于能为作战意图服务的"功能合成"的观念与能力,也就是软件。而所谓"硬能力"与"软能力"的较量,即"软科技"内部,重在掌握某一编程模块的知识,以及对基础知识、基本技能等"硬能力"的培养的"印度模式",与重在高层次系统分析师、项目总设计师,能制订计划、控制质量、协调资源、总结报告的软件工程师等"软能力"培养的"中国模式"的较量;以及"硬制衡"与"软制衡"的较量,都已经在悄悄开始了。这就是美国《波士顿环球报》的一篇评论所宣称的:"'软制衡'时代现在已经开始了。"

而类似于老子所说的"行无行,攘无臂,执无兵",实行以软实力的"柔弱胜强"的"软制衡"的战略是:当弱小国家的"硬制衡"力量不足以和强大国家硬碰硬时,可以通过其他的老子所说的以"天下之至柔,驰骋于天下之致坚。出于无有,入于无间"的"柔弱胜强"的"上善若水"的软攻方式,不在硬实力强弱悬殊的时候寻求硬实力均衡,不与超级大国的强大实力直接对抗,而是采取其他"至柔""玄德"措施进行"软制衡",包括发挥国际机构的约束作用,使用经济手段加以威慑,通过外交措施限制自由度以及运用智谋使其决策失误和外强中干,等等,让超级大国"难以使用"其强大硬实力。

基于这一"软制衡"的理论，使得"美国过去十年的所有军事胜利都是依靠近距离战术空中力量和驻扎在该地区的盟国境内的地面部队取胜的"优势，很可能因为变成"超强"的孤立而失去的前景，小约瑟夫·奈在发生阿布格里卜虐囚丑闻，使得美国的不道和败德行为大曝光而威信大大受损后，发表了题为《美国必须重获软实力》的文章，大声疾呼："我们在 20 世纪 40 年代举止张狂，但用《马歇尔计划》赢得了爱戴。一般来说，谁的军队取胜，谁就赢得战争。也许如此，但在信息时代的反恐战争中，胜利还取决于谁在说法上取得胜利。而我们即将输掉这场'说法战'。"他还认为：小布什第一任期的特征是推行单边主义，使用军事力量。结果，美国的"软实力"或者说"吸引力"急剧下降了。在其意见的影响下，小布什的单边主义语调已开始变化，国务卿赖斯也在巴黎公开说："我广泛使用'实力'这个词，因为比军事实力甚至经济实力更重要的是思想实力、同情实力和希望实力。"这就说明，即使是世界上唯一的超级大国美国，也充分认识到了老子所说的"道"的威力——那看似"无状之状，无物之象"，"随而不见其后，迎而不见其首"的软实力、软能力、软制衡的伟大力量！

　　当前，类似于老子所说的"行无行，襄无臂，执无兵"的尊道贵德的软实力的力量，越来越为人们所认识。2004 年 4 月，小约瑟夫·奈教授在他的新书《软实力：世界政治中的制胜之道》指出，一个国家的软实力主要存在它对其他国家和人民具有吸引力的文化；它的政治价值观，特别是当这个国家在国内外努力实践这些价值观时；它的被认为合法且具有道德权威的外交政策这三种资源中。从而再度引起人们对 21 世纪各国的胜负决定于文化的重视。就赵启正委员在去年两会上发表关于"文化不是化石，化石可以凭借其古老而价值不衰。文化是活的生命，只有发展才有持久的生命力，只有传播才有影响力。只有有影响力，国之强大才有持续的力量"的意见看，在 21 世纪的今天，随着中国经济发展和国力增强，以老子、孔子的学说作为中国的文化名片，走向五大洲、走进全世界热爱和平的人们中间，当具有深远的意义。

　　目前，随着我国国际地位的不断提高和国际交往的日益广泛，世界各国对汉语学习的需求急剧增长。中国的近邻韩国，上百所大学开设了汉语课程，学习汉语的人数超过 100 万。在日本，"汉语热"直追"英语热"，成为继英语之后的第二大外语，学习汉语的人多达 200 万左右。在英国，大学里把汉语作为主课选修的学生数

量已经翻了一番。在法国,汉语热更是保持了强劲的增长势头,英语、日语、西班牙语的年增长率是2%~4%,汉语则高达38%;在美国,公立中小学学习汉语的学生到2006年猛增到5万多人。据国家汉办统计:目前平均四天建立一所学汉语的孔子学院,2005年,海外有近3万人参加汉语考试,2006年翻了一番。目前全球学习

善者果而已

汉语者超过3000万人。在信息时代的今天,世界各国之间的政治、经济联系日益密切、频繁,文化交往不断增多,各国对文化传播越来越重视,向国外推广本国语言已成为文化传播的重要手段。许多国家甚至已经把它列入了国家战略,变成了一项重要的政府行为。如日本不久前宣布要在日本本土之外建100所日语中心,韩国文化观光部宣布要在世界上开办100所世宗学堂,俄罗斯制定了推广俄语的普希金学院计划,印度准备建立"甘地学院",以促进印度文化的国际化,而德国歌德

学院、法国法语联盟、西班牙塞万提斯学院等，更是增强了危机意识，把本国语言的国际化作为国家之间软实力竞争的一个重要内容或象征。

当然，在中国孔子学院令多国羡慕、赞扬的同时，也有个别评论家本能地感到担心甚至恐惧，甚至说孔子学院是"中国文化威胁"。其实，以老子"行无行，襄无臂，执无兵"和孔子"己所不欲，勿施于人"的尊道贵德思想为核心的中华传统文化，历来具有老子所说的"以道佐人主，不以兵强于天下。其事好还。师之所居，楚棘生之。善者果而已矣，毋以取强焉。果而毋骄，果而毋矜，果而毋伐，果而毋得。已居是，谓果而不强。物壮而老，谓之不道。不道早已"的东方和平主义思想，从来就不想违背恒道规律，做那些类似于动不动就武力威胁，不惜发起战争的超级大国所做的"物壮而老，谓之不道。不道早已"的蠢事，这从当年郑和满载而去的庞大船队几下西洋，却并非掠财夺地，只是大力弘扬中华文化的壮举就知道了。

问题之三，老子用兵之道的谋略是什么？

老子的用兵思想和军事原则，以重视天道，软实力和硬实力兼用，已如上述。它丰富而深刻，涉及社会、人生、军事和自然的基本法则，是反对侵略、消除战争，维护世界和平，实现恒道社会人生的宝贵精神财富。

老子的用兵之道的第三个特点，是谋略丰富而高超。其谋略之一，是用非战争的手段，化战争于无形，这也就是孙子后来所说的："凡用兵之法，全国为上，破国次之；全军为上，破军次之；全旅为上，破旅次之；全卒为上，破卒次之；全伍为上，破伍次之。是故百战百胜，非善之善者也；不战而屈人之兵，善之善者也。"（《孙子·谋攻篇》）根据这一谋略和大国与小国的心理，老子开出了一个消除战争、维护和平的良方："大邦者，下流也，天下之牝也！天下之交也，牝恒以静胜牡。为其静也，故宜为下。故大邦以下小邦，则取小邦，小邦以下大邦，则取于大邦。故或下以取，或下而取。故大邦者，不过欲兼畜人。小邦者，不过欲入事人。夫皆得其欲，则大者宜为下。"他的这个精辟的比喻是说："大的国家，是大河的下游，是天下最柔顺的母牛啊！天下万物的阴阳交合，从来都是柔静的雌性胜过刚强的雄性。这是因为它十分柔静良善，因而适宜居于下面。所以大国谦让小国，就可收取小国民心，小国主动谦让大国，就可从大国获取援助。所以或者谦下以收取，或者谦下而获取。因此强大的国家，只不过想兼收并蓄多一些人民，而小的国家，只不过想归顺大国而服侍他人。既然他们都能随心所欲了，那么大国更适宜保持谦下的态度。"这真

国学经典文库

老子九观正义论

图文珍藏版

是古人对国际关系学和国民心理学的绝妙说明。如果我们不是将"归顺大国而服侍他人"作为丧权辱国,而是作为一种友谊和文化经济贸易服务;不是将"兼收并蓄多一些人民"作为殖民主义,而是作为争取更多同情者的民心工程,那么老子的这一"不战而屈人之兵"的外交谋略,确实是不须动用武力,造成巨大损失的"善之善者"。因为只要大国谦逊的尊重小国,像江海一样卑下自处,像雌性动物那样柔弱自处,就能成为百川汇集之所,像战胜雄性动物的刚强躁动一样,得到小国的信服和拥戴。而小国若能谦虚的尊重大国,也就能够得到大国的尊重和帮助,获得自己所希望的东西。

作为充满智慧的哲学家,老子在确实无法使用非战争的手段时,也有自己的一套行之有效的用兵谋略。其一是运用他的三宝之一,"不敢为天下先"。老子说:"用兵有言曰:吾不敢为主而为客,吾不进寸而退尺。"这就是不先发制人,不主动挑衅进攻,不去贪占对方的一寸土地,宁可退守防卫。

其二是防止骄傲,认为哀兵必胜。老子说:"祸莫大于无敌,无敌近亡吾葆矣。故称兵相若,则哀者胜矣。"这就是说,我方任何时候都不要骄傲轻敌,不去主动侵略对方,而是在受到对方侵略而成为悲哀和奋起反抗侵略的一方。老子认为,如果是实力相当的两军对垒,那么,受侵略的一方同仇敌忾,就必然会获得胜利,何况是弱小的国家对强大国家不自量力的挑衅侵略呢?

其三是注意打好心理战。老子说:"善为士者不武,善战者不怒。善胜敌者弗与,善用人者为之下。是谓不争之德,是谓用人,是谓肥天,古之极也。"这就是说在战争开始和进行过程中,要始终保持清醒的头脑,不要被敌人的故意挑衅所激怒,乱了自己的分寸,误中敌人的陷阱。这也就是"小敌之坚,大敌之擒"的兵法道理。

其四是"柔弱胜强",发起"上善若水"的柔性攻势。老子认为:"天下莫柔弱于水,而攻坚强者,莫之能先也,以其无以易之也。水之胜刚也,弱之胜强也,天下莫弗知也,而莫之能行",他还举例说:"人之生也柔弱,其死也恒信坚强。万物草木之生也柔脆,其死也枯槁。故曰:坚强者,死之徒也;柔弱微细,生之徒也。是以兵强则不胜,木强则恒,强大居下,柔弱微细居上。""天之道,犹张弓者也。高者抑之,下者举之,有余者损之,不足者补之。故天之道,损有余而益不足。"其意就是说,要像柔性的水一样,善于无孔不入地向敌人发起进攻,最后摧毁敌人的战斗力而达到"水之胜刚,弱之胜强"的目的,避免"兵强则不胜",受到"天之道,损有余而益不足"的战争惩罚。

其五是注意战争的节奏和分寸,做到有理,有利,有节。用老子的话说就是:"善者果而已矣,毋以取强焉。果而毋骄,果而毋矜,果而毋伐,果而毋得。已居是,谓果而不强。物壮而老,谓之不道。不道早已。"这段话的意思是,"善于用兵的统帅,取得了成果就适可而止了,绝不会去一味逞强。取得成果而不骄横,取得成果而不矜夸,取得成果而不好战,取得成果而不贪得。已经做到了这几点,可称为果敢取胜而不好强。事物壮大以至于过早衰老,就叫作不守恒道。不守恒道就会提早衰亡"。因此,在战争的谋略上要注意一取得胜利成果后就及时把战争停下来,不要因为胜利而逞强骄傲,不要自满得意,炫耀功绩,忘乎所以,成为横行霸道的侵略者。因为物极必反,发起战争过了头,就会违背大道,受到战争自然规律的惩罚。

其六是"以正治邦,以奇用兵,以无事取天下"。意思是在治国方面走正道,在用兵方面用奇招,灵活运用战争的辩证法。如"将欲翕之,必固张之。将欲弱之,必固强之。将欲去之,必固与之。将欲夺之,必固予之。""曲则全,枉则正。洼则盈,敝则新。少则得,多则惑。……夫唯不争,故莫能与之争",等等。它与孙子说的:"战势不过奇正,奇正之变,不可胜穷也。奇正相生,如循环之无端,孰能穷之哉?"(《孙子兵法·势篇》)可谓见解相同。此外,老子的许多章段,也可以从用兵的角度去解读,而领会其深意。如"知人者,知也。自知者,明也。胜人者,有力也。自胜者,强也。……不失其所者,久也",就可以理解为"知己知彼,百战不殆",理解为注意防范敌人的心理战,理解为不要失去对自己有利的藏身之所,以获得长久的平安等等。再如"善行者,无辙迹。善言者,无瑕谪。善数者,不以梼策。善闭者,无关籥而不可启也。善结者,无墨约而不可解也"。也可以理解为善于掩藏自己的行迹,让敌人摸不清自己的底细,以及善战者的高强克敌本领等。

总之,老子的用兵之道,雄浑博大,谋略高深。它不同于对兵道一窍不通,或不屑一顾的思想家;也不同于只知道如何用兵的奇道诡道,却不知道立国、为人的正道,更不知自然而然的恒道的一般军事家;它反对给人类带来无限痛苦和巨大灾难的战争,重视以积德克敌的软实力和国之利器的硬实力的有机结合,重视战争的正义性、战争的辩证法和高明谋略,确实是一个高瞻远瞩的古代哲学大家的超绝智慧的宝贵结晶,值得我们很好的研究而广泛地应用于国道、人道、兵道、政道与商道之中。

图文珍藏版

第九节　老子的治国观

一、重为轻根

老子的治国观，是在恒道观、玄德观指导下，在察世、真知的基础上形成，包括了无为、贵身、安民、用兵等丰富内容，为实现其恒道理想而推行的施政大纲。其施政主体是明道的圣人、王公与诸侯等。其要义一是遵循恒道，二是修养玄德，三是爱民活国，四是执重守静，五是谦柔无为，六是睦邻通好；其核心则是三"小"，即"小鲜""小邦"与"小朴"。虽然说，老子的施政纲领及其精神实质，无论在当时或是以后的封建社会里，都未必能获得执政者的深刻领悟和采纳，但却在人类千百年来的政治实践和学术总结中，越来越闪现出伟人的智慧的光芒，成为人类今天追求光辉理想所弥足珍贵的思想财富，值得永久的重视和认真研究。

首先看"小鲜"。老子主张"治大国若烹小鲜"的治国手段，最突出地表明了他对治理国家的谨慎乐观和高度重视。因为肉嫩骨细的美味小鲜即"小鱼"，在厨师煎炒、翻动、烹制时，是极容易煎煳弄碎的。治理国家也同样如此，它需要高超的技巧与耐心，才能获得国泰民安的理想结果。《汉书·艺文志》很早就指出过，道家学术"此人君南面之术也"。其意为老子之道在很大程度上可以称之为君主统治术。这从唐玄宗著《御注道德真经》，宋徽宗著《老子注》，明太祖著《御注道德真经》等史实中可见一斑，并已为汉唐盛世所证明。千百年后，伟大的革命先行者孙中山还在其论著中，引用了老子"治大国若烹小鲜"这一治国名言，老子所提倡的修德循道思想，以及谨慎勤政，讲求实效的治国手段，确实是影响久远，深入人心。

其次看"小邦"。老子推行的"小邦寡民"的治国制度，以及具体的"使十百人之器毋用，……有甲兵无所陈之，……甘其食，美其服，乐其俗，安其居"的施政措施，确有许多人不甚理解乃至难以赞同之处。但它实际上却是合理的。因为小邦的"小"，一是可以理解为动词，即缩小庞大行政机器的规模，属于精兵简政的正确方略;二是仍做形容词,那小邦就是建立今人肯定的"小政府",服务大社会,减少奢靡浪费的行政开支,以及各种对人民社会生活的不必要的甚至是不恰当的乃至有害的干预。试看当今地球村内,也确有瑞士、瑞典、新加坡一类的小国,其富裕安康,平和有序的生活令人羡慕;就是生活在欧盟大家庭里,主权独立而唇齿相依的欧洲小国,以及美利坚合众国实行"邦"联制,那各自拥有小国般独立的立法、司法制度的"州",其在经济发展,文化繁荣,对外交往等方面的突出成就,也给予长期困惑于"中央集权"与"地方自治"的矛盾的各国人民以许多有益的启示。而如何建设好甘食,美服,乐俗,安居,和平,自治,活跃的"小邦",以推动庞大,集权,迟钝,保守而低效的大型国家机器或"欧盟""邦联"之类,更稳健、和谐、正常地运转,确是构建当今世界和谐的努力方向。

其三看"小朴"。老子关于"道恒无名。朴虽小,而天下弗敢臣。侯王若能守之,万物将自宾"的治国总纲,突出了"道"在其治国观里的核心地位。老子这里所说的虽然很小的"朴",与"道"同义。它看似很小,微不足道,却是统治者治国的根本。掌握了这个看似很小的"朴",问题就可以迎刃而解。社会就可以和谐,国家也就能安定了。在"朴"即"恒道"与治国的关系上,相传曾与周文王论政的鬻子认为,"发教施令,为天下福者,谓之道;上下相亲谓之和;民不求而得所欲,谓之信;除去天下之害,谓之仁。仁与信,和与道,帝王之器。"在教与道,仁与信,和与福等关系方面,是教重于道,两者的关系是"有教,然后有道,有道,然后有理"。这一说法,与老子后来阐发的先有道后有一切,要求先掌握道,再施以教,以遵循恒道和修养玄德作为治国之本的思想有所不同。

所谓遵循恒道和修养玄德,其实是互为表里,密不可分的。老子指出:"伟大恒道,万物流注而归往。它是善良人的无价之宝哟,也是不善之人的生命保障。甜美的花言巧语可以上市赚钱,尊贵的品行可以用来恭维别人,人的不良劣根性,至今有哪些被去除了呢? 所以拥立天子,设置三卿的重要职务,虽然拥有珍贵的拱璧,安放在四马所拉的大车前招摇过市,还不如坐下来进修玄德。远古所以尊崇玄德恒道,是为什么呢? 不就因为求道而能获得玄德,有罪也可得以赦免吗? 所以玄德恒道成为天下所宝贵的。"在这里,老子以公正无私,万物归往,无价之宝的恒道为最高准则,尖锐地批判了社会中那些背离恒道和玄德准则,所谓"美言可以市,尊行可以贺人"的丑恶现象,并把它视为应该弃除的"人之不善"! 所谓"道者,万物之主也。善人之宝也,不善人所保也",其所强调的,就是老子治国纲领的根本——循道修德。它不仅是善良人安身立命,维护和谐社会秩序的宝贵准则,也是不善良人应好好保存,以改过自新、脱离苦海的保障。因此,如果谁背离了恒道玄德这一根本,无论搞什么花架子,拿多珍贵的拱璧放在四匹骏马牵拉的大车前,威风八面,鸣锣开道,招摇过市,也绝得不到人民的尊敬和拥护,更何况是那些用金钱换来的政治清明的虚名美言,出于攀附目的对施政者的恭维阿谀呢? 可见,老子向为政者提出的第一要务,不是设置太师、太傅、太保这些古代天子诸侯所最看重的高级官员,更不是为抬高其地位,而给予他们的拱璧美言尊行这类优厚的待遇和令人尊崇的虚名,而是让他们首先明白循道修德的无比重要性,步步不离恒道和玄德的精义。

根据不背离恒道玄德,"爱民活国"的施政大纲,老子十分重视爱惜国力,反对伤害国本,动摇国基,危害民生,为统治者的私欲而进行的征讨侵伐,大兴土木等。他强调:"治理人民,服侍上天,没有像啬惜这么重要的。只有啬惜而不滥用国力,才能尽早服从恒道。尽早服从恒道可称为重视积德行善,重视积德行善将攻无不克。攻无不克时就没人知道它玄德的极致,没人知道它玄德的极致,就可以拥有国家。拥有立国的根本玄德,就可以天长地久。这就叫深藏根本培固玄德,它就是长生久视的恒道啊!"这就将啬惜国力,体恤民生,积德行善,上升到了服从恒道,可以"长生久视","有国之母"即立国之本的高度。

老子的这一循道事天,修德爱民,深根固柢的治国思想,表明了他并不像有人所攻击他的那样,是否定人类的道德建设,毁仁弃义的哲学家,而是一个以恒道玄德为根本准则的伟大政治思想家。他所看重的是立国之本,长治久安,而不是用美言尊行堆砌起来的虚假道德、虚假政绩和官样文章!

老子深知循道治国的艰难,故谆谆告诫统治者万万不可掉以轻心,偏离恒道,跌入旁门左道。他打了一个常见的比喻说:"治理大国就像小心地烹炒小鲜鱼,如果以恒道立国于天下,那么连鬼类都不会神灵了。并非那些鬼类不神灵,而是他们的神通不会再伤害人了。并非他们的神通不能伤害人,而是因为圣人也不伤害他们了。神鬼和圣人互不伤害,故而玄德交融而归于伟大恒道。"在这里,老子虽然似乎没有正面否定鬼神的存在,甚至好像还与第三十九章所说的一样,默认了鬼神的灵验和伤人威力似的。其实,老子的本意不在谈鬼神,而在于告诫统治者要像翻动烹炒娇嫩易碎的小鲜鱼一样,小心谨慎的循道施政,万万不可草率妄动,酿成大祸,

天怒人怨。而对于人所畏惧的"鬼神"之类，只要施政者"以道立天下"，就可以"其

老子雕像

鬼不神"，"两不相伤"，"德交归焉"，又何必去耗帑费财，顶礼膜拜，诚惶诚恐呢？它与第三十九章中关于"神得一以灵"，以及"就会说神不要太灵验了，否则恐怕将会停歇"的说法，都是老子对似乎无所不能的神力的限制，其潜在含意为，哪怕是至高无上的神，也要顺应恒道并保持和谐统一力，而不能为所欲为。这正是老子否定一味迷信鬼神，以至荒废政务的科学思想，它与后来道教生发的有神论，其实是大相径庭的。

从这个意义看，我们将老子第三十九章中的"神"解释为"神"而不是"精神"，以和第六十章中的"鬼神"含义保持一致，并不会给老子戴上"有神论"的帽子而减低其学说的思想价值。反之，如果我们认识到有神论在古代，以至于当今的许多国家和地方所仍然占有的统治地位，承认自老子生活的春秋战国时代，到秦始皇登上宝座，还向海外寻仙求神的历史事实，那就不能不叹服老子关于神也要循道而灵，否则也会因灵验过度而枯竭之说的明智。它在世界哲学史上第一次将人间圣人摆在了神的同一高度，赋予人与神"两不相伤"的平等权利，并由此消解了由原始社会遗传而来的"神道治国观"，奠定了中国由人主宰的世俗人文治国观，影响了整个东方文化圈。

老子治国观的要义是以道为纲，以德治国。所谓"万物尊道而贵德"。"修之国，其德乃丰；修之天下，其德乃博。"就是这个意思。然而，老子主张的恒道德治，却与孔子主张的君尊臣卑，等级森严，非礼莫动的"为政以德"（《论语·为政》）不

同。按照老子循道修德的施政纲领,爱惜国力,谨慎从政,鬼神不伤的统治者,不但不需要繁文缛礼,拱璧车马,耀武扬威地高居人民头上,反而应该尽量从社会生活中淡出,使人民察觉不到他的存在。用老子的话说,那就是:"最好的主上,是人民仅仅知道他的存在,其次是都争相亲近赞誉他,再次的是敬畏而疏远他,最次的是公然侮辱反对他。"

从当今的现实政治生活看,无论国际国内,在老子所划分的这四类政治家中,一般能成为第三种,洁身自好,循规蹈矩,照章办事,即让属下或百姓"敬畏而疏远他",就已经很难得。而能够以平易朴实的作风,出色的工作,可喜的政绩让百姓爱戴,即所谓能让属下或百姓出于各种目的"争相亲近赞誉他"的第二种,真如鹤立鸡群。而以各种丑闻屡见报端的,往往是那些被传媒揭发的人见人憎的第四种,即让属下或百姓"公然侮辱反对他"的贪官污吏之类。至于老子所称誉的"人民仅仅知道他的存在",却不感到其唱高调、乱指挥、乱弹琴的压力,举重若轻,德高望重,政绩突出,有功不居,功成身退,从来都不事张扬的高尚而高明的政治家,确如凤毛麟角。其原因正如老子所说,"信义度不足而空口许诺,于是才会有不信任他的事发生。做事认真地谋划啊,可贵的是寡言少语。成就了功业办好了大事,而老百姓都说我'是应该这样的呀'。"对比一些时下的某些为官者,事情未开场前先大吹一番,及至上、下级要求他兑现的时候,当即推诿塞责,草草掩饰收场,留下千疮百孔的胡子工程了事。这种放空炮,假标兵,大呼隆似的红口白牙说假话,怎能让老百姓心服口服,由衷赞美呢? 至于不声不响为人民干了好事却悄然无言,如老子所说的无名英雄或圣人——如人类始祖伏羲、女娲,古代明君尧舜,当代雷锋式的人物,更是可遇不可求了。

老子的治国观中,还提出了"重为轻根,静为躁君"的光辉思想。这里的重,就是事物的重心,国家的重业、主业,它决定的是其他分量较轻的辅业、副业。这里的静,则是政局的平和,社会的安定,民心的清净,它反对的是躁动盲干,轻重倒置,劳民伤财,危害国本。老子认为,在重与轻、静与躁的矛盾运动中,重要根本的"重",和正常稳定的"静"居于主导地位,而轻浅次要的"轻"与反常乱动的"躁"则是被支配的。这对我们反思鼓吹"斗争哲学"的"文革"教训是大有帮助的。根据这一处理轻重缓急的哲理,老子耐心说服统治者要爱惜国力,不要动不动就兴师动众地到处出游检查,名为深入实际,考察巡视,现场办公,实为扰民滋事,闹得地方鸡犬不宁，老子明确地指出："重心是轻飘的根本，安静是急躁的君主。所以君子整天行动，都不会离开他的辎重行李。因为有环卫左右的官员处理各项杂事，他可以安静清醒地处理公务。为什么拥有万乘车马的大国君王，会把自身看得比天下万物都轻贱？轻举妄动就会失去治国的根本，急躁莽撞就会失去理智的主宰。"

应该说，老子的"重为轻根，静为躁君"，"轻则失本，躁则失君"的治国观，是极有见地的，它不仅是统治者的领导作风问题，而且是如何在政治天平上衡量轻重，抓住国家、地区和部门的最重要的根本问题，保持冷静头脑，避免急躁失误的关键性战略决策问题。在老子看来，遵循重本事天，修德爱民的治国之道，最终将会获得天下一统，四海归"一"的施政成功。从历史看："以往有能得到和谐统一的。天得到和谐统一就会清澄，地得到和谐统一就会安宁，精神得到和谐统一就会灵动，河谷得到和谐统一就会盈满，诸侯国王得到和谐统一，就会以它为匡正天下的准则。"然而，在老子眼中，这种四海归"一"，万象一律的境界，并非人类的理想境界，而只是必经阶段。如果就此停滞不前其实是很可怕的，因为它的统一模式不但不合恒道，反用僵化的模式束缚了生命蓬勃自由的发展。因此老子指出："如果强求统一发展到极致，人们就会说天不要太清澄了，否则恐怕将会爆裂；就会说地不要太安宁了，否则恐怕将会爆发；就会说神不要太灵验了，否则恐怕将会停歇；就会说河谷不要太盈满了，否则恐怕将会旱渴；就会说诸侯王公不要太尊贵高傲了，否则恐怕将会倒下！"为什么会出现这一情况呢，其所潜藏的危险和显示的教训是什么呢？其实，这正是中国古代易经"既济"的卦辞关于"已经济事如愿了，这一亨通只是很小的，它有利于贞固坚守正确的道路，起初会吉祥如意，而最终还是会混乱的（既济，亨小利贞，初吉终乱）"的深刻含义。更直白点就是说，人们不要以为自己能一统全国平定天下就很了不起了，即使是将来有一天，人类按照恒道的理想建立起大同美好社会，统治者也万万不可以天下一统，万民一心而骄傲自满，自高自大，忘乎所以。因为如果用静止僵化的标准统一一切，那天也会爆裂，地也会爆发，精神也会停歇或发疯，河谷也会干涸，连最高统治者也将难免倒下！这就是自然和社会的普遍规律。

"所以要尊贵就需以低贱为根本，要高升就必须以下层为基础。因此诸侯王公都自称为：'孤家'、'寡人'、'不谷'。这是他们自我轻贱的本意，是对'否定'的肯定。所以要达到最大的自然之理，就要赞许'无'和'是'的恒常大道！因此宁可不

要像玉石那样稀少珍贵,也要像粗陋大石那样平凡坚实。"在这里,老子承接上文一共说了三方面的意思。一是从哲学的高度,阐明了尊贵与低贱,高升与下层的辩证关系,强调了低贱和下层的人民在治国之道中的根本和基础的重要地位,这是比儒家孟子的重民轻君思想更要早得多的民本思想。二是从这一思想出发,老子阐明了诸侯王公都自称为"孤家、寡人、不谷",所包含的自我轻贱的政治意义,就是对"孤家、寡人、不谷"这些"否定"性称谓的肯定。其意义就在于让统治者承认自己与人民相比,所处于的更孤立、更弱小、更卑微的地位,从而避免发生那种自我膨胀,恃强凌弱,欺压民众,骑在人民头上作威作福,最终被推翻的悲剧的发生。三是要达到"至数,与无与是,故不欲禄禄若玉,硌硌若石"的政治目标。即努力追求最大的自然之理——"无"和"是"——即虚涵正确的恒道,做一个宁可不像玉石那样稀少珍贵,也要像粗陋大石那样,平凡坚实而有大志宏图的政治家。

这里面,老子所赞许和肯定的虚涵万物的"无",看似费解,其实并不难解,就是他所谓"视之而弗见,名之曰微。听之而弗闻,名之曰希。缗之而弗得,名之曰夷",不可名也,复归于无物的"无状之状,无物之象",就是他所说的先天地生,独立而不改,可以为天下母,未知其名,"淡呵!其无味也;视之,不足见也;听之,不足闻也;用之,不可既也。"侯王若能守之,万物将自化的"无名之朴"。也就是老子所说的"天下万物生于有,有生于无"的那个"无","无"也就是"恒道"。回顾老子在阐述关于"道生一,一生二,二生三,三生万物。万物负阴而抱阳,中气以为和"的恒道观时,早已提出"天下之所恶,唯孤寡不谷,而王公以自名也"的论述,我们可以发现他重民轻君的一贯政治主张。

在国际关系的处理上,老子站在他所处时代统一于周朝版图之内,他所同情的热爱和平的"小邦"的立场,同样坚持他关于"反也者,道之动也。弱也者,道之用也"的恒道主张,反对"强良者"即国际霸权主义者。他有个精辟的比喻说道:"大的国家,是大河的下游,是天下最柔顺的母牛啊!天下万物的阴阳交合,从来都是柔静的雌性胜过刚强的雄性。这是因为它十分柔静良善,因而适宜居于下面。所以大国谦让小国,就可收取小国民心,小国主动谦让大国,就可从大国获取援助。所以或者谦下以收取,或者谦下而获取。因此强大的国家,只不过想兼收并蓄多一些人民,而小的国家,只不过想归顺大国而服侍他人。既然他们都能随心所欲了,那么大国更适宜保持谦下的态度。"这真是古人对国际关系学和国民心理学的绝妙说明！正像孙悟空跳不出如来佛的手掌心一样，在强弱众寡，实力悬殊的情况下，大国如果对小国友好示弱，提供援助，小国就不会有受压迫受威胁的感觉，而愿意接受大国的引导和援助。反之，如果大国强国傲慢无理，欺辱小国弱国，那小国弱国即使不公开拼命反抗，给大国造成惨重损失，也会离心离德，拉帮结派，另搞一套，甚至鼓励或默许激进分子发起恐怖主义袭击，制造世界的混乱局面。这也说明，正确处理好大小国家之间的和谐友好关系，是多么的重要！面对当今世界大小国家与霸权主义的冲突，以及和谐与冷战的两种对立思潮，何是何非，何利何弊，不是很清楚的吗？

从反霸权主义和重视与采纳民众的批评，从而巩固国家政权的目的出发，老子充分阐发了他的无为柔弱的施政主张。他说，"天下没有比水更柔弱的了，而攻入坚硬强大物体内的，没有什么能超过水，这是因为水没有什么不能变易的。柔弱胜过坚刚，弱小胜过强大，天下没有谁不知道的，而却不能实行啊。因此圣人的言论曾说过：承受全国人的诟骂的，这才叫作国家的君主；承受各国不祥灾祸的，这才叫作天下的君王。"老子很清楚，自己"正确的正面言论，就像从反面说话。"要想让自以为强大的大国，自以为是的暴君，甘心以柔弱谦让的态度出现在世界舞台，简直就像是说反话讲笑话一样，是很难得到大国及其强权统治者的埋解的。所以，大国及其统治者不仅难以柔弱友好的态度善意的对待小国及其统治者，更难以自愿承受各国的不祥灾祸，为世界和平做出大国的应有贡献。这也就是当今唯一超级大国宁可冒天下之大不韪，也不愿在"京都议定书"上签字，并执意发展导弹防御系统的原因。由此可见，虽然世界已经处于全球经济一体化的时代，但在大国及其领导人没有理解和实行老子的国际和平主义之前，大国和小国关系的改善，还是不可能的。

包括美国学者在内的有识之士均认为，高耸入云的世界贸易大楼，被美制飞机穿击后轰然倒塌，是自恃武力强大，不可一世，事事好为人先，充当世界警察的超级大国结怨于世界各方，终于惨遭恐怖主义者恶意报复的象征。因此，在痛定思痛之际，如何以老子恒道和平思想为基准调整国际关系，改变霸权主义政策，增进文化交流，减少武力摩擦和镇压，确是引人深思的。

当然，在和谐世界天下大同实现之前，在当今世界崇尚武力，动不动就任由大国强国强族以制裁、轰炸、出兵、颠覆为外交手段对付小国弱国弱族的国际环境中，

要想消除千百年来漫骂争吵、流血冲突所造成的种种分歧、偏见和积怨，谈何容易？然而，正如老子所说："调和天大的积怨，必然还会残留许多余怨，这怎么能修成善德呢？所以圣人尊崇耿介正直的品性，手执债券，而不以怨言责怪别人。因此有德者主持建设，无德者专事毁坏剥夺。天道没有偏爱私亲，它永远善待呵护善良的人。"

这正是几千年前的一位东方老人，在结束其书时留给我们的最宝贵教训。这就是"有德司介"，以建设取代破坏，反对"无德司彻"，以除怨取代积怨，遵循恒道，修养玄德，友好交往，和平发展的全球施政纲领，这就是"天道无亲，恒与善人"，深得民心，顺应自然，得道多助的光明之路。

二、老子治国浅探

国。

治国。

以正治邦。

虚心实腹的老子治国。

它所引发我们所要深入思考的是——

（一）老子以恒道治国为最高纲领吗？

老子认为，"道"是万物的初始状态，是万物出生的本原，是生化宇宙，统摄世界，具有无限时空和内在精神的最高本体。可以说，老子对"道"的这一发现为和谐世界和治国纲要奠定了哲学基础，充满了精妙深刻，洞察入微的东方智慧。因此，老子治国方略始终不离恒道，他所提出的治国最高纲领也正是"道"。老子在世界哲学史上最早论证了"道"是万物的本原，是认识万物奥秘的根本门径，是细微难辨又无限无际的本体，揭示了恒道至大无比，化生万物，安邦治国的伟大作用。老子之道为人类社会矛盾的化解，描绘出平和纯真的太平世界图，具有现实的政治实用价值和永久的文化价值。他所奠定的这一恒道治国纲领，成为中华和谐治国传统文化的理论基础之一，也是建设和谐世界的宝贵文化资源。我们只有辨析中西古今治国学说，取精弃粗，择正去误，把老子治国观放入老子九大哲学观的价值体系看，才可能弄清老子道论本意及其和谐治国观的逻辑体系，大致如下："恒道观"作为老子的最高哲学范畴,以至高无上,无所不在的"道"贯串于九观之中,成为老子和谐社会观立论的理论基础。"玄德观"则是恒道观和谐社会化的结果和实践化的准则。它将恒道观引向社会,化为道德规范,圣人楷模,指导作为和谐社会认识论的"真知观",去认知真理、社会真相和探寻正路,最终构成恒道和谐社会的社会论的"察世观",行为论的"无为观",生命论的"贵身观",政治论的"安民观","用兵观","治国观"的基本原则,形成了一个完整的老子和谐社会治国观的价值体系链。总之,老子的治国纲领,是以恒道玄德的"和光同尘"为手段,通过对自然、社会、人心的细致观测和分析,弄清如何遵循恒道,修养玄德,获取真知,认识社会,重视生命,规范行为,治理国家的道理,以指导和谐社会建设,体现出道祖老子以人为本的生命价值观和治国智慧。

(二)老子治国以玄德为道德规范吗?

老子清楚地知道,周代战乱频繁,水深火热,民不聊生,要想让各国统治者成为和谐社会的主宰,就要掌握他们希望统治的稳定长久,人民的安分服从的心理,从约束他们自己做起,消除他们过多的贪欲。而他要求统治者应有的玄德境界和人格价值,归根结底,也是由他实现和谐社会治国方略的恒道观所决定的。为此,老子希望圣人能做到"生而弗有,为而不恃,功成而弗居。"把治国希望寄托在有德之"王"的身上。这虽是他的局限性,却是由当时群众觉悟程度和民主机制欠缺等社会条件所决定的,不能不是他当时唯一的选择。老子认为:"'道'是博大无比的,天是高大无边的,地是广大无垠的,而统治天下的君王也很伟大。每个国家之中,都会有这'四大',而君王就占据了其中之一,也是很伟大的。因此,人应该效法地道的治理方法,地应该效法天道的运行,天应该效法恒道的演变规律,恒道的法则是自然而然。"从这段话可见,老子承认代了人类强大统治力量的君王,把他列为四"大"之一,是与他具有君王能够成圣的信念分不开的。这与佛家主张所有的有情(人类、动物,生命体)和无情(山水,天地,无机物)一律平等,主张人佛平等,众生平等,不跪王侯,彻底抹平人类中心主义,显然是有所区别的。但老子并不因此而认为只要是"王"就可以胡作非为。相反,他认为,再伟大的君王,都要依次通过对效仿遵循天的地<用法不当>效仿遵循道的天以及道本体的观察效仿,遵循道法自然的法则。这也正是老子治国纲要所坚持的玄德规范,由此生发出统治者不可违反恒道,而要自然无为,垂拱而治,让人民按照淳朴天性全面发展,过各得其所的自由生活的和谐社会思想。

（三）老子主张治国者须修养玄德吗？

老子主张治国者须修养玄德，向那些千古传颂，一向以来都没有贪欲私心，以老百姓的心为天地良心的圣人看齐，善意地对待一切良善或不良善的人，信任所有守信或不守信的人们。试想，这样大智大德，能与天地合德，与万物协和，与亿民同心，能大度包容各类人的圣人，不正是创立公正平和，自由发展的和谐社会的理想治国者吗？显然，老子心目中的这样的圣人，不同于西方世界里那唯我独尊，非我教派，必杀而后快的所谓上帝信徒，也不同于那些以民族文化、宗教信仰、政治见解或意识形态划界，不惜刀兵相见，闹得国家四分五裂的狭隘自私，凶残冷酷的政治家。值得注意的是，老子之所以主张治国者须修养玄德，是因为他对当时儒家建立起来的一套以血缘区别亲疏的道德规范（有如后来文革时期"老子革命儿好汉，老子反动儿混蛋"的血统论）具有严正的排斥心理。他认为，"化生万物，畜养万物，使万物滋生而不占有它们，使万物成长而不主宰它们，这就是玄德。"而他尖锐批评的，正是那些"丧失了恒道才讲仁德，丧失了道德才有仁爱，丧失了仁爱才有义气，丧失了义气才有礼仪。"整天把仁义道德挂在嘴边，却从不实行的伪君子。老子痛斥他们假仁假义所制定的，意在维护统治阶级尊卑等级统治的"所谓礼仪，是忠诚信义的所在，是国家动乱的祸首。"可见，老子作为一个反伪道德主义者，所要追求的是安定和谐的社会，所要保留的是纯真诚实，符合人性，赤子之心的"玄德"。这是他对道德的根源、属性、作用、意义做了全面深刻思考，对道德的产生，道德的标准，道德的建设作了独到阐述的结果，而不是一家学派歧见。老子以纯真人的玄德化的"古圣化"，区别于弗洛伊德病态人的悲观主义的"去圣化"，而有利于当前健康人的乐观主义的"再圣化"。老子贬斥的是"下德"，主张的是玄德，它与恒道相通，是"德之中有道，道之中有德，其化不可极"之大德。从老子对玄德的重视看，无论是谁，要想建立和谐社会，都必须具有和谐的自然心态，善待人民，珍惜生命，做到"在治理天下时，内聚心性，安详和合，成为天下万物的浑厚爱心，百姓都像是他的耳目一样"有了如此可敬可爱，道德高尚，如慈祥父母的圣人治理天下，人民怎会不心悦诚服，安居乐业，社会怎么能不和谐幸福呢？

（四）老子治国离不开真知灼见吗？

在老子看来，治国者要建设和谐社会，首先要由正确的途径获得正确的见解，使自己的精神和谐与社会和谐融为一体。前两者与后两者是互为前提,互为联系,互为因果的。老子说:"集人的生命力和精神于一体,能让它们永不分离吗?揉合物质与精神至最柔顺的境地,人类能变回婴儿吗?清除心中的明镜,能让它毫无瑕疵灰尘吗?爱护人民,激活国家的蓬勃生机,能够不靠使用狡诈的政治权术知识吗?人们或关闭耳朵眼睛鼻孔,或竖起耳朵听,睁开眼睛看,嗅动鼻子闻,能彼此雌服而不逞强吗?他们的聪明和通达事理,能不通过不良知识的灌输吗?"这里边的六大尖锐问题,实际上开辟了一条治国者从内心和谐走向社会和谐的认知道路,一条可以称为老子的"真知观",与"察世观""无为观"和"贵身观"相结合,修养玄德,追寻恒道的心灵健康之路。其要点是让治国者在掌握正确认识论和真理的前提下,集中精力和神思,明白恒道和谐之理,时常清扫有害身心的私心杂念,保持类似禅宗所说的澄明心境,保持谦让而不是好斗的个性,不在花天酒地,声色犬马之中消耗精力,不花心思于揣摩玩弄政治权术,避免邪说败德的危害,以返回人的童真最佳生命状态,获得有益身心与治国的真知,爱护人民,激活国家的蓬勃生机,实现社会的和谐幸福。

由此可见,老子所阐明的治国之道和"真知观",要点在于反对众多的歪门邪说,追求符合恒道的价值标准的真理。他不以意识形态别亲疏,谋私利,推崇具有人民性、人道主义和理想性的"真知"。这就是在和谐国家的思想领域,坚持体悟和贯彻恒道,把它作为所有知识的本始和母体,以识"道"为解决一切问题的正确途径,避免越学越滥,越走越偏,被多余有害的邪说所困。因此,老子力主将不同学说作为借鉴资料,经过批判消化,解构重组,融会在恒道学说之中,达到"玄德大同"那"调和万物争奇斗艳的光芒,使之混同于祥和红尘之中,消弭事物中一切矛盾的敌对锋锐,解决它们的纷争冲突"的认识高度和圆融智慧,不再被类似佛家所说的"我执"所拘囿。在这里,老子的"真知"实际上表明了一种百家争鸣,开放包容的和谐社会的思想文化政策。这就是要在纷争冲突的思想领域,消除门派偏见,一视同仁地吸收各种学说之所长,达到和谐社会的大同境界,实现恒道玄德的治国理想。

(五)老子治国需要察世观变吗?

为了替儒家的守成和执政模式提供理论根据,汉代的董仲舒颠覆了道家有关道与天之主次关系的论说,喊出了为历代保守派统治者所津津乐道的名言,那就是所谓的："道之大源出于天,天不变道亦不变。"这实际上是把日升月落、冬去春来,循环往复的"天",作为维护上尊下卑、一成不变的封建统治之"道"的根据了。这与老子及其道家学派,时刻注意天时形势,主张随时而变,与时俱进是大相径庭的。实际上,老子所坚持的代表真理的道,虽看似万代如"一",却绝非一成不变的"一",绝非统治者梦想的至尊无上,高度集权,万世不变的"一"。实际上,哪怕某位英明统治者在一朝一代取得了四海归"一"的皇位与极权,也不可能保持世袭永远不变的一统天下。从《易经》"既济"卦所宣示的那种不停进化的易理看,没有任何事物是会永远停滞不前的,事物的和谐统一的状态,也不可能无条件地永远存在下去。因此,按照老子烛照千古旷宇的"察世观",即使"天得到和谐统一就会清澄,地得到和谐统一就会安宁,精神得到和谐统一就会灵动,河谷得到和谐统一就会盈满,诸侯国王得到和谐统一,就会以它为匡正天下的准则。"也决不可以用钳制思想来求得和谐统一。因为类似于强推西方民主,大搞全球强势文化输出的统一,在老子看来,其实是不察时变,不解世情,有违世势的。它不但不能求得治国稳定和社会的和谐统一,反而因违反恒道,用僵化的单一文化模式与政治制度,束缚了人类多元文化的生命和蓬勃自由的发展,而碰壁失败,这正如老子所深察:"如果强求统一发展到极致,人们就会说天不要太清澄了,否则恐怕将会爆裂;就会说地不要太安宁了,否则恐怕将会爆发;就会说神不要太灵验了,否则恐怕将会停歇;就会说河谷不要太盈满了,否则恐怕将会旱渴;就会说诸侯王公不要太尊贵高傲了,否则恐怕将会倒下!"这就是说,从对人类社会发展规律的深入观察,从恒道的规律看,治国强求一统,用僵化的规范或制度统一一切,就会天裂地爆,精神停歇,河谷干旱,连最高统治者也难免倒下! 这就是老子之后,秦王朝二世而亡,国内所谓"一刀切"政策的失利,美国霸权主义、单边主义的失败,所为我们提示的人类社会的治国规律。也正是基于这一与时俱进的"察世观",基于对那种"朝廷封官很忙,田地却很荒芜,粮仓更是空虚;而贵族却穿着华丽衣服,佩带长长利剑,饱食欲足而家产富余"的反恒道、反人道世象的深恶痛绝与强烈批判,老子建立起他向往的治国观。那是在没有贪欲私心的圣人英明领导下,建立起没有巧取豪夺,钩心斗角,尔虞我诈,生活物资能够公平分享,满足每个人的生存需要,甘食美服的淳朴自由的和谐社会。

（六）老子治国离不开贵身理念吗？

老子强调贵身的治国观，对于今天希望既注重生产效益，开掘财富源流，又希望合理分配财富，建立社会人身保障，增进身心健康和幸福指数，促成国家和谐社会的现代人说来，确实是令人向往的。在为实现这一治国理想而设想的身心修养方面，老子主张通过著名的"抟气至柔"的功夫，修成和谐万物，无欲无妄为，如同赤子般的"婴儿"心身。那时候就能让狂蜂虫蛇都不蛰咬，凶禽猛兽也不来搏杀，骨软筋柔而握物牢固，精诚专一而不气逆嘶哑，内心自然而平和。老子认为，修成这种精诚专一，思精虑净的身心状态，就达到了天下无敌，即不树敌也无人以其为敌的高超的"贵身"境界。那样的人就叫作恒常，知道恒常之道的就叫作明达事理。有益于生命的就叫作祥和如意，这就是老子贵身治国观所主张的治国者应有的身心和谐状态，即我们营造和谐社会所必须首先具有的良好心态和道德境界。结合古人"以道治身，以儒治世"，"佛忘身而济物，道服饵而养生"的说法看，为中国道家奠定理论基础的老子的"贵身观"，确实体现了对人生命的关怀，体现了他对"治国之本"的看法，那就是"本在于治身。"用老子对文子追问的回答就是："未尝闻身治而国乱者也，身乱而国治者未有也。故曰：修之身，其德乃真。"要而言之，贵身养生，不禁欲伤身；修身护身，不纵欲灭身，将有利于我们洁身自好，修德存身，明哲保身，养生拒腐，自我完善，更好实现和谐社会理想。回顾历史，那些纵欲伤身的统治者固然可恶，那些迷信"道服饵而养生"，如荒废朝政的明嘉靖帝等也实在昏庸。只有那些"闻鸡起舞"，"胡服骑射"，积极锻炼的有为之士和有为之君，才可能真正对国家的治理和社会和谐做出贡献。而那些以炼内丹外丹和道医施诊的方式，对社会和谐发展也做出过贡献的道教养生家，选择老子作为修身明道的经典，总结出自然虚静法、形神抱一法、涤除玄览法、虚心实腹法、冲气玄同法、抟气致柔法等等，以达到养神守精，合气守一的长寿目的，也绝不是偶然的。它其实是老子贵身治国观的养生文化创新与千年承传。

（七）老子治国方略主张尚柔吗？

在中国圣人谱系中，老子给人的形象一贯是谦卑、柔弱、贵柔的。《汉书·艺文志》说老子："清虚以自守，卑弱以自持"；庄子评论老子"以濡弱谦下为表"；《吕氏春秋·不二》也肯定"老聃贵柔"。这些评议对老子处世治国哲学的特点把握是十

分准确的,它的尚柔主谦,以反求正,弱小胜强,来自老子的恒道玄德智慧,深融于民族文化血液,形成了与西方刚性、张扬、强权文化不同的尚柔治国方略。应该说,老子的尚柔治国,使他的治国之术具有浓厚的阴柔特征,其治国理念、管理制度、管理措施,都强调顺应自然,合乎时机,不是单凭主观意念率意为之,而是随着情势的发展,而有所调整改变,这是更符合时下热衷的弹性管理和人性化管理精义的。它形成了道家因时达变,不僵化固守的"道法自然"思想,与法家主张操弄帝王驭臣权术,强力施行严刑峻法,以及儒家主张不成功便成仁,守成保业的尚刚治国方略,

老子青铜像

恰好形成鲜明对比,并在封建统治的稳态结构中,成为三足鼎立的起重要调适作用的一"足"。老子认为,人类推行和谐治国方略,关键在于如何解决好人每天所要面对的不可回避的矛盾,包括人与自然环境,人与社会,人与自己内心的各类矛盾。对于受现代西方强力竞争型主流文化控制,矛盾交集,利益冲突,内心烦躁,压力沉重,执着一端,偏向一极,想要摆脱与化解这些矛盾,却又往往无计可施的当代人而言,出路似乎只有一条——那就是不是你强大起来压倒别人,就是别人强大后压倒

你！老子根据自己对道的本质的反复思考，所得出的尚柔结论却并不如此。他称颂天下最柔的，莫过于水，水的柔性和慈爱体现了自己治国尚柔的真谛！老子坚信："上善如水。水善，利万物而有静，居众人之所恶，故几于道矣。"他认为"江海之所以能为百谷王者，以其善下之也"，只有谦虚虚心，甘处人下，尊重任用贤能，才能成就大业，故此他力主"为天下溪，恒德不离"，主张"抟气至柔"和"天下之至柔，驰骋于天下之致坚"，培养谦和柔慈却又积德无不克的坚毅柔韧的性格。他十分称许水的以柔克刚，却又善容万物，利益万物，还结合对恒道的理解说："大道好像空虚无物，而使用它时却无所不有。这是因为它永远也不盈满，它就像那深不可测的万丈深渊，就像是天下万物的宗主啊！它销锉万物的锋芒，化解万物的纷争，融合万物的光辉，趋同万物的生命飞扬！"这就是老子所向往的"和光同尘""渊深明湛"的和谐平静而又活泼光明的社会。它以道的统一实现所有矛盾的化解，就像那些貌似不可一世的强大者，也将被几近于道的柔弱处下却无坚不摧的"水"所征服一样！从而形象而深刻地体现了老子尊崇水的大德兼容与柔和本性，主张无为而治，不以强权欺凌弱小，努力建设和谐社会的治国观。

此外，从老子关于"柔弱胜强"以及"强大居下，柔弱微细居上。"的一贯观点看，体现出老子治国尚柔精神的，还可见于他坚信"图难乎其易也！为大乎其细也！天下之难做于易，天下之大做于细"。懂得"合抱之木，作于毫末。九层之台，作于蔂土。百仞之高，始于足下"的道理，重视柔弱细小，从"小"抓起，从小做起，从基础起步，重视"小朴""小邦""小鲜"的一系列治国观点。具体分析，老子治国尚柔之所以重视"小朴"，是因为柔弱的"小朴"具有不可轻视的旺盛生命力和强大创造力。老子关于"朴虽小，而天下弗敢臣。侯王若能守之，万物将自宾"的治国法，突出了"朴"即"恒道"在和谐社会治国方略中的核心地位。"朴"看似很小，微不足道，却是做人的天性与准则，是统治者治国的根本。老子治国尚柔所主张的"小邦"，是因为他认为推行"小邦寡民"的治国制度，更有合理性。它把政府管理机构适当划"小"，缩小了庞大行政机器的规模，过多的管理层次，建立了服务大社会的"小政府"，使其成为独立性强，管理人员少，幅员适度的行政区域"小邦"——并非地方割据之"国"，大大减少了奢靡浪费的行政开支，以及各种对人民生活的不必要干预，属于精兵简政的正确方略，确是构建当今和谐世界与中国和谐社会时所要思考的。老子治国尚柔所主张的"小鲜"，是因为那"治大国若烹小鲜"的柔性治国

手段,最突出地表明了他对治理国家的谨慎乐观和高度重视。因为肉嫩骨细的美味小鲜即"小鱼",在厨师煎炒烹制时,是极容易弄碎的,治理国家也同样如此,它需要高超的技巧与耐心和爱心,需要执重守静,谦柔无为,小心翼翼,才能获得国泰民安的理想结果。

(八)老子治国的妙义是无为而治吗?

老子治国崇尚和谐之道与道法自然,故此主张实行无为而治。他认为,"天之道,损有余而益不足。人之道则不然,损不足而奉有余。"上天的运行规律,就像张开弓箭一样,高起的压下它,低下的抬举它,多余的减损它,不足的补充它。所以天道的运行规律,就是减损有余的补益不足的。人类所谓的"民主的平等的博爱的"社会规则却不这样,居然减损不足的供奉有余的,造成社会不公,穷的愈穷,富的愈富,极为反常,自然也就不可能和谐了。因此,老子明确反对过度膨胀的野心、好大喜功的胃口,以及豪华奢侈的生活,并借其圣人口说:"我无为也,而民自化。我好静,而民自正。我无事,而民自富。我欲不欲,而民自朴。"在老子看来,"上善若水"。水为什么会成为上善?不就是由于它安静无为,不好争利,具有择居善地,心情恬静,施予宽厚,信守诺言,公正平和,求实能干,顺应时机等美德吗?如果社会上层能保有无为心态和水的美德,人民就将自化而使社会和谐了。所以老子所制定和谐社会的治国方略,自然包括了无为而治的妙义。从历史上看,中国之所以能经历春秋战乱,七雄角逐,秦朝暴虐,楚汉之争期间的六百年苦难后,实现汉初人民减负国库充盈的"文景之治",正是因为有学士陆贾向刘邦建言,"道,莫大于无为,行,莫大于谨敬";并最终得到酷爱老子的窦皇后支持,老丞相陈平、曹参襄助,才使刘邦之子孝文帝得以老子为师,无为顺道,令天下从贪欲躁动复归于恬静休息的。

(九)老子治国的安民举措有哪些?

"安民"是要建立在治国的统治者与被治理的人民的和谐关系上的。虽然美国《独立宣言》作者托马斯·杰弗逊宣称:人人生而平等,但根据西方的"契约论",即使是渴望平等的人,也需要选举和委托国家统治者对众人实行治理。主张"不上贤,使民不争"的老子,尽管反对人为抬高"贤人"而使民不争高位,心中还是始终把治国安民的希望寄托在圣人身上,落实在实实在在的安民举措上的。这点可见于他的安民观,重点之一便是虚心实腹,弱志强骨,绝圣弃知,见素抱朴的"育民法"。正是在回顾人类政治起源并探讨社会治乱规律的过程中,老子根据"政治初创昏昧怜悯时,人民生活虽艰难而淳朴浑厚。政治过分明察苛刻时,国家就会对人民造成侵害!"的历史,得出了重视物质文化,反对空谈误国的"育民法"结论。其二是"抚民法"。要点是反对隔离人民、压制人民,对违背人民意愿,强制人民按照自己的意愿行事,不惜以流血恐怖相威胁的强权统治者,老子严正警告说:"人民不怕威胁恐怖,那非常恐怖的事情就要发生了。所以不要关闭人民所住的居所,不要压塞人民所赖以生活的路。只有不厌恶人民,人民才不厌恶你。"在某种意义上,国际恐怖主义与一些国家内社会的不和谐甚至流血冲突,都是恐怖组织和黑恶势力等,利用社会贫富悬殊、种族冲突的不合理现象造成的。而要借鉴和切实落实好老子的一系列安民措施,包括育民法、治民法、抚民法,等等,就要把他所倡导的恒道观贯串于他由玄德、真知、察世、无为、贵身、安民、用兵、治国诸观构建的治国战略体系之中,以恒道宇宙观、玄德人生观为治国大纲,将施政安民和和谐社会紧密结合起来,通过道法自然,无为贵身,积德休兵,实现天人合一,国泰民安的治国理想。

(十)老子治国用兵的基本原则是什么?

老子学说被誉为是人类精神回归的家园;老子道学文化被誉为正愈来愈成为一种有着警世、醒世、医世功能的普世文化。这从他发明的如何卫国友邦,休兵息战的"君人南面之术"可以看出来。正是为了维护国家安定繁荣与和谐社会,老子明确反对统治者为私利挑起战争,认为"夫兵者,不祥之器也。物或恶之,故有欲者弗居。……夫乐杀人,不可以得志于天下矣。"明确反对涂炭生灵耗费国库的扩张主义和霸权主义。老子对战争决策者和指挥用兵者明确提出:"要以恒道辅佐治国者,不以武力逞强称霸于天下。天下事情都将会周而复还。"如果统治者脱离了人类的恒道,一味恃仗武力强大先发制人,或只懂得以暴易暴,穷兵黩武,今天的侵略者,明天就会被人反攻和惩罚;今天的占领者明天就会被人民赶走。从战争的反复性和严重后果看,好战和贪得是兵家大忌,越是炫耀武力强大就会越早衰亡。所以,老子治国用兵,从不炫耀武力,主动侵略。他在用兵之道上,一是主张"不战而善胜",贵柔守雌,不战制战,以退制进,以退为进,以弱制强,以柔克刚,哀兵必胜,后发制人;二是主张凡事因势利导,无为不争,始终坚持"以正治邦,以奇用兵,以无事取天下"的"道法自然"的和平反战原则。从恒道和平主义的战争观出发,老子坚持"君子重于道德,不重用兵"(文子转引)主张积德克敌的战略观,主张大国与

小国的平等互助,各得其利,并坚持"我恒有三宝,持而宝之。一曰慈,二曰俭,三曰不敢为天下先。夫慈,故能勇。俭,故能广。不敢为天下先,故能为,成事长。……夫慈,以战则胜,以守则固。天将建之,女以慈垣之。"明确把珍惜生命关爱生灵的人道主义的"慈",把不在战争中毁灭人类宝贵财富的"俭",把不冒天下之大不韪主动挑起战争的"不敢为天下先",作为胜敌固守,成事保国的三大宝贝,以所谓"夫唯不争,故天下莫能与之争"的高明手段和姿态,取得和平共处,达到"天下将自定"的目的。

（十一）老子的治国理想是要构建和谐社会吗?

老子哲学的自然观、历史观、人生观和价值观,突出地表现在他对治国之道和修身之本等等的阐述中。特别是老子的治国观如一条红线,贯串于他由恒道、玄德、真知、察世、无为、贵身、安民、用兵诸观构建的哲学观体系之中,它不仅形成了老子哲学的独特价值体系和深刻思想,而且奠定了老子建设和谐社会的理论基础,为源远流长,根深花艳的中华和谐传统文化的辉煌成就做出了卓越贡献。在我们总结和创新中华民族和谐治国的基本理论时,除了可以从儒家"和为贵""和而不同"的理念,从佛教重视觉悟,普度众人的大乘教义和禅宗的人生智慧中,吸取其所倡导的"人心和善、家庭和睦、人际和顺、社会和谐、人间和美、世界和平"的新"六和"思想营养外,还应该从道教的精神源头老子思想中,领略其建设和谐社会的治国思想。如我们参照有的学者的提法所强化的老子学说的"六和"治国理念,其"生和",就是重视民生,充分体现对人民生命权的重视,保护人民政治、经济、文化的权利,建设和谐社会的民心基础工程。其"整和",就是充分调动、发挥政府的协调整和之功能,逐步解决社会中存在的诸如分配不公、贫富差距增大、就业机会不均等诸矛盾,保持社会和谐与发展态势。其"谦和",即为国家在舆论导向与为人处世方面都推崇"谦和"风尚,弘扬中华传统美德,力戒奢侈、浮夸之风,使"八荣八耻"深入人心。其"中和",就是恪守"中和之道",不要忽左忽右,坚持对理想和信念的秉持,将"社会主义核心价值体系"落实于实处。其"协和",即协和并调动一切有利于和平发展的国际积极力量,维护世界与人类和平。其"顺和",就是顺应道家视野中的人之天性,使"经济人""政治人""法律人",逐步回归到赤子之心的淳朴德性上来，理顺人与社会、人与自然以及人与心灵之关系，保护自然环境，使社会更为和谐健康和富足快乐。

（十二）老子和谐治国方略的主旨是什么？

总结老子九观哲学体系与和谐治国方略的主旨，一是主张谦虚无为，得民爱戴的圣人要坚持人际和谐，不妄为的"无为观"，以达到无为与有为的辩证统一；二是主张人们要坚持珍惜生命，明哲保身，养生拒腐的"贵身观"，要寄希望于爱自身并愿意为实现恒道理想而奋斗的人，从而在哲学史上第一次摆正了身体和事业的和谐关系，成为世界上最体现人道主义，以人为本并促进人类身心和谐健康的先进观念；三是主张回到和谐公产社会理想境界的"安民观"，使人民淳朴浑厚，安闲自在，"甘其食，美其服，乐其俗，安其居"，没有苛察监控，钩心斗角，保留小国寡民的民俗文化个性；四是反对满足人类贪欲的战争，主张无为不争，以柔克刚，以退为进，哀兵必胜，后发制人，积德克敌的"用兵观"，为和谐世界奠定和平主义的基石；五是提倡遵循恒道，修养玄德，谦柔无为，睦邻通好的"治国观"，强调国家的和谐久安，而不是用美言尊行堆砌起来的虚假道德、虚假政绩！由此可见，老子的和谐社会观，是他恒道观的社会实践化产物，最终以建设人类和谐社会为远大目标和最高价值。

（十三）老子道学是中华治国传统文化的核心吗？

老子以恒道、玄德、真知、察世、无为、贵身、安民、用兵、治国诸观构建的哲学观体系，奠定了中国道家文化的政治理论基础。自汉初实行黄老之术和老子无为而治的基本国策以来，在哲学高度、政治实践、文化传承等方面，深刻影响了中华文化的发展，形成了中华民族以儒、道、释三家为核心的传统文化，形成了学术界大都公认，历史上封建王朝大都沿袭的"以儒守成、以道达变、以佛治心"的治国模式和民族核心价值理念。其中的所谓"以儒守成"的统治模式，要义是通过由儒家制定的"君为臣纲、父为子纲，夫为妻纲"和"仁、义、礼、智、信"等"三纲五常"的封建伦理道德、礼仪规范和等级制度，建立起君君臣臣，层级分明，高度集权的皇权制度，进而以政权、族权、夫权等政治手段贯彻施行于封建帝国的每个角落，保守住祖宗留下的社稷江山，支撑庞大国家机器的正常运转。所谓"以道达变"的统治模式，要义是根据《易经》"观乎天文以察时变，观乎人文以化成天下"的政治智慧，参照老子道家学派提出的"人法地，地法天，天法道，道法自然。"和"天之道，损有余而益不足"的施政原则，不时分析统

治阶级和人民之间利益分配的多寡变化,通过民间或明或暗的各类道教组织的平和或暴力的活动,配合统治者自觉或被动的上下呼应,进而在王庭和民间此消彼长、永无休止的对立或磨合的政治力量博弈中,对儒家主流文化影响下,中国社会长达几千年所形成的日趋保守的稳态政治结构加以调整,维护或创制因破损落伍而需要更新的国家机器。所谓"以佛治心",要义是通过由佛学基本教义的创立者佛祖,佛教各流派包括禅宗等传播的"四大皆空""明心见性""普度众生"的佛法说教,以及僧侣组织等号称佛家"三宝"的宗教文化力量,对统治者自身贪欲和民众的困境所造成的人心人世痛苦,进行心灵的抚慰和治疗,用行善拜佛抹平社会的矛盾冲突,减少国家机器运转时产生的摩擦与震动。

而我们若从善行道者,因地制宜,该变就变,以及"以儒守成、以道达变、以佛治心"这三者的内在关系看,"守成"是妥协,是稳定,是维持现状;"达变"是鼎新,是改良,是和谐社会;"治心"是减震,是向善,是净化世风。其三者中"与时迁移,应物变化"的"达变"和"静作得时,天地与之"的"鼎新",可谓是统治者能否妥协守成,治心减震,维持统治,江山永固的成败关键。由此可见,正是"以儒守成、以道达变、以佛治心"的统治模式,各以其不可替代的作用,维持与延续了中国社会的和谐发展与长期以来中华文明领先世界的地位。也正是以老子、庄子、列子、文子等为代表的道学文化,促进了以孔子、孟子、程子、朱子为代表的儒学文化,以及以惠能为代表的中国化佛学即禅宗文化的与时俱进,它与法家、兵家等诸子百家一道,不断改良了中华治国范式,共同奠定了中华民族优秀文化的根基,孕育了中国五千年"自强不息,厚德载物,道法自然"的民族精神,至今仍然有以道立国,精察明变的强大的文化生命力。

第八章　老子人生十大观

第一节　人生守弱观

当今社会,人人都极力以强者的姿态生存于世。个人都想争做强者,企业都想跻身世界百强之列,国家都希望成为在军事、经济、文化、政治等领域上无人能敌的强国。"强"真的能使你立于不败之地吗? 老子又为什么提出弱胜强的道理呢? 究竟如何才可做到至强无敌呢?

《道德经》第四十二章提出:"强梁者不得其死,吾将以为教父。"老子在此章中提出:"刚暴之人的下场都很可悲,我以此来作为施教的张本。"这是古圣先贤留下来的至理名言。

何为强梁者? 凡斗狠、逞勇、蛮干、固执、横行等,都属于强梁者。项羽的自傲、狂野、豪放、火爆的性格最终导致了他乌江自刎的结局。三国时期的鬼神武将吕布,如果纯论武力,天下几乎无人可出其右。可是,相比项羽,吕布更多了蛮勇、自私自傲、自负、目中无人以及反复无常。那个乱世无疑是枪打出头鸟的局面,这时候吕布很不适时的出头,天下无双的武力以及自负的性格也注定了他提早离去的命运。项羽和吕布,同为失败者,更讽刺的是造成他们失败的都仅仅是因为性格使然。

看武侠小说,都知道武林中人好斗、争强,为了一本武功秘笈,为了天下第一之名,而争得你死我活。却不知强中自有强中手,一山更比一山高,所以永远没有第一,没有最强。

　　孔子对"强"有何见解?《中庸》当中提到子路问"强"。子曰:"南方之强与,北方之强与? 抑而强与? 宽柔以教,不报无道,南方之强也,君子居之。衽金革,死而不厌,北方之强也,而强者居之。"子路刚勇威猛,耿直好勇,喜胜好强,他向孔子问强。孔子说:"你是问南方之强呢,还是北方之强呢? 或者是你所需要的那种强呢? 通过宽厚柔和的途径教育别人,对于那些肆无忌惮胡作非为的人不加报复,这是南方的强,君子应当具备这种素质。睡觉时头枕着兵器用铠甲当席子铺在地上,死了也不后悔,这是北方的强,强者应当具备这种素质。所以君子与人和睦相处但又不迁就别人,这才是真正的强大啊! 保持中立,不偏不倚,这才是真正的强大啊! 国家有道时,不改变自己一贯的志向,这才是真正的强啊! 国家无道时,至死也不改变自己的志向,这才是真正的强啊!"

　　孔子在此借南北两地的地域差异而比喻两种不同的境界。"南方之强",南方属火,火者文明之象。因南方气候温和,多潮湿,多雨水,因此借南方比喻偏于温柔之强,用宽和温柔以教导百姓,对待他人,对于无道之人,不予回报,故曰"仁者无敌"。如佛家以慈悲为本,普度众生为怀,行忍辱波罗蜜,不存报复之念,又不馁自强之心。耶稣博爱主义,替仇人祷告,如此之强,已居于充实光辉之境界,为君子人也。故曰南方之强,君子居之。

　　"北方之强",北方属水,天气严寒,冰天雪地,冰凝雪冻,因气候而铸就刚勇凌厉的北方性格。这类性格,刚勇耿介,宁死不屈,宁折不弯,暴虎冯河,死而不悔,以盔甲为垫席,以刀枪为枕衾,死不足惜。子路即属"北方之强",孔子一向不主张子路的这种奋不顾身的强。这种强,内刚外亦刚,内强外亦强,这类强者耿介彪正,临危不惧,临难不苟,人格可敬,人品可嘉;但不善保护自己,不善谋划,凡事凭一腔热血,奋然前行,计其功而不计其利。就如水性一发,则横流泛溢,力强而势难遏。

　　真正的强应该是合南方之强与北方之强,发挥水火既济之功,刚健中正之大道,经过充实光辉之境,至于大化圣神之域也。"和而不流,中立而不倚,国有道不变,国无道至死不变",内藏刚强,外示浑厚,和谐相处,但不同流合污,即便有时"同流",但绝不随俗而"合污",遗世独立,耿介不迁,中流砥柱磐石般的坚定而不偏倚。邦有道则仕,邦无道或仕或隐,但自己内心的贞节,内心的主张,骨子里的真性绝不改变。内方外圆,内刚外柔,虽有外圆外柔之权变,但绝不改变内心之方正,内心之刚直,这就是中庸之强。这类强也是"君子居之"。

《道德经》云："益生曰祥,心使气曰强",滋养过盛就快遭殃了,俗话说："早熟早烂。"对人、对社会发展来说都是一样。西方文化中的糟粕就像激素注入人们的观念当中,快速地催促人们欲望膨胀、纵欲享受。所以,今天无论是身体还是思想都在激素作用下非正常地生长着。

这个道理用于企业也是一样,英国的沃达丰公司,曾经是全球最大的移动通信运营商,其发展迅速令人惊叹,其网络直接覆盖26个国家,并在另外31个国家与其合作伙伴一起提供网络服务,全球用户超过1.79亿,拥有世界最大的移动网络。结果公司2005年出现严重亏损,总裁面临下岗。"木强则烘",树木长得好,就面临被砍伐的危险。换句话说,壮大得越快,危险就到来得越早。中国的古训告诉我们"月盈则亏"。

"兵强则不胜",想以武力、强权来征服天下、人心,结果一定是失败。帝王好勇的结果,则必然会穷兵黩武,以残杀侵略为能事,那就弄得生灵涂炭,造成社会、国家、人类的大祸害了。老子曰："物壮则老,是谓不道,不道早已。"以第二次世界大战为例,正是有希特勒、东条英机等这些战争恶魔的丑行,使千万人的生命葬于兵燹之中。

什么是最有前途的? 不是成长的大树,不是威猛高大的壮汉,更不是耄耋老者,而是幼芽、嫩叶和小孩,他们的前途无限光明,充满希望,过于强大的东西总是不能持久,咄咄逼人的东西已经是开始走向坟墓,光芒四射因为它在爆炸。

老子提出："人之生也柔弱,其死也筋朋坚强。万物草木之生也柔脆,其死也枯槁。"出生的婴儿身体柔软,可是人死之后身体却变得僵硬。草木在刚长出来的时候是柔嫩脆弱的,死后则变得枯槁。"柔弱"象征生命旺盛,"坚强"象征衰竭。草木刚刚发芽,娇嫩、柔弱,但生命力顽强,可以破土而出。可是,当秋收季已过,庄稼地中一片萧索,草木成熟结出果实,秸秆却枯槁倒下。由此可见,"柔弱"就是生存之道,"坚强"就是死亡之初。老子通过大自然之道给我们一种这样的提示："坚强死之徒也,柔弱生之徒也。"

婴儿虽然柔弱,但体内有太和之气,孩子刚刚生下来手握拳头,刚劲有力,哭一整天,声音还是高亢、嘹亮。人随着年龄的增长,体内的太和之气渐渐减少、消失,由于尘世的染著,体内充满了暴戾之气。每个人都发过脾气,即使表面没有发作,心中已然有一股无名之火、暴戾之气在运动,当这股气在我们体内运行之后,我们

由心到身都开始产生了微妙的变化。如我们发过脾气之后，会觉得手脚冰凉，浑身无力，血气倒涌，失去理智，是不是这种感觉？所以，老子告诉我们要学守柔，让体内充满太和之气，身体的每一个细胞都祥和、喜悦。

柔胜刚，弱胜强。坚硬的东西容易坏，而柔软的东西却容易生存。如美玉坚硬、冰冷，虽然光滑、无瑕让人爱不释手，但是如果一旦小小失手，则美玉必碎无疑，因为它太过坚硬。初生柳枝，柔软、细嫩，想折断它，很不容易，但是到了叶子落尽，干枯、坚硬之时，只要稍稍用力，就可以听到枝干折断的声音。人年老力衰之时，满口牙齿脱落，而舌头却依然存在，这便是舌存齿亡的道理。一场强劲的台风，可能刮倒树木、房屋、电线杆，可是柔弱的小草却能活下来。"故强大居下，柔弱居上。"树叶柔弱总是挂在树的上端，而树干庞大却深埋在土里，这就是强大居下，柔弱处上的道理。

圣人不是否定勇，更不是让人类不要有勇，而是崇尚一种大勇无勇的至勇境界。北宋苏轼《留侯论》云："匹夫见辱拔剑而起，挺身而斗，此不足为勇也。天下有大勇者，卒然临之而不惊，无故加之而不怒，此其所挟持者甚大，而其志甚远也。"苏轼提出了"匹夫之勇"与"大勇"两种境界，一般人在面临侮辱和冒犯时，往往一怒之下，便拔剑相斗，这谈不上是勇敢，只是匹夫莽撞的行为。真正勇敢的人，在突然面临侵犯时，总是镇定不惊，而且即使是遇到无端的侮辱，也能够控制自己的愤怒，这是因为他的胸怀博大，修养深厚。

勇的境界可分为：小勇、中勇、大勇、大大勇、大勇无勇，大勇无勇即至勇。

小勇：匹夫之勇，逞强好胜。墨子谓骆猾厘曰："吾闻子好勇。"曰："然，吾闻其乡有勇士焉，吾必与斗而杀之。"墨子曰："天下莫不予其所好，夺其所恶。今子闻其乡有勇士而斗而杀之，是恶勇，非好勇。"墨子对骆猾厘说："我听说你是个勇士。"骆猾厘说："是的，我只要听说乡党中有比我本领大、武功高者，必要向他挑战、较量。"墨子说："世上的人，没有一个不是对于自己所爱好的，就加以保护、照顾，而对于自己所厌恶的，则扬弃或者销毁。现在你听到哪里有勇士就去杀他，这是恶勇，而不是好勇。"像骆猾厘这样的"勇"，恐怕不在少数。现在的青少年崇尚"拳头文化"，谁的拳头厉害，谁就厉害，谁的骨头硬，谁就是硬汉。

孟子曰："夫抚剑疾视曰：'彼恶敢当我哉！'此匹夫之勇，敌一人者也。"手握利剑，口中大喊谁敢挡我！这就是匹夫之勇。

中勇：见义勇为，奋不顾身。殷雪梅，原江苏省金坛区城南小学高级教师。她三十年如一日，兢兢业业，教书育人。2005年3月31日中午，城南小学组织一、二年级的数百名学生前往影剧院观看革命传统教育影片归校途中，原本空荡荡的马路上突然出现一辆小轿车，飞驰而来。在突如其来的危险面前，殷雪梅临危不惧，舍生忘死，张开双臂，奋力将六名学生从马路中央推到路旁，不及躲闪的她却被飞驰而来的小轿车撞出二十多米远，壮烈牺牲。

2004年2月22日晚，正在休假的武警某班班长谢二亮途经一处，发现八名持刀歹徒正围殴一名瘦小青年，他先用身体护住被打青年，并制止歹徒行凶。歹徒挥刀向他猛砍，谢二亮奋力反击，身上多处受伤，血流如注，但赤手空拳的谢二亮凭过硬的军事技能仍与歹徒进行殊死搏斗，掩护受害人脱身。当发现一名持刀歹徒追赶受害人时，为保护青年，他纵身从二楼跳下，追赶歹徒，血洒百米长街，终因伤势过重昏倒在地。巡警当场抓住两名歹徒，其余歹徒亦落网。谢二亮被送医院抢救，全身被砍15刀，左手三根筋骨被砍断，缝合54针。这些都是为了他人利益而不惜牺牲自己的勇者行为，非常值得敬佩。

大勇：为国捐躯，舍生取义。古有烛之武退秦师、屈原殉国、霍去病忧国忘家、苏武牧羊、张巡守城抗叛等，他们为了救国，不顾个人安危，把自己的一切置之度外。南宋抗元英雄文天祥曰："孔曰成仁，孟曰取义，唯其义尽，所以仁至。读圣贤书，所学何事？而今而后，庶无几愧。"更在其就义身后留下了这样气壮山河的绝唱："人生自古谁无死，留取丹心照汗青。"杨靖宇将军牺牲后，日本人很诧异这个中国人怎么能有这么强的生命力：解剖的结果是杨靖宇将军的胃里除了未消化的草根和棉絮外，竟没有一粒粮食。谭嗣同在能够出走的情况下没有出走，而是选择了舍生取义，用他的鲜血来唤醒沉睡的国人，表现出"我以我血荐轩辕"的大勇！

大大勇：坚持真理，舍去生命。《孟子·尽心》云："天下有道，以道殉身；天下无道，以身殉道。"耶稣是为真理而献身的人。他知道，从他传道的那天起，"犹达斯之吻"便等待着他，他将被钉上十字架。他有过动摇，但为了真理，为作世人的赎价，为了唤醒人沉睡了的良知，他依然走向加尔瓦略山。为了真理为什么要遭如此迫害？耶稣在十字架上问世人，但他为世人祈求：父啊，宽恕他们！因为他们不知道他们所做的是什么。耶稣传了三年的教，被这世界不容，在三十三岁便英年早逝。反思耶稣的死不禁想到一段对话：比拉多审判耶稣时问他："你是王吗？"耶稣回答说:"你说的是,我是王,我为此而生,到世间是为真理作见证。"比拉多却说:"真理是什么呢?"是啊!不知真理为何物的时代不需要耶稣。但耶稣正是冲着这世界的不明真理的情形来了。他说:"我来不是召义人,乃是召罪人,因为你们明白真理,真理必叫你们得以自由;所有犯罪的就是罪的奴仆,因透彻真理的自由才是真正的自由。这真理就是一条新训示:叫你们彼此相爱,我怎样爱你们,你们也要怎样相爱。"

大勇无勇:守柔曰强,战胜自我。孔子周游列国,路过宋国匡城,被宋人误认为是恶霸阳虎而围攻起来。孔子一个人坐在那儿,耳听着外面的兵刃之声,弦歌不辍,唱着歌。这时,他的大弟子子路慌慌张张进来,一看老师还这样,就问他说:"您还有娱乐之心啊,外面这种状况,咱们有性命之忧了。"孔子淡淡地说:"子路啊!你过来,我告诉你。你看看我这个人啊,我躲避穷困之境,我躲了很久很久,但是我没躲开,这是为什么呢?这是我的命。我也求通达,我求通也久矣,但是也没得到,为什么呢?这是时运不好。你要知道时运如何,心中有所秉持,这样才能够突然之间有大难当前,能做到泰山崩于前而不瞬。"心中有镇定的勇敢,这就是圣人的勇敢。他安慰子路说:"你就少安毋躁,在那儿待一会儿吧。我知道我的命数如何,这事你不必恐慌。"过了一会儿,果然有带着兵甲的人进来了,对孔子说:"对不起,我们搞错了,我们围的是一个叫阳虎的人。"阳虎的面貌跟孔子的面貌有点相似,所以弄错了,把孔子当作阳虎了,原来是一场误会。

子曰:"夫水行不避蛟龙者,渔父之勇也;陆行不避兕虎者,猎夫之勇也;白刃交于前,视死若生者,烈士之勇也;知穷之有命,知通之有时,临大难而不惧者,圣人之勇也。"一个人在水中穿行不避蛟龙,这是渔夫之勇;一个人在陆地行走不避猛虎,这是猎人之勇;而一个人在白刃相交于前,能视死若生,这是烈士之勇。临大难而不惧,这叫圣人之勇。这正是知天命而临危不变色的圣人之勇。

子曰:"知耻近乎勇。"孟子曰:"羞耻之心,人皆有之。"犯了过失而能勇于承认及改正,是勇者。孔子的学生颜回可以不贰过,就是有这样的勇气。

子曰:"天下国家可均也,爵禄可辞也,白刃可蹈也,中庸不可能也。"治理天下国家难不难?太难了!据说在大清王朝雍正年间,有个叫李卫的,他大字不识几个,却为人正直,还天生不怕死,他最痛恨那些欺压老百姓的贪官污吏。他小时候,看过一出戏是钦差大臣可以先斩后奏杀掉那些为非作歹的贪官污吏,那时,他就想当钦差大臣了。他虽然不是什么皇亲国戚，也没有通过什么科举考试，却碰巧被皇帝重用，当真地做了大官。有一次，雍正皇帝问他："李卫呀，你看朕应该如何治理天下啊？"李卫说："启禀皇上，依微臣看来，吏治不清，国家难安；贪官不除，国家难富啊！""依你看该当如何清理吏治？又该当如何除掉贪官呢？""微臣看，清理吏治必先清除贪官污吏。为官者清，才能倾心为国家效力，才能真心为民办事，才能为民所拥戴，民安方能国泰啊。""你又如何除掉贪官呢？""依微臣之见，皇上把所有官员都叫来，背过脸去排成一排，隔一个杀一个，不但不会杀错，还能有一半的贪官污吏没能清除呢。"……虽然是笑谈，却也说尽了天下国家难治之状，帝王的责任与忧虑。

"爵禄可辞也。"放弃官爵俸禄难不难？也很难。但是，也有许多人做到了。自古就有许多因国无道而辞官归隐者。晋陶渊明四十一岁时放弃了彭泽县令的职务，回到了庐山山脚西南部的老家。不久他作了一篇《归去来辞》赋。在这篇文赋中，那种从囚笼中放飞而出的欣喜心情，三千里外，一千六百年后晰可闻见。几千年来中国众多士人对官场的渴求、眷恋、嗜爱以至于有种种不堪入目的表现，他的姿态却是对官场极度厌恶。他四十四岁那年，一场大火将他的家焚毁一空。此后，他的家境日下。终年辛劳，竟常常弄到难以糊口的地步。但是在他最困难的时候，他依然拒绝了朝廷的征召，躲避政治和官场。他的晚年贫困而又凄凉。他有时甚至出门乞借粮食以度时日。但他仍然写诗，仍旧钟情于自然与田园。

西汉的严子陵，少年时代就到外地投师，刻苦好学，博学多才，性格耿直，在学时与南阳人刘秀是同学。两人白日探讨奥旨，夜来抵足而眠，结下深厚友谊。当时因朝廷腐败，王莽篡位，赤眉、绿林纷纷起义。严子陵见天下大乱，便回到余姚，隐居不出。后来，刘秀统一天下，做了皇帝，就是东汉开国皇帝光武帝。光武帝知严子陵贤能，便派人四处寻访。有人发现他反穿着裘皮袄在湖泽中钓鱼。光武帝急忙派遣使者，备了华丽的车马，请他入朝为官。但接连三次都被决然回绝。光武帝没法，便亲自到他的住处去请，岂料他竟躺在床上假寐不起。光武帝走到他的身边，抚着他肚腹道："你这个怪人，难道不肯助我治理天下吗？"他忽然翻身坐起，答道："从前尧帝那样有德有能，也还有巢父那样的隐士不肯出去做官。读书人有自己的志趣，你何必一定要逼我进入仕途呢？"光武帝听了直摇头，说："子陵，我终究不能说服你吗？"然而，光武帝没有死心，仍然把他请到洛阳。他虽被安置在富丽堂皇的深院大宅,却绝不肯与朝廷显贵往来。光武帝去拜访他,他也不行君臣之礼。光武帝对他没有办法,说他是"狂奴故态"。一天,光武帝把他请进宫中,促膝谈心,向他请教治国之道。严子陵滔滔不绝,口若悬河。光武帝听他论古涉今,说理精辟,喜得眉飞色舞。两人一直谈到深夜,光武帝就留他同床睡觉。严子陵也不推辞,躺在御床上,又开双腿沉沉入睡。睡到半夜,竟把一条腿搁到皇帝身上。光武帝为了不惊动他,竟一夜没有睡好。次日清晨,严子陵还在梦乡,光武帝就起了床。只见钦天太监惊慌失措地闯进宫门,奏道:"臣昨夜仰观天象,发现有客星冲犯帝座,恐怕于万岁不利,特进宫面禀。"光武帝沉思片刻,忽而恍然大悟,哈哈大笑道:"哪里是什么客星冲犯帝座,是朕与好友子陵昨夜同床而眠,他的一条腿搁到朕身上了。"从此,严子陵这个"客星"的雅号就名扬四海。他家乡的陈山被称为"客星山",桥被叫作"客星桥"。如今还保留在余姚四碑亭的严子陵碑文中,也有"依然城郭客星高"之句。光武帝十分钦佩严子陵的人品才学,要他担任谏议大夫。这是一个很高的职位,但他还是不肯接受。后来干脆不辞而别,返回故乡余姚隐居。

"白刃可蹈也。"雪白的刀刃可以践踏而过。现在不怕上刀山、下火海的大有人在,许多年轻人以为追寻刺激、不怕死,就是勇者,为了追寻这样的刺激,他们在生与死的边界徘徊,我听说的"死亡游戏"就不在少数。真是无知者无畏啊!真正了解宇宙人生真实相的智者,就开始战战兢兢、如履薄冰的生活了。

"中庸不可能也。"守住自性中道非常难。子曰:"人皆曰予知,驱而纳诸罟擭陷阱之中,而莫知之避也;人皆曰予知,择乎中庸,而不能期月守也。"每个人都觉得自己很聪明,但是,被赶入网罟陷阱之中,却不知道躲避;每个人都觉得自己很有智慧,但是找到了自性中道,却连一个月也坚持不了。子曰:"回之为人也,择乎中庸,得一善,则拳拳服膺而弗失之矣。"颜回是唯一得到孔子由衷赞叹的人,他也是孔子学生中唯一一个能见道成道,得道而抱定不放松、生怕失去的人。

子曰:"一日克己复礼,天下归仁焉。"战胜自己的欲望,放下执着的"我",这才是勇者。多年前看过一部外国电影,叫作《勇敢者的游戏》,至今记忆颇深。12岁的小男孩艾伦·帕里斯无意中在父亲的制鞋厂的工地上发现了埋在土中的"尤曼吉"游戏棋,将它带回了家。艾伦与父亲发生了争执,正欲离家出走,好友萨拉来到,两人一起玩起了"尤曼吉",骰子一经掷下,棋盘就现出了不可思议的魔力:艾伦被棋盘吞没,萨拉却被一群吓人的蝙蝠赶出房间。二十六年后,朱迪和皮特搬进了这里,他们又找到了"尤曼吉"棋。在研究了游戏规则后,他们发现了这个游戏一经开始就不能停止,只能一步步玩到底,姐弟只有继续当年艾伦的游戏。骰子掷出后,一头狮子和被禁锢了二十六年的艾伦跑了出来。制服了狮子的艾伦非常高兴,但很快又发现事情不对。首先物是人非,其次是游戏引来了大量野生动物在小镇上搞得天翻地覆。在朱迪姐弟两人的动员下,艾伦找到了萨拉,决心四个人一起把游戏进行到底。骰子一次次被掷出,各种灾难、危险连连出现,四个人凭着机智与勇敢与之奋争,最终骰子停到了适当的点数,游戏结束了。艾伦和萨拉也变回到了二十六年前。艾伦和萨拉把"尤曼吉"棋扔到了河中,回到家里过自己平静的生活。而在另一处偏僻的河岸上,"尤曼吉"正静静地躺着,等待它的下一位顾客。当时看过影片只是觉得场景触目惊心,但是不知道为什么心里会受到如此震动。直到现在才完全明白,这种触目惊心的场面,原来每天都在我们心中重复不知道多少遍,我们每天都会打开"尤曼吉"游戏棋,让自己的欲望与念头犹如洪水猛兽般的奔涌而出,这个时候出现的老虎、狮子、毒蛇、犀牛、蜘蛛等这些可怕的动物就在我们自己的心里,只有制服了这些动物,才是真正的勇敢者,也许此片的导演是一位觉悟者,用抽象、深邃的形式将"勇"的真实意栩栩如生地演绎了出来。

迈出"勇"的第一步,就是做一个心灵动物管理员。耶稣云:"世人都是迷途的羔羊。"我们是不是一只迷茫、徘徊的羔羊,忘记了来时路的迷途羔羊?

猴子代表人心,所以说猴精猴精,人心多变、争斗、计较不停。

牛代表固执的脾气,常听说牛脾气,牛角表示好斗,不撞南墙不回头。孔子一生以四绝"勿意、勿必、勿固、勿我"要求自己。"勿意"的意思是指做事不能凭空猜测,主观臆断。"勿必"的意思是指对事情不能绝对肯定。"勿固"的意思就是不能拘泥固执,一味地固执,只能使自己越来越偏离正确的轨道,所谓兼听则明。"勿我"的意思就是不要自以为是。

老子出关图中表现得非常明了,老子身骑独角青牛。青属木,代表仁慈。独角,表示独一无二,这是对道的解读,将人心转化成道心,将脾气转化成仁心。我们驾驭自己的脾气,而不能让脾气、习性、惯性驾驭我们。

俗话说:"人心不足蛇吞象。"蛇代表"贪",人性中的最大弱点是一个"贪"字。无限的贪欲,在这一点上人都不及动物,动物吃饱之后不会再贪食物;有一处住的地方,不会再掘洞穴。人呢?人是任何物质也无法叫他满足的动物,人看到的永远

都是更高的、更好的。《论语·季氏》云:"君子有三戒:少之时,血气未定,戒之在色;及其壮也,血气方刚,戒之在斗;及其老也,血气既衰,戒之在得。"君子一生中有

傅小石《老子出关图》

三件事情应该警惕戒备:年轻的时候,正在长筋骨,气血尚未定型,在男女问题上必须警戒;到了壮年时期,身强力不亏,精力旺盛,要警戒无原则的纠纷和争斗;到了老年,体力和精力都差了,要警戒贪得无厌。

藏传佛教十二因缘图中猪代表痴迷,痴:又名邪见。因为心性暗昧,不能察觉一切的事理,所以邪正不辨,是非不明,认假做真。芸芸众生痴迷和沉醉,浑浑噩噩度日,人生一世中,不知所为也不知心之所踪,在世界上虚度一生,草木一秋,忘记了自己的价值和使命。

狮子代表嗔,发怒是一种激愤的情绪,这种情绪常常危害人的身体健康,"怒则伤肝",怒重还会致人以死命。除此以外,怒还是一切祸患的创造者,当你难以抑制的举动一出,则必定会因为接下来带来的后遗症而懊悔。《三国演义》中,关云长

大意失荆州,兵败身亡,刘备、张飞便怒不可遏,举大兵向东吴问罪,谁料想,未曾出师,张飞因为造白战炮之事,重责部属,范疆、张达两人由惧生恨,割了张飞的脑袋。刘备更是"悲"从心头起,怒向胆边生,不顾诸葛亮等人的苦苦劝阻,亲自统率大军征讨东吴,为两个义弟报仇。但报仇心切,筹划不当,被东吴大将陆逊烧了个大败西归。刘备悲愤愧悔,病卧床榻,最终落个白帝托孤,身死灯灭。而同是《三国演义》中,司马懿则恰恰相反,"卒然临之而不惊,无故加之而不怒"。魏蜀两军对阵五丈原,诸葛亮极欲速战,而司马懿则能分析当时形势是蜀军劳师伐远,粮草必然不足,不宜速战。于是,即使诸葛亮用激将法,给他送来女人的衣服、首饰嘲弄他,他也置之不理,忍辱不攻,最终诸葛亮的激将法没有发挥任何作用。制住怒火,能够让人冷静地分析问题,查清原因,不但有效地解决问题,而且能够化解怨恨。俗话说:"嗔是心中火,能烧功德林;欲行菩萨道,忍辱护真心。"因此要注意"制怒",树立"豁达大度"的胸怀。文殊菩萨是佛陀的大弟子,智慧、辩才第一,为众菩萨之首,象征大智慧,他的坐骑是一头狮子,象征驾驭和调制"恶勇",使之变成道之"妙勇",以成就自己和苍生的性命。

第二节 人生如水观

水乃生命之源,万物无水不生。历来人们是临水而居,田园牧歌总是与水相伴,"智者乐水,仁者乐山",这样的表述沿传了数千年,只有那种理解生活的智者,才能真正解读水的深意。"飞流直下三千尺,疑是银河落九天",这是诗仙李白对水的赞叹。"逆水行舟,不进则退",此乃哲人对水的体悟。"水能载舟,亦能覆舟",伟人由此悟到以民为本的道理。"逝者如斯夫,不舍昼夜",孔子领悟到生命之源犹如水,生生不息,昼夜不停。那么老子对水又有何见解?如水观对我们的人生又有怎样的启发呢?

《道德经》第八章云:"水善利万物而有静。"水是生命之源,具有滋养万物生命的德性。世间所有的植物、动物,一切有生物质,都离不开水的养育。花草树木因水而生意盎然,失去了水,枯木难逢春。

浇灌植物必须滋润植物的根部,只浇灌枝叶而不滋润其根部,即为本末倒置。由此想到,人的根本是德,德之根本是道。道根断,德则无法彰显,故应常培德、润根。"鱼不可脱于渊",鱼生活在水中而不自知,可一旦离开了水,就无法生存。大道在无声无息地运转乾坤,贯穿于天地宇宙万物之间,人生存在其中不知不觉,但是片刻也不可离开大道。所以,子曰:"道也者,不可须臾离也,可离非道也。"

人体中70%是水,人一旦脱水,就会休克,乃至死亡。地球上70%也是水,如果没有了水,会是什么境况?没有水,就没有花草、树木和粮食,也没有飞禽走兽,没有人类,地球也只是一块没有生命的大石头而已。水是一切生命体不可缺少的元素,它的重要性无与伦比,但却从不向万物夸耀与索取什么。水可以滋养与造福万物,却不与万物争高论低,这种德行实在是太大了,由此想到,道也正是如此,从不张扬其伟大浩瀚。因此老子说:"居众人之所恶,故几于道矣。"

东郭子曾经去问庄子:"道在哪里?"庄子说:"无所不在。"东郭子没听懂,还是想问个究竟。庄子便说:"道在蝼蚁。"东郭子很疑惑:"难道道就如此卑下吗?"庄子又说:"道在稊稗。"意思是道在野草上。东郭子就更加不解了,庄子又说:"道在瓦甓。"意思是道在砖瓦上。东郭子不满道:"您怎么越说越卑下了呢?"庄子道:"道在屎溺。"意思是道在粪便中。这时东郭子才终于明白,原来道是无所不在的,所谓的肮脏与洁净对道来说是不存在的。

老子感叹水的德行与道接近,"居众人之所恶",水从不做任何区分,一切肮脏之物可以用水去洗涤,一切污秽之地可以用水去冲刷。水宁愿藏污纳垢而包容一切,可是这些恰恰是人类最厌弃的,人类讨厌肮脏、腐臭,可是却忽略了内心的肮脏与腐臭,人类喜欢洁净、不染,却忽略了人性的洁净与不染。

汤王深得此理,所以才会在浴盆上刻下"苟日新,日日新,又日新"的警训,以示世人要洗心革面。耶稣洗礼,理同于此。《圣经》中曾明白地告诉我们,这种洗礼不单净化人的肉体,同时也净化心灵。其主要目的是指清除身心上的污染。这种礼节直至今日仍然存在,并且发展得相当烦琐,以至于人们大都只注重那些外在的仪式,而完全忽略了其内在的精神。

水虽然"居众人之所恶",却能保持清静不染的品性,老子曰:"浊而静之徐清。"无论是尘土,还是沙石,在水中都会慢慢沉淀,水还会仍然保持着它的清澈。

"上善若水","上善"则是依道而流露出的德行。对水的本质,我们所知远不

上善若水

如古代圣贤所知,故而长期不能理解老子的"上善若水"。

日本的江本胜博士在其著作《生命的答案,水知道》中有一张非常奇特的照片。这张照片是冰即将融化、但还未达到水的状态的形象,但是所呈现在我们眼前的图片,却完全是中文字"水"的完美图形!而且,我们看到所有正向性的水结晶照片,都呈现六角形状,这一特性也揭示了中国古老河图中的"天一生水,地六成之"之说。天一,就是德一,所生之水,上善为质,形具六数。这一奇观似乎告诉我们,中国的先祖们的确是在大智慧的慧观下,创造出中国古代的象形文字,并且揭示出事物的本质,他们具有对微观的深刻洞察力。

科学家由此得出结论,水为心之镜,只有具备纯净的心灵,才能产生纯净的水。

94岁的阿贝·皮埃尔,是一个僧侣,一个传教士,一个议员,是一个终其一生为穷人奔走呼喊的法国老人,2007年1月26日在巴黎圣母院接受了法国人最后的哀别。法国总统雅克·希拉克说,我们失去了法国的"良心"和"善的化身"。

阿贝·皮埃尔为穷人发出第一声呼号是在1954年1月1日,当时巴黎天寒地冻。阿贝通过巴黎的电台对市民说:"我的朋友们!伸出你们的援手吧!一名妇女

今天凌晨3时冻死在街头。"通过阿贝沉痛而焦虑的声音,法国民众得知,有名妇女冻死在塞瓦斯托波尔大道上,她的手中还攥着一份租房合同解约书。阿贝还提到一名三个月大的婴儿,冻死在一个由公交车改装成的临时居所内。电波很快传入了千家万户,几分钟后,第一批志愿者出现在巴黎市内一个救济中心。很快,二百多名市民开车出门,在巴黎的大街小巷寻找其他受害者。捐赠从法国各地源源不断涌来,数千条毛毯,数以吨计的衣物,数百万法郎善款。之后,在阿贝的努力下,法国议会通过了一项法律:房东不得在冬季将房客赶出。这项法律直到今天仍然有效。

阿贝原名亨利·格鲁耶,1912年8月5日出生在法国里昂的一个富裕家庭。但他放弃了优裕的生活,走进修道院成了一名僧侣,并于1938年成为神父。他于1945年被选为法国国民议会议员。在当议员的七年期间,他一直相当关注无家可归者的生活。1949年,他拿出自己的议员薪金,创建了第一家"埃莫"屋,为无家可归者提供紧急居所。"埃莫"一词出自《圣经》,据记载,耶稣在埃莫遇见了他的信徒。阿贝的善行后来走出法国,他创立的"埃莫国际"如今在四大洲五十多个国家展开慈善救济活动,内容也从"扶贫"扩展到饮水卫生、奴役等全球性问题。1992年,阿贝拒绝接受法国人的最高奖赏——荣誉勋章,因为他认为政府在处理无家可归者问题上政策不当。阿贝1994年在接受美联社采访时说:"我不是天性易怒的人。但是,当我必须去谴责糟蹋人类的那些事物时,我会发狂。""激发这种神圣愤怒的是爱,它们不可分割。"阿贝强调说。

2007年1月22日,阿贝与世长辞。希拉克总统下令,26日为全国哀悼日,以追思这位"法国的良心"。他的灵柩26日摆放在塞纳河斯德岛上的巴黎圣母院。上至希拉克总统,下至巴黎贫民窟的穷人,数千人在肃穆的管风琴声中,向这位绰号"穷人老爹"的法国老人致敬。法国的天主教、伊斯兰教、东正教和佛教教会均派出代表志哀。在教堂外面,一群无家可归者搭起帐篷,上面刷着大字:"谢谢你!"阿贝的亲属和"埃莫国际"成员在葬礼上宣读了阿贝写下的话:"真正的和平缔造者,是那些皈依于普遍良知的人。"他的离开,使得全法国都在流泪。

犹如水之德,"到江送客棹,出岳润民田"。只要是能利物、利人之事,水都尽力去为。随时善应,顺乎自然,未尝择物而用其能,未尝逆物而施其利。它只与万物以利益,却不与万物争酬报,也不计较万物对它的毁誉,自居流于卑下之处,而正显示出其高洁,只有达乎此境界者,才可以说"几于道",几乎接近于道,但却不是道之本身。

"居善地",水静则平,水流则下,水永远向低处流。而道在低处,水的谦卑处下之德,接近于道。百川归大海,就是因为大海处在下游的最低处。

一位德高望重的神父去某地讲道,主席介绍他时说:"今晚在我们中间讲道的是一位尊贵的客人。"这位神父安安静静地站起来,向会众看了一会儿,诚挚地说:"亲爱的朋友,我只是尊贵主人的小仆人。"可见,愈是了解大道,愈是觉得自己浅薄;愈是知道甚多,内心愈谦卑。

外择民风仁厚之宝地,内住里仁之安宅,前者固然重要,后者却更为重要,因此心不可不慎重,要住在最安全之处。《大学》云:"止于至善",就是要我们的心回到道中,永不退转。老子云:"知止不殆",即是说只要止于至善之地则性命无忧。

"心善渊",水虽无心,但光明涵之于内,沉静表之于外。中庸曰:"今夫水,一勺之多,及其不测,鼋、鼍、蛟、龙、鱼、鳖生焉,货财殖焉。"说明了水能包万物之性,藏心微妙,深不可测。

水与千千万万种物质,融为一体,构成了人们生活中不可缺少的茶水、药水、墨水等物质,在这诸种物质的排名中,水都居于第二位。然而,如果没有了水,这些茶水、药水、墨水等还会存在吗?水有此容万物而不争之德。

一位年老的印度大师身边有一个总是抱怨的弟子。有一天他派这个弟子去买盐,弟子回来后,大师嘱咐这个不快活的年轻人抓一把盐放进一杯水中,然后喝了。"味道如何?"大师问。"苦。"弟子龇牙咧嘴地吐了口唾沫。大师又吩咐年轻人把剩下的盐都放进附近的湖里。弟子于是把剩下的盐倒进了湖里,大师说:"再尝尝湖水。"年轻人捧了一口湖水尝了尝。大师问道:"什么味道?""很新鲜。"弟子答道。大师问:"你尝到咸味了吗?"弟子答:"没有。"这时,大师对弟子说道:"生活中的痛苦就像是盐,不多,也不少。我们在生活中遇到的痛苦就这么多,但是,我们体验到的痛苦却取决于它盛放在多大的容器中。"所以,当你处于痛苦时,你要开阔你的胸怀,不要做一只杯子,而要做一个湖泊。

水静则敛明藏德。平静的水面让我们内照自心,外照自形,水的平静给予人类许多的启示。

尼姑千代野学习了很多年,但仍没能开悟。一天晚上,她正提着盛沸水的旧木

桶,当她正提着桶,看着映照在水桶里的满月时,突然,竹编的水桶箍断了,水桶散了架,水全跑了出来,水中之月消失了——而千代野开悟了。她写下了这段诗:"这样的方法和那样的方法,我尽力将水桶保持完好,期望脆弱的竹子永远不会断裂。突然,桶底塌陷,再没有水,再没有水中的月亮——在我手中是空。"

水动则变化无穷,恩泽万物。有诗云:"乾坤一夕雨,草木万方春。""盼云望雨心切切,好雨来时抵万金。"

"静而圣,动而王。"流动的活水不会腐臭,故朱熹有诗云:"问渠哪得清如许,为有源头活水来。"静离不开动。大道无形,老子借水的渊博喻道之不可说的妙理。道放之弥满六合,卷之退藏于密,大无外,小无内,无在无不在。

"与善天",孔子曰:"天何言哉,四时行焉,百物生焉。"天不言地不语,却使得春夏秋冬四时不辍,万物生生不息。天地相合,以降甘露,日月相照,以长万物。天无私覆,地无私载,天地为公,无自私利己之心。老子正是看到水之"公"德与天有相似之处,所以称"与善天"。水无私地给予万物滋润、生长,而从不索取回报,更不居其功,功成身退如天之道。暗喻圣人仁民爱物,民胞物与,只问耕耘,不问收获。

美国历届总统中,功劳和威望最高的首推华盛顿,美国流传着很多关于他的美谈,说他"像父亲照管孩子那样领导国家"。华盛顿从1789年到1797年连任两届总统,当时美国宪法尚无任期限制,他完全可以当一个终身总统,因为没有别人比他更受爱戴与敬仰。但1796年秋天,华盛顿还不到65岁,就向人民发表告别词,说自己"年事增高,越来越感到退休的必要",因此"下定决心谢绝将我列为总统候选人"。只有知道功成身退的道理,才可以保全德行。

"言善信",圣人君子至诚无妄,以信为本。水之德如此,潮水涨落有定时,春雨、秋霜、冬雪必适时而来。老子曰:"窈兮冥兮,其中有情;其情甚真,其中有信。"道幽暗隐微,但是却真实存在,以其自身运行规律即可得到印证,如太阳东升西坠、春夏秋冬四时更替循环往复等,都是道法自然,从不失时、错位,这就是道之信德。

"政善治",水有平等之德,平均施与万物,好像有治国之略。治国首以平等心为要,以德来感化万民,导民以正,如此方能使民心悦诚服,衷心拥护。水亦有无为之道,它令物各遂其所生,而从不干预,颇合中道。圣君治国亦是如此,能参天地之化育,安百姓,和万物,使天下各归其道,各遂其生,顺其自然,此为无为之治。用之当世,则以科学发展,以法治管理,以道德教化,最后以达无为之治。

"事善能",水,上升为云,下落成雨,化作瑞雪,回报大地。水之用途十分广泛,如饮用、洗衣、烧饭、浇灌、发电等。水能因机而用,随圆就方,仁人君子亦是如此,无有定位,君子应为朴而非器。

孔子曰:"君子不器。"惠子对庄子说:"魏王给了我一个大葫芦的种子,我把它种在地里,结成葫芦有五石容量之大;用它盛水不够坚固,用它切开做瓢,却没有水缸可以容纳。这个葫芦算是够大的了,可是没有什么用,我将它砸碎了。"庄子说:"这是你不会用大啊!宋国有一善于制造不裂手的药物的人家,世世代代以漂洗丝絮为业。有位客人听说了,要用百金买他的药方。全家人一起商量:'我家世代以漂洗丝絮为业,得到不过数金,现在卖出这个药方,一下可得百金,还是卖了吧。'这位客人得到药方,即去游说吴王。那时越国正与吴国交战,吴王就派他为将伐越。他率兵在冬天与越人水战,因为有不裂手的药,他大败越人得到了封地的赏赐。同样是一个不裂手的药方,一个人因此得到封赏,一个人却只是用它漂洗丝絮,这就是因为用法不同。现在你有五石容量的大葫芦,为什么没想到把它作为腰舟——将葫芦系在腰里在江湖遨游? 反而愁它太大无处容纳? 可见你的心是茅塞不通啊!"

老子曰:"朴散则为器。"于应事接物之间,随圆就方,为人处事之际,不拘不泥,即为"君子不器"。老子以水德来比喻性德,性德乃合天德,天德乃合大道,力皆效法大道,心神活泼,功至万能,利益苍生。

"动善时",水最能因机而变,遇风生波,遇动生浪,遇寒结冰,遇热化气,雨露冰霜,四时不错,不逆人事,不违天命,皆是善时之妙动,无论是固态、气态、液态,水分子是永远不变的。道因时、因地、因人、因事而妙变,但万变不离其宗。圣人效法水的精神,因地制宜、因材施教,可行则行,该止则止,事不妄为,言不妄发,守道而妙动,妙智慧恒动不止,这便是万变不离其宗的道理。

"抽刀断水水更流",看似柔弱无骨的水,却又如此的有韧性,不屈不挠,无可阻挡。"滴水穿石"是何等的耐心与毅力,"飞流直下三千尺"又有何等的胆识。

孔子说:"水么,能够启发君子用来比喻自己的德行修养啊。它遍布天下,给予万物,并无偏私,有如君子的道德;所到之处,万物生长,有如君子的仁爱;水性向下,随物赋形,有如君子的高义;浅处流动不息,深处渊然不测,有如君子的智慧;奔

老子如水观

赴万丈深渊，毫不迟疑，有如君子的临事果决和勇毅；渗入曲细，无微不达，有如君子的明察秋毫；蒙受恶名，默不申辩，有如君子包容一切的豁达胸怀；泥沙俱下，最后仍然是一泓清水，有如君子的善于改造事物；装入量器，一定保持水平，有如君子的立身正直；遇满则止，并不贪多务得，有如君子的讲究分寸，处事有度；无论怎样的百折千问，一定要东流入海，有如君子的坚定不移的信念和意志。所以君子见到大水一定要仔细观察。"道，无形无象，老子借助最为贴近世人生活的水，来譬喻道。但水德毕竟只是"近于"道德。道，有其更为精妙、玄奥之处，故曰："道可道，非常道。"

第三节　不争而胜观

《论语》云："君子无所争。"《金刚经》云："一切圣贤皆因无为法而有差别。"然而，在今天复杂的社会中能做到与世无争的人太少了。人的生存是艰难的，市场竞争是激烈的,背后斗争也是复杂的,甚至为了某种利益而不惜发动战争。如何才能避免这种不良循环呢?又怎样才能和而不争呢?老子对此又有何高见呢?

一、争之动机

在这个纷乱、浮躁的社会中人们天天都在争,争吃、争喝、争爱、争宠、争强、争名、争利、争权、争天下……唯恐落后于他人。为了目的,不择手段,真是无所不用其极。究竟人们为什么而争?

乾隆帝下江南之时,于镇江金山寺中静养。一日,他指着江中来来往往的船只问高僧法磬:"江中船只来往交错,如此繁华,究竟一天要过多少只船?"

法磬答:"只有两条船。"

乾隆问:"怎么会只有两条船?"

法磬答:"一条为名来,一条为利往。"

世间人忙忙碌碌、纷纷扰扰,争的不过是"名""利"二字罢了。

《道德经》第三章云:"不上贤,使民不争;不贵难得之货,使民不为盗;不见可欲,使民不乱。"贤人是人人都想做的,贤名是人人都想得的,崇尚贤名,则人人竞争、倾轧。天下若不推崇那些虚伪做作的假贤才,就可以让人民不要互相竞技比能,争此"贤"名。金银珠宝都是难得的货财,也是人人都争逐的对象,而盗贼之所以产生,大都是为了要获得这些难得之货。天下若不以金银财宝等物质作为财富的象征,不将金银财宝等物质的身价抬高,人民就可以不起贪欲之心,不去因为追逐利益而沦落为盗贼。老子在此提出,在上位者如果不去重视这些货财,进而做到不去搜刮聚敛、贪污腐败,人民自然也就不会去追逐获取,也不至于沦落为盗匪了。不让世人沉溺于物欲、色欲等事情,人心就不会狂乱、欲望澎湃。因此,老子提出名、利、欲是乱世之源。

民之好争,皆因"可欲";民之为盗,亦因"可欲";民心之乱,还是由于"可欲"。"可欲"即是贪欲。老子曰:"罪莫大于可欲,祸莫大于不知足,咎莫憯于欲得。"天下的罪恶没有比放纵欲望更大的了;天下的祸害,再也没有比不知足更大的了;天下的灾难,再也没有比贪得无厌更令人心痛的了。欲望是永远没有办法餍足的,所以说"怒是猛虎,欲是深渊"。《清净经》云:"人神好清而心扰之,人心好静而欲牵

之。"人的心本是清静,因有欲而干扰、牵缠,使得心不能够恢复清静。

民间云:"汉武为君欲做仙,石崇巨富苦无钱,嫦娥照镜嫌面丑,彭祖焚香祝寿年。"这四句话便道尽了人心的不知足。

二、争之危害

当人们面临着生存的挑战及生活的压力,内心空虚不安,欲望也会日益的膨胀,人与人的比较、竞争由此开始。在家庭、事业、感情等方面的竞争中均不甘示弱,手段由明争暗斗到势不两立,直至鱼死网破,性质越来越卑鄙、恶劣,不仅危害自己和家人,也严重影响了他人和社会的安定。

人类在母胎中就已经开始了弱肉强食、适者生存的竞争。湖南邵阳的一个九个月大男婴,肚内却有一个重约 1.5 公斤的不明物。为其进行治疗的外科医生经过讨论,这名男婴肚内的不明物很可能是非常罕见的寄生胎。形成寄生胎的原因一般为母亲怀有双胞胎,两者相争,结果一方"大获全胜",将另一方"吃"进自己体内,另一方终因缺乏营养而没有得到完全发育,并最终死去,变成"获胜一方"体内的一个瘤体。

无独有偶,在国外也有这样的案例。1999 年的一天晚上,36 岁的印度男子桑朱·哈吉特肚痛难忍被送到医院。医生认为,他的胃里有一颗巨大的肿瘤,决定给他进行手术。主刀医生阿杰·梅塔称,随着他切割的深入,大量的流体冒了出来,然后,一个不同寻常的东西显露出来,原来在哈吉特的胃里有一个奇怪的、半成形的人体,他的四肢发育良好,指甲很长。梅塔取出的其实是哈吉特孪生兄弟的变异体。医生说,这属于极其罕见的特殊病例——寄生胎。哈吉特的母亲本来怀的是一对双胞胎。哈吉特出生后,其兄弟仍然顽强地在其体内寄生了 36 年,直到他长得过大,危害了宿主。

古今的权力之争也甚为残酷,三国时期,曹操的儿子曹植和曹丕,为了争夺太子的地位,就曾"相煎何太急"。唐代李渊的儿子李世民和李建成为了皇位之争,制造了震惊天下的玄武门事件。西汉吕后篡位前后,对亲人和同仁大开杀戒,闹得人人畏惧,民不聊生。

企业的权力之争,亦是如此。韩国垮台的现代企业集团总裁郑周永的儿子郑梦九和郑梦宪,就是因为老父选择谁为掌门人而闹地震,加快了"现代帝国"的衰落速度。安徽芜湖"傻子瓜子"公司,也因年广久和两个儿子有嫌隙,致使年广久退出江湖,从而影响了"傻子集团"的统一与扩大规模。

老子曰:"将欲取天下而为之,吾见其弗得已。夫天下神器也,非可为者也。为之者败之,执之者失之。"

孟子云:"上下交征利,而国危矣。"企业之间的利益竞争是非常激烈的,起初在平等竞争过程中相安无事,但渐渐随着心态的转变,利益的驱使,开始了获取利益的明争暗斗。其中也不乏有些企业为了达到盈利之目的,而设圈套、挖陷阱、不择手段,更有甚者不惜铤而走险,涉足商业犯罪。其中商业贿赂甚为严重,它造成经营者之间的不平等竞争,破坏了公平竞争秩序,它使市场竞争变成贿赂、人情及关系网的恶性博弈,使得诚信的企业在竞争中处于劣势,同时它又是滋生贪污、受贿等经济犯罪的温床,严重败坏了社会道德和行业风气。通过商业贿赂,假冒伪劣商品流入市场,使制售假冒伪劣商品的违法犯罪活动有可乘之机,消费者深受其害。

企业经营者在利益的驱使下,利用种种不法手段牟取暴利,其中不乏商业贿赂、制造丑闻、背后陷害,导致竞争对手落败等,也由于不正当的竞争给社会带来不良的影响,造成巨大的经济损失,甚至危害人民的生命。例如:2006 年,安徽华源生物药业有限公司 6 月份以后生产了约 368 万瓶"欣弗"注射液,其中约 318 万瓶销往全国 26 个省区市。全国因劣药"欣弗"致死的一共有 11 例,哈尔滨一名 6 岁女孩,导致死亡;湖北宜昌 1 人死亡;河北沧州一 70 多岁男性死亡;陕西咸阳一女子感冒注射"欣弗"后死亡;湖南张家界市一老教师注射"欣弗"后死亡;四川一老人输液后死亡;辽宁一老人滴注"欣弗"身亡等。

竞争在国与国之间更是愈演愈烈。为了争霸天下,问鼎中原,小国想推翻大国,成为强者;大国要吞并小国,成为霸主。为达目的便开始了在政治、经济、文化、能源等领域上的介入与侵略,最后不惜发动战争。

春秋时期邦国林立,见于史书记载的就有几十个。在这些诸侯中,比较重要的有 14 个,它们是鲁、齐、晋、秦、楚、宋、卫、陈、蔡、曹、郑、燕,另外两个国家是吴国和越国。这些国家活跃在春秋历史的舞台上,互相展开了以争夺土地和人口、掠夺财物为目的的争霸战争。

春秋中期以后，晋、楚争霸激烈，黄河和长江流域的大小诸侯国几乎都卷入了战争，兵连祸结，无有宁日。特别是地处中原地区的诸侯国，所受战争的危害更为严重，小国普遍厌战。此外，晋、楚两个大国势均力敌，谁也无法吞并对方，加之国内政治斗争的复杂，也各想暂时休战。春秋时期，大国发动争霸战争不可避免地给社会带来了种种惨祸、灾害和痛苦。所以孟子以为春秋时代，从人民的角度来说，并没有真正完全正义的战争，发起战争的邦国并非正义之师，也并非征伐无道的不得已之战，所谓"春秋无义战。彼善于此，则有之矣"。

老子曰："夫兵者，不祥之器也。"春秋争霸，战国争雄，可争的结果又怎样呢？弑君三十六，亡国五十二。生灵涂炭，民不聊生。"师之所处，荆棘生焉。大军之后，必有凶年。"

三、为何不争

俗云："命里有时终须有，命里无时莫强求。"

有一次，天上接连下了几十天的雨，子舆知道子桑贫穷，大雨绵绵，他一定没地方去谋食，于是带了饭包去看子桑。刚到子桑门口，就听见子桑像在唱歌，又像在哭泣。只听他唱说："父亲吗？母亲吗？天啊！人啊！"子舆听他的声音都变了。声音微弱而急促。子舆走了进去，问道："今天怎么啦？"子桑道："我病了。这几天，我一直在想：究竟是谁使我这般穷困？是父母吗？是天地吗？我想不出来。父母对我没有私心，天地对我更没有私心，那么我的贫困，必然是命吧！"人所无法选择的遭遇，叫作命。譬如：你生下来是个王子还是乞丐？你生下来是一只脚还是两只脚？这是人力无法决定的。明白了这个道理，修道的人，就必须安命。

人因为短暂的享受而斗争不休，虽然在获取上可能有短暂的拥有、自豪，但是在内心中却更多的是伤痕累累、空虚寂寞，在心灵上终究没有因为物质之丰厚而有所安息，所以不明真理的人生就是幻影似的盲目追逐，所得到的也只是幻影似的满足而已。佛曰："功名利禄原是梦，虚荣到老一场空。"《金刚经》云："凡所有相，皆是虚妄。"《清净经》云："内观其心，心无其心；外观其形，形无其形；远观其物，物无其物。三者既悟，唯见于空。"

《道德经》贵生章云："百姓之不治也，以其上之有以为也，是以不治。民之轻

道教创始人老子塑像

死也,以其求生之厚也,是以轻死。夫唯无以生为者,是贤贵生。"人民因为看重权势、利益,而轻视永恒的道德生命,为了富贵、荣华,竟以牺牲自己永恒的道德生命为代价来换取短暂的肉体享乐。所以追求错误的方向,导致错误的结果,世人真假不分,以假当真,最终得不偿失。

《大学》云:"仁者以财发身,不仁者以身发财。"此是拨乱反正,将本末倒置之局面挽回,以假来修真,借假来成就永恒的生命。

"夫唯不争,故无尤。"不争的心是平静的,是祥和的,是自在的。常言道:"和气生财","家和万事兴"。

四、如何不争

尧想将帝位让给许由,于是便对他说:"日月出矣,而爝火不息,其于光也,不亦难乎! 时雨降矣,而犹浸灌,其于泽也,不亦劳乎!"意思是太阳和月亮都出来了,而我却打着火把与日月攀比,这太难了。天降甘露滋润万物,而我还挑着水一点点地浇灌,对于需要滋润的万物,这不是徒劳吗? 尧接着说:"我见到先生您,就好像火把见到了太阳,好像一桶水见到了大雨,我实在是自惭形秽,请求您代替我治理天

下吧！"许由淡淡地说："算了吧！小鸟在树林做巢，所需要的不过只占一根树枝罢了；偃鼠到河里饮水，所需要的只不过喝满肚子罢了。你治理的天下井井有条、国泰民安、风调雨顺，为什么还需要我来治理呢？难道只是想将这美名让给我吗？"大智慧者，即使是送到手边的名利，也绝不伸手触摸。可是世人却舍生而终身追逐，更何况尧帝所让是天下国家之大利，在这样的诱惑面前，又有几人能看淡、放下呢？要知道人生一世，纵有广厦千间，也不过夜眠八尺；纵有珍馐百桌，也不过日食三顿。何不淡泊名利，充实内在德行，为人生真正的辉煌与成功而做出努力呢？

老子也提出破除名、利、欲的五个方法。《道德经》云："是以圣人之治也，虚其心，实其腹，弱其志，强其骨，恒使民无知无欲也。使夫知不敢，弗为而已，则无不治矣。"破除名、利、欲之法有五个，一是"虚其心"，让百姓涤除一切攀贤慕能之妄想、私欲，使心灵湛寂，朗照天下，清明在躬，则不为名利外物所动，达至清静寡欲之圣境。《清净经》云："无无既无，湛然常寂。寂无所寂，欲岂能生？欲既不生，即是真静。"悉知"内观其心，心无其心；外观其形，形无其形；远观其物，物无其物"，所以此三者既无，常常观照使心清静，渐渐欲望不生，回归本性真静。二是"实其腹"，让百姓在物质上得以安饱，在精神上充实固有之内德，返璞归真，不断提升生命之意义。三是"弱其志"，尽量削弱其对名、利、欲望追求的意志，进而去除无边的烦恼，回归清静。四是"强其骨"，坚强其本质道性，称之为"骨"或"脊梁"，道心日渐坚强，人心日渐衰退，养成道之坚强体魄，可以不惧千锤百炼。五是"恒使民无知无欲也"，"无知"不是让人愚蠢茫昧，不学知识，而是要超越知识，妙用知识，不受知识的累赘。"无欲"并非断欲，而是大欲不欲，能驾驭宇宙万事万物，妙用而不执着。圣人教导人民，不要自作聪明，放下万有，达到"人欲尽净，天理流行"之境界，不敢妄为、祸乱，整肃欲念，顺天道而行德，各安其性命，合乎自然情理。

《道德经》第五十二章云："塞其兑，闭其门，终身不勤。启其兑，济其事，终身不救。"堵住情欲的孔窍，止住贪欲的心念，关闭情欲的门户，放下执着的心灵，终身都不会有烦恼忧愁了。开启情欲的闸门，放纵自己的贪心，使情欲滋蔓，使心执着不停，终身都不可救药。

南海的帝王叫作儵，北海的帝王叫作忽，中央的帝王叫作浑沌。儵和忽经常跑到浑沌那里玩，浑沌对他们很和善。于是儵和忽为了报答浑沌的恩惠，有一天他们便商量说："人都有七窍，用来看、听、呼吸、饮食，浑沌一个窍也没有，实在是太可怜了。让我们替他开七个窍吧！"于是儵和忽每天给浑沌开一个窍，七天以后，浑沌就死了。心的七窍一旦开启，就会迷失自我，追逐感官的享受而不能自拔，最终走向死亡。因此，老子云："我无为而民自化"，"我无欲而民自朴"。

五、结论

子曰："君子无所争，必也射乎。揖让而升，下而饮。其争也君子。"孔子以古代射箭比赛的情形为喻，说明君子立身处世的风度。射，是礼、乐、射、御、书、数六艺之一。当射箭比赛开始的时候，双方要对立行礼，表示礼让，然后开始比赛。比赛之后，不论谁输谁赢，彼此对饮一杯酒，赢了的人说："承让！"输了的人说："领教！"始终保持礼让的情操。

老子反对自私自利的欲望斗争，但不是告诉我们不要去行动，许多人歪曲圣人之言，于是就座而不动，视之消极。君子无所争，是不为私利而争。君子有所争，是当仁不让，见义勇为，所战胜的是自己内心的恶习与贪欲。正如《射义》所言："发而不中，则不怨胜己者，反求诸己而已矣。"射的目的不是为了决胜负，而是为了去除胜负之心，将心专注于当下所做的事情上。

"是以圣人后其身而身先，外其身而身存。非以其无私耶？唯其无私，故能成其私。"圣人之心性合于大道，将天德流露无遗，从未有争之念，也不起争之心，犹如道一样自然而然，造化万物而不以有功自居，但却因其将自身之利置之度外，却成就了最大的利益，将一己之私抛之脑后，反而却成就了最大的私。故"天之道，利而不害；人之道，为而不争"。

有一个故事给我们留下了无限的思索。明末崇祯年间，曾有人画了一幅画，上面立着一棵松树，松树下面是一块大石头，大石头之上，摆着一个棋盘，棋盘上面几颗疏疏落落的棋子，除此以外，别无他物，意境深远。后来有人拿着这幅画请当时的高僧苍雪大师题字。苍雪大师一看，马上提笔写道："松下无人一局残，空山松子落棋盘。神仙更有神仙着，毕竟输赢下不完。"

老子人生十大观

图文珍藏版

第四节　人生价值观

一天,在海滩上,大富翁看见渔夫躺着晒太阳,便责备他说:"大好时光,你怎么不多打点鱼呢?"渔夫反问道::"我为什么要去捕鱼,我昨天已经出过海了?"富翁嘲笑地说:"捕更多的鱼,可以卖更多的钱,然后才可以买更多更大的船啊。"渔夫问:"我为什么要买更多更大的船?"富翁说:"买更多更大的船可以捕更多的鱼啊。"渔夫问:"那么,我为什么要捕更多的鱼?"富翁叹了一口气:"你这个人怎么那么笨? 捕更多的鱼赚更多的钱啊!"渔夫接着问:"那么,赚更多的钱用来做什么呢?"富翁说:"用钱买一所更大更好的房子,直面大海。然后像我这样,有时间来海边休憩享受,晒太阳,听涛声……""哈哈哈哈!"渔夫大笑,"可爱的先生,那您认为我现在正在干吗呢? 我现在不正快快乐乐地躺在沙滩上吗?"

我们是否在忙碌的生活中,想过要停下脚步? 问问自己生命的真谛究竟是什么? 生存的目的与生活的意义又是什么? 每日起早贪黑,为了三餐一卧倒而活着,这样的生命有意义吗? 终日为生活而忙,为追求而苦,为责任而累,为感情而困,这样的你,快乐吗? 那么,人生在世究竟要做什么? 什么才是我们应该追求的呢?

老子人生观

老子一生阅尽沧桑,饱经忧患。他曾亲眼看别人建造了高楼大厦,在高楼大厦中欢歌笑语，又亲眼看到别人的高楼大厦变成断壁残垣，眼看别人走进坟墓变成枯骨。他看到有些人先天禀赋极高，却红颜薄命。有些人一生追求理想，却掉入失望的深渊。有的人步步成功，最后却受到一次重创，再无起身的余地。有的人老谋深算，自以为聪明，结果反算了自己一生。老子退在一旁静思，一切繁华逝如流水，人生究竟为了什么？老子的人生观又要告诉我们些什么呢？

《道德经》第九章云："持而盈之，不若其已。揣而锐之，不可长保也。"盈满为世人所渴望，世人希望得到一切，但是却忽略了"月盈则亏，水满则溢"的道理，天地之所以能长久就是在于把握了"有余不敢尽"的原理。停止盈满，方足以生生不已，道理即在此。锐与利为世人所好，却不知坚则易毁，锐则易挫，自然不可长保；人的聪明才智亦是如此，绝不可锋芒太露，应多多收敛，大智若愚。

"金玉盈室，莫之能守也。贵富而骄，自遗咎也。"金玉乃身外之物，身外之物太多，不仅牵连内德，有时会引火烧身，一旦遭遇天灾人祸、子孙不肖等境况，纵有满室金银也最终落空，一无所得。凡富贵利达者，若一味骄纵自大，富贵而不知节俭，不知济世利人，则必定也会因富贵而招致不必要的祸患。有诗云："双拳掌古今，仍得放手，双肩挑风月，还需见歇休。观蝶蜂竞忙，鹬蚌相持，终归网罗；冷眼觑破几般尘境世态，日月犹如笼中鸟，乾坤还同水上沤，盈虚本有数，月亦有圆缺，沼荷皆逢秋；秦庭成史迹，灵均投汨罗，比干空遗恨，傅燮悲坎坷，文王羑里囚，李陵从此去，壮志不回头，潇潇易水寒，吴江多风波，项羽泪空流，神算有孔明，如今在荒丘。细数古今事，沧桑漫烟萝，种种机关谁识透，灯前殒命看飞蛾，朝暮蜉蝣送春秋。各事何须揪捽，人生且舒眉，放眼观来，历史背景，社会环境已迁流。"

晋武帝统一全国后，志满意得，完全沉湎在荒淫的生活里。在他带头提倡下，朝廷里的大臣把摆阔气当作体面的事。在京都洛阳，当时有三个出名的大富豪：一个是掌管禁卫军的中护军羊琇，一个是晋武帝的舅父、后将军王恺，还有一个是散骑常侍石崇。羊琇、王恺都是外戚，他们的权势比石崇来得大，但是在豪富方面却比不上石崇。石崇的钱到底有多少，谁也说不清。这许多钱是哪儿来的呢？原来石崇当过几年荆州刺史，在这期间，他除了加紧搜刮民脂民膏之外，还干过肮脏的抢劫勾当。有些外国的使臣或商人经过荆州地面，石崇就派部下敲诈勒索，甚至像江洋大盗一样，公开杀人劫货。这样，他就掠夺了无数的钱财、珠宝，成了当时最大的富豪。石崇到了洛阳，一听说王恺的豪富很出名，有心跟他比一比。他听说王恺

家里洗锅子用饴糖水,就命令他家厨房用蜡烛当柴火烧。这件事一传开,人家都说石崇家比王恺家阔气。

王恺为了炫耀自己富,又在他家门前的大路两旁,夹道四十里,用紫丝编成屏障。谁要上王恺家,都要经过这四十里紫丝屏障。这个奢华的装饰,把洛阳城轰动了。石崇成心压倒王恺。他用比紫丝贵重的彩缎,铺设了五十里屏障,比王恺的屏障更长,更豪华。王恺又输了一着。但是他还不甘心罢休,向他的外甥晋武帝请求帮忙。晋武帝觉得这样的比赛挺有趣,就把宫里收藏的一株两尺多高的珊瑚树赐给王恺,好让王恺在众人面前夸耀一番。有了皇帝帮忙,王恺比阔气的劲头更大了。他特地请石崇和一批官员上他家吃饭。宴席上,王恺得意地对大家说:"我家有一件罕见的珊瑚,请大家观赏一番怎么样?"大家当然都想看一看。王恺命令侍女把珊瑚树捧了出来。那株珊瑚有两尺高,长得枝条匀称,色泽粉红鲜艳。大家看了赞不绝口,都说真是一件罕见的宝贝。只有石崇在一边冷笑。他看到案头正好有一支铁如意,顺手抓起,朝着大珊瑚树正中,轻轻一砸。"哗啦"一声,一株珊瑚被砸得粉碎。周围的官员们都大惊失色。主人王恺更是满脸通红,气急败坏地责问石崇:"你……你这是干什么!"石崇嬉皮笑脸地说:"您用不着生气,我还您就是了。"王恺又是痛心,又是生气,连声说:"好,好,你还我来。"石崇立刻叫他随从的人回家去,把他家的珊瑚树统统搬来让王恺挑选。不一会儿,一群随从回来,搬来了几十株珊瑚树。这些珊瑚中,三四尺高的就有六七株,大的竟比王恺的高出一倍。株株条干挺秀,光彩夺目。至于像王恺家那样的珊瑚,那就更多了。周围的人都看呆了。王恺这才知道石崇家的财富,比他不知多出多少倍,也只好认输。这场比阔气的闹剧,使得石崇的豪富就在洛阳出了名。当时有一个大臣傅咸,上了一道奏章给晋武帝。他说,这种严重的奢侈浪费,比天灾还要严重。现在这样比阔气,比奢侈,不但不被责罚,反而被认为是荣耀的事。这样下去怎么了得?晋武帝看了奏章,根本不理睬。他跟石崇、王恺一样,一面加紧搜刮,一面穷奢极侈。西晋王朝一开始就这样腐败,这就注定要发生大乱了。

石崇有宠妾梁绿珠,美艳且善吹笛,石崇为解绿珠思乡之情,建"金谷园",筑"百丈高楼",可"极目南天"。赵王司马伦亲信孙秀垂涎绿珠美色,石崇不给。永康元年(公元300年),赵王司马伦专权,石崇因参与反对赵王司马伦,"金谷园"被孙秀大军包围,石崇见大势已去,对绿珠说:"我因你获罪,奈何?"绿珠流泪道:"妾当效死君前,不令贼人得逞!"遂坠楼而亡。孙秀大怒,将石崇和潘岳等人斩首。

"天之道也。"天之道是"高者抑之,下者举之"。四时消长,日月亏盈,损有余,而补不足。老子提出世人皆应效法天之道,功成身退,以保天德。

《道德经》知止章云:"始制有名,名亦既有,夫亦将知止。知止所以不殆。"由无名之道,化育出这有名之万物,"名"一旦出,则受"名"所累,以假当真,受到荣华、富贵、利禄等所迷惑,故当悬崖勒马,及时"知止",凡不能止于道者,必有性命之忧。尚不"知止"者,就更是危险之极。《大学》云:"知止而后有定,定而后能静,静而后能安,安而后能虑,虑而后能得。"水止于江海则不溢;人若能止于道海、性海,则再不会面临生死轮转之危险。

《诗经》云:"邦畿千里,唯民所止。缗蛮黄鸟,止于丘隅。"孔子曰:"于止,知其所止,可以人而不如鸟乎?"天子生活的京都方圆有千里,这是人民乐于居住的地方。小小的黄雀,也会让自己停落在地势高而且草木茂盛的地方。孔子说:"连鸟禽都知道要找一个安全栖息的地方,身为万物之灵首的人类,又怎能不知道生命的方向? 不了解自己的归处呢?"

有一天,庄子到雕陵的栗园去游玩,看见从南方飞来一只奇怪的鹊。那只鹊翅膀有七尺长,眼睛很大。他碰了一下庄子的头,才停在栗树上。庄子觉得很奇怪:"这是什么鸟呢? 怎么翅膀这么大,却飞得不远? 眼睛那么大,却又怎么会碰到我的头?"于是提起衣角快步跟过去,手持弹弓留意其举动。这时候,庄子看见一只蝉,正躲在树叶下纳凉而忘了真身,旁边有一只螳螂刚刚举起了臂膀要捉它,而在这只螳螂正聚精会神的时候,也忘记了自己的形体已经暴露了出来,那只怪鹊便趁机想吃掉螳螂。庄子看到这里,忽然悟道:"不好了! 人都见利而忘害,小心身后之身。"于是,抛了弹弓,回头便跑。管栗园的人,见有人在跑,以为是偷栗子的,便追赶在后面大骂。

世人忙、盲、茫终其一生,或以身殉名,或以身殉利,或以身殉爱。小人以身殉利,士则以身殉名,大夫则以身殉家,皆一味向外驰骋,因大欲而亡身,失去生命大道,常沉欲海,永无了期。

《道德经》第十二章为腹章云:"五色使人目盲。"五光十色的花花世界令人眼花缭乱,导致最后出现了世人所称"审美疲劳",这样强烈的视觉刺激,让人视觉有所偏差,失去了正见,如同"瞎子"一般。

庄子游栗园

太多的人、事、物让世人的双眼忙不迭休,想看的人,想看的景,想看的物,都在主宰着我们的眼睛,并透过眼睛主宰着我们的心灵。如果说眼睛是心灵的窗户,那么现在"心灵"作为这一家之主,却没法关闭这扇窗户了。

这正是佛家所讲的"执著",女人看到商店橱窗中有自己心爱的衣服、皮包、鞋子,就再也走不动了,即使今天买不到,也会将这种"情结"保留下来,直到得到为止。男人被所谓的"一见钟情"摄去魂魄,终日眼前出现的都是那女子的一颦一笑。真正"执著"的不是眼睛这个工具,而是这工具的主人——"心"。所以,老子告诉世人,对一切形色若能不起贪爱之心,无有眷恋之意,存其神,闭其心。山还是山,水还是水,山水又能奈我几何?

"驰骋田猎使人心发狂,难得之货使人之行妨。"如同古人涉猎一般,我们看到喜爱的人、事、物，就车马疾驰地去追逐，如世人追逐名、利、爱，这些就是世人的猎物，而竞相角逐。渐渐逐物移心，发疯发狂，犹如心猿意马放之疆野而无法收回。为了得到这些"难得之货"，往往会做出损人损己之事，走向深渊。

在一些酒吧里，经常会见到一些平日在公司着装正式、谈吐优雅、举止得当的"白领"一族，他们卸下白天的伪装，换上了狂放的晚装，把整天的追逐与压抑用扭动与摇头来拼命宣泄，直至自己精疲力竭，这都是一些发狂的举动。

在世人眼中，"金钱"至高无上，有者为其坑害于人，有者为其作践自己，有者为其贪赃枉法，有者为其走向灭亡。

清末民初，曾任天津《大公报》主笔，后改行从政，任河北省磁县、永年县知事的刘孟扬，为保持一文不贪，写了一篇精彩之作，名为《戒贪铭》，用以自律，文曰："财富人所羡，但须问来源。来源果正当，虽多不为贪。来源不正当，清夜当自惭。人皆笑我痴，虽痴亦自适。不痴何所及，痴又何所失。居官本为民，贪求非吾志。钱多终非福，人格足矜持。富贵等浮云，虚荣能几日？人生数十年，所争在没世。"可见，刘孟扬把身后的名声，看得比钱财重要得多，所以才守德拒贪，很有政绩。这里的一文钱是守德的屏障。

其实，钱财这东西本身并无罪恶可言，一个人之所以犯罪，全是由于自己的私欲膨胀所致。所以，心术不正、受钱财迷惑者，认真地尝一尝《戒贪铭》这服戒贪药，或许能够起到一定的警戒作用。

人的需要有限度，而人的欲望则无穷。但过分地追求、欲望若不能节制，其结果不仅不能感到满足、舒适，反而适得其反，还会感到痛苦，甚至丧失自我。

"五味使人之口爽，五音使人之耳聋。"贪图口欲，舌根便被多种滋味所扰，味乱其性，性迷于味，失去正味。太多的靡靡之音，使人追逐、颓废，无法控制内心的情感而失去正闻，"是以圣人之治也，为腹不为目。故去彼而取此"。

世人贪图口腹之欲，营养过剩，血压上升，血脂增高，百病丛生，真是"病从口入"。能吃的都吃遍，使得味觉尽失，不能吃的也尝试着吃，最终没有吃过的就只剩下同类，那时又当如何？

历史上记载"春秋五霸"之首的齐桓公，不仅是一位卓越的政治家，同时还是一位痴迷的美食家。只不过谁也想不到，名震天下的齐桓公，居然会死在"吃"上。齐桓公素好美食，而相对于他当时的霸主地位而言，这点儿小爱好按理说是不难得

到满足的。但事实并非如此，正因为他美食吃得太多，吃得太容易，很快他就发现了一个要命的苦恼：任凭自己再吃什么，嘴里都觉得没有味道了！正所谓：五味口爽、食不知味。这个苦恼困扰了桓公好长一段时间。终于，在一次与臣子们聊天说起美食时，无所不食而又心有不甘的桓公感叹道："我这一生什么都吃过了，只有蒸婴儿还没有尝过……"言者无心，而听者有意。他的"首席烹饪官"叫易牙，很快听到了这个消息。为了逢迎桓公，他真的回家把自己一个刚出生的孩子杀死送入了蒸锅！当他把自己冒着热气的骨肉放在盘子里呈给桓公时，桓公大为感动，品尝后赞不绝口。

可是，贤明的管仲知道此事后大为忧心，他感到了不祥。于是在他临终时，专门告诫桓公有四个小人万不可用，其中就有易牙。管仲分析说："您想想看，世上哪有父母不疼爱自己孩子的？而易牙为了让您一时高兴，竟然能连自己的孩子都不爱，您想他还会真心爱您吗？"

齐桓公听后有所醒悟，在管仲去世后马上贬斥了这四个小人。然而，时间长了，这位美食家实在是熬不住了！因为，身边再没有人能像易牙那样给自己做出美食了。于是，为了口腹之欲，桓公抛开了管仲的遗言，又将包括易牙在内的四个小人召了回来。结果此举铸成大错。四个小人回来后很快勾结在了一起，趁桓公年迈把持了朝政，后来干脆将桓公软禁在了深宫里。而最具有讽刺意味的是，这位贪恋美食的齐桓公，最后竟是被这伙小人活活饿死的。

再观音声，有者为了一句重伤之话，而彻夜难眠；有者为了一声哝哝软语，而辗转反侧；有者不听某位偶像的歌声，则寝食难安。然而，大自然之天籁之声无法听到，清静之妙音无法贯彻，他们成了真正的"聋子"。

1980年12月8日，刚过完自己40岁生日不久的约翰·列侬，在纽约曼哈顿寓所门口被一名疯狂的歌迷枪杀，理由是不堪忍受列侬被无数世人热爱而不能为自己独享。列侬的这位歌迷用极端的方式宣告，要么在偶像的生命里留下自己的名字，要么用自己的名字终结偶像的生命。殊不知，这种激烈却自私的爱，不仅伤害了自己最爱的偶像，也留给了自己永远无法弥补的遗憾。现在，仍旧有某些青少年因迷恋某明星而痴狂，以至于耽误了学业，花费了家中的钱财，出现了心理问题，甚至有极端者上演轻生的悲剧。

食色、音声本为生理之自然与调剂，但如果超越了生理上或心灵的限度，就反成其害了。老子告诫世人不要为肉体的感官而活,要为永生不灭的真人而活,不为虚化短暂的假人堕落。

"是以圣人之治也,为腹不为目。故去彼而取此。"老子深知世人受物欲所害,故教世人提升内德,勿为多欲所害,养真不养假,养神不养形。子曰:"君子食无求饱,居无求安。"

公文轩见到右师大吃一惊,说:"这是什么人?怎么只有一只脚呢?是天生只有一只脚,还是人为地失去一只脚呢?"右师说:"天生成的,不是人为的。老天爷生就了我这样一副形体让我只有一只脚,人的外观完全是上天所赋予的。所以知道是天生的,不是人为的。"沼泽边的野鸡走上十步才能啄到一口食物,走上百步才能喝到一口水,可是它丝毫也不会祈求畜养在笼子里。生活在樊笼里虽然不必费力寻食,但精力即使十分旺盛,那也是很不快意的。其实,真正的安详与快乐,不是外在所能满足的,世人因为无所依存,所以一味地向外追求,最终被囚困在名利的牢笼中,不得自由。人的痛苦不在于拥有的多与少,而在于内心的那份执着,使得我们放不下、看不开,当无常来临之时,一切也都要无奈地放下。可是,与其被动地放下,为什么不主动地超越呢?

《道德经》第四十四章保命章云:"名与身孰亲?身与货孰多?得与亡孰病?"外在的名誉与永恒的生命相比较,哪个更亲切?身外的财货与永恒的生命相比较,哪个更重要?失去永恒的生命而得到外在的名利,成就永恒的生命而放下外在的名利,究竟哪个有害,哪个有利呢?

北海有一条鲲鱼,它的身子有几千里那么大,这大鱼沉下海去了。有一天,它突然变成一只大鹏鸟,它的背部有几千里广阔,一飞直冲九万里的高空。在高空中,它低头一看,地面上灰蒙蒙的一片,所有的山河城屋,它都看在眼里。大鹏鸟又抬头往上看,只见天色苍茫无际,天地和它浑然融为一体了。

大鹏鸟在九万里的高空飞行时,小麻雀讥笑它说:"嗯哈哈,那个家伙花这么大的力气,飞那么高干什么啊!我要么可以飞到树上,唱唱歌,要么可以飞到地上吃吃小虫,自来自往,多逍遥啊。"世人因为自己的坐井观天,而往往无法理解圣人的人生观。生存是前提,生活是满足,生命成功才是最终的目标。凡夫追求生存之道,君子追求生活之道,而圣人追求的却是生命之道。

第五节　无为有为观

儒家谈王道,以格物致知为入手,诚意正心为妙用,讲的是修身、齐家、治国、平天下的大道理。法家言法制,以威势可以禁暴,德厚不足以止乱为根据。论的是严刑苛制,以"宪令著于官府,刑罚必于民心"来安邦定国。那么,老子的无为之道说了些什么?这里面究竟包含着怎样的治国之道?

河伯问海神说:"什么叫自然?什么叫人为?"海神说:"牛马各有四只脚,这叫自然。把牛鼻穿上缰绳,把马头套上嚼子,这叫做人为。"

一、有为之害

道,无为而无所不为。昔之伏羲以道治天下,四海升平,风调雨顺,乃是合乎大道之天理而无为无不为。自后来者渐渐失道丢德,便以仁义治天下;仁义渐少,则以礼乐来约束;后又践踏礼乐,便以法令来严格;法令遭到破坏,便又以刑罚来警示;最后使得民之反抗愈强,则演变为镇压,以兵来治天下。有为之层次升级,而有为之祸患也逐步暴露。

"故大道废,安有仁义。"因为失道而悖德,所以才不得已宣扬仁义。大道行时,本质具足仁义,所以世人个个自然而然不离仁义。而大道废而不行之时,因为人人缺仁少义,才提倡仁义,此已经是下策。

江湖的泉源干枯了,鱼儿都被困在地面上,很亲切地用口沫互相滋润着。"沾润一点我的口水吧,免得渴死啊。""谢谢你,你真仁慈又义气呀!"这倒不如在江湖水满的时候,大家悠游自在,不相照顾的好。世人的仁爱,就像鱼儿用口沫互相滋润一样,仁爱毕竟是有限的。所以退一步想,当人们需要用仁爱来互相救助的时候,这世界便已不好了。大自然的爱,是无量的爱,就像江湖中的水一样。人如果要效法自然的话,就必须了解人为的"博爱"是有限的。所以,人应该相忘于自然,如同鱼儿相忘于江湖一样。

老子与孔子之观点是异曲同工，老子告诉世人仁义之提出，皆是因为离道久矣，让世人迷途知返。而孔子提倡仁义，则是要世人回到道中，最终恢复道之体用。譬如有人从六楼下至一楼，再想回到六楼去，也必定要按部就班，一级一级地再原路返回。

老子反对的假仁假义，是所谓的离道而有为做作的仁义，这就是为了仁义而仁义，已经不是道了。他同时也鄙视那些在"仁义"大旗的遮掩下，而做出欺世盗名之事的伪君子。

"六亲不和，安有孝慈。国家昏乱，安有贞臣。"孝悌、忠信、礼义、廉耻是本性具足，不假外求。提出"孝"，正道出了家庭伦理大乱，孝之不行于天下。忠臣出现，正标志着国君昏庸、国家动荡。

有一次，宋国的一个居民死了双亲，由于哀伤过度，面容憔悴，形销骨立。宋国国君知道了此事，为了表扬他的孝行，乃封他做官师。当地人听到这个消息，逢着他们的父母去世，都拼命地伤害自己的形体，结果大半都因此而死。

这就是老子所担忧的"假仁""假义"。因为离开了根本的行仁侠义，只不过是徒有虚表，犹如露水、气泡，转瞬即逝，亵渎了大道的至纯、至真。

事实证明，美恶同门，相对而立。我们之所以非常敬仰舜帝之孝，乃是因为他在最恶劣的六亲不和的环境中，仍力行孝道。我们之所以赞美比干、岳飞为爱国忠臣，乃是因其所处的朝代中出现了昏君与奸臣的缘故。反之，若大道盛行，则人人沐浴仁义春风，就如在空气充足之处，已经不觉得空气的存在一般。

商太宰荡问庄子："什么叫作仁？"

庄子说："虎狼就有仁。"

太宰荡说："这话怎么讲呢？"

庄子说："虎狼父子相亲相爱，这不就是有仁吗？"

太宰荡说："那样的仁太浅薄了，请问至仁在哪里？"

庄子说："至仁无亲。"

太宰荡说："我听说不亲就不爱，不爱就不孝啊！如果照您所说，至仁就是不孝吗？"

庄子说："不是这样的。至仁的境界很高，孝的境界达不到。好比冥山是在遥远的北方，郢是在南方。如果你站在郢地望着北方，冥山是望不到的。所以，用爱心去行孝,很容易。使双亲顺适而忘掉你的爱心,就难些。如果用自然的爱心,不亲不疏,使天下的人都很舒适而忘掉人与人之间的爱,那就更难了。"

庄子又说:"用孝悌仁义,忠信贞廉,来使人相亲相爱,这不是最高的境界。那就像湖水干了,鱼相互吐着口沫来相亲相爱一样。不如江湖水满的时候,鱼儿在水里悠游自在,互不相干的好。所以,人要到达至仁的境界,就要超越世俗的孝悌仁义,以及忠信贞廉才行。""最尊贵的人,不要爵位;最富有的人,不要金钱;最快乐的人,不要名誉,这才是最高的道。"

《道德经》第三十八章云:"夫礼者,忠信之薄也,而乱之首也。"说到礼,这标志着人心已由仁义的阶段滑落下来,失去了往日的忠信敦厚,平添了浮华浅薄,而不得已又提出了礼乐来进行约束,这标志着社会已经由平静进入混乱了。

"上礼为之而莫之应,则攘臂而扔之。"为了崇尚礼,而将不响应之人强制来学礼,这哪里是道呢? 此时的礼已经变成了繁文缛节,流于形式,毫无作用。然而世人却乐此不疲,将时间与精力耗费在没有实质的空壳上,岂不哀哉?

孔子曾问"礼"于老子,礼之理在何处? 也就是"礼"的根本是什么? 老子将道的奥义传授给他,让他明白了道就是一切宇宙万物的根本,是我们生命的源头。所以,孔子得道后,极力提倡不离开道而行的礼乐、仁义、道德,故有"诚于中,形于外"之说,也用自己的行动在对世人道德的后退进行严防死守,不让世人再超越礼乐的界限,继续堕落下去,一旦礼崩乐坏,则后果不堪设想。

"夫天下多忌讳,而民弥贫;民多利器,而国家滋昏;人多智巧,而奇物滋起;法物滋彰,而盗贼多有。"天下的禁令太多,人民动辄违犯,使得人民不敢妄自去从事谋生之业,日渐贫穷,无法度日。这时,人民只有用奸诈诡计来获取利益,而这样又使得国家混乱,奇巧的物品越来越多,人的欲望也就越来越大。法令越多,限制越多,民无法为生,盗贼也就更猖獗了。

有个人在自己家门前种了一棵苹果树,每到果子成熟的季节就会看到满树又大又红的苹果,令人垂涎欲滴。每有乡邻、路人来到这里,就爬上树摘个果子,坐在树下,一边品尝,一边休息纳凉。这个人发现自己种的果树,果实居然成了大家的,很不满意。于是某天,他就在树上挂了一个牌子,上面写道:禁止爬树。可是,过些天他发现,还是少了很多苹果。一天,他在树后的草丛里躲起来,看到一个路人走来,不屑地看了看牌子上的字,然后找来一根长长的竹竿,把苹果打了下来。这个

碑林老子雕像

人立刻出来,抓着路人质问道:"你这个偷果贼,难道没有看到我这牌子吗?"路人说:"当然看到了,不过我并没有爬树啊?"果树的主人一想:"是啊!我只说不许爬树,并没有说不许用竹竿打果啊!"第二天,主人在牌子上又写道:禁止爬树!禁止用竹竿打果子!可是,他又发现有人在树下拼命地摇动果树,令果子掉落一地。于是他又加了一条:禁止爬树!禁止用竹竿打果子!禁止摇动果树!但是,还是不断地有人能以各种奇巧的方法吃到果子,他只好不断地增加禁止的范围。直到有一天,他出门时发现果树被锯断了,树上还挂着那块写满了"禁止"的牌子。

老子曰:"智慧出,安有大伪。"用智慧创造了法令,殊不知智慧一出,虚伪奸诈也随之而产生了。所谓上有政策,下有对策,治标而不治本。庄子说:"射鸟的弓箭,捕鸟的罗网,花样越多,天空的鸟就只好乱飞了。钓鱼的钩子,捕鱼的鱼篓,花样多了,鱼就只好乱窜了。捕捉野兽的陷阱、翻车、罗网,花样多了,野兽就只有乱跑了。人类的智巧越多,欺诈、狡猾、诡辩,种种花样都来了,人世也就只好大乱了。"

孔子曰:"道之以政,齐之以刑,民免而无耻。"若以政令去领导,以刑法来压

制,人民就会钻研法令,对付法纪,甚而投机取巧,只妄图如何避免刑法,而没有羞耻之心了。

唐朝武则天执政时期,有两个掌管刑狱的大臣,一个叫周兴,一个叫来俊臣。这两个人贪暴残酷,设计了种种惨无人道的刑法,大搞逼供信,枉杀了许多忠臣良将。特别是周兴,外号叫"牛头阿婆",他竟然这样说道:"凡被告之人,审讯时没有一个不自称冤枉的,处死后,也就没事了。"后来,有人向武则天密告,说周兴与人共同谋反,武则天便让来俊臣负责审理这个案子。来俊臣知道,周兴对于办案是内行,他决不会老老实实地承认参与谋反的。他想了一个办法,派人请周兴来吃饭。周兴欣然而至。席间,来俊臣装成一副向周兴请教的神态,对周兴说:"最近,我审讯了一些犯人,种种刑具都用过了,犯人们就是不肯招供,不知老兄有什么好办法没有?"周兴并不知道自己已被别人告发,回答道:"这是一件很容易的事。我告诉你一个妙法:用一只大瓮(即大坛子),四面架起炭火烧,烧到内外发烫,把那些不肯认罪的囚犯放入瓮中,什么样的囚犯也得老实招供。"于是,来俊臣马上叫人搬来一只大瓮,照周兴讲的,四周烧起炭火。然后对周兴说:"有人告发你参与谋反,太后(指武则天)命我审讯你,请兄入此瓮吧。"周兴听了,惊恐万状,当场叩头认罪。以其人之道,还治其人之身,自己布置的圈套,想害别人,最后却"成全"了自己。

"民不畏威,则大威至矣。"苛政及暴刑到了让人民无所畏惧的地步,必定起来反抗,到那时就天下大乱了。到处都是起义的呼声,统治者为了保全自己只得动用武力,但是老子说:"若民恒且不畏死,奈何以杀惧之也?"所以,"夫乐杀人,不可以得志于天下矣"。

"朝甚除,田甚芜,仓甚虚,服文采,带利剑,厌饮食,资财有余。"失道久矣,而五常尽失,八德尽荒,欲望无度,迷失自我。使得上上下下皆追求名利,以至于田野荒芜,国库空虚,而在外却锦衣玉食,佩带利剑,中饱私囊。朝廷腐败,民不聊生。这完全是失道离德所造成的。

老子以治国来暗喻修身,人性的堕落也是有其过程的。俗云:"冰冻三尺,非一日之寒。"先是迷失了大道,导致了内心的迷惑,而不能与自然相合。天理良心被气拘物蔽,尽管不断有为地行仁侠义,也压抑不住欲望的膨胀,渐渐偏离了道德伦理。私心行事,而不受约束,以至于自我失控。放纵欲望,导致了内心世界的一片混乱。心田杂草丛生,心灵空虚,道德沦丧,忽视了自己生命的真实意义,心变成了欲望的奴隶而不能自我。最终,由一个"明君"变成一个"昏君",由"将军"变成一个"奴隶"。

二、无为之福

无为并不是一无所为,道之运作则是以自然无为之态而做无所不为之事,因此宇宙间万事万物皆不能离开。故人要率天性而为,当行则行,当止则止,回归天理,毫无造作,方可昌盛。故曰:"顺天者昌,逆天者亡。"

老子曰:"其安也,易持也。其未兆也,易谋也。"在安全无忧之时,保持较容易;在没有出现征兆时,图谋比较简单。故应居安思危,未雨绸缪,小心谨慎,防微杜渐。若冲破道德、仁义、礼乐、法制层层防线,则已经是非常危险,若再想回头,恐怕要大费周章。

"其脆也,易破也。其微也,易散也。"在羽翼未丰之前,比较脆弱,就容易破之。在力量薄弱,还是星星之火的时候,就要采取措施,否则大火燃起,悔之晚矣。用之修身,在一念未起之时,常保持谨慎小心之态度,当妄念萌发之时,就要将其遏止,一旦没有及时制止,使之流于言行,则危害大矣。

扁鹊进见蔡桓公,在桓公面前站着看了一会儿,扁鹊说:"您有小病在皮肤的纹理中,不医治恐怕要加重。"桓侯说:"我没有病。"扁鹊退出以后,桓侯说:"医生喜欢给没有病的人治病,把治好'病'作为自己的功劳!"过了十天,扁鹊又进见桓侯,说:"您的病在肌肉和皮肤里面了,不及时医治将要更加严重。"桓侯又不理睬。扁鹊退出后,桓侯又不高兴。又过了十天,扁鹊又进见桓侯,说:"您的病在肠胃里了,不及时治疗将要更加严重。"桓侯又没有理睬。扁鹊退出后,桓侯又不高兴。又过了十天,扁鹊在觐见时远远看见桓侯就转身跑了。桓侯特意派人问扁鹊为什么转身就跑,扁鹊说:"小病在皮肤的纹理中,是烫熨的力量能达到的部位;病在肌肉和皮肤里面,是针灸的力量能达到的部位;病在肠胃里,是火剂汤的力量能达到的部位;病在骨髓里,那是司命管辖的部位,医药已经没有办法了。现在病在骨髓里面,我因此不问了。"又过了五天,桓侯身体疼痛,派人寻找扁鹊,扁鹊已经逃到秦国了。桓侯就病死了。

世人要想回复天理良知,须要正心修身。所以,先理上通达,后事上渐修。并不是不要仁义、礼乐,而是要将仁义、礼乐与正道配合,不断让内心充实,借有为法

扁鹊晋见蔡桓公

做路径,行无为之道,一步一印,归于自然。

《道德经》治国章云:"以正治国,以奇用兵,以无事取天下。"凡治天下国家者,当以清静无欲为正,不可以奇巧诱民。且有道者,绝不可以兵戎相见,杀人取胜。真用兵者应是为了征伐无道,以使之归于道为目的,不得已而出的"仁义之师"。

老子亦提倡内圣外王,其字里行间,都将小到修身,大到治国、平天下之理尽述。孔子曰:"君子之德风,小人之德草,草上之风必偃。"用之修身,心乃是万民之王,王不离道,则民风淳朴,回归清静圣域。用之于国,以道治天下,民则自然归于道中,返璞归真。

老子曰:"其政闷闷,其民惇惇。"当为政者以无为宽厚治天下,似乎昏晦不明,实则大智若愚,民则能在其引导之下,敦厚笃实,安居乐业。而治国法令分明,看似政治清明,但危机已经隐含其中。

圣人固守着清静大道,虽然光明,却能隐藏锋芒,所以不会太刺眼,往往使人无所觉察。故老子曰:"太上,下知有之。其次,亲誉之,其次,畏之。其下,侮之。"最上等的国君无为而治，使人民各安其生，各顺其性，所以人民只知道有个国君罢了，没有感觉到他做了些什么。次一等的国君，以德治国，用仁义化民，所以人民都亲近和赞誉他。再次一等的国君，依法治国，用刑法威吓人民，所以人民都畏惧他。最末一等的国君，昏庸无道，用权术愚弄人民，用诡计欺骗人民，甚至用武力镇压人民，所以人民都咒骂和侮辱他。

"绝圣弃智，而民利百倍。绝仁弃义，而民复孝慈。绝巧弃利，盗贼无有。此三言也，以为文未足，故令之有所属。见素抱朴，少私而寡欲。绝学无忧。"凡是有为而治，就不免扰民，使国家趋于混乱。"圣智""仁义""巧利"三者，圣人皆以为是外表的文饰，只有自道而流露，以道为依归，然后又无为而力行的"圣智""仁义"，才可去其浮华，回归质朴。

士成绮去拜访老子。他对老子说："我老早就听说先生是位圣人。正因为这样，我才不辞劳苦，远道而来。人们走远路是三十里一舍宿，我是经过一百个舍宿才来到你这里的。你看我的脚板都走出一层层老茧来了。尽管这样，但我还是拼命赶路，不敢舍弃，目的就是想见你一面。但今天看来，你并不是什么圣人啊，看你住的，就像是老鼠住的地方那样肮脏，桌上还放着吃剩的菜蔬，听人说你还不管亲妹妹的死活，竟然抛弃了她呢！你啊，有那么多的东西吃剩，也不养妹妹，看来你就是个不仁的人啊！听说，你面前的生熟食物吃也吃不完，但还是一味地囤积财富呢！"老子听了，神情漠然，只是听他说，就是不吭声。士成绮走了以后，心里越来越觉得奇怪。他原以为把老子讽刺一番，回去就会有胜利的优越感。但是，他回去了，心中反而一片空虚。第二天，士成绮又来了。他站在老子家门口，道歉说："昨天，我说话讽刺你，但我现在倒有些开窍了。我虽然有所觉悟，但心里还是不明白，所以我还是得来问个究竟。"

老子在屋里答话："对于我是不是一个巧智神圣的人，我已经是完全置之度外了。别人对我赞也好，贬也好，我都是毫不介意的。你说我是牛，那我就是牛好了；你说我是马，那我做马也行。弃妹本来就有不得已的苦衷，已经被人说是不仁了；现在人家指责你，如果你还要反驳，那就会错上加错，罪上加罪，就会招来更悲惨的下场。我这人处世从来都是这样的，并不是故意造作出来给你看的。"

听了老子的话，士成绮心中有愧。他想进一步请教，但他的羞愧使得他手足无措，连走路的动作也变形了：他像大雁侧着身子飞行一样，畏畏葸葸地侧着身子走

路,还忘了进屋必须脱鞋的礼仪,就走进了老子的屋里,向他请教修身洁行的道理。

老子说:"你的容貌神态过于庄重,目光也太专注了,认真得连你那宽广的额头也冒汗了,张嘴动唇时嘴巴也在发抖呢,但尽管这样,依然是掩盖不了你高傲的神态啊!你就好像是一心想奔驰,但却被系在柱子上的野马似的,本来想动,却被束缚住了;你的要求太直截了当了,你对事情过于敏感,处事也过于固执;你的脑袋太过机灵了,所以看到的事情都觉得不顺眼,对一切东西都认为是不可信的。"

孔子曰:"道之以德,齐之以礼,有耻且格。"依循道而生发的德与礼,这都是合乎大道的,既天性自然,又有礼有节,而民一旦逾越此界,自然就会感觉自己有悖天理,生发羞耻之心。

"治大国若烹小鲜,以道莅天下,其鬼不神。非其鬼不神也,其神不伤人也。非其神不伤人也,圣人亦弗伤也。夫两不相伤,故德交归焉。"治大国之道,犹如烹制小鱼,不可用火太过,亦不可不及,更不可随意翻动,暗示不可以智巧、谋略、苛法来治理天下。

真正的有道者莅临天下,则以烹小鱼之道而治,总以保持民之厚朴自然之风为前提,使民各安其所,各乐其生。万物互不侵扰,神鬼都各安其位,亦不会伤人。天下万物各遂自然理性发展,一片祥和。

盖人之道心隐微、柔弱,不可妄动,须保守笃静,方能子不离母。若一旦妄动不止,则无法回归清静本性,离道越来越远,最终常沉苦海,永失真道。

老子曰:"我无为而民自化,我好静而民自正,我无事而民自富,我无欲而民自朴。"上者能以道治国,民则自我化育,顺应大道;上者能笃守清静,恢复无为自然,民则自然跟随走上正轨;上者不贵货尚贤,以养民为心,民则自然安居乐业,知足富裕;上者不纵欲恋情,不有私欲,不生机巧,民则自然淳厚,返璞归真。

意而子问许由说:"先生在山林好吗?"许由说:"你来这里做什么?你不是和尧在一起吗?这许多年,尧教给你什么呢?"意而子说:"尧教我要力行仁义,要明辨是非呀!"

许由说:"那么尧已经在你的脸上刺字,用仁义伤害了你的脸,用是非割了你的鼻子,难道你不自觉吗?这样你还想来到自然的路上自在逍遥吗?"意而子说:"先生指导我吧!让我游在大道的边境上好吗?"许由说:"眼睛坏了,怎么看得见颜色呢?"意而子说:"无庄得了大道,忘了自己的美貌。据梁得了大道,忘了自己是力士。黄帝得了大道,忘了自己的智慧,这些都是锤炼的功夫罢了! 谁知识造化不是用刺伤我的脸、割去我的鼻子,来使我休息补过的呢?"许由说:"啊! 自然,你这大宗师啊! 秋霜凋残万物,不是有心制裁! 春雨生养万物,不是为了仁慈。你雕刻万物种种的形状,不是有心显示你的机巧。意而子,你想在自然的大道上散步,就这样子随我来吧!"

治天下与修身同理,绝不能以满足人民的欲望来治理,也不能靠严刑酷律来统治,更不能用武力来征服。只能导之以政,齐之以礼,行之以德,守之以道,方可世界大同,万国一家。

第六节　超哲学观

有一次,群众包围了从德国移居美国的科学家爱因斯坦的住宅,要他用"最简单的话"解释清楚他的"相对论"。当时,据说全世界只有几个高明的科学家看得懂他关于"相对论"的著作。爱因斯坦走出住宅,对大家说:"比方这么说——你同你最亲的人坐在火炉边,一个钟头过去了,你觉得好像只过了 5 分钟! 反过来,你一个人孤孤单单地坐在热气逼人的火炉边,只过了 5 分钟,但你却像坐了一个小时。——唔,这就是相对论!"

在某一时间、空间的作用下,将事物表象的大与小、多与少、快与慢、动与静、长与短、高与低、粗与细、胖与瘦、方与圆、正与斜、刚与柔等,和事物内容的新与旧、好与坏、善与恶、美与丑、疏与亲、穷与富、先进与落后、欢乐与悲伤等集中在一起,产生了许多相对的概念。世人将其进行比较,而彼此各执一端,互有说辞。那么老子对此有什么高深的见解呢? 老子又教导我们如何超越相对呢?

《道德经》云:"天下皆知美之为美,斯恶已;皆知善之为善,斯不善矣。"当天下人都知道美和善的时候,必定会喜欢美而厌恶丑恶,趋向善而逃避恶,于是竞争产生,诈伪兴起,那反而不美了、不善了。

世人皆追求的,会变成一种盲目的推崇,将其转化为一种叫作"流行"的元素,随之也就产生了质的变化,同时也因为世人的推崇,而出现了角逐与假象。

图文珍藏版

历史上有"楚王好细腰,宫人多饿死"之景象。如同古戏的重新演绎,今天我们也有类似的戏码,甚至更胜一筹。虽然与楚王时期的审美有所不同,或许风韵有致,或许婀娜多姿,或许白嫩细腻,或许黝黑健康,或许黄发奔放,或许红发浪漫,或许明眸杏眼,或许细眉长目……太多,太多,但终究因此而产生了个人理解之上的对美的追求。

法国著名作家左拉有一部小说叫《陪衬人》。内容讲述的是杜朗多先生为了发财,开了一家丑女店。这是专门针对那些爱美的女人开的。女人一般都喜欢别人夸奖自己美丽。而女人实在是不美丽的话,不用担心,杜朗多先生可以帮你的忙。你来光顾丑女店吧,你在这里同样可以找回女人的美丽和自信。你会惊奇地发现:自己原来是这样的美丽! 因为你可以花数目不大的一笔钱,在丑女店里雇用个比你还丑一百倍一千倍的女人一起逛街,一起上商场,一起看电影,一起用午餐,甚至一起上厕所。这样你身边的人会惊叹地对你讲:亲爱的,你长得太美丽了! 惨的是你身边的丑女,为人们所耻笑,因为她们用自己的丑陋换回来你的美丽。

老子悟道图

因为美之标准的出现,人们已经忘记了什么叫作自然。女子脸上的脂粉就像一张厚厚的面具，让人早已无法看出真实的她。

长春的马先生，原本有个幸福美满的家庭。马先生与爱人赵女士感情一向很好，赵女士一直在经营服装生意，并且生意非常红火。一天，赵女士与丈夫商量，准备到长春、沈阳和大连等地考察一下，看看能不能开连锁店或投资其他项目。谁知道赵女士一走就是三个月，当她返回来时，马先生无论如何也不敢相信，站在自己面前这个大眼睛、高鼻梁，年轻又漂亮的女子，就是自己的妻子，自己的妻子竟然变成了"另外一个人"。原来37岁的赵女士是利用这段时间在吉林某整形外科医院做了整形手术。吉林的这家整形外科医院，为其制订了一整套手术方案，包括整容与美体。赵女士和医院签订了协议，随后，院方为赵女士开始了历时近三个月的"整体打造"。术后，赵女士本人非常满意。可是，马先生的心理却很难适应这一突如其来的变化，他说："做完手术后，她确实是漂亮了，可我们夫妻一起生活了十八年，现在却好像与另一个人生活在了一起，周围的人都用异样的目光打量我们。我们的家庭失去了从前的和谐与快乐。"

也许古人不会想到今天的整容术、吸脂术、换肤术已经远远超出了古人的法则，但其结果也许更为惨烈，楚王时期有人难逃"饿死"之命运，今天也一样有人难逃整容所留下的"后遗症"。由于目前我国的整形美容市场医生及医院资质的良莠不齐，造成中国整容整形业兴起的近十年中，平均每年因美容毁容的投诉有近两万起，十年间已有20万张脸被毁掉。

国外专家披露一批最早整容的女性，经过了十余年的"保鲜"期，现在已经开始出现了后遗症。乳癌、面瘫、皮肤凹陷、衰老迅速，还有器官功能损害等都是首批整容女性所面临的问题，甚至成为心理疾病的元凶。许多人因为难以接受"美丽不在"的事实，而患上严重的抑郁症，甚至自杀，其中以明星居多，她们为了短暂的美丽，而付出了沉重的代价。同时专家分析后认为，整容风背后的原因，很可能和求美者在整容后预期改变现状、希冀名利双收的浮躁心态有关。一些人把求职失败、婚姻破裂、恋爱受挫等现实生活中的问题，统统与自己的外貌不美联系起来，认为是容貌阻碍了他们成功，这明显是不正常的。

因"美"的标准而衍生的竞争日渐激烈，在竞争中已经超越了性别、年龄、国度，而最后的结果真的就是世人公认的绝对吗？真的就是美吗？美与丑本是相对的概念，但这种标准也并非一定，它有其易变性，会随着时间、空间的变化而发生变化。

在人们的眼中,不同的人都会有不同的审美观;在不同的国度中,又会对美有不同的认识;不同的生物体,也有不同的感受。

庄子讲了一个故事:如果我们当初把天地叫作"马",或是把天地叫作"指",那么天地便是"马",或叫作"指"了。路是人走出来的,名称是人叫出来的。人类自己认为对的,就说"对"。人类自己认为不对的,就说"不对"。但是"对"与"不对"的标准是什么呢?世人认为西施是美女,她有"沉鱼"之貌。相传西施在溪边浣纱时,水中的鱼儿被她的美丽吸引,看得发呆,都忘了游泳,以至沉入水底。

鱼类又怎么会认可人类美的概念呢?反之,我们也会对异类生物体做出美的评论,而被称为美的"孔雀",被认为丑陋的"蝙蝠",既不知道人类的评价,更不会超越物种的界限而在一起去比较,因为一切都没有定义,都是自然造化的微妙。

嫫母是黄帝之妃,相传,嫫母长得形同夜叉,丑陋无比,因此被后人看成是中国古代四大丑女之首,但若要论起嫫母的德行,则是中国女性的楷模。据说,她的前额和鼻梁像秤锤,身体像个黑竹箱。现在人们玩的那种丑面具,就是她的遗像。《路史后纪》卷五记载:"次妃嫫母,貌恶德充。"汉王子渊《四子讲德论》中有云:"嫫母有傀,善誉者不能掩其丑。"传说黄帝建国之初,各部族经常抢夺俊男美女,往往引起部族冲突。有人主张用暴力加以制止。黄帝不赞成采用暴力,可是又想不出好办法。一日他到野外视察,在河边见到一位十分丑陋的女子,与之交谈,觉得她贤德聪慧,就把她选为妃子,并通告各个部落。各部落首领以为黄帝是选了美女天仙,都纷纷前来祝贺,谁知一见,都惊呆了。这时黄帝高声说:"重色轻德之人,不是真正爱美之人,只有重德轻色之人,才是真正的贤人!"大家幡然醒悟,齐颂黄帝圣明。黄帝给大家做了表率,以后抢婚事件大大减少。嫫母果然不负黄帝的厚爱,她对妇女们实施德化教育。当她看到当时人们冬衣兽皮,夏串树叶时,就发明了养蚕缫丝,把丝织成绸子后,又染上各种颜色,用来做衣服。这样就解决了人们赤身裸体,有伤风化的难题。后人为了感谢嫫母的这一重大发明,尊称她为"先蚕姑娘"。嫫母不仅是位实施德化教育的典范,而且还是黄帝的"贤内助",嫫母贤惠聪明,传说她用松香、硫磺和木炭发明了火药,帮助黄帝败炎帝杀蚩尤于冀州之野。她与嫘祖一起昼思夜想发明"织机",解决了用蚕丝织帛问题。

美与善皆如此,被既定出来,往往就会被冠冕堂皇地利用。当世人有了美与丑的分别,有多少帝王因色误国,有多少英雄难过美人关,从而产生了"红颜祸水"的警训。有了美的前车之鉴,才有了今天为达目的,利用美色的行为。当这一切开始令世人反感、厌恶,我们又开始了新的认识——心灵美胜过外表美。

杨朱到宋国去。有一天他入住在一间旅馆中,旅馆的主人有两个妾,一个貌美、一个丑陋,主人却很喜欢那个不好看的妾。杨朱觉得奇怪,便问:"您怎么会不喜欢那个貌美的妾呢?"那主人说:"长得貌美的那个妾,自己以为很美,所以使人觉得她不美了。那个长得丑陋的小妾,自以为自己长得丑陋,反而使我忘记了她的丑陋。"杨朱听后便对众弟子说:"小子们,注意啊!存心自夸,就不可爱了。没有自夸之心,到哪里不受人家喜欢呢?"

要知道处在相对的概念中,永远没有真理。因为心灵的美丑也会随时发生变化,把刚才的故事再拿来试想,丑陋的小妾因为得宠而变得骄纵妄为,而貌美的小妾反倒因为别人的厌恶,开始反省自己,心灵的美与丑也发生了改变。没有永恒的好,也没有永恒的坏,没有永远的善,也没有永远的恶。因为好与坏,善与恶,本身就处在相对的概念当中。

道的本体是浑然至美、至善的,本无所谓美丑、善恶,不容强去分解,使之分别产生对立。凡是落入阴阳,人的私心作祟,则产生对立。道是绝对之体,其超越时空而存在,对其而言则没有善恶、美丑之说,因为有了分别,所以老子又说:"有无之相生也。"

《道德经》第十一章云:"卅辐同一毂,当其无,有车之用也。埏埴而为器,当其无,有埴器之用也。凿户牖,当其无,有室之用也。故有之以为利,无之以为用。"世人只知道"有"的用处,不知道"无"的用处,其实没有"无","有"则无用。古代车轮上的三十根车辐,都汇集在车毂上,正是由于车毂当中是虚空的,承受了三十根车辐,才使得车轮能够转动。用陶土混水而烧成各种器具,如盆、碗等,用来盛水装物。但是其最有用之处,绝对不是在器物的体与面上,乃是在器具的中空部分。建一幢房屋,如果没有供人出入的门窗,那么就是无用的;同样,因为房屋的中间是虚空的,才可以供人居住。故知"有"与"无"并非绝对的死物,因为"有"之所以能便利万物,皆赖于"无"的作用。

匠石有一次带了几个弟子到齐国去,在山路拐弯处看见土地神庙的旁边,长着一棵巨大无比的树,树荫可以容纳好几千头的牛在其下休息。它的树干大到直到半山以上才开始有分枝。这些分枝可以拿来做数以百计的独木舟。匠石的弟子和很多路人都聚在路边,好奇地望着这棵巨大的怪树,只有匠石看了一眼便掉头不顾,继续走他的山路。弟子追问师父为何不停下来看看就走,匠石道:"算了吧,那不过是一棵根本没有用的散木。用来做船会下沉;用来做棺材,很快就会烂掉;用来做器具,又不够坚固;用来做门框,又会有树汁流出来;用来做柱子,又会被虫蛀。总之根本就是一棵没有用的树,所以才会长得这么高大。既然没有用,我还看它做什么?"

到了晚上,匠石忽然做了一个很奇怪的梦,他梦见那棵大树对他说:"你说我是没有用的散木?你怎么不想想,我如果是有用的话,不早被你们砍掉了吗?我哪里能够活到今天呢?你再看那些橘柚之类的树,果子成熟的时候常被人家拉拉扯扯,备受羞辱;松柏之类的树常被砍掉,性命不保。世俗的人不也是咎由自取的吗?为了把我自己变成没有用的树,我不知伤过多少脑筋,最后我才找到土地庙这个地方来。"

第二天,匠石便把梦告诉弟子们说:"你们要注意呀!没有用的用处,才是最大的用处呢!"弟子们点点头,又问道:"那棵树既然把自己变成没用的树,那又何必一定要长在土地庙旁,引人注意呢?"匠石道:"你们何不想想看,那棵没有用的树可以任意长在大路中央吗?它长在土地庙旁,人们以为它是土地庙的树,就是要砍柴来烧,也不敢呀!"

当我们以世俗的眼光去观察事物时,常常会以眼前的有用和无用来进行判断。宇宙由无形之道与有形之器物组成,两者相辅相成,缺一不可,而且天下一切万物都由"无"中所化成,而"无"则要有世间万物方显出其作用。"无"生"有","有"亦终归于"无"。

这个"无"不是空间的"无",亦不是空气的"无",更不是物质消散的"无",世人往往将有形有象的物质叫作"有",将物质的"消散"称作"无"。这个"有"和"无"的概念还在相对当中,而道超越了相对,因为道可以使物质积聚与消散,但积聚与消散并不是道的本身。所以,这样的"无"叫作"有的无",不是指的道之"真无"。佛家将"真无"称作"真空"。

真空之道体,它是空的有,道贯穿宇宙万事、万物,却又以无形无象的形式存在着,故称"空不空"或者"真无""真空"。

所谓难易相成，浅易地讲，纵是非常困难之事，但只要努力去做，亦会变为易事；极其容易之事，不去做，亦会变得非常困难。

《道德经》无难章云："图难乎其易也，为大乎其细也。天下之难做于易，天下之大做于细。"难事先从容易之处下手，大事先从细微处着手。天下最难的事也要先从最简单处入手，才有可能完成。天下最大的事也要从最小的事上下功夫。小事着手，做好小事，才能成其大。

"多易必多难，是以圣人犹难之，故终于无难。"将事情考虑得太过容易、简单，必定在行动中会遭遇很多困难。圣人总是未雨绸缪，将事情的困难以及将要遇到的问题一一想到，然后在实际操作之时，就变得简单起来。

凡人在几乎成功之际而又失败，究其原因则是不能慎终若始之故。圣贤在修行之路多以如履薄冰、如临深渊之心态战战兢兢，握道尤恐失之，虽难事亦也渐渐变易，等到"随心所欲而不逾矩"之时，则没有难易之概念，回归道体，随心妙行。

有一天，庞蕴居士一家在一起谈学论道，各自发表对修道之体悟。庞蕴云："难难难，十担油麻树上摊！"其夫人云："易易易，百草枝头祖师意！"女儿灵照云："不难也不易，饥来食，困来眠！"由此可以看出三人悟道的境界。

"长短之相形也"，长与短也是相对而出的，长是许多短的集合，短是长的分割。大河皆由小川汇集而成，万里长城之所以长，是由于一块块短砖堆叠而成。尺有所短，寸有所长，本都是道之妙用，没有长短之分。然而，世人喜欢比短论长，不肯服输。以将人驳倒为喜悦，根本不知道这胜利的背后正是失败。因为大道是不能够用任何人为的语言、符号来表达的。

庄子的寓言中提到，他的朋友惠施口才非常好，与人辩论了一辈子都未曾输过，每当他辩论累了，就靠在梧桐树下休息，有一次，他终于悟出了不辩的道理。假如你和我辩论，如果你胜过我，也未必就是你所说的是正确的，而我所说的是错误的。假如我们找来第三者来评判，评判你胜，我定不服，认为这个评判者偏向于你；反之，若评判结果是我胜，你也会以相同理由而怀疑评判的公正。假如评判者说我们的言辞都是正确的，那么我们又不能互相信服，双方会对这个评判者产生不满。你、我与第三者既然都不能互相了解，那么该请谁来评判呢？

比较与争论一旦超出了空间、时间的范围，就没有任何意义了。例如：我们的白昼，在美国刚好是黑夜。所以，如果这时还在为昼与夜争辩，就没有必要了。在

清朝人人背后都有一条长辫子,身穿长袍,而现代男女都可以是一头清爽的短发,流行中也有露脐装、超短裙之类的打扮,与清朝时的装束恰恰相反。这就是超越了时间、空间概念的比较,其实只是庸人自扰。

鸭子的腿,虽然很短,但是你却不能把它接长。接长了,它就会为无法行走而忧愁。鹤的脖子虽然很长,但是却不能把它截短,截短了,它就会为无法饮食而悲伤。所以长与短,不能用人的标准去分别,更不能以人为的标准而去取长补短。站在客观的角度来看,长也不长,短也不短,都是合乎自然的。

"高下之相盈也",低是高的基础,没有低的衬托,高是不能形成的,俗云:"万丈高楼平地起。"

《道德经》第三十九章云:"故必贵以贱为本,必高矣而以下为基。夫是以侯王自谓孤寡不穀。"贵必以贱作为根本,高以下作为基础,因此,侯王们自称"孤家""寡人""不穀",以示谦下,因为他们深知没有人民,就没有侯王。没有水,船就无用可施。亦是明君深知"水能载舟,亦能覆舟"之理,所以不敢轻视百姓的意愿与疾苦,一旦视民之生死于不顾,则必有被万人唾弃、被百姓推翻之危险。

河伯问海神说:"万物有贵贱的差别吗?"海神说:"从自然的大道来看,万物无贵贱。从万物自身来看,万物都自以为贵,互相轻贱。从世俗来看,贵贱都是别人强加在你身上的,你并不能自主选择。"河伯又问:"万物既无贵贱,那么我要做什么呢?"海神说:"不要有人为的分别,随顺大道,顺其自然。"

《金刚经》云:"是法平等,无有高下。"地位没有高低,但有伦理;行业没有贵贱,但有分工。

"音声之相和也",发出的为音,听到的为声。世人都喜欢听祥和的声音,讨厌听刺耳之音。老子曰:"唯与呵,其相去几何?"柔顺的应诺与侮慢的应答,两者同是回应,但给人的感觉却是天壤之别。

南郭子綦有一天斜靠着矮桌,向着天空长舒一口气,悠然地进入了忘我的境界。他的弟子颜成子游便问道:"怎么回事啊?您今天的样子与往日不太一样。难道说人的形体可以变做枯木,心灵也可以化作灰烬吗?"南郭子綦说:"子游,你问得好,刚才我进入了忘我的境界。人的箫声你一定听过,但你听过天的箫声吗?"子游说:"人吹出来的箫声,会让人有喜怒哀乐的感觉。大地山林发出的箫声本身是不会有喜怒哀乐的,只是人心的分别与感觉而已。"

颜成子游对子綦说："刚才您讲的人的箫声与大地的箫声相比较,我似乎听懂了。那么所谓的更高境界的'天的箫声',又是怎么回事呢?"子綦说道:"用刚刚我讲过的道理做基础,你才能听懂天的箫声,现在你注意听吧!"天的箫声是什么呢?风吹各种不同的孔穴,发出不同的声音。这些声音所以有千万种的差别,乃是自然的孔穴状态使然,而使它发动的又是谁呢?

道是一切的主宰,可以运转乾坤,发出千百亿的声音,但它本身却是无声无息的。故老子曰:"大音希声。"

交响曲是由各种不同的乐器发出之声音和合而成,故称和声。世人若能共同配合将道之妙声融合于一体,必能演奏出世界大同的乐章。

"先后之相随",有先必有后,有后必有先,先后必相随。诗云:"莫道君行早,更有早行人。"我们永远不会是第一个,然而世人争先恐后,互不相让,从开始的不争,然后是礼让之争,进而平等竞争,最后演变为斗争,甚至发动战争。然而,圣人谦下无争,但却被人民举在头上,圣人先人后己,人民却将他推在最前面。

先后是相对的概念,在宇宙中没有固定的先后。道是没有开始,没有结束的,开始即是结束,结束也就是开始,循环往复,以至于无穷。

老子曰:"一者,其上不皦,其下不昧。"道在上不明,在下不暗,它是至明、至善、至美,它是宇宙的本源,万物的宗祖,并且超越时空而独立存在。它超越一切相对,是绝对的。宇宙万物永远都是对立统一的,"绝对"不离"相对","相对"也离不开"绝对",它们彼此依赖,相互和谐,相辅相成,缺一不可,只有妙用绝对,超越相对,才是自然之真谛。

但是人们往往有了私心和偏见,用他们的智巧把道一剖再剖,于是将浑朴的道体分解得支离破碎了。世人开始互相排斥,相互仇视,互为倾轧,分道扬镳,对立而无法统一,缺乏和谐,于是纷争迭起,诡计丛生,世界从此也就永无宁日了。故圣人知万事皆要顺应道之无为,故不造作,不妄为,事事依循天理良知,自然而然,当作则做,化育万物、利益万物却不自居其功,恢复"居无为之事,行不言之教"的本来面目。

第七节　宇宙万象观

　　人类生活在宇宙时空当中,很少去探讨宇宙的来龙去脉,也很少有人去追寻宇宙的奥妙。那么,天、地、人究竟是如何形成的?天、地、人三者之间又有什么关系?老子作为一个大智慧者,对宇宙人生有何体悟?他的宇宙观又是什么呢?

　　在众多"宇宙形成"说中,最为熟知的就是"盘古开天地"的传说。据说天和地还没有分开时,宇宙的景象只是混沌的一团,人类的老祖宗盘古,这个奇大无比的巨人就孕育在这混沌之中。他在混沌中孕育着,成长着,呼呼地睡着觉。一直经过了十万八千年,有一天,他忽然醒过来,睁开眼睛一看,什么也看不见,只是一片模糊。他闷得心慌,觉得这种状况非常可恼,心里一生气,不知道从哪里抓过来一把大板斧,朝着眼前的混沌用力一挥,只听得一声霹雳巨响,大混沌突然破裂开来。其中,有些轻而轻的东西冉冉上升,变成天,另外,有些重而浊的东西沉沉下降,变成地。当初是混沌不分的天地就这样给盘古板斧一挥,化分开来。天和地分开以后,盘古怕它们还要合拢,就头顶天脚踏地,站在天地的当中,随着他们的变化而变化。天,每天升高一丈,地每天加厚一丈,盘古的身子也每天增长一丈。这样又过了十万八千年,天升得极高了,地变得极厚了,盘古的身子也长得极长了。盘古的身子究竟有多长,有人说是有九万里那么长,这巍峨的巨人,一根长柱子似的,直挺挺地撑在天和地的当中,不让它们有重归于混沌的机会。他孤独地站在那里做这种非常吃力的工作,又不知道经过了多少年。到后来,天和地的构造,似乎已经逐渐成形了,他不必再担心它们会合拢了,他实在也需要休息休息了,终于倒下了。就在这时候,他周身突然发生了很大的变化,他口里呼出的气,变成风和云,他的声音变成轰隆的雷霆,他的一只眼睛变成太阳,另一只眼睛变成月亮,他的手足和身躯变成大地的四极和五方的名山,他的血液变成江河,他的筋脉变成道路,他的肌肉变成田土,他的头发变成天上的星星,他浑身的汗毛变成花草树木,他的牙齿、骨头、骨髓等也都变成闪光的金属、坚硬的石头、温润的宝玉,就是那最没用处的身上出的汗也变成了清露和甘霖。总之一句话,人类的老祖宗盘古用了他整个的身体使这新诞生的宇宙丰富而美丽。

老子于《道德经》第二十五章云："有物混成,先天地生。"宇宙之间有一样东西,浑然成长,在未有天地之前,它已经存在了。此物无形无象,不生不灭,是天地万物的源头。天地坏而此体不坏,人身死而此性长存。

有个老爷爷,每天晚上都睡得很香。有一天,邻居家的小孩突然向他提了个问题:"老爷爷,您的胡子这么长,睡觉时,你把它放在被子里面,还是放在被子外面呢?""啊——"老爷爷闻后一脸的惊讶,说,"这个问题,我还真没注意过!"晚上,老爷爷躺在床上,想起胡子的事,他先把胡子放在被子里,咦,怎么不大对劲? 放在被子外边,呦,也不合适……就这样,老爷爷一会儿把胡子放在被子里,一会儿又把胡子放在被子外边,折腾了整整一宿,也没睡着。第二天,老爷爷不去理会胡子的问题,这样才恢复了往日的睡眠。其实,天冷的时候,老爷爷自然就把胡子放进被子里,天热的时候就自然地把胡子从被子里拿出来,一切都是自然的,加以追寻反而失去了其自然的本质。以其来譬喻道,老子告诉世人:不要去追寻宇宙的本源,因为它是没有开始,也没有结束的。

老子指出天地宇宙由道所化,道创生宇宙的念头刚一萌发而还未产生宇宙的形体之时,则称之为"一",由"一"再生"二","二"指阴阳,阴阳透过五行,又化育天、地、人三才,天地人三才再共生万物。故曰:"道生一,一生二,二生三,三生万物。"

邵子曰:"天开于子消于亥,地辟于丑消于戌,人生于寅而消于酉。"混沌开天,子会开天,轻者上升为天,日月星辰系焉,万物覆焉;丑会辟地,浊者下降,山河大地凝之,万物载焉;寅会生人,地之阴气上升,天之阳气下降,天地氤氲,阴阳媾和,人类生焉。

宋朝著名的哲学家邵康节先生认为,大至天地的成住坏空,中至历代的兴亡治乱,小到个人的生老病死,均在卦气的运转中,运转均有周期。

邵先生用"四象"的自然规律,以日月星辰为标志,以历法上的一年十二个月和每月三十天为两个重要依据,并以十二地支——子、丑、寅、卯、辰、巳、午、未、申、酉、戌、亥循环为一元会,根据《易经》先天八卦推算出:一元有十二会,一会有三十运,一运有十二世,一世有三十年。依此计算,一元则有十二会,三百六十运,四千三百二十世,十二万九千六百年。一元即是一个混沌。宇宙的生命正好是十二万九千六百元,天地成住坏空应是十二万九千六百的二次方,计一百六十七亿九千六百一十六万年。依邵先生的理论,目前我们正值午未交替之时,迄今已有六万年之久。每个元会都是十二万九千六百年,那么天地就这样生生不息,循环往复,以至于无穷。

《易经》曰:"有天地,然后有万物;有万物,然后有男女;有男女,然后有夫妇;有夫妇,然后有父子;有父子,然后有君臣;有君臣,然后有上下;有上下,然后礼仪有所错。"

宇宙的运转是自然的,无极动太极现阴阳评定,生三才分四象又化五行,判六候列七政九宫八卦,分顺逆现盈虚万类尽生,无阴阳无对待不增不减,又无形又无象又非顽空,非青红非寒暑非静非动,其间隐无色相至玄至妙。

老子曰:"反也者,道之动也;弱也者,道之用也。""反"者,其意较多:一指道之运行规律乃反复循环;二指道之运行与世人行事恰好相反,道对万事万物不住不离,顺其自然,而世人却是有住不离,执着不停。"道法自然",而人心造作,失去自然,其为苦之根源。道无强弱,至柔驰骋天下,宇宙星体虽大,但却在道的作用下公转自转,各行其道。

天下万物皆是由太极所生化的,而太极却又源于无极。由此可见,人也是由道所化而成。没有人类的时候,是道生人,有了人类的时候,是人生人。男女结合,而又生子,但父精母血的结晶必须在道的作用下,才可成形。道无在,无不在。老子曰:"无有入于无间。"道于万物中均有所体现,它可穿山入地,浸润草木,参配阴阳,贯穿人身。道无象不显,象无道不生。道虽无形无象,但一切象均为其造化,它非一切法,但一切法均为其所生发。道,放之弥满六合,卷之退藏于密。

老子曰:"万物负阴而抱阳,冲气以为和。"万物都禀赋着阴阳二气,此二气属极端之气,孤阴不长,独阳不生,太过不及皆不合中道,故须用道来调和。常言道:"中和为贵。"

有个笑话,说上帝造化万物时,都是放在天地阴阳的八卦炉中炼就的,在其中炼就七七四十九天,方可成形。在造化人类之初,上帝急于求成,时间还未到就将炉盖打开,结果发现造出的人皮肤发白,欠缺火候,于是就将他们放到欧洲,这就是白种人。上帝在造第二批人时,吸取了上次的教训,他想这一次我宁过也不能不及。所以,等到时辰过了,才去打开炉盖,不料这次所造之人,皮肤发黑,火候过了,于是又将他们放在非洲，这就是黑种人。上帝很不满意，于是第三次造人时，他掐算时辰到了，立刻把炉盖打开，这一次所造之人，火候恰当，皮肤呈黄色，于是放到亚洲，这就是黄种人。

表象上看，中庸似乎是在告诉世人，在应事接物当中，不可太过、不及，执其两端，应把握分寸，择中而行。其实不然，黄在五行中属土，居中，代表人之信。信者性也，《易经》云："黄中通理，正位居体，美在其中而畅于四支。"其实，中乃道之体，庸乃道之用，中庸也并非是世人所想象的行事的法则，而是自然而然依道而行德，即是中庸之道。就人而言，由自性流露而出的一切行为、言语，才是中庸之道。故《中庸》云："率性之谓道。"

人身有个小周天，宇宙是个大周天，人与宇宙是息息相关的，因为人来源于自然。

天有八万四千星宿，人有八万四千毫毛孔窍；天有日月，人有二目；天有一年，人有一生；天有四时，人有四肢；天有太阴太阳，人有精气二神；天有三百六十日为一年，人有三百六十骨节为一周天；天有二十四节气为十二个月，人有大肠二十四折合一丈二尺；天有十八度，人有小肠十八折；天有十二元，人有咽喉十二条；天有五斗六星，人有五脏六腑；天有金木水火土五方，人有大肠小肠膀胱胆肾五侯；天有天河接黄河，人有天根接地根；天有阴阳，人有男女；天有风云雷雨，人有喜怒哀乐；天有不测风云，人有旦夕祸福；天有东南西北四方，人有耳鼻眼口四门；天有沙石水土，人有皮肉筋骨；天有云雾交感能生万物，人有男女会合能生儿女。

"易"有三易，即不易，变易，简易。不易即是无极，真常不变之理；变易即是太极，变而有常之理；简易即是皇极，变而无常之理。不易是体，变易是用，简易是象。佛家云："体用象一也。"这与老子"一、二、三"的理论有异曲同工之妙。宇宙的真实相，也就在于此。依体而用，摄用归体，用之时，体在用，体之际，用在体，体用一如也。

就人身而言，性是体，心是用，身是象。性乃心之主，心乃身之主，身乃心之器。性心身三者合一，犹如植物，其根、枝、叶不可分矣。

心性合一即佛，心象合一即魔。世人每日起心动念，妄念丛生，念就是当下之心，心就是象，象就是心中记忆含藏的种子符号，前念、今念、后念，念念相续不断，取象分别，心随象转，牵缠不断，着入魔境，不能自拔。圣人明白此理，故前念不断，

图文珍藏版

今念不住,后念不绝,念念无滞,心不离性,妙用万象,自在洒脱,即是佛境。

老子曰:"道大,天大,地大,王亦大。"此"王"者,自性也。孔子曰:"天命之谓性,率性之谓道。"天性是上天赋予每个人的,人人固有,个个不缺,能率性而为,即是以身示道。遗憾的是,世人有而不知其有,用而不知其用,迷失了生命的方向。所以,圣人提出修身以德,恢复大道之自然。

老子曰:"人法地,地法天,天法道,道法自然。"人效法地的柔顺,地效法天的刚健,天效法道的无为,道效法自然,自然而然就是道之运行规律。

员外大人有两个女儿,大女儿的丈夫是个有学问的秀才,二女儿的丈夫却是个目不识丁的老实人,岳父一向认为大女婿聪明,二女婿呆傻。一天,岳父大人带着这二人到郊外散步。来到河边的小桥上,岳父大人灵机一动想要考考这两个女婿,于是指着岸边的柳树道:"你们看这柳树,它的枝条为什么是弯曲的呢?"秀才女婿答:"乃是因为人在过桥之时,小心翼翼,生怕坠入河中,所以用手拉这枝条,久而久之使得柳枝弯曲了。"岳父满意地点头,又转向傻女婿道:"你也说说看吧!"傻女婿说:"自然的啊!"岳父听后很不高兴,但又不好发作,于是又继续前行。这时,岳父看到湖中鸭鹅成群,又问道:"你们再说说看,这鸭子为何会游泳呢?"大女婿马上说道:"这道理简单,因为鸭子的羽毛轻,所以可以浮在水面上。"二女婿又说:"也是自然的啊!"岳父大人摇头叹气,又继续向前走去。这时,见路旁有一果树,岳父大人又发问:"你们知道这苹果为什么是一半红一半绿呢?"秀才女婿说:"这其中还是有些学问的。太阳可以照见的地方属阳,故呈红色;太阳照不到的地方属阴,故泛青色。"岳父大人心中赞许道:"还是我大女婿有学问啊!"又瞟了一眼傻女婿:"你知道这其中的道理吗?"傻女婿委屈地说:"这本来就是自然的嘛!"又走了一段,岳父大人停下来,指着远处的山问:"山为何会有裂缝呢?"大女婿得意地说:"这其中有一段动人的故事,据说沉香的母亲被压在山下,沉香得到仙人真传,携锋利无比的宝剑下山救母,沉香想试探这宝剑的灵性,便用其劈山一试,谁知这宝剑光芒一出,山由上裂开,沉香赶紧将宝剑收回,所以就有了这裂缝。"岳父大人拍手叫绝:"大女婿讲得真是太精彩了!"然后,看也不看傻女婿说:"你是不是又要说这是自然的啊?"傻女婿道:"这当然是自然的了!"接着他反问道:"柳枝弯曲是被人拉所致,那老人驼背又是谁拉的呢?"岳父大人道:"那是自然的啊!"傻女婿接着说:"鸭子的羽毛轻,所以会游泳。那企鹅没有羽毛,怎么也会游泳呢?"岳父大人尴尬地说："这也是自然的啊！"傻女婿道："苹果被照到的地方是红的，没有被照到的地方就是绿的。那么，为什么西瓜被照到的瓜皮是绿的，没有被照到的瓜瓤却是红的呢？"岳父大人不好意思地说："这也是自然的！"傻女婿又说："这山是沉香用剑劈开的，那么人的屁股，又是谁劈开的呢？"岳父大人低下了头，小声地说："这还是自然的！"傻女婿不服气："是啊！我刚才也说这是自然的。宇宙这一切都是自然而然的，哪有那么多为什么？"

第八节　道德修养观

笔者许多年前曾于海外遇到一人，此人问："你生于哪儿？"笔者回曰："××地。"此人接着问："××地在哪里？"笔者又答："在山西。""山西在哪里？""在中国。""中国又在哪里？"原以为此人是出于好奇，谁知问题渐渐开始离谱，笔者有些疑惑，怎么会连中国在哪里也不知道呢？就对曰："在亚洲。""亚洲又在哪里？""在地球上。""地球在哪里？""在银河系啊！""银河系又在哪里？""在宇宙啊！""那么，宇宙又在哪里呢？"笔者一时无言以对，但是却陷入了深深的思索当中，以前从未思考过这样的问题，是什么包含了宇宙万物？它的奥妙究竟在哪里？

一次偶然，笔者接触到了老子的《道德经》，终于找到了答案，将多年的疑惑一扫而光。

老子开宗明义章云："道，可道，非常道；名，可名，非常名。无，名万物之始；有，名万物之母。"

1973 年从湖南长沙马王堆三号汉墓出土的《老子》帛书，原文是"道，可道也，非恒道也"。后人为了避开汉文帝刘恒的名讳，而找一同义之字代替"恒"字，所以被改为"道，可道，非常道"。

后唐宰相冯道，有一次让门人读《老子》，自己卧而听之。其人开卷，便犯难了。因为第一句中"道"字触犯宰相的公讳，于是灵机一动就读成："不可说，可不可说，非常不可说。"

不料被他歪打正着，点中要害，道是不可说的，一旦讲出来，早已经不是那恒久

鹿邑老子故里老子升仙台——老君台

不变的真道了。所以，老子不得已而强名曰道。名是不可称的，一旦命名出来，早已经不是那恒久不变的真名了。

有一学生十分淘气，每每班级大扫除，他都偷懒，以不带抹布为由，推脱责任。一次，班主任要惩罚他，便责问道："明知今天要劳动，为何不带抹布？"他灵机一动回答道："老师，我带抹布了。"说着便从桌斗里拿出运动服摆在老师面前。老师见他是在狡辩，便道："胡说！这明明是上节体育课刚穿过的运动服，怎么会是抹布？"只见其不慌不忙辩解道："是啊！上节课它还是运动服，只因不小心穿破，漏有一洞，故此时已被我降为抹布了。"老师听后无言以对，觉得学生虽然调皮但却言之有理，所以一笑而过了。

仔细想来，其中自有妙意。试想这运动服之前，名为布；布之前，名为纱；纱之前，名为棉；棉之前，名为种。而如今又名为抹布，将来又可能名为垃圾。的确是名，可名，非恒名啊！究竟道是什么？它又有何特征呢？《道德经》给了我们答案。

一、道之特征

1.不生不灭

老子曰："吾不知其谁之子也，象帝之先。"我不知道是谁生了道，但是我了悟其在天地未生之前就已经存在了。此处与《道德经》的守母章遥相呼应,被生者为子,没有谁生育了道,但是道却化育了万物,所以其为万物之母,故有"守母"之说。庄子也说:"道自己是自己的本,自己是自己的根,在没有天地之前就已经存在了。"

凡侯和楚王坐着聊天。一会儿,有三个人连续慌慌张张地来报告说:"凡国灭亡了。"凡侯坐着,漠然不动。楚王问说:"你心里不急吗?"凡侯说:"我何必着急呢?凡国的存在,不能保障真我的存在。凡国的灭亡,也不会丧失真我的存在。那么,楚国不也是这样吗?所以,我们不妨说凡国不会灭亡,楚国不曾存在。"

老子曰:"独立而不改,周行而不殆。"它独一无二,恒久不变。这就是道,世人不明其始,不见其终。它先于万物而生,又穷之无有尽处。"自今及古,其名不去","谷神不死",皆是说从古至今,道一直存在着,并且一直运转,不会消失。

2.无形无象

老子云:"视之而弗见,名之曰微。听之而弗闻,名之曰希。搏之而弗得,名之曰夷。三者不可致诘,故混而为一。"道本无形,视之而不可见;道本无声,听之而不可闻;道本:无体,触之而不可得。此"无形、无声、无象"三者归于一体,这个"一"即是大道的正体。所谓"大方无隅,大器晚成,大音希声,大象无形",宏大的方正一般看不出棱角,宏大的人才、器物一般成熟较晚,宏大的音律听上去往往声响稀薄,宏大的气势景象似乎没有一定之形。

"天下之至柔,驰骋于天下之至坚。无有入于无间。""无有"则指不见形、象的东西,这里指道。"无间"即是没有间隙,以物入物必有间隙,但是道却可以贯入而无缝无隙,此乃道之无形、细微力量。

3.无量清虚

老子曰:"天下皆谓我大,大而不肖。夫唯不肖,故能大。"世人都认为道太大了。道,没有边际,无内外,无东西南北之分,无四维上下之别,其道无极,其方无方,包裹太虚,涵容天地。道,令人捉摸不透,也似乎没有一物可以比拟,又好像是什么都不像。道体至虚,虚则大,至大无外,大象无象,正是大道微妙的法相,乃无状之状,目不能见,唯靠心领神会。

河伯问海神说:"最小的东西是没有形体的,最大的东西是没有外围的,可以这样讲吗?"海神说:"不可以。所谓最大、最小,都是指有迹可循的物质而言。没有形迹的东西,哪能用大、小去分别呢?哪能用言语去表达呢?所以,道是数量不可

图文珍藏版

测,言语不能说的。"

"道氾呵,其可左右也","随而不见其后,迎而不见其首",这里指道贯十方,可左、可右,亦是指道没有边际。想跟随着道,却看不见它的尾;想迎着道,又看不见它的头。

4.至明

《道德经》第十四章云:"一者,其上不皦,其下不昧。"一者,道也。其在上不明,在下不暗,超越阴阳、相对,进入绝对之境界,故称至明。

太阳被乌云遮盖的时候,难道太阳就不存在了吗?乌云散去,日又复出,难道太阳又存在了吗?太阳一直在发着光,并未因为乌云的遮挡而有所变化,只是人的感觉而已。

道,无形、无象、无色、无臭、无大、无小、无内、无外、无名、无法、无量、无限,乃至于无念,真无之妙相;它不可眼视、不可耳闻、不可触摸、不可口述、不可笔写、不可臆测、不可量化、不可比拟、不可外求,乃至不可说。

二、道之德用

道,具足了万德庄严,它有无边无量的造化与运作功能,此乃道之德用。道非死寂,其因德而生机盎然。

道乃体,德乃用。道是先天,德是后天。道德一体两面,本不可分,今为世人方便了解,故勉强将其分开做解。"无,名万物之始也;有,名万物之母也。"在万物尚未形成的混沌之时,叫作"无",这个"无"即是道之本体,它是创生万物的本源;在万物创生还未有实体之际,称为"有",这个"有"就是德用。故曰:"天下之物生于有,有生于无。"

老子的"道冲,而用之或不盈",则表示道体虽虚无,却能生万物,其作用无穷无尽。故曰:"大道无形,生育天地;大道无情,运行日月;大道无名,长养万物。"《中庸》曰:"诚者,天之道也。"道,至诚无息。诚者信也,道以信为本,太阳东升西坠,春夏秋冬四时更替、循环往复等,都是道法自然,从不失时、错位,这就是道之信德。仁、义、礼、智、信,若以信为本,则乃真德。

1.无私

老子曰:"天地相合,以降甘露,民莫之令而自均焉。"天地的阴阳二气相合,就降下了甘露,这都仰仗于道的作用,但是它却没有任何偏颇,没有谁能指使与控制,它会以其自然的法则,平均施与。日月普照,人人皆可沐浴,空气充盈,人人均可仰赖,道从未有分别对待。

"生而弗有,为而弗恃,长而弗宰,是谓玄德。"道创生了万物,德养育了万物,但却不占为己有,也不夸耀其能,更没有主宰万物之心,这是玄妙之德。

天地之所以长久,亦因其无私而不自生,故能成其私而长生。

2.至仁

天生万物,地养万物,此乃道之"大仁"之心,曰:"上天有好生之德。"

《道德经》第五章云:"天地不仁,以万物为刍狗。"道,对万物一视同仁,没有喜悦与憎恨。它令天地覆载万物,春生夏长为仁,却不以仁而自居;秋收冬藏看似为不仁,却也不以不仁而变,故称"大仁不仁"。因其是自然的生灭、消失、变化、新陈代谢,正是道之至仁的体现。

"天道无亲,恒与善人",说道有"至仁"之德,则表现于此。天道虽对万物没有亲疏之分,却能与其同体相通,世人效仿天道行事,则与天道无别,自然会得到天道之垂青。

3.大义

《中庸》云:"义者,宜也。"对道而言,适合道正常运行之法则即为"义"。

"道生之,德畜之,长之育之,成之熟之,养之覆之。"宇宙万物由道而生,在其生化过程中,须要借助阳和之气来孕育、蓄养、滋长,再借助物象撮合调配,成之;又借助自然趋势,熟之;并精心保养,而使其不失其本来面目,此为养之覆之。

"天之道,犹张弓也。高者抑之,下者举之;有余者损之,不足者补之。"天道的作用,是平等中和的,就好像人在拉弓射箭一样,手抬得太高,便要放平些;要是太低,就要扬起些。力道过多,必须留几分;力道不够,要加几分。如此,才可能命中目标。故天道因其"损有余而补不足",才使万物生生不息。

4.至谦

关于道的至谦之德,老子在《道德经》中多次提及,例如:八章、二十二章、三十九章、六十一章、六十六章、七十章,可见其重要性。

"江海所以能为百谷王者,以其善下之也。"江海所以能成为百川溪流的汇聚

地,是因为它处在溪谷的下游,具有谦下不争之德。道无形、象,为了便于世人理解,老子以水喻之,水德最接近于道德,道无处不在,水无所不利;道在最低处,水亦避高趋下;道生化万物,水滋养万物;道虚空若谷,水深不可测;道绵绵不绝,水源源不断。

三、身外无道

老子曰:"道大,天大,地大,王亦大。"宇宙中有四大,而人是其一。人身虽小,但思想浩瀚,无边无际,超乎天地之外,这思想即是"心"。孔子曰:"道不远人,人之为道而远人,不可以为道。"夫道者理也,理赋人身曰性,性主百体曰心,人人各具一性,大道何尝远人哉。所谓远人者,乃人失五常之德,自远道也,非道远人也。所谓修天道者,须由人道始焉,人道备,则离天道不远矣。故行天道以远人道,则不可以为天道矣。

故孔子曰:"仁远乎哉? 我欲仁,斯仁至矣。"人人皆具道之光明德行,道在自身,身外无道。

《心经》云:"舍利子,是诸法空相:不生不灭,不垢不净,不增不减。是故空中无色,无受想行识,无眼耳鼻舌身意,无色身想味触法,无眼界,乃至无意识界,无无明,亦无无明尽,乃至无老死,亦无老死尽。"

《心经》以"舍利子"表法,代表永生不灭的真空自性,这也是道在人身之体现。圣人了达空性实相,不受拘于五蕴,不受诸法色相影响。从诸法的本然之相上说,垢也没有,净也没有,这叫"不垢不净"。"不增不减",圣人、凡人同具此性,平等无差。

佛家有诗云:"佛在灵山莫远求,灵山只在尔心头,人人有座灵山塔,好向灵山塔下修。"此"灵山"不正是人类心性之真实写照,心系国土,则身虽千里,亦可瞬间到达;心起一念,则瞬间景象现于脑海,可谓神乎。故六祖赞云:"何其自性? 本自清静。何其自性? 本不生灭! 何其自性? 本自具足。何其自性? 本不动摇。何其自性? 能生万法。"

黄帝在位第十九年,教化大行于天下。这时候,他听说广成子已得大道,住在崆峒山上,便亲自上山向广成子问道。

　　黄帝问说:"夫子已得大道,请问大道的精气是什么? 我想用天地的精气,帮助五谷成熟,以养活百姓。而且我想调和阴阳二气,帮助保养性情,使百姓生活自在,无忧无虑。"

　　广成子说:"你想知道大道的精气,这是可以的。但你想利用这精气助长万物群生,那反而是摧残它们了。你看自你治理天下以来,天上的云气还没有聚集,就下雨了。地上的草木,还没有枯黄就凋谢了。日月的光明,也渐渐地昏暗下来。难道你这样做错了,还不知道反省吗? 像你这样简陋的心智,岂能了解大道的境界?"

　　黄帝听后,心如死灰。立刻退位,抛下天下,自己到荒野盖了一间单独茅屋,铺上白茅来休息。这样清清静静地住了三个月,才敢再去求见广成子。

　　广成子在崆峒山上,面向南方卧在地上休息。黄帝见了,一步一拜,向广成子再度请教大道。黄帝问:"我要怎样修身,才能长久?"

　　广成子坐了起来,答道:"这次你来,问得很好。我告诉你吧! 大道一片混沌,不明也不暗。你不要用眼睛去看,不要用耳朵去听,不要用心去想。劳动形体,摇荡心神,便不好了。形神抱元守一,无知无我,你就可以游于变化无穷的太虚旷野,这样与自然合而为一,便可长久了。"

　　人之最高境界即是圣,圣德亦如道德之尊贵,扩而充之,大而化之,便能与"天地合其德,与日月合其明,与四时合其序,与鬼神合其吉凶"。道者,具足此仁、义、礼、智、信之德,而圣人亦有此五常之德行。一个充满圣德之人,以道为依归,以道为准则,行事达乎道德。故圣人之德,是道的彰显。

　　圣人亦有无私、至仁、大义、至谦之德。

　　圣人与天地相合,物我两忘,已入于无为之化境,不恃功,不望报,这种利益众生而不图回报的美德,与道之长养万物而不自居其主的德行相同。

　　天道无私,圣人无我,但小人则"损不足,而奉有余",即只有锦上添花,却无雪中送炭,完全是为个人利害得失而虑,与圣人之无私、无我截然相反,故弱肉强食,等级悬殊,世人之不平静由此而来。

　　公西华作为使者出访齐国。冉有请孔子给公西华母亲一些口粮。孔子说:"给她两瓢吧。"冉有请求多给一点。孔子便答应:"那就两升吧。"冉有自作主张给了她几大袋。孔子对冉有说:"公西华到齐国去,骑的是高头大马,穿的是锦罗绸缎,不像一个穷人的样子。我听说,君子只帮助需要帮助的人,而非与他人锦上添花。"

圣人与天地合其德，不以仁而自炫。圣人以身示道，行五伦八德、忠孝节义使家齐、国治，犹如春天般施仁与百姓。然要成就圣贤要经历多少考验与磨炼，故使其"劳其筋骨，饿其体肤，空乏其身，行弗乱其所为"，看似不仁，实则是要众生有大成就，故曰大仁不仁。

人伦之大义与天道之大义相同，故圣人有之。天道利用自然之势，因势利导，造化万物。人道却顺势而行，酒色财气，声色犬马，卷入欲望的漩涡，无法自拔。

老子曰："天之道，利而不害；人之道，为而不争。"圣人之所以成为圣人，其与江海同德，必出言谦逊，不敢自骄，礼让人先，处处退后，反能成其上，成其先。所以，圣人虽然高居万人之上，而世人却不觉得有压力；圣人虽然站在万人之前，而世人却不嫉妒，天下人都乐于拥戴他。圣人之德，经得起时间的考验，所以不论多久，世人都不会厌弃他的德业。

"道之尊也，德之贵也，夫莫之爵也，而恒自然也。"人须以身示道，顺天理，方合自然，方可尊贵，可长久。道乃德之本体，德乃道之妙用。人类由道而化育，依道而行德，是做人之本分。然观今日，世人离道远矣，早已失德，大有不能自拔之势。提出"道德"二字，实属无奈。但老子悲悯苍生，生怕苍生遭劫，故不得已而弘扬道德，以救生民于水火之中，挽道德于颓废之际，重新复德而归道，归根复命。

第九节 人之生死观

生生死死，死死生生，男男女女具死。忽生忽死，忽死忽生，老老少少贪生。生死是一个永恒的话题，人生百年终有一死。

香港有位医生，为了能有更多的病人光顾自己的诊所，就在诊所门前每日放邓丽君的歌曲《何日君再来》。后来居然生意真的就火了起来，对面棺材铺的老板见此情景十分羡慕，于是也学起他人，在店门前放歌，想来想去，老板终于想到一首歌，名字叫《总有一天等到你》。

生是偶然，死是必然，天是棺材盖，地是棺材底，无论到哪里，总在棺材里。我们接受了生，也必须面对死。要想不死，除非不生。有生就有死，生死是一对孪生兄弟。

子路曰："敢问死。"子曰："未知生,焉知死。"那么究竟生从何来,死往何去?

古往今来不同境界的人们对生死的解读也各不相同。

俗云："人死如灯灭,来时我哭,去时人哭。"

哲人云："生是死的开始,死是生的起点,生死是一对矛盾。"

司马迁云："人固有一死,死有重于泰山,或轻于鸿毛,用之所趋异也。"

庄子曰："不悦生,不厌死。"

神曰："灵魂投胎为生,灵魂出窍为死。"

六祖云："性在人在,性去人亡。"

那么老子对生死又有何高见呢? 老子的生死观又对我们的人生有怎样的启发呢?

老子曰："出生入死。生之徒十有三,死之徒十有三,而民生生,动皆之死地之十有三。夫何故也? 以其生生。"单看表意很容易理解,世人将婴孩呱呱坠地视之为生,盖棺定论视之为死。属于长寿一类的占十分之三,短命夭折的又占十分之三,本来可以长寿,却因为滋养过度,而适得其反导入死亡之途的又占去十分之三。

佛家讲七情六欲,二者相合为十三,与老子所说十之有三不谋而合。人生于世间是因为七情六欲这十三颗种子;人死亡轮转也是由于七情六欲这十三颗种子;本可以超越生死,只因受到考验、诱惑而半途而废步入死亡之途的,仍然是因为七情六欲这十三颗种子。难怪佛家有云:"情欲是轮回的根本。""欲不生,没有世界。""爱不重,不生娑婆。"

能够真正懂得"养生之道"者,实在太稀有了。世人皆以保护形体,让其健康、长寿,而不惜任何滋补、享受,为"养生"。此养生,并非老子之"养生"观点,而是本末倒置了。老子曰:"益生曰祥",这里"祥"做"遭殃"之解,说明过分滋补,只能加快死亡之速度。老子又提出:"吾所以有大患者,为吾有身,及吾无身,吾有何患?"我们的心稍不觉悟就会做身体的奴仆,堕落沉沦。老子将世人重视的"身"视为大患,所以老子提出的"养生"之道自然不可能是世人所认识的"肉体健康"之道,而是修心炼性之道。遗憾的是,真正懂得"养生之道",又能够超越生死者,太少太少。更多的人仍旧执迷不悟,因而不断地生生死死,死死生生的循环往复。

罔两是影子的影子。罔两问影子说:"你一会儿走,一会儿停;一会儿站,一会

儿坐。这是怎么搞的？你不由自主吗？"影子说："我是有所依赖才会这样子,我所依赖的东西又有它的依赖,才会这样子。蛇靠横鳞才能爬行,蝉靠翅膀才能飞行,但是它们死了,虽然有横鳞,也有翅膀,但是仍然不会爬、不会飞啊！所以,依赖不依赖,才是自然吧！"影子离不开形体,形体离不开精神。精神离开了形体,形体也就如一块石头一样,而无作用了。

肉体的依赖是什么？老子曰："道者万物之主也。"永恒的大道是万物生命的主宰,所以要好好地守护住我们生命的根本。

老子曰："盖闻善摄生者,陆行不遇兕虎,入军不被兵甲。兕无所投其角,虎无所措其爪,兵无所容其刃,夫何故也？以其无死地焉。"一个善于"养生"的修心炼性者,在深山里行走不会遇到犀牛、老虎的攻击,在战场中也不会遭到兵刃的杀伤。犀牛虽凶,却不能用角攻击于他；老虎虽猛,却不能用爪伤害于他；兵器虽锋利,却不能用刃杀伤于他。这是什么原因呢？因为善于长养浩然正气之人,根本就不会进入死亡危险之途,自然不与他物相冲犯。因此,世上虽然有凶恶的猛兽,但也会因为其浩然正气与祥和之态而驯服,兵器亦无处施展,皆是因为受到大德者光辉之感召,德行之感染。

一个大智慧者,内心不会有兕虎这样的猛兽出没。"兕"代表犀牛之角,这是一种对立、对待的象征,大觉者心中淡定,没有对待,已经进入绝对状态,天人合一。"虎"代表憎恨、愤怒,大觉者已经达到至仁之境界,心中自然不会出现一丝憎恨,始终是祥和、平静之态。仁者无敌,大仁者内心世界和谐,以空相应,面对刀枪利刃,皆能大而化之,如如不动,这就是所谓的"入军不被兵甲",从而达到"不以物喜,不以己悲"之境界。这样的大德者,已经归根复命,回归大道,如同《心经》所云："乃至无老死,亦无老死尽。"

庄子《逍遥游》中提到:列子能够驾驭风而飞行,轻飘飘的十分美妙。他出去十五天才回来,在世人看来,他这种幸福,世上已是罕见的了。但是对于有道的人看来,列子并不真正自正。列子虽然不必用脚走路,毕竟还是要依靠风才能飞行,所以不是真正的自在逍遥。列子能乘风飞行,但最终也不能无风。

有所依赖的解脱,不是真正的解脱。所以,顺应天地自然的正道,穷明阴阳、风雨、晦明大气的极理,就可以游于无穷之境,便不需要倚靠什么了。

庄子大限之时,众弟子商议要用豪华的礼仪用品来厚葬恩师。庄子却淡然地对众弟子说："我死了之后，天地就是我的棺椁，日月星辰都是我陪葬的珠宝，天下万物都是对我馈赠的礼品。"世间最豪华的葬礼也难及其百万分之一，这是智者的抉择。换言之，庄子其意是：我不需要任何人为的葬礼，我要来于天地，归于天地。可是，在众弟子的眼中将恩师之躯抛于荒野任鸟兽啄食，这是多么残忍的事情。庄子却说："将我放在旷野中，乌鸦、老鹰要吃我；将我埋在地下，蝼蚁、老鼠也要吃我，你们为什么要抢下乌鸦、老鹰的口粮，喂给蝼蚁、老鼠吃呢？这不是偏心吗？"

庄子"乘物以游心""独与天地精神往来"的境界，产生其对肉体之死好比工具坏了的坦然之态。庄子的豁达与幽默是来自于他内心的"知"，知道生命的来处，知道生命的归宿，知道生命的意义，知道生命的自然。庄子与大道合而为一，所以知道自己根本没有死。就道的本体而言，本无生与死，因为道是永恒不灭，无始无终的。

圣人云："古往今来，生死事大。"五祖弘忍大师曰："世人生死事大，汝等终日只求福田，不求出离生死苦海，自性若迷，福何可救？"这里的"生死"不是世人所了解的肉体生死，而是指心灵脱离大道而陷入无休止的轮转之死，佛曰："一念天堂，一念地狱。"天堂与地狱，只在一念之间。

五祖弘忍大师

有一位将军向白隐禅师问道："我常常听人说起天堂和地狱，我很想知道，到底是不是真的有天堂和地狱呢？"这时白隐禅师好像所问非所答地问他："那你是干

什么的呢？"将军骄傲地说道："我嘛，我是一个身经百战的将军啊！"白隐禅师大笑道："是哪一个笨蛋请你当将军的？你看来倒像是一个屠夫啊！"将军听到后火冒三丈，从腰中拔出宝剑对白隐禅师大吼道："你说什么？我宰了你！"白隐禅师用手指点着将军说："地狱之门由此打开！"将军马上醒悟过来，知道自己失态，放下宝剑，给白隐禅师鞠躬说："对不起大师，请原谅我。"白隐禅师不动声色地又说："天堂之门由此打开！"天堂、地狱并不存在死后的将来，而是在现在！善恶只是一念，天堂和地狱之门随时会为你打开呀！佛曰："一念一轮回。"一念悟为生，一念迷为死，生死在一念之间。

老子悲悯苍生，发出了"使民重死而不远徙"的呼声。要世人认识生死轮转的可怕，故要回到道中，念念觉悟，不离大道，脱离苦海。

梁武帝曾有一次请志公禅师入宫赴宴，席中有歌舞伎献艺，梁武帝便问："禅师觉得这舞如何？"禅师说："没有看到。"武帝不解："不可能，你明明坐在这里，大睁双眼，怎么会没看到呢？"志公禅师答："陛下有所不知，人生还有比这更重要的事情，所以我无心领略。""何事？""生死。"武帝不信，于是志公禅师便从狱中找来两个死囚，并对他们说："陛下要赦免你们的死罪，但有个条件，在你们每人头顶放置一盆水，让你们观舞，如不洒一滴，死罪可免，否则死罪难逃。"随后，美女在两个死囚面前翩翩起舞，大臣们都垂涎三尺，而这两个囚犯却一动不动，果然直到舞蹈结束也没洒出一滴水。武帝问："舞跳得如何？"两人惊魂未定地答道："不知道。""怎么会不知道呢？""我们哪里有心思看啊？要知道生死事大啊！"武帝终于明白了……

人生有崖，生命短暂。庄子曰："我本不欲生，忽而生在世；我本不欲死，忽而死期至。"道出了人生的无奈及无常。

四位老人在一起打牌，兴致正浓之际便相约来年几人还要在这里相聚。其中一位感叹说："明年，太遥远了，不知那时我还能不能来啊！明天还差不多。"另一位又说："别说明天了，晚餐能不能赶上都难说啊！"又一位接着说："别说晚上了，迈出这个门槛能否再迈进来都还是未知数！"最后有一个最长者道："你们都说得太遥远了，这口气吐出去，能不能再吸进来，都是问题啊！"

天有不测风云，人有旦夕祸福。棺材是装死人的，而不是老人的专利。

"人生一世没多久，掐掉头来去掉尾。中间一段没多少，还有一半睡着了。"以古稀之年来计算，人生不过两万多天，扣除一半睡觉的时间，只剩下一万多天，再扣除学习、工作、吃饭等琐碎之事，留给每个人的日子并不多，生命太有限了。因此，用短暂的时间成就永恒的生命，事关重大。世人因为追逐眼前的名、利、恩、爱，而忘却了生死大事，终如《清净经》所云："常沉苦海，永失真道。"

世人都说，彭祖活了八百岁，是人间最长寿的了。但是仔细想想，把八百岁当作长寿，实在是很可悲的事情啊！有一个小虫叫朝菌，朝生而暮死，它根本不知道世间有所谓的"一个月"。还有一种虫子叫寒蝉，春生而夏死，它根本不知道世间有所谓的"四季"。可是楚国南方的海上有一只巨大的灵龟，五百年对它只是一个春季，五百年对它只是一个秋季。上古时代有一棵大椿树，八千年对它只是一个春季，八千年对它只是一个秋季。朝菌和寒蝉是永远也不会了解灵龟与椿树的，以此来看彭祖的八百岁，对灵龟和椿树来讲，不过是几个月，而对于没有开始没有结束的永恒大道来讲，更是一个刹那。世人却向往和推崇这样的"长寿"，实在是悲哀啊！

《道德经》云："不失其所者久，死而不亡者寿。"身体虽然衰亡，但精神却永存。大觉者忘却生死，不知生死是何物，不受时空、阴阳之局限，进入大道母体，与道共存，永生不灭，这是真正的寿，也正是佛家所云"无量寿"之真谛。

第十节　人世修行观

《中庸》曰："天命之谓性，率性之谓道，修道之谓教。"诚然，当人人以身示道，个个大德不德，试问还需要修道正德吗？恐怕提出"道德"这个概念也是多余的。可是，人类离道已远，正如老子哀叹的那样："失道而后德，失德而后仁，失仁而后义，失义而后礼。夫礼者，忠信之薄也，而乱之首也。"孔子对此也深有同感："道其不行矣夫。"于是乎才倡导："志于道，据于德，依于仁，游于艺"，作为修身立命的一个基本方针。儒家以《大学》明明德、亲民、止于至善为世界大同的三纲领；佛教修行的最高境界是自觉、觉他和觉行圆满。那么老子又以什么作为天地人合一的宗旨呢？

一、得一

何为一？老子曰："道生一，一生二，二生三，三生万物。"道是天地万物生成之总原理，"一"是道所生，所以"一"可以代表道。故宋代林希逸注曰："一者，道也。"万殊不论大小，凡不得此"一"，即不存在，因为"一"即是道，它在天地万物未有之前就已存在，由它生出天地万物之后，便在它的准则下周行不殆。

《道德经》得一章云："昔之得一者，天得一以清，地得一以宁，神得一以灵，谷得一以盈，侯王得一以为天下正。"自古以来，凡是得"一"者，其情形如此。天得此"一"之道，则高远而清明，日月星辰、风霜雨雪、春夏秋冬皆由其生发，周而复始依其规律而井然有序。地得此"一"之道，则宁静而不摇撼，地载于下，河山归位，发挥自然。神得此"一"之道，则充实无间，变化无穷，微妙不可见，不怒而威，不感而应。空谷若得此"一"之道，则充满生机而生万物。身为万物之长的王侯若得此"一"之道，必能正心处己，诚意处物，仁民爱物，使天下风调雨顺、国泰民安。

"其致之也，谓天毋已清将恐裂，谓地毋已宁将恐发，谓神毋已灵将恐歇，谓谷毋已盈将恐竭，谓侯王毋已贵以高将恐蹶。"反之，若上天不得此"一"，必不能清明，分裂而不能圆覆于上，致使有星移宿易、星辰不顺、五行错乱、四序失和等现象。若大地不得此"一"，必然有山移地动，河竭旱涝，万物不能生长而无法宁静之象。若神不得此"一"，必然有不灵验之果，感之不应之象。若谷不得此"一"，便枯竭而不能盈。若王侯不得此"一"，则无以为尊贵，再无法为天下人之楷模，亦愧为"天子"之称。

可见，一切都不能离开"一"，"一"在其中运行，才可自然而然。故《中庸》云："道也者，不可须臾离也，可离非道也。"

沩山大师一日筛米之时，不小心掉出了一粒米，他从地上拾起这粒米对众弟子说："你们不要小看这粒米，百千粒米尽从此粒生。"六祖曰："一即一切，一切即一。"一乃数之元，理之始，一数立无数不立，一理真，无理不真，万物均赖此"一"而成，故得一即无所不得，知一即无所不知，了一即了万。这个"一"是道之妙用，佛曰：一本散为万殊，万殊合归一本。

既然万物出于道，皆为道之妙用所生，那么最终也要回归于道。就像我们白天出门工作,晚上下班也要回家一样,所以"回家"乃修行之要旨,也是世人来此世间最重要的一件事。

有一个武林中人发现一个千年古洞,据说这个古洞中有一处巨大的宝藏。这个消息不胫而走,很快就在武林中传开了,整个武林为了这处宝藏而开始了腥风血雨,仅仅三天时间,这个洞的洞口、洞中已经尸体横陈,有许多人丧命。最后只有一个人杀出重围,战胜了所有敌手,独自一人进入了这个千年古洞,洞中曲折迂回,他走了三天三夜,终于找到了洞的最深处,只见宝物堆砌如山,将里面映射得金碧辉煌。他冲进里面,躺在宝山上大声呼喊:"从今以后,这些就都是属于我一个人的了。"他就这样带着满意的笑容,满身覆盖着宝物睡着了。当他醒来后,他开始装着第一批宝物出洞,可是却怎么也找不到来时的路,就这样找了七天七夜,最终因为精疲力竭又没有水和食物,而倒在了山洞里。

世间人为了追逐"宝藏"而展开争斗,为了得到"宝藏"而失去了生命。最后自认为得到一切,却迷失来时路,最终葬身于这些"宝藏"当中。世人每天为了追逐名、利、恩、爱这些"宝藏"而疲于奔命,不也是不仅没有得到,反而迷失了回家的路吗?

"得一"只是强说,"家"仍在原处,道本无动摇,本来就没有失去,何谈"得"呢?说"得"是因我们走得太远,迷失得太久,已经无法靠自己的力量回去,只好在"识途者"的指点之下,最终找到正确的路径。

萤火虫非常羡慕路灯,因为它的光芒在路灯下是微不足道的。于是它便去赞美路灯:"路灯伯伯,您的光好亮啊!我好羡慕您啊!"路灯说:"我有什么可羡慕的,我的光都是发电厂提供的,只要月亮一出来,我的这点光就黯然失色了。"萤火虫又去赞美月亮:"月亮娘娘,您的光好亮啊!我好羡慕您啊!"月亮说:"我有什么好羡慕的,我的光都是太阳给的,太阳一出来,我就不见了。我倒是很羡慕你,因为你发出的光芒虽小,但它却是你自己的啊!"

我们自身当中就有一颗宝珠,不但可以自照,还可以照人。有诗为证:"我有明珠一颗,久被尘劳关锁;今朝尘尽光生,照破山河万朵。"

张大千《老子观井》图

二、复一

既"得一"就要努力修持,使之不堕,故称"复一",即恢复其本性光明之意。人皆有一宝珠受尘垢遮挡,失去本来光明,复一之宗旨即"返本还源"。

老子曰:"天下有始,以为天下母。既得其母,以知其子;既知其子,复守其母,没身不殆。"天下万物拥有同一个本源——道,道乃天地之根,万物之母,既知道生万物,人又是万物之一,当知道自己的"母亲"就是大道之时,就应该明白做人的立场与天赋,效法天地之无私,牢守大道母亲,依道而行德,不违天理人事,这样就不会有什么危险了。

老子云:"使我絜有知,行于大道,唯施是畏。"如果我找到了道,并认定了道的宝贵,便要时时处处行于光明大道之上,远离那崎岖与诱惑,以免走入邪径。

鲁君听说颜阖是一个有道的高人,便派了使者去聘请他。

颜阖住在简陋的巷子里面,穿着粗麻制的大衣,亲自在喂牛。使者来到颜阖家门口,问说:"这是颜阖的家吗?"颜阖说:"是啊,这是我颜阖的家啊!"使者就把鲁君托他带的金帛礼物奉上。颜阖说:"先生恐怕弄错了吧!请你回去重新打听一下好吗?不然送错了人,你回去还是要挨骂呀!"使者见颜阖这副穷酸相,心中已经半信半疑。于是只好带着礼物回去了。

使者回去以后,不久又赶了回来。但是使者到了颜阖家,颜阖却早已走了。大智慧者不以外物自累。金帛礼物在颜阖看来,正是利缰名锁,所以便逃之夭夭了。

光明坦荡的大道非常可贵,然而在这个形形色色、五花八门、变化万千的世间,世人性迷情执,颠倒倒置,舍弃平坦大道不走,要走那蹊径,以致愈走愈远,离道十万八千里。

因世人迷之深浅以及其根性利钝都有所差别,而对听闻真理也产生了不同之态度。所以老子在第四十章闻道章中提出:"上士闻道,勤能行之;中士闻道,若存若亡;下士闻道,大笑之。弗笑,不足以为道。"上等根性之人知道了道的宝贵与真实,便努力不懈地去实行。中等根性之人听到了道,却由于其知见不足,认识不清,所以将信将疑。下等根性之人听到了道,却由于其知见浅薄,便以为荒唐胡言,自己大笑起来。孔子就是一个为道忘躯之人,他曾经说过:"朝闻道,夕死可矣。"足见其大智慧以及好道之心。

老子在《道德经》中为爱道、好道、勤能以行之士,提供了许多修行以复初的要旨。

"为学者日益,为道者日损,损之又损,以至于无为。"有些狡诈之徒、狂妄之辈在学习世间的知识后,便自以为博学多闻而沾沾自喜。修道进德之君子应该在道德学问上以谦自处,日积月累,日益渊博,重要的是在修持功夫上发挥损的功效,克己复礼,损去私欲、妄想、脾气、毛病,这些一天天减少,最后达到清静,没有了刻意造作,"为"的意念自然消除,进入"无为"之境界。

"挫其锐,解其纷,和其光,同其尘。"收敛锋芒而不损其德,消除纷扰而不劳其神,隐藏光芒而不污其体,混同尘俗而不染其尘。

老子云："致虚极也，守静笃也。"用道之本心努力去降伏妄念，除却欲念的干扰，达乎去外诱之私，一尘不染，万缘放下，以回复内心安宁之境界，这便是"致虚""守静"。"归根曰静，静，是谓复命。"回复本来面目，其方法就是将心虚空到极点，使外欲不内侵。

颜回说："我有进步了。"孔子说："什么进步?"颜回说："我忘去了礼乐了。"孔子说："很好，但是还不够。"过了几天，颜回又去见孔子说："我又进步了，我忘掉仁义了。"孔子说："很好，但是还不够。"又过了些日子，颜回去见孔子说："老师，我达到'坐忘'了。"孔子吃惊道："什么叫'坐忘'呢?"颜回答道："不用耳目的聪明，忘却形体、忘却心智，使心中空明，万象生灭任它来去，这叫'坐忘'。"

"化而欲作，吾将镇之以无名之朴。""无名之朴"指的是大道最初之本真，世间在"文明"带来的粉饰之下，华而不实、物欲横流，而道还是其最纯真朴素的模样，故曰"返璞归真"。在修持过程中，如私欲萌生，便用道的真朴去化解它。人心易动而难静，易迁而难守，心受外物牵引所动，便要靠觉性来降伏，使之熄灭。

然而，世人不知修行要旨。一者"守其心"，著相修行，事事看不破，放不下，妄想永远拥有，不得解脱，难证真道。二者"虚其心"，身心俱灭，万念俱灰，空心静坐，如同草木，失去生机，此者不明道用，难以证得实相道体。三者"制其心"，故意克制，刻意除妄求静，本身就是妄念，终日理欲交战，胜败无常，难以回归清静大道。四者"化其心"，冰冻三尺，非一日之寒，去病如抽丝，无为疏导而不刻意堵塞，以道心来化解妄心，久而久之使其化灭，恢复天性。五者"顺其心"，一旦恢复天性，持久不变，止于至善，方可合乎大道，顺其自然。

老子曰："见小曰明，守柔曰强。用其光，复归其明。毋遗身殃。"在起心动念之时、于隐微不易觉察之处就有所觉悟，才称得上真正的明德者，能够让当下的心念止于至善，才是真正的强者。犹如猫捕鼠，乃伺机而动，一旦觉察，即刻擒住。世人应运用自己本身之慧光，使自己回复本性之光明，才不会给自己带来灾害。

三、用一

"用一"者，一之用也，此乃老子与儒家入世之相同处，主张修身以齐家、治国、平天下，发挥道之外王之功。以道化天下，最终实现世界大同的理想。

《道德经》五十四章云："修之身,其德乃真;修之家,其德有余;修之乡,其德乃长;修之国,其德乃丰;修之天下,其德乃博。"以道来修身,其德行必定会充实;以道来齐家,其德行必定有余;将道推广到一乡,其德行必定会日渐长足;将道推广到一国,其德行必定会丰盈;将道推广到天下,其德行必定能博大,遍布寰宇。

圣人正是怀有一种大化天下之态,无丝毫私心,观世人之身犹如自己之身,观天下之苦犹如一己之苦。因此呼吁进德修业者立身行道,使德行充盈,世间人人皆得此理,则能个个以身作则,由点及面,最终大同世界联结而成。可见,道之感染力是无边无穷的。

"贵为身于为天下,若可以托天下矣;爱以身为天下,如可以寄天下矣。"将重视自己身体享受、苦乐、死病之意念转变为替天下众生牺牲、奉献,不贵己身而贵天下苍生之性命者,才可以将教化天下苍生之大任托付于他。如爱自己之性命那样去爱天下众生之性命,这样才可以将拯救天下苍生之性命大事交付于他。

新加坡的许哲老人,今年已经 109 岁了。她,身材瘦小,行动敏捷;银丝如雪,耳聪目明;体力充沛,精神饱满;心怀大爱,一生助人。她上身穿一件白汗衫,下穿一条刚刚没膝的黑色短裤,赤双脚。老人生活非常俭朴,每天早晨喝一杯牛奶;中午吃个苹果或红薯,外加一点生青菜,她说青菜炒熟破坏营养还浪费时间;晚上喝一杯酸奶。她穿的衣服全是在垃圾桶里捡来清洗修改的。她花在自己身上的钱很

《道德经》石刻

少很少,她说不需要。她一生从没生过病,因为她一生从未讨厌过任何人,从未讨

厌过一件事,终生没有发过脾气,始终保持一颗平常心,遇事而安,遇事而乐。老人一生的成就:从筹集资金到照顾护理,她创建了十几所老人院。老人瘫痪在床她给擦屎擦尿,老人生病她送医送药,从早忙到晚。为了更好地照顾老人,许哲 50 岁又学了护士。当社会上有人给她捐助的时候,她又将财物全部捐助老人院或救助更穷的人。她不但在本国为老人、为穷人服务,有时钱多还给印度、马来西亚、尼泊尔等国的老人寄钱、寄物。当别人劝她:"你年纪也大啦!该歇歇啦!"她连声说:"我不老,我还年轻,我要做的事还很多,我不能休息。"许哲的一生是为老人、为病人服务的一生,101 岁时还要创业,她一生只见人善,不见人过,忘记自己的身体,没有欲望,从不贪利,处处为别人着想。

身是"我患"之本,因有饥、寒、生、老、病、死等众苦接踵而至,扰得心难以清静,如果能去"我"之见、相,达乎忘身、忘心、忘己、忘物,此忧患就解除,进而不为自己求安乐,利用此身利益苍生,实是此身之大用。

颜回问孔子说:"从前我听老师说,办理丧事,心中要真正悲哀才算合理。但是孟孙氏办理丧事只是表面哭了一哭,心中一点儿也不悲哀。他在鲁国却以善处丧事而闻名,请问这是什么道理?"孔子说:"孟孙氏可以说是明白大道的人了。他的做法,比起世俗处丧礼的人确实要高明。世人都以自己的私情好恶损害自然的真朴。像死亡,虽是形体上骇人的巨变,但孟孙氏心中很清醒,那只是人的精神搬了一个新的住宅一般。所以他办丧事,人哭亦哭,随顺世俗而已,不以此累及真我。能这样顺应变化便达到了清虚纯一的境界。"从自然变化的观点,把死亡看作巨大的悲哀,这是错误的! 孟孙氏破除执迷,把人的形体当作一种"偶然的变化成形,偶然的变化消失",所以他不会悲哀。世俗之人却执迷不悟,为它哭泣,为它喜悦,自以为明理,实则是在大梦中而已。

佛曰:"自觉觉他。"孔子曰:"己立立人。"老子曰:"人之不善,何弃之有。"《道德经》第二十七章云:"是以圣人恒善救人,而无弃人,物无弃材,是谓袭明。"在圣人眼中没有无用之人、事、物,任何人、事、物都可因时间、空间之转变而发挥其功用,圣人没有抛弃任何一个众生,常怀慈悯之心,因势利导,因材施教,使其返璞归真。

"圣人恒无心,以百姓之心为心。善者善之,不善者亦善之,德善也。信者信之,不信者亦信之,德信也。圣人之在天下也,歙歙焉,为天下浑心。百姓皆注其耳目焉,圣人皆孩之。"圣人胸怀博大,心如日月,无所不临,德如天地,无所不被。对于良善、信实之人与不善、不信之人皆同等施爱,无有分别。圣人天心与大道相合,顺应自然,教化苍生,苍生也对圣人之教化言听计从,最终一道同风,德化天下,人人恢复到赤子之态。

第九章 《道德经》其书

现在的通行本《老子》一书,又叫《道德经》,分为《道经》和《德经》上下两篇,八十一章五千余字。这是否即是司马迁《史记》中说的"著书上下篇,言道德之意五千余言"的那本著作呢?

这个问题不容易回答。

现在通行的《老子》一书,是三国曹魏时代著名的研究老子的学者王弼,在给《老子》作注释的时候编定的。因为王弼的《老子注》的影响很大,大家都觉得它很好地阐发了《老子》的精义,所以这个八十一章的《老子》,就成了后世通行的本子。

但从现有的文献来看,在王弼编定的《老子》之前,《老子》的文本并不是现在这个样子的。从老子本人最初写作的《老子》,到现在通行本的《老子》的形成,这中间其实有一个复杂的过程。

老子当初写成的"道德之意五千言"是怎样的,因为没有实物为证,我们已无法知道。我们今天所能见到的最早的《老子》文本,既没有五千言,它的形式和内容也与通行本不尽相同;这一点是可以肯定的。

今天我们能见到的最早的《老子》文本,是 1993 年在湖北荆门郭店楚墓出土的、写在竹简上的《老子》文本。

1993 年,考古工作者在湖北荆门郭店发掘了一座战国中期的楚墓,墓中有一篇文献,分别抄写在 32.3 厘米、30.6 厘米、26.5 厘米三种不同长度的竹简上。简文的内容都见于通行本的《老子》,所以整理者在整理这篇竹简文献时,就将它题名为《老子》。这也就有了世人所知的最早《老子》文本的实物,一般称为郭店《老子》或楚简《老子》。

楚简《老子》具有三个形式上的特点:一是上面所说的,它分别抄写在长短不同的三组共 71 枚竹简上,整理者因此就把它们分别称为《老子》甲组、《老子》乙组和《老子》丙组;二是整个三组《老子》的简文加在一起,才2 046字,约相当于通行本《老子》的五分之二;三是楚简《老子》的内容既没有像通行本《老子》那样分章,也不像1973年在湖南长沙西汉早期墓葬中出土的帛书《老子》那样,把通行本第三十八章以下的内容抄写在全篇的前面,形成了所谓《德经》在前、《道经》在后的情形。具体而言,楚简《老子》甲组内容,按照顺序约相当于通行本共二十章的内容,楚简《老子》乙组内容,按顺序约相当于通行本共八章的内容;楚简《老子》丙组约相当于通行本共五章的内容(而且有一章还与楚简《老子》甲组重复)。

那么,郭店楚简《老子》是否就代表了当时《老子》一书的原貌?它与今天通行本《老子》的关系如何呢?对于这些问题,目前学术界还没有一致的看法。一种看法认为,楚简《老子》代表了早期《老子》的原貌,它只有二千余字,不分章,也不分上下篇(即《道经》与《德经》);另一种看法认为,楚简《老子》不是完整的《老子》一书,《老子》原书有上下篇(即《道经》与《德经》)共五千字,而楚简《老子》只是五千字《老子》的选本或节抄本。

当然,这两种看法都只是一种推测,涉及了楚简《老子》和通行本《老子》的关系问题,但并没有说明楚简《老子》为什么会和通行本《老子》的面貌不同。如楚简《老子》为什么要抄写在三组长短不同的竹简上?竹简的长短代表了什么意义?

有专家认为,楚简《老子》之所以要分别抄写在三组长短不同的竹简上,应包含有说明楚简《老子》文章的结构和性质的用意。因为根据秦汉的书写制度,竹简的不同长度是具有区别书写内容和性质的意义的。如郑玄说,儒家的《易》《书》《诗》《礼》《春秋》“五经”就都抄写在二尺四寸长的竹简上;《孝经》为了表示谦虚,就写在一尺二寸的竹简上,《论语》只是孔子和他的弟子的言行录,书写的竹简就更短些,只有八寸长。宋代的朱熹在编撰《四书章句集注》时,曾将《礼记》中的《大学》一篇抽出来作注,叫《大学章句》。朱熹在《大学章句》中明确地把《大学》一篇分为两个部分,一部分出自孔子之口,而为孔子的弟子曾参所记述——这部分朱熹称为“经”;另一部分则是曾参的解说,而由曾参的弟子所记录——这一部分叫作“传”。幸亏朱熹告诉我们,不然的话,我们怎么会知道在一篇短短的《大学》里面,还有“经”和“传”两种性质的不同呢?

同样的道理,楚简《老子》分别书写在甲、乙、丙三组长度不一的竹简上,应该意味着这三组文字的性质和著作人是不一样的。甲组竹简最长,文章的性质应该

属于"经"，它的著作权似应归于老子本人；乙组和丙组竹简要短于甲组，其著作权则应为老子的弟子或再传弟子。至少从楚简《老子》的形制上看，是可以这么说的。而从语句上看，楚简《老子》乙、丙两组中每段的表达方式，都在格言前用"故""故曰""是谓""是以"等表示因果关系的连词连接，似乎有意在表明与甲组的关系是一种解说与被解说的关系——该篇属于解说"经"的"传"的结构和性质。

在楚简《老子》之后，我们能看到的是曾被《庄子》和《韩非子》两书所引用的《老子》。

在《庄子》一书中，有关老子的记载很多，主要见于《应帝王》《知北游》《达生》《天地》《在宥》《让王》《胠箧》《寓言》《庚桑楚》《天下》等篇。其中有些篇中用"老子曰""老聃曰"或"故曰"等，标明是引用了《老子》的话。

《庄子》中所引用的《老子》之言，在通行本《老子》中都可找到，但在楚简《老子》中则有的有，有的没有。如《应帝王》引"老聃曰：明王之治，功盖天下而似不自己，化贷万物而民弗恃"见于通行本第七十七章，作："圣人为而不恃，功成而不处，以其不欲见贤。"但楚简《老子》中却没有类似的话。《胠箧》引"故曰：鱼不可脱于渊，国之利器不可以示人。"同样的内容见于通行本《老子》第三十六章，但楚简《老子》却没有。"故曰：大巧若拙"见于通行本《老子》第四十五章，楚简《老子》乙组也有。"故贵以身为天下，则可以托于天下，爱以身为天下，则可以寄天天下"见于通行本第十三章，又见于楚简《老子》乙组。《知北游》引"故曰：为道者日损，损之又损之，以至于无为，无为而无不为也"见于通行本《老子》第四十八章，又见于楚简《老子》乙组。"故曰：失道而后德，失德而后仁，失仁而后义，失义而后礼。礼者，道之华，而乱之首也"见于通行本第三十八章，而楚简《老子》却没有。还有些通行本《老子》中的句子，《庄子》中也有相似的内容，但二者并不完全相同，而楚简《老子》中也没有。

根据这些材料来看，庄子所见到的《老子》，应该是一种比楚简《老子》内容要多、也更接近于通行本《老子》的文本。

稍晚于《庄子》，战国法家著作《韩非子》中有两篇专门解说《老子》的文章，一篇叫《解老》，另一篇叫《喻老》。《解老》就是解释《老子》的意思，这是中国哲学史上专门解释《老子》的开始。《喻老》就是用历史故事和民间传说阐发《老子》的哲学思想。

在《韩非子》的《解老》篇里，所引用的《老子》，涉及通行本的有十一章；《喻老》篇所引用的《老子》的内容，涉及通行本《老子》的有十二章。《解老》和《喻老》采用的都是一种摘句式的解释方式，因此，很难根据这两篇来探讨韩非所见《老子》的原貌。但由这两篇引用的《老子》，与楚简《老子》以及通行本《老子》比较来看，韩非写作《解老》《喻老》时所见的《老子》，有一些不同于通行本《老子》和楚简《老子》的显著特点。

首先，当时的《老子》没有像通行本那样分章和排序，因为《解老》《喻老》中所引的《老子》，并没有按通行的章次引用《老子》；即使那些较完整地引用了通行本《老子》某章的地方，也没有完全按通行本的语句顺序引用《老子》。这说明韩非所采用的《老子》文本，应该是一个还没有分章，并且各段落的语句的顺序也与通行本不尽相同的本子。

其次，《解老》和《喻老》中引用的《老子》，只有通行本中的三章的内容见于楚简《老子》甲组，有四章的内容见于楚简《老子》乙组，另有一章见于楚简《老子》丙组。而两篇所引《老子》的文句次序，也与楚简《老子》不同。这说明，韩非所见到的《老子》文本，应该比楚简《老子》篇幅要大，顺序也不相同。

汉代的《老子》文本，历史学家班固的《汉书·艺文志》中记载了四种，它们分别是"《老子邻氏经传》四篇""《老子傅氏经说》三十七篇""《老子徐氏经说》六篇""刘向《说老子》四篇"。以上几种书中的"说"，同"传"一样，都是解说的意思。只是它们都已经亡佚，无法据实加以讨论了。推测起来，刘向《说老子》四篇，题目上不包括《老子》"经"文，其中引用《老子》，应该同韩非的《解老》和《喻老》相近，属于摘句式的。"《老子邻氏经传》四篇""《老子傅氏经说》三十七篇""《老子徐氏经说》六篇"，题目上就既有"经"，也有"传"（或"说"）。可见，这几种书中是"经"文和"传"（或"说"）文结合在一起的。只是不知道这种结合，是否如《大学》中的"经"和"传"那样，先把《老子》"经"文全部列出，"经文"后面全部都是"传"文；还是如《解老》和《喻老》那样，把《老子》"经文"分成几句或一两句，分别加以解说。

汉代的《老子》文本，最有特色而且较完整地保存下来的，是《汉书·艺文志》并没有著录的两种本子。一种是 1973 年在湖南长沙马王堆西汉古墓中出土的帛书《老子》甲、乙本，另一种就是西汉时的河上公注本《老子》。

1973 年冬天，在湖南长沙马王堆三号汉墓出土了两种《老子》抄本。其中一种

用篆书抄写,称为甲本;另一种用隶书抄写,称为乙本。甲本不避汉代皇帝刘邦的名讳,说明它抄写在刘邦正式称帝建国之前;乙本避刘邦的名讳,但不避汉文帝刘恒的名讳,说明它写定在刘邦称帝之后,刘恒继位之前,都属于西汉初年的作品。

帛书《老子》甲、乙本在经文句型、虚词以及所用古今字和假借字等方面均有差别。而它们与楚简《老子》及通行本《老子》相比,也有一些明显的特点。

第一,帛书《老子》文本,已有通行本《老子》的字数与篇幅,这与楚简本以及《庄子》《韩非子》所引用的《老子》相比,字数已经有了很大的增加。这说明当时的《老子》文本已经基本定型,后世的《老子》文本只可能有个别文字的变动,而不是整段甚至整句的增减。

第二,帛书《老子》没有如通行本《老子》那样的分章,而只是将全篇分为《道经》和《德经》两部分,《德经》居前而《道经》居后。这是对以楚简《老子》为代表的先秦《老子》文本的进一步发展。它说明随着《老子》文本内容的不断丰富和完善,人们已对《老子》文本的结构做出了初步的安排与调整。

汉代另一个在《老子》文本发展过程中具有重要地位的本子,是河上公注本《老子》。

河上公这个人,《隋书·经籍志》说他是汉文帝(公元前 179~前 156 年在位)时代的人,曾给《老子》作注。我们所说的河上公注本《老子》,就是指保存在河上公《老子注》中的《老子》文本。

在河上公之前,西汉也有人给《老子》做过注解,比如说有严遵的《老子注》。可惜,原书已经散佚,根据后人从别的书中摘录来的材料,已很难看出它的原貌。但河上公的《老子注》完整地保存下来了,有利于我们来认识它的特点。

河上公注本《老子》有两个特点最为明显。

首先,河上公注《老子》文本,第一次把整篇《老子》划分为八十一章,其中第一章至第三十七章为《道经》;第三十八章到第八十一章为《德经》。而且,河上公注《老子》文本还给从第一章到第八十一章的每一章加上了标题(至少现在可以看到的宋代的刻本是这样的)。如第一章为"体道",第二章叫"养身",第三章为"安民",第四章叫"无源"……第八十章为"独立",第八十一章叫"显质"。这种分章成了以后所有《老子》文本的标准样式;而为每章安上标题虽然不为通行本《老子》所吸取,但却无疑十分有利于读者理解《老子》每章的大意。

其次，河上公注《老子》文本，不仅如帛书本《老子》那样，把整篇《老子》分为《道经》和《德经》上下两篇，而且还把帛书《老子》的《德经》居前而《道经》居后的结构形式，改成了《道经》在前而《德经》在后的形式。通行本《老子》也继承了这种结构模式。

到汉末和魏晋时期，中国学术界兴起了清谈玄虚的风气，后来发展成为玄学思潮。这种玄学思潮的创立者之一，就是曹魏时期因给《老子》作注而成为通行本《老子》文本的确立者王弼。

王弼（公元226~249年），字辅嗣，山阳人（今属山东金乡）。他被当时任吏部尚书的何晏（公元190~249年）发现，一起成为了曹魏正始年间（公元239~249年）玄学的代表。他们都为《老子》作了注解，使《老子》和《周易》《庄子》并列，成为玄学家必读的三本书（称为"三玄"）。而王弼注释的《老子》文本，更成了后世通行的《老子》文本。一个全书由《道经》和《德经》上、下两篇构成，《道经》在前、《德经》在后，共分为无标题的八十一章、五千余字的《老子》文本，最终定型了。

尽管《老子》的每种文本形态都包含着思想内容上的差异，但仅仅是这些外在形式结构的演变，就已经向我们讲述了许许多多曲折的故事。

后来的整理者总会加进去一些并非老子原始思想的资料，每个人对《老子》一书的解读也并不完全相同，但我们今天谈《老子》，仍只能以这个最后趋于定型的《老子》文本作依据。因为在没有确实的证据证明最初的《老子》完全不是这样的情况下，只有现在通行的这个《老子》文本，才能向我们更全面、更充分地展示老子的思想内涵。

第十章　《道德经》译解

第一节　天地之始

【题解】

在《道德经》的第一章中,作者老子首先提出了"道"这一概念。而这个"道"字也正是老子哲学的专有名词和核心概念,贯穿于《道德经》全书。在本章中,"道"指的就是宇宙间万物存在的本原与实质,也就是说,任何事物的发展都必须依靠"道"这一原始动力。老子在全书的开始就指出,这种"道"是无法用语言完美、准确地表述出来的,如果能够表述出来,那也就不是真正的"道"了。他的这种思想和表述,从今天的辩证唯物主义哲学角度来考察,恰恰反映了语言、思维和客观存在之间的关系,老子认为世界本生于无,"道"从"无"中创造并主宰世界,体现了朴素的唯物主义的理性光辉。这也正是老子哲学的精妙之处。

【原文】

道可道①,非常②道。名可名③,非常名。

王弼《道德真经注》:可道之道,可名之名,指事造形,非其常也,故不可道,不可名也。

唐玄宗《御解道德真经》:道者,虚极之妙用。名者,物得之所称。用可于物,故云可道。名生于用,故云可名。应用且无方,则非常于一道。物殊而名异,则非常于一名。是则强名曰道,而道常无名也。

司马光《道德真经论》:世俗之谈道者,皆曰道体微妙,不可名言。老子以为不然，曰，道亦可言道耳，然非常人之所谓道也。名亦可强名耳，然非常人之所谓名也。常人之所谓道者，凝滞于物。所谓名者，苟察缴绕。

王夫之《老子衍》：常道无道，常名无名。"可"者不"常"，"常"者无"可"。然据"常"，则"常"一"可"也，是故不废"常"，而无所"可"。不废"常"，则人机通；无所"可"，则天和一。

无名天地之始④；有名万物之母⑤；

宋徽宗《御解道德真经》：道常无名，天地亦待是而后生，《庄子》所谓生天生地是也。未有天地，孰得而名之？故无名为天地之始。有天地然后万物生焉，故有名为万物之母。

王夫之《老子衍》：众名所出，不可以一名名。名因物立，名还生物。夫既有"始"矣，既有"母"矣。

故常无欲以观其妙⑥；常有欲以观其徼⑦。

司马光《道德真经论》：徼，边际也。万物既有，则彼无者宜若无所用亦。然圣人常存无不去，欲以穷神化之微妙也。无既可贵，则彼有者宜若无所用矣。然圣人常存有不去，欲以立万事之边际也。苟专用无而弃有，则荡然流散，无复边际，所谓有之以为利，无之以为用也。

王夫之《老子衍》：边际也，而我聊与"观"之；"观"之者，乘于其不得已也。

此两者，同出而异名，同谓之玄⑧。玄之又玄，众妙之门⑨。

陈致虚《道德经转语偈》：众妙应须无以观，更将有向窍门看。可名物母明明说，两颗胡珠转玉盘。

明太祖《御解道德真经》：为前文奇甚，故特又赞之。

【注释】

①第一个"道"是名词，指宇宙的本原与实质，引申为万物发生、发展的原则、规律、真理；第二个"道"是动词，指描述、称说、表达。

②非：不是；常：恒常、永远。

③第一个"名"是名词，指对"道"的具体称呼，含有概念的意思；第二个"名"是动词，指称呼、称谓。

④无：指天地未形成之前的一种状态。名是动词，指命名、称呼。

⑤有：指天地形成以后，万物竞相生成的状况。母指根本、根源。

⑥妙：奥妙、微妙。

⑦徼：界限、边际。

⑧玄：表示幽昧深远的意思。

⑨众妙之门：指一切奥妙变化的总门径，引申为宇宙间一切奥妙的根源。

【译文】

可以用语言表述出来的"道"，就不是永恒的"道"；可以用言辞说出来的"名"，就不是永恒的"名"。"无"是天地的本始，"有"是万物的根源。因此，有人经常从"无"中去观察"道"的奥妙；经常从"有"中去认识"道"的端倪。"无"和"有"这两者，来源相同却具有不同的名称，这都是很幽深玄奥的。它们玄妙至深，是宇宙间一切奥妙的根源。

【解析】

开篇点出"道可道，非常道"，初步揭示了"道"的真正内涵，道是《道德经》所要讲述的核心问题之一，它在天地未生成以前就存在于浩瀚的宇宙中，当天地生成以后，道就在万事万物中发挥着自身的作用，贯穿于万物生成、生长、发展、消亡的始终，作为一种自然规律客观地存在着。提起道，我们不免会在头脑中想象它的模样，然而我们的想象带有很大的局限性和主观性，真正的道是不以人的主观意志为转移的，它是客观存在的，但又看不见摸不着，正所谓"大道无形"，我们主观想象出的道的样子，不是真正的道。只能称得

《道德经》书法

上"名"，"名"这个概念也是不能用语言和文字来描述形容的，语言文字的局限性比想象的局限性更大，如果用语言文字来描述大道，只能与大道背道而驰。不能用语言又不能用文字来描述大道，那如何才能认识大道呢？我们不得不采用概念和语言，即"有"和"无"这两个"名"。所谓"有"就是存在的意思，它代表一种正在孕

育万物的状态,是万物的生母,即万物是从"有"中孕育生产出来的。"无",我们理解为没有的意思,代表天地还没有生成以前的混沌状态,说明天地是从无中生出来的。

所以我们可以将"道"理解为一种"无"的状态,一种"有"的能力,它的本源是"无",却可以生出天地万物。正是如此,我们可以采取"无"的态度去体认大道的玄妙,大道的原始是空无,我们要想体认大道,就必须抛却所有的杂念,将自己恢复到毫无思想意识的孩童时期,达到一种完全虚无的境界,只有这样,我们才能真正体悟到大道的奥妙和玄机。"无"和"有"是两个我们必须把握的概念,它们是打开"众妙之门"的钥匙,只有通过他们,我们才能领悟大道的实质。

所谓"恒有",就是一种永恒的有,也叫"大有",与此相对应,"常无"就是一种永恒的无,或叫"大无"。我们可以通过这种忘却自我一切的"大无",体悟到天地初生时的"妙";通过这种包容万物的"大有",观察到万物未生前的"徼"。"妙",按汉字的组字法,可以拆分为"少"和"女",少女不但处于妙龄,而且是纯真、纯洁的象征,这里用在"大道"中可以理解为天地的本始。"徼"音"交",取交际、交媾意。交媾生万物,这是顺理成章的事情。在这里,不论是"妙"还是"徼"都只是对宇宙大道中的某一状态的描述,还停留在概念这一层面上,都是"名"。"妙"在前而"徼"在后,所以概念的"相名"也就不同了,但它们都是由大道生出来的,都是对大道的发展和变化,同称为"玄"。"玄"意为转变。变化来变化去,就构成了天地万物的"众妙",这里的"妙"和"观其妙"的"妙"本质意义不同。"观其妙"的"妙"表现的是万物中的生机,而"众妙"的"妙"表现的是天地未生前的生机。

回过头来看原文,我们不难发现,文中着重讲了这样几个概念:道的概念、名的概念、有和无的概念、妙和徼的概念、玄的概念。这些概念统称为"名",借用老子的一句话"名可名,非常名"来说,这些概念并没有真正地揭示出道的真正内涵,这是因为"道可道,非常道",任何言语和文字都无法揭示出"道"的真义。我们学习和研究这些概念就是为了更好地理解"道",它们可以作为理解"道"的桥梁。

【名句品读】

道可道,非常道。名可名,非常名。

道是无法描述的,无法为其命名的,它只可意会,不可言传,正所谓"不可说,不可说,一说便是错"。我们只能去努力的感悟和领会它。

而"拈花微笑"的故事则是这一说法的最好例证。

有一次大梵天王在灵鹫山上请佛祖释迦牟尼说法。大梵天王率众人把一朵金婆罗花献给佛祖,隆重行礼之后各自退坐一旁,等待佛祖传教。只见佛祖拈起那朵金婆罗花,仪态安详,却一句话也不说。大家都不明白他的意思,面面相觑,唯有摩诃迦叶破颜轻轻一笑。佛祖当即宣布:"我有普照宇宙、包含万有的精深佛法,有熄灭生死、超脱轮回的奥妙心法,能够摆脱一切虚假表相修成正果,其中妙处难以言说。我不立文字,以心传心,于教外别传一宗,现在传给摩诃迦叶。"然后把平素所用的金缕袈裟和钵盂授予迦叶。这就是禅宗"拈花一笑"和"衣钵真传"的典故。

其实,佛祖所传递的是一种至为祥和、宁静、安闲、美妙的心境,这种心境纯净无染、淡然豁达、无欲无贪、无拘无束、坦然自得、不着形迹、超脱一切、不可动摇、与世长存,是一种"无相""涅槃"的最高境界,只能感悟和领会,不能用言语表达。而迦叶的微微一笑,正是因为他领悟到了这种境界,所以佛祖把衣钵传给了他。

精深的佛法是无法用语言来传递的,同样,代表宇宙万物生存、运行和发展的"道",也是无法用语言来描述的。语言和文字虽然能够对其进行描述和概括,却并不能完全代表其本身。这也告诉我们在求知的过程中,不能拘泥于口头和文本,重在体会和参悟。

【经典故事】

求学之道

孔子问礼

春秋时期,孔子每天都在钻研各种学问,而在关于礼的学问上,却遇到了问题,百思不得其解。为此,他感到十分苦恼。后来,孔子听说老子是一个极有学问的人,而且他经过多年的苦心钻研,已经求得天道,或许可以帮助自己解决这个难题,于是,孔子就决定拜访老子,向他请教。

孔子带着南宫敬叔不远千里地来到老子所在的都城洛阳。

老子看见孔子,便热情地问道:"您来了,我听说,您现在已经成了北方的贤者,可不知您是否已经懂得了天道?"

孔子回答说:"我还没有懂得天道。"

老子又问:"那么,你是如何去探求天道的呢?"

孔子回答说:"钻研'礼、仁义',以制度名数来寻求的。到如今已有整整五年的时间了,可是还没有得到。"

老子又问:"您又怎样继续去寻求呢?"

孔子回答说:"我从阴阳的变化中来寻求天道,已有十二年了,可仍然没有得到。"

老子说:"是啊。阴阳之道是眼睛不可看到,耳朵不可听到,言语不可表达,是通常的智慧所不能把握的。因此,所谓得道,只能是体道,如果试图像认识有形、有声之物一样去认识道,用耳朵听是听不到的,用眼睛去看是看不到的,用言语去表达,也是没有合适的言辞能够表述清楚的。"

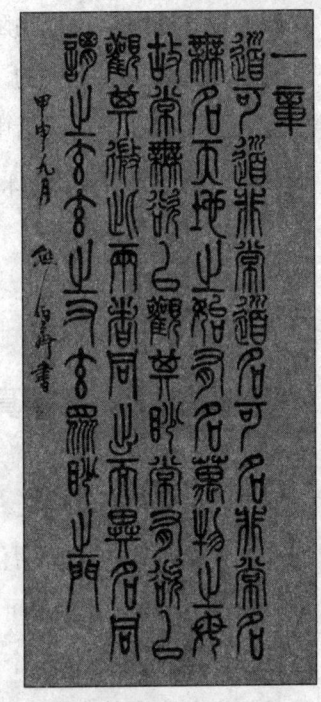

《道德经》一章书法

老子稍微停了一下,看了看孔子,又继续说:"你说你寻求了十二年而不得,那是当然的。如果道是可以奉献的,那么,人们就没有不把它奉献给君王的;如果道是可以进贡的,那么,子女就没有不把它进贡给父母的;如果道可以告诉别人,人们就没有不告诉兄弟的;如果道可以给予他人,那么,人们就没有不给予子孙的。然而,这些只是假设,是不可能实现的。原因就是道不可见、不可听、不可言、不可赠送。寻求道,关键在于内心的感悟。心中没有感悟就不能保留住道;心中自悟到道,还需和外界的环境相印证。因此,可以说,得道之人是无为的,是简朴而满足的,是不以施舍者自居,也无所耗费。自己正的人才能正人,如果自己内心不能正确领悟大道,心灵活动便不通畅。"孔子听后,仔细揣摩,心中有所顿悟。

临别时老子对孔子说:"富贵的人用钱财送人,有学问的人用言辞送人,我不算有学问的人,但还是送给您几句话吧!"老子接着说:"您所要恢复的周礼已失去生命力了。你时来运转时就驾着车去做官,生不逢时就像蓬草一般地随风旋转。要知道,善于经商的人总是将货物藏起来,好像什么也没有;有高尚道德的人容貌谦虚得像个笨人。抛弃你的骄气和过高的欲望吧！这些东西对您没有什么好处。"

老子的一席话，对孔子触动很大，他对自己的学生说："鸟，我知道它们善飞；鱼，我知道它们善游；兽，我知道它们善于奔走。对于鸟，可以用箭射；对于鱼，可以用网捕捉；对于兽，可以用陷阱擒获。至于天上的龙，我不知道龙的形状，也不知道它是怎样乘着风飞上天的。我今天看见了老子，就像见到了龙一样啊！"

在老子和孔子的对话中，我们可以了解到追求天道是极为不易的，而要传授道也是很难的事情，越是高深的学问，越需要放下执念，虔诚用心地去感悟，而不能抱着太多功利的目的。

【古为今用】

放下虚名，获得真我

老子虽然在开章明义，提出了"道"的概念，但是他并没有十分明确地告诉我们究竟什么是道。正所谓仁者见仁，智者见智，不同的人会从中领悟出不同的道理。而且老子的一句"道可道，非常道；名可名，非常名"，也告诉我们概念也好、名称也罢，不过是事物的一个代号而已，如果我们想要追求永恒的真理，就不能贪图一时的虚名。顺其自然，遵循真我，反而更容易体会到人生的内涵。

而现实生活中，很多人却整天为了一些所谓的职位、名誉、头衔等牺牲了自己与生俱来的好的品性，为之斤斤计较，尔虞我诈，最后反而为其所累，烦恼一生，甚至为此身败名裂。其实，"名"的最高境界是不求名而得名，这就需要我们放下心中的执念，将目光放得更高、更远，而不是被眼前的名利所左右。

第二节　美之为美

【题解】

本章内容一共分为两层。第一层，集中鲜明地体现了老子朴素的辩证法思想。他通过日常的社会现象与自然现象，阐述了世间万物存在都具有相互依存、相互联系、相互作用的关系,论说了对立统一的规律,确认了对立统一的永恒、普遍的法则。

老子不仅用辩证统一的观点来反观世间万物,还将其推及人类社会的发展上来。于是,老子又展开第二层意思:处于矛盾对立的客观世界,人们应当如何对待呢? 老人提出了"无为"的观点。此处所讲的"无为"不是无所作为,随心所欲,而是要以辩证法的原则指导人们的社会生活,帮助人们寻找顺应自然、遵循事物客观发展的规律。

他以圣人为例,教导人们要有所作为,但不是强作妄为。要"处无为之事","行不言之教","作而弗始,生而弗有,为而弗恃,功成而不居"。而这些正是老子关于行"无为"之道的方法论。学术界有人认为第一章是全书的总纲,也有人认为前两章是全书的引言,全书的宗旨都在其中了。

【原文】

天下皆知美之为美,斯恶已①。皆知善之为善,斯不善已②。

河上公《老子章句》:自扬己美,使彰显也。有危亡也。有功名也。人所争也。

王弼《道德真经注》:美者,人心之所乐进也;恶者,人心之所恶疾也。美恶,犹喜怒也。善不善,犹是非也。喜怒同根,是非同门,故不可得徧举也。此六者,皆陈自然不可徧举之明数也。

司马光《道德真经论》:美善有迹,为众所知,非美之至者也。

王夫之《老子衍》:天下之变万,而要归于两端。两端生于一致,故方有"美"而方有"恶",方有"善"而方有"不善"。

故有无相生③,难易相成,长短相形④,高下相倾,音声相和⑤,前后相随。恒也。

唐玄宗《御解道德真经》:六者相偎,递为名称,亦如美恶,非自性生,是由妄情,有此多故。

王夫之《老子衍》:天下之所可知。据一以概乎彼之不一,则白黑竞而毁誉杂。

是以圣人处无为之事,行不言之教⑥;

河上公《老子章句》:以道治也。以身师导之也。

王弼《道德真经注》:自然已足,为则败也。

万物作而弗始⑦;生而弗有,为而弗恃⑧;

河上公《老子章句》:各自动也。不辞谢而逆止。元气生万物而不有。道所施为,不恃望其报也。

王弼《道德真经注》:智慧自备,为则伪也。

功成而不居⑨。夫唯弗居,是以不去。

王弼《道德真经注》:因物而用,功自彼成,故不居也。使功在己,则功不可久也。

司马光《道德真经论》:不自满假。汝惟不矜,天下莫与汝争能;汝惟不伐,天下莫与汝争功。

【注释】

①恶:指丑,与美相对立。已:通"矣",语气词。

②不善:指恶,与善相对立。

③有无:指客观事物的存在与不存在。相:互相:

④形:此指比较、对照中显现出来的意思。

⑤音:发音之初的声音。声:发音以后的余音。和:和谐相应,引申为互相对立和依存。

⑥是以:因此、所以。圣人:古时人所推崇的最高层次的典范人物,如老子理想中的得道者——尧与舜。无为:不是不作为,而是不妄为,是顺应自然而为的意思。不言:不发号施令,不滥用政令。

⑦作:兴起、发生、创造。始:主宰。

⑧有:占有,据为己有。恃:自恃(有能耐)。

⑨居:居功,自我夸耀。

【译文】

天下人都知道美之所以为美,是由于有丑陋的存在。知道善之所以为善,是因为有恶的存在。所以,有和无互相转化,难和易互相形成,长和短互相显现,高和下互相充实,音与声互相谐和,前和后互相接随。这是永恒的。因此,圣人处事顺应自然。施教不用言语;就像天地一样,让万物自然地生长,并不横加干涉;滋生万物不为己有,施为万物不求回报;圣人功成身退,不居功自傲。正所谓不贪功,才能功绩永存。

【解析】

我们作为宇宙中的一个可以忽略不计的小分子,和宇宙中的其他事物一样,都是由同样的肉眼看不到的分子、原子、中子、中微子等玄而又玄的东西转化或组合而来的。由此可以看出,人和其他事物是同源的,没有本质上的不同,都是由大道衍生出来的,所以也都处于永不停息的运动和变化之中,而且和其他物体相互依赖,互相转化。

我们可以通过自身的发展变化说明这个问题:我们的生命开始于一个受精卵,其受精卵的形成本身就带有很大的偶然性,也是很复杂的形成过程,在这里暂且不提这一层。我们从受精卵说起,一个健全的受精卵在得到母体营养的情况下,会迅速地生长发育,形成胚胎,然后随着各个器官的逐渐成熟,胎儿就有了听觉、视觉、触觉。为了满足胎儿的需要,母亲会增加各种营养,甚至开始实施胎教,比如听音乐、欣赏美丽的风景。我们在妈妈的肚子里吃得开心、睡得舒心,听到外婆说:"小家伙长得好快啊!"我们不懂什么叫快,就知道大吃大喝大睡,偶尔伸伸小腿、扭扭屁股,弄得妈妈开心地说:"老公,宝宝又踢我了! 呵呵……"我们不知道老公是谁,但绝对知道宝宝是谁。直到有一天,我们听到医生的声音,我们就知道大事不好,我们要出生了,要离开这个安乐窝了,我们虽然有那么多的不情愿,可我们必须遵循自然规律,也就是现在谈的大道。我们一天天长大,在此过程中我们生过病,因为犯错被父母或老师批评过,当然我们也因为表现出色而被老师夸赞,我们知道了什么是对错,什么叫荣辱。

后来,我们成了家,有了自己的孩子,对生命的理解更趋深刻。我们在爱护子女的同时,不由得想起父母一辈子的艰辛,我们想去孝敬他们,陪伴在他们身边,可现实不允许我们这么做。因为我们要忙于养家糊口,要忙于实现自身价值,我们感到力不从心,感到矛盾重重,在矛盾面前左右为难,甚至痛苦。

在工作的过程中,我们不可能一帆风顺,我们会面临残酷的竞争。成功了我们狂喜,失败了我们愁眉不展、痛苦彷徨。

日子无论是幸福还是痛苦,我们都必须一天天地过,即便是我们不愿过了,可谁又能阻止太阳升起和落山呢?我们嫌日子过得太快,可日子不会为我们停留一分一秒,它像一辆快车载着我们向前开去。我们想乘机跳下来,那是枉然,是根本不可能的。

面对这人生路上的矛盾,我们迷惘、我们无奈,到头来还不是同样的结局,何苦给自己制造那么多的苦恼呢?面对荣辱、得失、成败、哀乐、爱怨,为何不能泰然处

之呢？矛盾的产生是因为我们的头脑中有了知识的概念，它是一个由概念到对立，再由对立到矛盾的自然形成过程。矛盾导致两个方面的结果，一是好的一是坏的，可我们的特点就是只能接受好的结果而无法接受坏的结果。因而，我们痛苦，我们迷惘，甚或悲痛欲绝。这种坏情绪会经常困扰着我们，因为我们生活的这个大环境里矛盾无处不在。

大道无言，大道无际，它孕育了天地万物，并使天地万物感受到了它的存在和巨大威力，但却无法对其加以准确的描述。任何概念和范畴都是牵强的，都没有恰当地概括出大道的真义，正是因为这种不准确、不完全、不真实的概念，直接影响了我们对大道的领悟。所以，也就无法真正融入大道那无忧愁、无烦恼、自由自在的境界中去。

圣人明白大道的绝对性和它的真实内涵，他们能抛弃和超越人类的自私和贪婪，采取顺其自然的态度来对待人和事，这种无所作为的处世哲学看似消极，却是一种真正的积极，是对人类自身精神境界的提升。他们能真正地理解大道并和大道融为一体，顺应自然和各种变化，也就无所谓得到和失去，也就没有忧愁和烦恼了。

【名句品读】

有无相生，难易相成，长短相形，高下相倾，音声相和，前后相随。

世间的很多事物都是以对立统一的形式存在的，它们在相互对立中产生，而又相互依存，不可分割。我们常说的有和无、难和易、长和短、高和下、音和声、前和后，都是在比较中产生的，我们不能固执地追求一方面而排斥或忽略另一方面，而应该全面地看待事物。

在《淮南子》中，记载着这样一个故事：北方有一种怪兽，叫作蹶，前腿短如老鼠，后腿长过大象，鉴于这种先天缺陷，这家伙只能慢慢蠕动，步子稍微一快就得栽跟头。还有一种怪兽叫作蛩蛩驱驉，特征和蹶正好相反，前腿超长，后腿极短，这种体型最大的问题是没法低头吃草。

为了使彼此能够更好地生存，两种怪兽取长补短，相互协作，蹶经常拔些甘草来喂给蛩蛩驱驉吃，而当遇到危险的时候，这两只怪兽前后一搭，相负而行，跑起来风驰电掣一般，《尔雅》把它们叫作"比肩兽"。

这个故事我们肯定看着眼熟，我们常用的一个成语叫"狼狈为奸"，说的狼和狈就是蹷和蛩蛩駏驉这种关系，只是后来其含义被转向了贬义。这个故事生动地体现了事物之间表面上相互对立，而实际上却又相辅相成的密切关系。也告诉我们，看待问题不能只是从单一方面出发，而要善于联系，多方考虑，这样才能找到最佳的结合点。

圣人处无为之事，行不言之教。

真正有智慧、有道德的人，总是善于做顺应自然的事情，从不逆势而动，不刻意、不强求、不说教，顺势而为，水到渠成。所以，不管是做人做事，都要学会不胡乱妄为，不强施号令，否则就会起到相反的作用。

有个年轻人去学道，他还没有学习几天，就急切地想要知道自己需要多长时间才能得道。于是就去问师父："如果我努力修行，大约多少年能够得道？"

师父看了看他，说："大约需要十年。"

年轻人一想，觉得十年时间太长了，就又问："如果我加倍努力修行，需要多久呢？"

师父说："三十年。"

年轻人一听时间不见缩短，反而延长了，心里更急，又问："如果我付出十倍的努力呢？"

师父毫不犹豫地回答他："七十年。"

年轻人越听越糊涂，就问师父："为什么我越努力，需要修炼的时间反而越长了呢？"

师父语重心长地对他说："你越是刻意地去做一件事情，就越容易深陷其中，在细节上纠缠不清，难以取得进步。所以欲望越强，越可能导致南辕北辙、事倍功半的后果。智慧的人是不会急于求成的，无为而无所不为，一切都顺其自然，成功也会自然而然地到来，而不必煞费苦心地去追求。"

俗话说："言传不如身教"，很多事情，不是只借助空泛的说教就能起到作用，而需要亲身去做，在潜移默化中影响别人，在顺其自然中获得成功。

【经典故事】

为人之道

东施效颦

西施是我国历史上有名的四大美人之一，春秋时的越国人，她的美貌到了倾国倾城的程度。无论是她的举手、投足，还是她的音容笑貌，样样都惹人喜爱。西施略用淡妆，衣着朴素，无论走到哪里，人们都惊叹她的美貌。

西施家住在若耶溪的西岸，在东岸也有一位女子，名叫东施。东施不仅相貌难看，而且没有修养。她十分妒忌西施的美貌，每当听到人们赞美西施的时候，她总是在心里对自己说："哼，有什么了不起！我一定会比她更美丽的！"从此以后，东施开始处处模仿西施，和西施穿一样的衣服，梳同样的发式。但即使是这样，还是没有人说她长得漂亮。为此，东施耿耿于怀。

有一天，东施去集市上买东西，忽然看见有好多人在一起，像是在谈论着什么事情。东施走上前去，听到人们说："真是美丽极了！"接着，还不时发出"啧啧"的赞叹声。东施顺着人们的眼光看去，发现是西施正从路口走过。

西施这时候走到了人们的面前，见到有那么多的乡亲在一起，就赶忙向大家打招呼。这时，有人问道："西施，你这是往哪里去啊？"

"我的心口病又犯了，我现在要去抓点药。"西施说完，又把眉头微微一皱。东施仔细看了一下，发现此时西施手捂胸口，双眉皱起，不经意之间流露出一种娇柔的女性之美，东施不得不承认她自己也被西施的这种美丽打动了。

回到家里，东施还在想集市上发生的事情。她心想，人们那么青睐西施生病的时候捂住心口、皱着眉头的样子，说明那样的动作和表情一定是很漂亮的，要不然，村子里的人们怎么会那么喜欢西施呢？我也要学着那样去做，人家一定也会夸奖我的。

第二天，东施在家里好好地梳洗打扮以后，来到熙熙攘攘的集市上。她走到拥挤的人群中，便开始学着昨天西施生病时的样子，皱着眉头、捂住心口，走来走去。她暗自高兴，我这样做一定也是很美丽的，一会儿我也能听到人们的赞美。

可是，东施没有想到，她的矫揉造作使她原本就丑陋的样子更难看了。她发现村子里的人凡是看见她的，有的把门紧紧地关上，有的大人看到东施走了过来，就拉着孩子远远地躲开。

从政之道

汉昭帝自幼聪颖善辨忠奸

汉武帝去世的时候，他所立的太子即后来的汉昭帝，年龄才 8 岁。汉武帝并不放心，就把他托付给霍光、金日䃅、上官桀、桑弘羊四位大臣，让四人辅佐昭帝。四人之中，霍光是大司马、大将军，掌握着朝廷军政大权，地位最高。

霍光为人正直，又忠心耿耿辅佐汉昭帝，把国家大事处理得有条有理，因此，威望日益增高。但是霍光为人耿直，做事不讲情面，得罪了不少人，其中就有上官桀、桑弘羊、盖长公主等人。

当时燕王刘旦（汉昭帝的哥哥）因为自己没有做成皇帝，一心想废掉昭帝，但又畏惧霍光，于是他便和上官桀勾结起来，想设计除掉霍光。

于是，在汉昭帝 14 岁那年，上官桀趁朝廷让霍光休假的机会，伪造了一封刘旦的亲笔书信，又派人冒充刘旦的使者，把这封信送给了汉昭帝。

汉昭帝打开信一看，只见上面写道："霍光外出检阅御林军时，擅自使用皇上专用的仪仗。而且他经常不守法度，不经皇上批准，擅自向大将军府增调武官，这都有据可查。他简直是独断专行，根本不把皇上放在眼里！我担心他有阴谋，对皇上不利，因此我愿意辞去王位，到宫里保护皇上，以提防奸臣作乱。"

送完信后，上官桀等人做好一切准备，只等汉昭帝发布命令，就把霍光捉拿起来，谁知汉昭帝看完信后毫无动静。

第二天，霍光前去上朝，听说了这件事，就坐在偏殿中等候发落。

汉昭帝在朝堂上没有看见霍光，便问道："大将军在哪里？"

上官桀回答道："大将军因为被燕王告发，所以不敢进来。"

于是，汉昭帝派人请霍光上殿。霍光来到殿前，摘掉帽子，磕头请罪。

汉昭帝说："大将军只管戴上帽子。我知道那封信是假的，你没有罪。"

霍光既高兴又迷惑不解,问:"皇上是怎么知道的啊?"

汉昭帝说:"大将军检阅御林军只是最近几天的事情,增调武官校尉到现在也不过十天,燕王远在北方,他怎么知道得如此之快啊?如果将军要作乱,也不必依靠校尉。"

上官桀等人和文武百官听了都大吃一惊。

汉昭帝又说:"这件事只需问问送信人就可以弄明白!不过,我想他肯定早已逃跑了。"

左右下属连忙命人去找送信人,送信人果然逃跑了。

一计不成,上官桀等人又生一计,他们经常在汉昭帝面前说霍光的坏话。最后,汉昭帝大怒,对他们说:

"大将军是忠臣,先帝嘱托他辅佐我,以后谁敢再诬蔑大将军,我就治谁的罪!"

上官桀等人看到这个方法也不行,就密谋让盖长公主出面请霍光喝酒,然后借机杀掉他,废掉汉昭帝,立燕王刘旦为帝。但他们的阴谋还没来得及施行,就被汉昭帝和霍光发觉,全部被杀。

霍光如果碰上一个昏庸的皇上,恐怕早已被斩首了。而昭帝从信中的时间准确地推算出燕王不可能知道近期发生的事,而且又令人去追查送信之人,他这样做的目的只是想给诬陷霍光的人一个威吓,上官桀等果然吓得半死。

更为可悲的是,上官桀等人仍不死心,意图谋反,最终落得身首异处的下场。

为官之道

孙叔敖纳言

孙叔敖做楚国的宰相,全国的官吏和百姓都来祝贺他。有一个老人,却穿着麻布制的丧衣,戴着白色的丧帽,前来吊丧。

孙叔敖觉得其中必有深意,于是整理好衣帽出来接见了他,对老人说:"楚王不了解我没有才能,让我担任宰相这样的高官,人们都来祝贺,只有您来吊丧,莫不是有什么话要指教吧?"

老人说:"是有话说。做了大官,对人骄傲,百姓就要离开他;职位高,又大权独揽,国君就会厌恶他;俸禄优厚,却不满足,祸患就可能加到他身上。"

孙叔敖听了有理,又向老人拜了两拜,说:"我诚恳地接受您的指教,还想听听您其余的意见。"

老人又说:"地位越高,态度越应该谦虚;官职越大,处事越应该小心谨慎;俸禄已很丰厚,就不应索取分外的财物。您严格地遵守这三条,就能够把楚国治理好。"孙叔敖回答说:"您说得非常对,我牢牢记住它们!"

孙叔敖作为一个朝廷高官,面对小民百姓的"无礼",却能以礼待之,虚心纳言受教。这也正是他之所以能够为楚相、受子民拥戴的原因所在。孙叔敖谦虚谨慎,不居功自傲的为官之道,在今天依然可以借鉴。同时这个故事也告诉我们,不管你地位有多高,功劳有多大,都不要过分地去炫耀自己,显山露水,出尽风头,往往后患无穷。而真正有智慧的人,不会张扬自己的才能,不会吹嘘自己的功绩,而是善于韬光养晦遮掩锋芒。这也正是老子所说的:"生而弗有,为而弗恃,功成而不居。"

【古为今用】

放下功利心

老子在本章中提出了唯物主义的辩证法和方法论,他告诉我们世间万物都是相对的,做人不能妄为,做事不可强求,要学会顺其自然,顺势而行,这样才能获得更多。"功成而弗居,夫惟弗居,是以不去。"老子说,即使功成名就之后也不要居功自傲,只有这样,功绩才会永恒存在。因为功绩不是邀出来的,你做了多少事情,给社会带来多大的贡献,自然有人会看到,会记得。我们做了有意义的事情,自己的内心获得了安慰,这就够了,没有必要非得为自己的功劳讨个说法。否则,很容易适得其反。历史上有多少人为了彰显自己的功名利禄,准备流芳百世,结果却落个臭名远扬。

成与败,香与臭也是对立统一的,处理不好就很容易走向另一端。盛名之下善于韬光养晦,才能不开嫉妒之门;成功之后依然保持谦虚,方可免走怨怼之路。放下功利心,不炫耀自己的荣宠,不吹嘘自己的功绩,身处红尘,依然心神安宁,才能善始善终,深得好评。

第三节 圣人之治

【题解】

老子生活在一个战乱的年代,如何才能实现他心中大治和谐的社会理想,他是做了深刻思考的。追根溯源,他认为,欲望是产生各种争斗和战乱的罪魁祸首。虽然说,财富、名利、权力和地位等,向来是人们在物质及精神层面上所追求的主要人生目标,能够为人类的发展提供强大的动力,但是这些欲望太过强烈,就会引发社会上为争名逐利而争斗不已的纷乱局面。

本章中老子从源头上分析了欲望的弊端,认为正是世间太多显露在外的诱惑之物挑逗起了人们强烈的欲望,以至于一发不可收拾。针对这个根源,老子提出了一系列使民众恢复到混沌无名之状态的施政准则,即"不尚贤,使民不争;不贵难得之货,使民不为盗;不见可欲,使民心不乱","虚其心,实其腹,弱其志,强其骨"。认为只要统治者这样做,就能够使民众安然,使社会获得长治久安。这种"无为之治",在今天被很多人看作是愚民的主张,是被批判的,如果民众都不思进取,那么社会就会一直处于消极、停滞不前的状态,会阻碍工商、科学技术的发展,与现代社会的"物竞天择,适者生存"的竞争局面是不相适应的。但是在老子所生活的那个诸侯争霸、生灵涂炭的战乱年代,这种方法也不失为一种治国的良策。

【原文】

不尚贤①,使民不争②;不贵难得之货,使民不为盗③;不见可欲④,使民心不乱。

司马光《道德真经论》:贤之不可不尚,人皆知之。至其末流之弊,则争名而长乱,故老子矫之,欲人尚其实,不尚其名也。

王夫之《老子衍》:"争"未必起于"贤","盗"未必因于"难得之货","心"未必"乱"于"见可欲"。

是以圣人之治,虚其心⑤,实其腹,弱其志⑥,强其骨。

河上公《老子章句》:说圣人治国与治身同也。虚其心,除嗜欲,去乱烦。实其腹,怀道抱一守,五神也。弱其志,和柔谦让,不处权也。强其骨。爱精重施,髓满骨坚。

王夫之《老子衍》:以无用用无,以有用用有,善入万物。"虚"者归"心","实"者归"腹","弱"者归"志","强"者归"骨",四数各有归而得其乐土,则我不往而治矣。

常使民无知无欲⑦。**使夫智者**⑧**不敢为也。**

司马光《道德真经论》:甘其食,美其服,不知其外更有何欲。众莫之应。

为无为⑨,**则无不治矣。**

唐玄宗《御解道德真经》:于为无为,人得其性,则淳化有孚矣。

王夫之《老子衍》:故圣人内以之沽身,外以之治世。

【注释】

①尚:崇尚、看重。贤:有德行、有才能的人。

②不争:不争名夺利。

③贵:重视,珍贵。货:财物,盗:窃取财物。

④见:通"现",出现,显露。此是显示,炫耀的意思。

⑤虚:空虚。心:古人以为心主思维,此指思想、头脑。

⑥弱:减弱、削弱。志:志气、欲求。

⑦无知无欲:无巧伪奸诈的心智,无相争盗窃的欲求。知:同"智"。

⑧智者:指会耍小聪明的人。

⑨第一个"为"是动词,做、实行之意。为无为:实行"无为"的原则。

【译文】

如果社会不崇尚贤能,就不会导致百姓相争;如果不视那些珍奇异宝为贵重之物。民众也就不会产生偷窃之心;如果不显耀那些能引起贪念欲望的东西。就不会导致民心迷乱。所以,圣人的治理原则就是,要使人民都虚心待人,使人民衣食充盈,使人民没有野心,使人民身体强健。长此以往,全民就会变得无巧伪奸诈的心智,无相争盗窃的欲求。即使其中有个别的"聪明人",也不敢"冒天下之大不韪"了。圣人按照"无为"的原则去做,那么社会就不会不太平了。

【解析】

本章中,老子提出了一系列圣人之治的施政原则,以使民众无欲无智,从而促

进社会的长治久安。这些施政原则包括："不尚贤,使民不争;不贵难得之货,使民不为盗;不见可欲,使民心不乱","虚其心,实其腹,弱其志,强其骨"等。老子认为,只有不去尊贤者虚名,民众就不会攀比相争;不去特意哄抬贵重物品,民众就不会生出盗窃占有之心;不去挑拨欲望,民众之心便不会乱。老子以自己的人生哲学为出发点,他不讲人性是恶或者是善,而是指出人性本来是纯洁朴素的,犹如一张白纸。因此,老子提出圣人的"无为"之治,就是淡其心志,让其吃饱,削弱其争名夺利之志,强健其身体健康生活。让人民不要去自以为聪明,追名逐利,被欲望牵着走,不自以为聪明以便不会胡来,一切顺自然天道而行,如此无为无欲的发展,则无所不为的发展。人类最终会走出杀与被杀的怪圈,走向天道最完美世界,而不是堕入恶性循环。这是老子在看破人世间的战乱与杀戮之后,所向往的一个充满和谐的理想社会,也是老子自己所推崇的"道"的意义的一个重要体现。

【名句品读】

圣人之治,虚其心,实其腹,弱其志,强其骨。

欲望与野心往往是引起纷争和战乱的来源。人性对于难得的事物,总是会兴起贪念,想要得到很多,经常会因名利而斗争。因此,老子认为只有改造民众的心灵,使其谦虚知足,不被外界的虚名所迷惑;满足其温饱的需求,强健其体魄,使其放下执着的意念,获得长久永恒的平静,那么,社会自然就不会有纷乱。这就是老子针对当时的时弊所提倡的"圣人之治"。这在当时特别的历史背景之下也是有其积极意义的。而在现代社会,对于人们修身养性,驱除浮躁,在物欲横流的社会中保持自我,依然能够起到积极的指导作用。

与此有异曲同工之妙的是孟子所说的一段激励人心的名言:"天将降大任于斯人也,必先苦其心志,劳其筋骨,饿其体肤,空乏其身,行拂乱其所为,所以动心忍性,曾益其所不能。"孟子认为,要想增益人的心志,就需要使他经历种种考验,使他的肉体受到磨难,以此来训练其性格的独立,以其成就大的事业。相比而言,二者一"抑"一"扬",似乎正好相反,这其实是因为二者诉求的理想不同罢了。

纣王象箸

商朝的纣王在刚刚继承王位的时候,其实并不是个荒淫之君,反而勇武过人,屡立战功,备受拥戴,臣子们也认为他是个明君。

但是后来,纣王命人用象牙做成箸子,别的大臣到了以后都对那双箸子赞不绝口,而他的叔父箕子看后,却开始担心害怕,恐怕不久就要天下大乱。

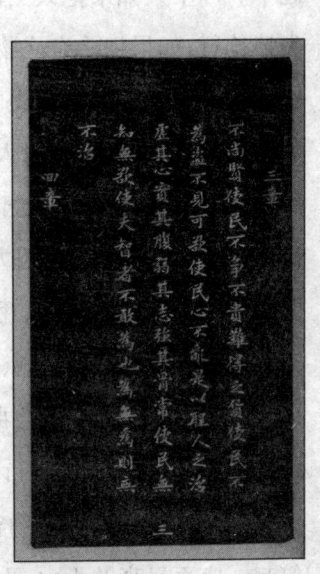

象牙筷子一定和泥土烧制的餐具不配,势必要用良玉美石制作杯盘;象牙筷子、玉石杯盘一定会和野菜粗食不配,得搭配山珍海味才行;吃山珍海味一定不会穿粗布短衣,要穿上华丽精致的衣服,在雕梁画栋的宫殿中享用才行。箕子从一双小小的象箸看出了纣王的欲望,因而开始担心害怕。

果不其然,以后的日子里,纣王变得越发的荒淫无度,整天沉迷女色,吃喝玩乐,还残忍地大加刑戮。五年后,纣王因为奢华过度、暴虐无道,遭到周武王的讨伐,国家就此灭亡。

《道德经》三章石刻

这个故事告诉人们,仔细观察细微的地方,可以知道可能发生的结果,事无巨细,以小见大,恶性循环必然招致祸害。而这也正符合老子所说的"不见可欲,使民心不乱",正因为纣王"见可欲",自己的心乱了,民众的心更乱了,最后遭受亡国的惩罚。而老子之所以说这句话,在很大程度上也是对统治者的警告和规劝。

武王纳谏

周武王建立周朝以后,周边的小国都来朝拜,给周武王进献了很多地方特产和珍贵礼物。当时,有个西戎国,进献了一条大狗。这条西戎狗身高四尺,尾大毛丰,很是珍奇,周武王见了很喜欢,高兴地收下了。

在之后的日子里,周武王把很大一部分心思花在了这条西戎狗身上,担任太保的召公,唯恐周武王玩物丧志。在面见周武王的时候,召公说:"现在,西方都归附于你,并且都把自己的好东西进献给你,这固然是你的圣德。然而,玩赏的东西是不分贵贱的,关键是人的德行。没有德,再贵重的物品也不值钱;有德,物品才显得珍贵。一个贤明的君主不应该沉湎于犬马声色之中。一个人如果把人当作玩物加以戏弄,就会失掉德行;如果把珍奇之物当作宝贝,每天玩赏,就会丧失志气。犬马之类的畜牲不是本地所产,不该豢养它;珍禽异兽对人的衣食住行没有什么用途,也不必饲养它;别国的珍宝没有什么实用价值,也不要稀罕它。四方贡献的东西,最好是分封赏赐给同姓的国家,用来表示信诚之意。"

老子雕塑

周武王听了不住地点头称是,召公继续说:"一个圣明的君主应当为群臣做出榜样,要随时随地注意自己的一言一行,看它是否合乎规范,千万不要忽视一些细小的行为。因为良好的品德是一点一滴积累起来的,就如同筑起一座百尺高的土山,土要一筐一筐地堆积。当堆得差不多的时候,只要再加上一筐,就大功告成了。可是这最后一筐土没有堆上去,这座百尺高的土山也就没有完成,岂不是太令人惋惜了吗?千万不能功亏一篑,否则,就要追悔莫及……"

周武王听了召公的劝谏后,放下了自己的私欲,从此更加专心治理朝政,满朝文武也都尽心尽职地报效国家。

汉高祖刘邦的约法三章

单看老子的"是以圣人之治,虚其心,实其腹,弱其志,强其骨,常使民无知、无欲。使夫智者不敢为也"这段话,仿佛老子的意图就是使人民愚昧无知地接受愚民统治,很容易被人误解。要是整篇联系起来看呢?情况截然相反,这是一段典型的

"无为而治"的经典论述。

汉高祖刘邦进入秦国都城咸阳以后,废除了秦国的残酷法律,仅约法三章作为临时法律。封府库秋毫无犯地退军霸上,老百姓尊之为圣人。

公元前 206 年,刘邦率领大军攻入关中,到达离秦都咸阳只有几十里的霸上。子婴在仅当了 46 天的秦王后,向刘邦投降。

刘邦进入咸阳后,本想住在豪华的王宫里,但他的心腹樊哙和张良告诫他别这样做,免得失掉民心。刘邦接受了他们的意见,下令封闭王宫,并留下少数士兵保护王宫和藏有大量财宝的库房,随即还军霸上。

为了取得民心,刘邦把关中各县父老、豪杰召集起来,郑重地向他们宣布道:"秦朝的严刑苛法,把众位害苦了,应该全部废除。现在我和众位约定,不论是谁,都要遵守三条法律。这三条是:杀人者要处死,伤人者要抵罪,盗窃者也要判罪!"父老、豪杰们都表示拥护约法三章。接着,刘邦又派出大批人员,到各县各乡去宣传约法三章。百姓们听了,都热烈拥护,纷纷取了牛羊酒食来慰劳刘邦的军队。刘邦通过这样一种方式很快获得了民心。

由此可见,老子的这套"无为而无所不为"的思想,对国家的治理,影响非常深远,意义非常重大。

【古为今用】

清心寡欲,返璞归真

老子在这一章中,提出了"三不"与"三使"的施政原则,即"不尚贤,使民不争;不贵难得之货,使民不为盗;不见可欲,使民心不乱。"老子认为,人们过分的好名好利,会导致欲望升级到最后难以控制,从而引起纷争和战乱。欲望有两种,一种是正常的人性欲望,一种是非正常欲望的贪欲。正所谓:"物无美恶,过之为灾。"老子并不反对所有的欲望,而对贪欲则告知我们需要警惕。虽然说欲望能够成为我们追求进步和成功的巨大动力,但是如果超过一定的限度,就会成为让我们失去自我,走向疯狂的始作俑者。而老子则是从修心的高度来对民众进行引导,让我们守住纯真、本真、天真,留住真诚、真率、真性。很多时候,正是因为人们把名看得太重,把物哄抬得太贵,才会导致人们强大贪欲的滋生,甚至不惜以任何方式和任何代价来换取,进而丢掉纯真,失去真性,毁灭自我。而在巨大的诱惑面前,我们的确需要控制欲望,保持本真,不被物欲名利牵引到歧途之上。

第四节　象帝之先

【题解】

在本章里,老子对"道"再次进行了描述,而且还通过比喻的方式让"道"变得更加具体和形象。在第一章中,老子认为"道"是不可名状的,而实际上"道可道,非常道"本身就是对"道"的一种写实,这里又接着用一些言语试图描绘出"道"的形象。

老子说,"道"是空虚无形的,但它所能发挥的作用却是无法限量的,是无穷无尽、不会枯竭。它是万事万物的宗主,支配着一切事物,是宇宙天地存在和发展变化必须依赖的力量。在这里,老子提出一个问题,说"道"是从哪里产生出来的呢?他自己并没有做出正面的回答,而是说它存在于天帝出现之前。既然在天帝产生以前,那么天帝也就无疑是由"道"产生出来的。由此,研究者们得出结论,认为老子确实提出了无神论的思想。

【原文】

道冲①而用之或不盈②,渊③兮似万物之宗④;

司马光《道德真经论》:深不可测,常为物主。

王夫之《老子衍》:"冲",古本作"盅",器中虚处。不期不盈,故或之。用者无不盈也,其惟"冲而用之或不盈"乎!

河上公《老子章句》:道冲而用之冲,中也。道匿名藏誉,其用在中。或不盈,或,常也。道常谦虚不盈满。渊乎似万物之宗。道渊深不可知,似为万物之宗祖。

挫其锐⑤,解其纷⑥;和其光⑦,同其尘⑧。湛兮,似或存⑨。

王夫之《老子衍》:阳用锐而体光,阴用纷而体尘。用之为数,出乎"纷""尘",入乎"锐""光";出乎"锐""光",入乎"纷""尘"。唯冲也,可锐,可光,可纷,可尘,受四数之归,而四数不留。

河上公《老子章句》:挫其锐,锐,进也。人欲锐精进取功名,当挫止之,法道不自见也。解其纷,纷,结恨也。当念道无为以解释。和其光,言虽有独见之明,当知暗昧,不当以擢乱人也。同其尘。当与众庶同垢尘,不当自别殊。湛兮似若存。言当湛然安静,故能长存不亡。

吾不知谁之子,象^⑩帝之先。

河上公《老子章句》:吾不知谁之子,老子言:我不知,道所从生。象帝之先。道自在天帝之前,此言道乃先天地之生也。至今在者,以能安静湛然,不劳烦欲使人修身法道。

王夫之《老子衍》:故盛气来争,而寒心退处,虽有亢子,不能背其宗;虽有泰帝,不能轶其先。岂尝歆彼之俎豆,而竞彼之步趋哉?似而象之,因物之不能违,以为之名也。

唐玄宗《御解道德真经》:吾不知道所从生,明道非生法,故无父道者,似在乎帝先尔。帝者,生物之主。象,似也。

司马光《道德真经论》:言其先天地生,物莫能逾。

【注释】

①冲:通"盅",指器物虚空,比喻道虚空而没有形体。

②或:又。盈:满,引申为尽。

③渊:深远。

④宗:祖宗,祖先。

⑤挫:消磨,折去。锐:锐利、锋利。

⑥解其纷:消解掉它的纠纷。

⑦和其光:调和隐蔽它的光芒。

⑧同其尘:把自己混同于尘俗。

⑨湛:沉没,引申为隐约的意思。这里用来形容"道"隐没于冥暗之中,不见形

《道德经》四章书法

迹。似或存：似乎存在。

⑩象：似、好像。帝：天帝。

【译文】

道是虚无而没有形体的，但是它却用之不竭，它是那样的渊深，就像是万物的宗主；它收敛锋芒，解除纷乱，隐蔽光芒，混同尘埃。它是那么的幽隐，好像没有又好像存在。我不知道它是从哪里产生的，似乎在天帝出现之前就存在了。

【解析】

在第一章中我们了解了道的几个相关概念，如：名、无、有、妙、徼、玄。这些概念并没有真正解释出道的真意，主要是因为"道可道，非常道"。人类的语言和思维具有很大的局限性，所以任何概念都无法详尽解释出道的真正内涵。这一章我们接着对其进行分析。"道冲"的意思是大道本身没有一个具体的形象，它是一种完全虚空的境界，它是天地万物的本原，因而宇宙间的一切都被它容纳和控制。老子曾说宇宙是分层的，它大到没有边界，小到没有内核。套用科学术语，称作无穷大和无穷小。在广袤的宇宙空间内，所有的物体都统属大道掌控，大道在运作的过程中永远也不会穷尽。它不会停息也不会损坏，它会永恒地运转下去。它的运转过程只可感觉，不可触摸和观赏。它远远地躲开我们，却无时无刻不在影响着我们的生活。

正是由于大道无形、无声的特点，我们人类即便穷尽语言也无法真正地描摹它，这让我们感到无可奈何，只得用一些贴近的语言来描述它：深邃啊！仿佛是万物的祖宗，宇宙间的万物皆由它而生，它包容了天地万物，并主宰着一切的一切！清湛幽隐啊！它好像不存在，其实却真实地存在！给大道下一个确切的定义是无论如何都办不到的事情。因为我们无法把握它的来龙去脉：它是怎样生成的，何时生成的，来自何处又将何时消亡，谁能说得清楚呢？它好像在万能的上帝出现之前就已经存在了，因为宇宙万物都是它生成的，就连上帝也不例外。

那么，道到底是什么？我们可以说它什么也不是，却又什么都是。我们人类为何要穷根究底研究如此抽象、晦涩难懂的问题？从人类自身的角度而言，探讨大道可以帮助人们理解自己、透悟宇宙万物，进而建立科学的人生观和宇宙观。现实地讲，就是能让人们生活得更悠然惬意，舒心幸福。还有什么比这更有意义呢？只有

范曾《老子论道》图

真正理解大道的人,才会采取顺其自然的处世观,对什么都不强求,这样的人才能真正接近大道,甚至与大道合二为一。与大道合二为一是理解道的至高境界,达到这种境界的人心气平和,没有忧愁和烦恼。自然生活幸福美满。推而言之,如果全人类都达到了这一境界,那么我们生活的这个地球,不就变成了人们一直向往的桃花源了吗?

【名句品读】

挫其锐,解其纷;和其光,同其尘。

老子认为,"道"能够顿挫自身的坚锐而不受任何损害,能够化解各种纷扰而不感到劳累,能够含蓄光耀而不被污染,能够混同尘垢而不失其本真。所以我们很难感受到它的存在,但是它却实实在在地在发挥着作用。

"不露锋芒,与世无争,和而不杂,同而不流",这是多么高贵的一种品质,又是多么高深的一种境界!这的确是我们需要学习的一种处世智慧。

如果一个人在处世的时候,能够不显山不露水,不炫耀自己的锋芒,挫去自己的棱角,却依然保存着自己的智慧与志气,能够解开纷扰,摆脱困苦,却不为之所累,能够和世俗混同,却依然能够做到"举世皆浊我独清",不失掉自己的洁白和纯真,就能够达到极高的人生境界了。而这也是老子的智慧之所在。

【经典故事】

求学之道

东郭子问道

自古以来,多少人求道而不得,可能是他们太注重具体的形式上的东西了吧,最终无法感受到的存在。老子告诉我们,道是虚无的,而且是无穷无尽的,它时刻都在发挥作用,影响我们。我们虽然看不到、摸不着它,但是它却永远存在。

《庄子·知北游》中有这样一个故事。东郭子问于庄子曰:"所谓道,恶乎在?"庄子曰:"无所不在。"东郭子曰:"期而后可。"庄子曰:"在蝼蚁。"曰:"何其下邪?"曰:"在稊稗。"曰:"何其愈下邪?"曰:"在瓦甓。"曰:"何其愈甚邪?"曰:"在屎溺。"

道的存在,无论其高深久远,无所不在。东郭子问道在何处,庄子回答说:"无所不在。"东郭子不得要领,一定要问道究竟在哪一定处。庄子说:"在蝼蚁。"东郭子不理解,问:"怎么这样低下呢?"庄子说:"在稊稗。"东郭子更加不能理解,问:"怎么更加低下了呢?"庄子说:"在瓦甓。"东郭子仍然不解,说:"怎么越来越厉害了?"庄子干脆说:"在屎尿。"道本来无所不在,东郭子一定要知道道在哪一个具体之处,这已经是错。东郭子又预想道应是在哪一个高妙之处,这就错上加错了。

天地间任何事物都逃不出道的涵括,道最大范围内地遍布于物质存在之中,这是道的普遍性同时也是道的统一性。而道在"蝼蚁",在"稊稗",在"瓦甓",在"屎尿",则是道在具体事物的个性中的体现。

而老子和庄子所做的,就是想要唤醒人们,让人们明白,世间万物在生存的意义上,都是遵循普遍的自然规律的,彼此之间没有高低贵贱之分,从而改变人们刻意去分辨事物的高低贵贱并分而待之的低能认识,让人们回到生命真正的来源之处,实现返璞归真,只有这样,才能更好地认识天地万物,找到道的根源。

汉文帝拜河上公

黄老学说,是历朝历代治理朝政必不可少的理论基础。相传,汉文帝对于老子的《道德经》就非常推崇,不仅自己喜欢读,还命令王侯大臣们都要诵读。但汉文帝在读《道德经》时,其中有些地方不明白,百思不得其解,而当时朝中的文武大臣也都不懂。

后来文帝听说民间有个叫河上公的老人,在与黄河相连的苍龙涧岸边,用树枝和柴草打成一个草庵,终日坐在庵门口,一遍又一遍地背诵《道德经》,人们都说他很精通老子经典中的深奥含义。于是,汉文帝就派人拿着那几个不懂的问题找河上公请教。河上公对文帝派来的使者说:"研究老子的经典是件十分严肃认真的事,怎么可以隔着很远的地方间接地研究呢?"使者回去禀报汉文帝,文帝只好亲自驾临河上公的草房,向河上公求教。

文帝说:"《诗经》上说,'普天之下,莫非王土;率土之滨,莫非王臣。'老子也说过:'道大、天大、地大、王亦大。'君王也是'四大'之一。你虽然懂得道学,但你也是我的臣民嘛,为什么不能尊重我,却这么高傲呢?"

河上公就拍着手坐着慢慢腾空而起,离地有好几丈高,低头看着仰视他的汉文帝说:"我上不着天,下不着地,中间又不牵累人世的事,怎么能算你的臣民呢?"文帝大惊,才明白触犯了神人,马上下了车向河上公跪拜谢罪:"我实在是无德无才,勉强继承了帝业当了皇帝,能力太小而责任大,常常担心不能胜任。虽然身在皇位日理万机,但心中更敬仰的是道术,由于自己无知蒙昧,对道学的精义有很多不懂的地方,唯望道君您对我多多指点教化。"

河上公见此君圣明,就把《道德经章句》二卷授给汉文帝,并对文帝说:"回去后好好研究这两卷书,《道德经》中的疑难问题就都解决了。我这两卷注解道经的著作,写了已经一千七百多年了,只传了三个人,算上你才四个,希望你千万不要把它给不相干的人看!"汉文帝跪受经书,抬头再看,只见云雾蒸腾,天地一片迷茫,河上公已经不见了。汉文帝后来十分珍视那两卷书,精心钻研《道德经》,手不释卷。

通过励精图治,他最终开辟了文景之治的社会繁荣局面。

在中华民族五千年的历史中,神人授书于有才德、有作为之士的事例很多,但是不管你有多么尊贵的地位,还是有多么聪慧的头脑,想要求道,还是需要抱着恭敬虔诚的态度,才能最终得到真经。

为人之道

随和隐士陈继儒

陈继儒是明代著名的文学家和书画家,与同郡董其昌齐名。他工诗文、书画,书法师从苏轼、米芾,书风萧散秀雅。擅墨梅、山水,画梅多册页小幅,自然随意,意态萧疏。其山水多水墨云山,笔墨湿润松秀,颇具情趣。书画和诗文著作有《梅花册》《云山卷》《妮古录》《陈眉公全集》《小窗幽记》等。

陈继儒从小就聪明过人,长大后更是远近闻名,曾被多次举荐,他却坚决拒绝。二十九岁的时候,他干脆把自己儒生的衣冠一把火烧了,然后隐居山林,成了一名隐士,在山清水秀的山林里潜心写诗作画。虽然已名满天下,而且现已隐居,但是他却从不以此自居,也不像别的隐士那样高傲地不与世俗之人交往,反而非常随和,有求必应,既能保持自身的那份闲情逸致,又没有那种玩世不恭的傲慢。于是很多人都喜欢与他结交。

在陈继儒隐居地附近的一个村庄里,有叔侄两人,都是老实巴交的庄稼汉,他们在种地之余,喜欢练习射箭,而且还琢磨出一些挽弓射箭的技巧,写成了一本书,想请陈继儒给书写序,但是二人又觉得他那么有名望,又远离世俗,不一定能够答应他们的要求。谁知,陈继儒想都没想就欣然答应了,而且给了他们这本书很高的评价,并且还举荐给朝廷,希望能将其作为教材推广出去。

结合老子所说的"挫其锐,解其纷,和其光,同其尘",一个人如果能和光同尘,与时舒卷,不露锋芒,与世无争,是一种绝好的处世本领和技巧,也是一种优秀的品质和为人境界。

明代著名学者、思想家魏源在《老子本义》中说:"夫人之用,所以常失之盈者,恃己之锐而与人为纷,以己之光而照人之尘也。挫其锐则纷自解矣,和其光则尘自同矣,是其用之能不盈也。湛兮若存。则其体仍虚矣。"做人不能过分地显露自己,只知持满而不知虚空,要善于藏锋,要懂得包容,这样才能更好地融入社会,接纳一切,也让自己生活得更自在舒服。

【古为今用】

因为虚空,所以能容

老子所描绘出来的"道"的特征,让我们知道了它是虚空无形,而又有着用之不竭的力量,它无处不在,却能永远保持一种不满不溢的状态,它有着神奇的作用,能够"挫其锐,解其纷,和其光,同其尘",这说明,"道"起的其实是一种中和作用,调和万物,包容万事,不断循环,永远保持一种平衡状态。而这也正好体现了我国古老文化中宠辱不惊、去留无意、与世无争的处世智慧。能够做到不锋芒毕露,不怨天尤人,善于接纳和包容,凡事留有余地,不执着求全,就会有容乃大,调和纷争。这对于我们现代人的社会交往和修身养性方面有着积极的指导意义。针对现在很多凡事太争第一,傲慢看不起别人,自私自利,难以融入集体等现状,很多人需要用心认真阅读《道德经》,去感悟和品味这其中的奥妙。

第五节　天地不仁

【题解】

本章的内容主要包括两方面的意思。其一是老子再次表述自己无神论的思想倾向,否定当时思想界存在的把天地人格化的观点。他认为天地是自然的存在,没有理性和感情,它的存在对自然界万事万物不会产生任何作用,因为万物在天地之间依照自身的自然规律变化发展,不受天、神、人的左右。其二是老子又谈到"无为"的社会政治思想,这是对前四章内容地进一步发挥。他认为,作为圣人——理想的统治者,应当是遵循自然规律,采取无为之治,任凭老百姓自作自息、繁衍生存,而不会采取干预的态度和措施。

这些都突出反映了老子关于世间万物平等的思想,老子把世间万物都看成是合理的存在,没有等级的差别,"天地不仁",可视为老子的世界观,"圣人不仁"则包含了老子人人平等的法治思想,世间万物都是由"道"创造出来的,"道"本身就代表了一种公平。所以,本章老子从"天道"推论"人道",由"自然"推论"社会",其核心思想还是阐述清静无为的好处,提倡"无为"的治世之道。

【原文】

天地不仁①**,以万物为刍狗**②**;圣人不仁,以百姓为刍狗。**

司马光《道德真经论》:刍狗,祭祀之具也,未用则贵,已用则贱。天生五材,力尽而弊之,有似不仁。

王弼《道德真经注》:天地任自然,万物自相治理,故不仁也。仁者必造立施化,有恩有为,造立施化则物失其真。有恩有为,列物不具存。物不具存,则不足以备载矣。地不为兽生刍,而兽食刍;"天"不为人生狗,而人食狗。无为于万物而万物各适其所用,则莫不赡矣。若慧由己树,未足任也。

河上公《老子章句》:天地不仁,天施地化,不以仁恩,任自然也。以万物为刍狗。天地生万物,人最为贵,天地视之如刍草狗畜,不贵望其报也。

天地之间,其犹橐籥乎③**? 虚而不屈**④**,动而愈出。**

王夫之《老子衍》:屈然后仁。天地无以自擅,而况于万物乎? 况于圣人乎,设之于彼者,"虚而不屈"而已矣。

多言数穷⑤**,不如守中**⑥**。**

河上公《老子章句》:多言数穷,多事害神,多言害身,口开舌举,必有祸患。不如守中。不如守德於中,育养精神,爱气希言。

王夫之《老子衍》:出己必穷。仁者必言。道缝其中,则鱼可使鸟,而鸟可使鱼,仁者不足以似之也。仁者,天之气,地之滋,有穷之业也。

【注释】

①天地不仁:天地是无所谓仁慈偏爱的。这里的"仁"并非儒家所说的仁义,而是指私爱、偏爱。

②刍狗:古人用谷草扎成的用以祭祀天地神灵的狗。

③橐籥(tuóyuè):用手操作的鼓风工具,即风箱。

④虚:空。屈:竭,尽,

⑤多言数穷:指政令过多反而会行不通。多言:喻政令繁多。穷:碰壁,行不通。

⑥守中:持守虚静。

【译文】

天地是无所谓仁慈偏爱的,它对待万物就像对待刍狗一样平等,任凭万物自生自灭;圣人也是无所谓仁慈偏爱的,他对待百姓也像对待刍狗一样,任凭百姓自作自息。天地之间,不正像一个大风箱吗?静止的时候,它只是一个空虚的世界,而一旦动起来,就会运转不息,永远不会枯竭。统治者政令太多,反而会加速灭亡,不如保持虚静,方可进退自如。

不如守中

【解析】

这一章老子依然从反对"有为"的角度出发,仍谈论的是"无为"的道理。开篇老子就写道:"天地不仁,以万物为刍狗;圣人不仁,以百姓为刍狗。"对于这句话,历来颇受争议,而老子在当时提出这样的一个观点,也绝对是惊世骇俗的。这一见解不仅否定了鬼神数术的有神论,更认为世间万物是平等的。

所谓天地不仁,表明天地是一个物理的、自然的存在,并不具有人类般的理性和感情;万物在天地之间依照自然法则运行,并不像有神论者所想象的那样,以为天地自然法则对某物有所偏爱,或对某物有所嫌弃,其实这只是人类感情的投射作用。老子认为天地是无为的,自然界的一切事物,只需依照自然界的发展规律生长变化,不需任何主宰者凌驾于自然之上来加以命令和安排。

然而,在古人的眼里,却习惯于把天看作是世界的主宰,并往往赋予天以人格和宗教方面的含义,因此,"天"往往被赋予了至高无上的神性,而成为天神。而这种人格化的主宰者式的天神观念,被不断的发展和传承,直到现在还深深影响着我们的生活,"生死有命,富贵在天""天意难为""天理难容"这样的话我们还经常会说起,可见,传统天命观是如何广泛而深远地影响着我们的思想。而老子作为一个勇敢的批判者，以他的睿智和胆识，第一个讲出了"天地不仁"的真理，这是极为难得的。

在老子的眼中，天不带有任何人类道义和道德方面的感情，它有自己客观运行的方式。天虽然不讲仁慈，但也无所偏向，不特意对万物施暴。老子眼中的"天"是由"道"产生的，它没有意志，没有好恶，更不是一种超自然的精神力量。这无疑是一种自然之天。老子的功绩，就在于他否定了有人格的天神，重新恢复和提出自然之天。

之后，老子还列举了生活中的两件事来说明"天地的不仁"。一是人们祭祀时使用的以草扎制而成的狗，祈祷时用它，用完后随手就把它扔掉了。二是使用的风箱，只要拉动就可以鼓出风来，而且不会竭尽。天地之间好像一个风箱，空虚而不会枯竭，越鼓动风越多。老子通过这两个比喻，把话题从天道引入人道，从自然涉及社会。指出圣人也应该取法于天地，无所偏爱，对老百姓也不应该有厚薄之分，而要平等相待，让他们根据自己的需要安排作息。

如果不这样做又会如何呢？老子说："多言数穷，不如守中。"告诉统治者，如果用很多强制性的言辞法令来强制人民，很快就会遭到失败，不如按照自然规律办事，虚静无为，万物反能够生化不竭。有为，总不会有好的结果，这是老子在本章最后所提出的警告。

【名句品读】

多言数穷，不如守中。

正所谓："道可道，非常道。"老子认为，很多东西是很难用言语进行描述的，特别是像"道"这样高深玄妙的东西。所以"多言"往往并不能彰显智慧，相反持守中道，沉默少言才是明智之举。而在现实生活中，我们也经常说："言多必失""祸从口出"。如果我们为了彰显自己的聪明才智，而对某人某事议论太多，恐怕不但不能赢得赞誉，还可能会使自己陷入困境，甚至招致祸端。

明朝的时候，杭州府学教授徐一夔在进献给皇帝朱元璋的《贺表》中，写有"光天之下，天生圣人，为世作则"一句话，意思是：天下乱作一团，百姓民不聊生，幸亏苍天有眼，生下朱元璋这个圣人，解救天下苍生。这本都是歌功颂德之祝词，但是太祖朱元璋看了却大发雷霆："'生'者，僧也，骂我当过和尚；'光'是剃发，骂我是秃子；'则'的读音与贼相近,骂我做过贼!"这些句子在朱元璋看来是在嘲讽他,于是就下令把徐一夔给杀了。徐一夔所做的贺表,不过是为了恭维朱元璋,没想到"马屁拍在了马腿上",给自己惹来了灾难。

【经典故事】

从政之道

高瞻远瞩:朱元璋处心积虑终成大业

元朝至正十二年(公元1352年)九月,农民起义军红巾军所据濠州被元军包围已七个月之久,形势危急。这段时间里,朱元璋曾奉命攻打灵璧、萧县和虹县,试图分散元军的注意力,但效果一直不好。正当元军即将对濠州发动总攻之时,元军主帅突然病死,士兵们失去主帅,无心恋战,纷纷逃散。濠州被围遂解。

郭子兴的军队趁机得到喘息,就在濠州城内饮酒高歌,庆祝胜利。朱元璋是个志向远大之人,他在军中待的时间长了,对各种事情看得越来越透彻明白,渐渐觉得这帮人治军无方,驭下无道,成不了什么大气候。他还深深地认识到,在这群雄割据、形势混乱的局面下,不发展自己的军队,不招揽英豪为己所用,很难有出头之日。

至正十三年六月,朱元璋禀明郭子兴,欲回故乡钟离招募士兵,郭子兴同意了。

不到十天,朱元璋就募集了七百人。他将队伍带到濠州,交给郭子兴,郭子兴非常高兴,提升他为镇抚,并把这七百人交给他统领。不久,又升他为总管。

朱元璋虽已被升为总管,但他还是感觉到这样下去是不行的。

至正十三年底,朱元璋把自己统率的七百人交给别人,只带着徐达、汤和、吴良等二十四人离开了濠州,前往定远发展自己的势力。

这次出行并不顺利,还没有开始,朱元璋就患了重病,只得返回濠州治病。过了半个月,才有所好转。这时,他听说张家堡驴牌寨屯居着一支三千人的民兵,主帅与郭子兴相识,现在正断了粮,处境艰难。机不可失,时不再来,朱元璋觉得这是扩充势力的好机会,他不顾大病初愈,找到郭子兴,请求派自己前去招降。郭子兴问:"带多少人?"

朱元璋说："人多易生疑，带十人就可以了。"

郭子兴也不勉强，便派给他十个人。

朱元璋带病走了六天，才到达张家堡。主帅与他一见面，朱元璋便对他说："郭公与你是老相识，他听说你们缺粮，又得到消息说有别的军队要来攻打你们，特地派我来通报。如果你们愿意跟随郭公，就与我一起回去。不愿意，也要赶快移到别处，以避来犯之敌。"

主帅想了半天也没有想出好办法，他见朱元璋说得真诚，就与他交换了信物，答应收拾好行装，就到濠州归附。朱元璋见主帅如此，便将费聚留下等候，自己先回濠州，报告了郭子兴。郭子兴大为高兴，夸奖朱元璋办事得力。

老子圣像

不料过了三天，费聚来报，说事情有变，驴牌寨主帅想把队伍拉到别的地方去。朱元璋立即带着三百名士兵赶去，费尽唇舌，劝主帅归附郭子兴。但主帅仍是犹豫不决，朱元璋便定下一计，让人请主帅议事，乘机将他挟持而去。离开营寨十余里后，又派人到寨中传话，说主帅已经选好了新的营地，让部众移营。

部众信以为真，便烧了营寨跟去。主帅见大势已去，无可奈何，只得投靠于他。

紧接着，朱元璋又带兵去豁鼻山，招降了以秦把头为首占山为王的草寇八百余人。

朱元璋对收编来的队伍进行了集中训练，在较短时间内，使他们的战斗力有了明显的提高。不久，他率领这支部队攻克了屯居横涧山的缪大亨武装，缪大亨投降。这样不到半年，朱元璋的部队就发展到了十几万人，势力逐步壮大，为日后统一全国打下了坚实的军事基础。

秦始皇苛政亡国

老子的为政思想是清静无为，顺其自然，他认为天地是无为的，天地间的一切事物，都是按照自然界的发展规律变化的，任何凌驾于自然之上的东西都会导致灭亡。因此他建议统治者要取法于天地，无所偏爱，对老百姓不应该有厚薄之分，而要平等相待。相反，如果统治者政令制定得太多，太过烦苛，对百姓横征暴敛，穷兵黩武，就会加速自身的灭亡。这样的例子，在历史上也是比比皆是。秦始皇就是一个很典型的例子。

我们之所以称他为暴君，是因为他在位期间施行了一系列"暴政"。虽然是在特殊的历史背景下所进行的社会变革，但是，太依赖于暴力，严苛政令太多，则恰恰出现了老子所说的"多言数穷"的后果。

秦始皇统一天下之后，为了促进社会发展，进行了一系列的改革，比如，政治上强调依法治国，推行严刑酷法；在经济上层层设卡，赋敛无度、穷奢极欲；司法上刑罚酷虐；军事上的暴兵露师；思想文化上的焚书坑儒。这一切，不但没有起到帮助其稳固政权、发展经济的作用，反而给人民造成深重的苦难，最后导致民众怨声载道，揭竿反抗，最终到秦二世的时候，被人民所推翻。

秦始皇统一六国后，山东六国的贵族与百姓，特别是原来六国的旧贵族，反秦情绪十分强烈。为了巩固自己的统治，秦始皇采用严厉的镇压办法，实行严峻的刑罚。其名目繁多，可分为死刑、肉刑、徒刑、连坐等十二种，并且秦朝法律规定，各种刑罚可以重用、单用、合用。汉朝的贾谊说："秦王置天下于法令刑罚，德泽亡一有，而怨毒盈于世，下憎恶之如仇雠，祸几及身，子孙诛绝，此天下之所共见也。"秦朝当时的种种刑罚，主要是针对农民和奴隶的，对农民和奴隶往往是轻罪重处。例如，服役的刑徒在生产中，若稍稍损坏器具，就会遭到很重的鞭笞。总之，秦始皇称帝后，秦朝的法律更为严苛了。

而且，秦始皇重用法吏，而这些酷吏则"妄赏以随喜意，妄诛以快怒心，法令烦憯，刑罚暴酷，轻绝人命，身自射杀；天下寒心，莫安其处。奸邪之吏，乘其乱法，以成其威，狱官主断，生杀自恣。上下瓦解，各自为制"。

此外，秦始皇时期，征收的赋税也是十分沉重的。秦朝的赋税可分为田税、口赋两种，据汉代董仲舒所言，秦朝赋税"二十倍于古"。而徭役更是十分繁重。秦朝规定：一般人民从十五岁开始服役，至六十岁。一生中须正率一年，屯戍一年，每年还要更卒一个月。当时，秦始皇不断大兴土木，在咸阳及别的地方修建宫殿，其中以阿房宫的修建为最。另外，还要修建复道。秦始皇不仅活着要享尽人间富贵，死后仍要穷奢极侈。他为自己在骊山修建了规模宏大的陵墓。在他即位之初，就开始为自己修墓，统一六国后，更役使数十万人继续营造，其陵高为一百二十多米，周长两千一百六十七米，陵下则"穿三泉，下铜而致椁，宫观百宫奇器珍怪徙藏满之。令匠作弩矢，有所穿近者辄射之。以水银为百川江河大海，机相灌输，上具天文，下具地理。以人鱼膏为烛，度不灭者久也"。除陵墓主体外，还有许多作为陪葬的工程。兵马俑和铜赤马的出土即可作为明证。据统计，秦朝人口约有两千万人，每年服徭役的就达二百多万人，由此可见秦朝徭役之重。

此外，"暴兵露师""穷兵之祸"是秦始皇的又一大罪状。秦始皇北伐匈奴，对南平百越大加挞伐。秦始皇当时遣蒙恬筑长城，东西数千里，暴兵露师常数十万，死者不可胜数，僵尸千里，流血顷亩，百姓力竭，欲为乱者十家而五。

如此等等，秦始皇在处理政事时走得太极端，恣意享受，消耗了大量的财力、物力和人力，给人民带来了深重的灾难，这样极端化的后果就是大违初衷，失权威，失民心，失天下。

老子说，天不带有任何人类道义和道德方面的感情，它有自己客观运行的方式。天虽然不讲仁慈，但也无所偏向，不特意对万物施暴。统治者治理国家也应该不特意对民众施暴，如果治理者采取的人为干预太多，各种矛盾就会激化。要想避免这种问题的出现，就需要善于"守中"。

【古为今用】

做人做事要善于守中

老子在《道德经》中一再阐述自己清静无为的主张，其实不管是治理国家、管理企业，还是个人修身养性，这种做法都是值得我们参考和借鉴的。一个国家如果仅靠纷繁严苛的政令来治理的话，反而会加速它的灭亡；一个企业如果是建立在名目繁多且缺少人文关怀的规章制度之上的话，那它也难以留住人才，难以获得发展；而一个人如果不懂得收敛，有过多的议论、指责和命令，也往往会带来言多必失、祸从口出的后果。所以，古人大多是反对"多言"的，"多言"就是"有为"，"有为"就会形成制约和障碍，就可能招致祸患，陷入困境，相比夸夸其谈来说，沉默有时候也是人们表达力量的一种技巧。所以要善于守中，学会中立，学会适度，在给了别人极大的自由之后，自己也可以获得舒展的空间。而这也是我们在管理以及人际交往中需要学习的一种处世智慧。

第六节　谷神不死

【题解】

"道"究竟是什么样的东西？在《道德经》中，老子不止一次地对其进行解释和描述，但每次都是点到为止。这再次说明了"道可道，非常道"，用语言来解释真理的确存在很大的局限性。但是老子依然极力地希望通过一些生动的比拟来把"道"的神奇虚空，永生不灭的特性告诉大家。

本章老子依然是用简洁的文字来对形而上的实存的"道"进行描写，继续阐述"道"在天地之先的思想。老子分别用"谷"来形容"道"生养天地万物的博大虚空，用"神"来比喻"道"的变化无常。"道"是绵延不绝、永生不灭的，老子认为"道"是在无限的空间支配万物发展变化的力量，是具有一定物质规律性的统一体。它空虚幽深，具有神奇的变化，而且永远不会枯竭，不会停止。老子说"谷神不死"，正是体现出了"道"的永恒性，即恒"道"。

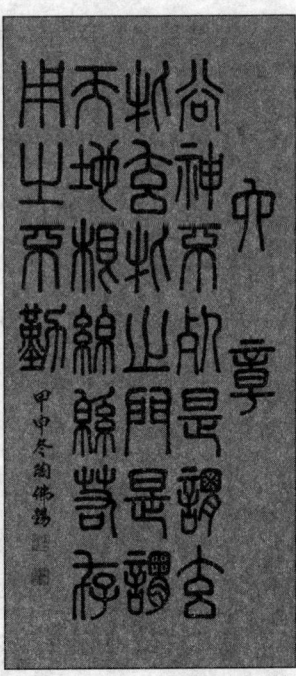

《道德经》六章书法

【原文】

谷神①不死②。

王夫之《老子衍》：吕吉甫曰：有形与无形合而不死。

王弼《道德真经注》：谷神，谷中央无谷也。无形无影，无逆无违。处卑不动，守静不衰。谷以之成，而不见其形。此至物也。

司马光《道德真经论》：中虚故曰谷，不测故曰神。天地有穷而道无穷，故曰不死。

是谓玄牝③。

明太祖《御解道德真经》：此以君之身为天下国家万姓，以君之神气为国王，王有不死，万姓咸安。

王夫之《老子衍》：吕吉甫曰：体合于心，心合于气，气合于神，神合于无，合则不死，不死则不生，不生者能生生，是之谓玄牝。

玄牝之门④，是谓天地根。

河上公《老子章句》：玄牝之门，是谓天地根。根，元也。言鼻口之门，是乃通天地之元气所从往来也。

王夫之《老子衍》：畴昔之天地，死于今日；今日之天地，生于畴昔；源源而授之，生故无已，而谓之根。执根而根死，因根而根存。

司马光《道德真经论》：天地由之以生。

绵绵若存⑤，用之不勤⑥。

河上公《老子章句》：绵绵若存，鼻口呼噏喘息，当绵绵微妙，若可存，复若无有。用之不勤。用气当宽舒，不当急疾勤劳也。

司马光《道德真经论》：微而不绝，若亡若存，无物不用，而未尝勤劳。

【注释】

①谷：生养的意思，形容"道"虚空博大。神：此处并非指有人格的天神，而是形容"道"变化无穷，很神奇。由于"道"能够生养天地万物，但又没有形体、深妙难识，故老子称它为谷神。

②不死：永恒存在而不会灭亡。

③玄：形容事物微妙难知，深不可测的状态。牝：雌性动物的生殖器官。玄牝：形容"道"具有不可思议的生殖力，创造了天地万物，却没有留下任何痕迹可寻。

④玄牝之门：微妙深邃的母性之门，这里指代生育万物的"道"。

⑤绵绵：即冥冥，形容无形、不可见的样子。

⑥勤：尽、穷竭。

【译文】

变化莫测的大"道"是博大无边、永恒不灭的，宇宙万物以它为母体而诞生，因此它就是天地万物的根源。它若隐若现地存在于天地间，具有无尽的繁衍生命的作用。

【解析】

"谷神"并不是指稻谷之神,谷是指山谷,山谷是空荡荡的,所以用山谷来形容大道的虚无。空荡荡的山谷可以生养万物,恰好可以用来形容大道能生万物。神是指孕育万物的能力和不拘于形式的过程。谷和神合起来就是"谷神",所以它是一个词,又不是一个词。可以理解为大道虚空生养万物,其精髓就是绵延不绝、生生不息。

"玄牝"一词中,玄是指旋转变化,牝指雌性的生殖器官,牝本来写作匕,象形字,像女性生殖器官的形状。在古代,科学不发达,加之人们的思维带有很大的局限性,对于女性能生儿育女,无法给以科学的解释。他们看问题只停留在事物的表面,对女性的生殖器官充满了崇拜甚至畏惧。他们看到女子的肚子一天天隆起,十个月后一个小生命呱呱坠地,多么神奇!他们不知道精子和卵子的结合才是孕育生命的开始,夸大了女性生殖器的作用,以为其里必然蕴涵着无数奥妙和玄机,所以才能从无生出有来。

戴敦邦绘老子像

大道生万物就如同人类的孕育过程,它充满了神奇又不为人所目睹,正因为我们无法亲眼看到,才更突兀出它的神秘和深奥。大道的孕育和女性孕育的不同点在于,大道生育万物的功能是无限的,它会永远存在下去,因而说"玄牝不死"。它怎么可能死呢?这是大道的本质特征使其永不停息地生化万物。

"玄牝之门"就是指大道生殖器官的门道,它存在吗?在哪里?如果大道存在牝门。那大道也就是实体了,能够摸得着看得见了,可实际上大道看不见也摸不着,没有形象;如果大道没有牝门,那么这样形容本身就没有任何意义。所以大道的牝门存在于"无"的状态之中。无的状态无处不在,充盈于整个宇宙中。无中生有,有又变无。无的蕴意是不见踪影又无法寻觅,从整体到分散,再由分散聚为整体,包含一切变化。它永远都不会枯竭、停息,无所谓开始。无所谓结束。

喧嚣的生活,使我们的内心无法归于平静,我们忙于自己的欲望,而无暇顾及自己灵魂的呼喊,更没有聆听天籁之音的情趣。我们生活得忙碌而平庸,常常会听到忙啊忙啊的悲怨,怨天怨地还是怨自己?是因为生命的短暂才要穷尽一生的时间去忙碌吗?怎样才算作穷尽呢?泼灭内心燃烧的欲火,坐下来平心静气地听听老子的声音,我们会惊奇地发现,在理解老子的大道的真意后,我们会豁然开朗,按照道的规律去发展自身的优势,会省时、省力,收到意想不到的效果。

【名句品读】

绵绵若存,用之不勤。

这是老子对"道"的描述,他说,大道本身虽然若隐若现,但它却是绵延不绝的,能够产生出永不衰竭的力量。道家养生法中讲究练气,呼吸吐纳,柔和深慢,绵绵不绝,若存若亡,神态祥和安定,从而达到身心和谐,愉悦轻松的状态。这其实讲究的就是一种和谐的、恒久的状态,只有这样才能产生巨大而用之不竭的力量。在追求成功和进步的道路上,其实我们也需要这样的状态。

某著名推销大师,即将告别他的推销生涯,应行业协会和社会各界的邀请,他将在该城最大的体育馆,作告别职业生涯的演说。

那天,会场座无虚席,人们在热切地、焦急地等待着那位当代最伟大的推销员的精彩演讲。当大幕徐徐拉开,舞台的正中央吊着一个巨大的铁球。为了这个铁球,台上搭起了高大的铁架。

一位老者在人们热烈的掌声中，走了出来，站在铁架一边。人们惊奇地望着他，不知道他要做出什么举动。这时两位工作人员，抬着一个大铁锤，放在老者的面前。主持人这时对观众讲：请两位身体强壮的人，到台上来。好多年轻人站起来，转眼间已有两名动作快的跑到台上。

老人请他们用这个大铁锤，去敲打那个吊着的铁球，直到把它荡起来。一个年轻人抢着拿起铁锤，拉开架势，抡起大锤，全力向那吊着的铁球砸去，一声震耳的响声过后，铁球纹丝未动。他就用大铁锤接二连三地砸向铁球，很快就气喘吁吁。另一个人也不甘示弱，接过大铁锤把铁球打得叮当响，可是铁球仍然一动不动。

台下逐渐没了呐喊声，观众好像认定那是没用的，就等着老人做出什么解释。会场恢复了平静，老人从上衣口袋里掏出一个小锤，然后认真地面对着那个巨大的铁球，他用小锤对着铁球"咚"敲了一下，然后停顿一下，再一次用小锤"咚"敲了一下。人们奇怪地看着老人，他就那样敲一下、停一下，持续地做着。

十分钟过去了，二十分钟过去了，会场早已开始骚动，有的人干脆叫骂起来，人们用各种声音和动作发泄着他们的不满。老人仍然一锤一锤地工作着，好像根本没有听见人们在喊叫什么。人们开始愤然离去，会场上出现了大片大片的空缺。留下来的人们好像也喊累了，会场渐渐地安静下来。

大概在老人进行到四十分钟的时候，坐在前面的一个妇女突然尖叫一声："球动了！"霎时间会场鸦雀无声，人们聚精会神地看着那个铁球。那球以很小的幅度摆动了起来，不仔细看很难察觉。老人仍旧一锤一锤地敲着。吊球在老人的敲打中越荡越高，它拉动着那个铁架子"咣咣"作响，它的巨大威力强烈地震撼着在场的每一个人。终于场上爆发出一阵阵热烈的掌声，在掌声中，老人转过身来，慢慢地把那把小锤揣进兜里。什么话都没有说就离开了。

是什么样的力量足以用一个小锤撼动一颗大球？是耐心和专注，最终才能产生出巨大的力量。如果像故事中那两个年轻人那样急功近利，直接用大铁锤抡，不但不能取得预期的效果，反而让自己受到损害。也就是说，追求成功靠的是一种恒久的、绵绵不断的力量，而不是靠蛮力。

王国维曾经概括古今之成大事业、大学问者，必经过三种之境界："昨夜西风凋碧树，独上高楼，望尽天涯路"，此第一境界也；"衣带渐宽终不悔，为伊消得人憔悴"，此第二境界也；"众里寻他千百度，蓦然回首，那人却在灯火阑珊处"，此第三境界也。成功是一个过程，欲速则不达。只有依靠勇气和耐心，用专注和持久才能最终撼动它。

【经典故事】

处世之道

盘古开天辟地

古人很早就开始对天地万物的由来进行思考了，在当时科学文化发展不够先进的情况下，他们靠想象编出了这样一个神话传说，那就是盘古开天辟地的故事，这个故事一直流传至今，甚至被人们奉为经典，体现了古人用自己的智慧对宇宙奥秘的探索和解析。

话说，在非常非常遥远的远古时代，天地还没有形成，到处是混沌一片，既分不清上下左右，也弄不明东南西北，就像一个浑圆的大鸡蛋一样。鸡蛋的中心有一个蛋黄，而在这个蛋黄里面就孕育着我们人类的祖先——盘古氏。盘古在这个浑圆的"大鸡蛋"中孕育了整整一万八千年。有一天，盘古醒来了，他发现四周一片黑暗，什么都看不见，而且还觉得异常的憋闷，于是，他就用自己制造的一把巨斧，劈开了这混混沌沌的浑圆的东西。

经盘古一劈开，凝固了千万年的混沌黑暗被搅动了，这浑圆的东西就分成为两部分：一部分轻而清；一部分重而浊。轻而清的那部分不断往上升，一天能升一丈，久而久之，逐渐形成了蔚蓝的天空；重而浊的那部分不断地往下降，一天能降一丈，久而久之，逐渐形成了广阔的大地。盘古氏站立在大地之间，觉得非常舒服，但是他害怕天地再次合拢起来，变回到以前的样子，于是就用双手撑住蓝天，双脚踏着大地，也随着天地一天长一丈，就这样，又经历了十万八千年之久，天地最后形成，而盘古也成了一个高大无比的英雄。

盘古开天辟地以后，天地间还是只有他孤零零一个人。他有时候欢喜，有时候发怒，有时候哭泣，有时候叹气。而天地则会随着他的喜怒哀乐而发生种种变化。盘古欢喜时，天就是晴朗的；盘古发怒时，天就会变得阴沉；盘古哭泣时，眼泪就会变成倾盆大雨，雨水最后汇成了江河湖海；盘古叹气时，嘴里喷出来的气形成阵阵狂风,吹得大地飞沙走石;盘古一眨眼,天空就出现一道闪电;盘古睡觉时发出的鼾声,就是天空中的隆隆雷鸣。

盘古在天地间又生活了十分漫长的岁月之后,终于死去了,他最后头东脚西地倒在大地上。他的头部、两脚、肚子、左臂和右臂分别变成了五座大山,这就是现在我们经常说的"五岳",东岳泰山、西岳华山、中岳嵩山、南岳衡山、北岳恒山。他的头发和汗毛,变成了大地上的树木和花草,他的筋脉变成了交错的道路,肌肉变成了肥沃的农田,牙齿和骨骼变成了埋藏于地下的矿藏。

可以说,世间的一切财富都是由盘古的身躯变化而来的。因此,后人对这个开天辟地的英雄无比的崇敬。

盘古开天辟地的故事,现在看来,虽然内容显得很荒诞,但是却反映了古人对于宇宙产生的一些认识和幻想,也是对万物产生根源的追溯。也说明宇宙万物的生成是在一种不可抗的力量之下产生的,也就是老子所说的"道"。

经商之道

员工的满足感托起弗兰克·康塞汀的梦想

现代管理大师普遍认为,员工是帮老板实现梦想的最强有力的工具。弗兰克·康塞汀——美国国家罐头食品有限公司的总裁,他就深知这个道理,使这家公司成为世界上第三大的罐头食品公司。

他的信条是:"多跟员工进行交流,多给他们地位、被认可感和满足感……让他们在一个温馨的环境中工作,让他们以企业的兴衰为自己的荣辱。"由于有这个信条,这家公司从来不担心招聘不到好员工。当他们在俄克拉荷马城的分厂需100个工作职位的招聘广告发布后,竟然收到了 2000 份申请。也难怪,这个新工厂充满了家庭气息,有野餐,工作中还洋溢着抒情的音乐,作为一位员工,还有什么比这更快乐的呢?

在亚利桑那费尼克斯的工厂成绩卓著,公司为了进一步激起员工的自豪感,就搭起了一个露天马戏场让员工们工作之余开心快乐。在马戏场建起的那一天,94名工人的日产量达到了 100 万个罐头的目标。那一天,马戏场成了欢乐的大本营。

而 3 年以后,工人们将日产量提高到了差不多 200 万个罐头。

公司还建立了心脏保健计划,有 600 多名受过训练的员工将负责心脏病紧急救护。他们已经成功地挽救了两位工友的宝贵生命。

康塞汀为了能让员工在心理上获得满足,把管理人员找来,跟他们讲:

"管理人员的工作就是把员工们放在合适的岗位上。如果你把适当的人安排在适当的岗位,他们就会得到心理上的满足,这种满足是他们在他们所不能胜任的更高一点的职位上得不到的。"

有的管理人员说:"我们的工作太忙了,也没有太多的时间考虑他们的想法。"

"错了,我们对员工的关注花费并不大,而利益却在员工的忠诚和高度信心下自然而然地增长,你们的任务之一就是把人性的优点运用到同员工打交道的日常事务中去。"

康塞汀常常说:"我们公司也许不会成为同行业中最大的一家公司,但是只要我们诚心地对待职员,就能最大限度地激起员工对工作的自豪感,为公司创造相当多的财富。"

美国国家罐头食品有限公司无疑为员工们创造了一个天堂。公司在不断地壮大,现已成为世界上第三大罐头食品公司。

【古为今用】

寻求根源,顺势而行

在喧嚣的现代社会生活中,很多人的内心无法归于平静,他们更多地忙于自己的欲望,却很少去顾及自己灵魂深处的呼喊,他们的内心是浮躁的,没有去立足根本,而盲目地去追求很多不切实际的东西,把什么东西都物质化,缺少精神财富的积累。名誉、金钱、权力对他们有太多的吸引力,把这些当作是自己人生的终极追求。于是,很多人因此而陷入了空虚和痛苦之中,甚至在遭受挫折和失败之后,采取极端的方式来解决,结果害人害己。

就拿天地生养万物来说,这也不是一朝一夕的事情,而是一种不灭的力量,"绵绵若存,用之不勤",需要持续地、恒久地去发挥作用。所以人们在追求名利的同时,更要善于反观自己的内心,自己真的需要这些吗?如果它已经成为自己的负担,让自己感到痛苦,说明它违背了自己的规律,不得其"道",逆势而行,必然费时费力,且得不到自己想要的效果。只有顺应自身发展的规律,才能发挥优势,取得事半功倍的效果。

第七节　天长地久

【题解】

在这一章里,老子提到天地长生的自然规律,继而由天道推论人道,借"道"的特性来阐述自己的人生哲学,也就是所谓的圣人以退为进的处世哲学。这也是老子所特有的一种思想主张。老子认为:天地由于"无私"而长存永在,人间"圣人"由于能够退身忘私而最终成就其理想。例如,我们熟知的大禹治水的例子,大禹为民众治水,八年在外三过家门而不入,他公而忘私,正因为不刻意追求自身的私欲,才备受人民的拥戴。

老子一再强调,"退其身"才能"身先""外其身"才能"身存",并以此来说明利他和利己其实是对立统一的,利他往往能够转化为利己。老子正是用这样一种朴素辩证法的观点,希望能够说服人们都来利他,保持谦退无私精神,这对于整个社会的发展是具有积极的影响的。

天长地久

【原文】

天长地久。天地所以能长且久者,以其不自生①,故能长生②。

王夫之《老子衍》:不自生物。物与俱长。夫胎壮则母羸。实登则茎获,其不疑天地之羸且获者鲜也。乃天地不得不食万物矣,而未尝为之食。胎各有元,荄各有蕾,游其虚中,而究取资于自有。

司马光《道德真经论》:凡有血气之类,皆营为以求生。惟天地无为而自生。

是以圣人后其身而身先③;外其身而身存④。

河上公《老子章句》:是以圣人后其身,先人而后己也。而身先,天下敬之,先以为长。外其身,薄己而厚人也。而身存。百姓爱之如父母,神明佑之若赤子,故身常存。

唐玄宗《御解道德真经》:后身则人乐推,故身先。外身则心忘淡泊,故身存。

司马光《道德真经论》:亦不一用力。

非以其无私邪,故能成其私⑤。

陈致虚《道德经转语偈》:圣人妙处其无私,能外其身谁得知。顺则凡兮逆则圣,由来于此定根基。

明太祖《御解道德真经》:非以基无私,所以为此而成其己道也,非私者何?

司马光《道德真经论》:众人之私小,圣人之私大。小之至者,父子乖离,不能保一身。大之至者,蛮夷率服,享祚百世。

【注释】

①以:因为。其:代词,它、它们。自生:经营自己的生存、注重自己的生存。这里是说天地的运行、存在,不是为了自己的生存。

②长生:长久存在。

③后其身而身先:把自己放在后面,结果反而却占先。

④外其身而身存:把自己置之度外,反而能生存下来。

⑤私:指个人的目的、理想等。成其私:成就自己的目的,实现自己的目标。

【译文】

天长存,地久在。天地之所以能够长久存在,是因为它们在运行中不去强求自己的生存,所以才能长久

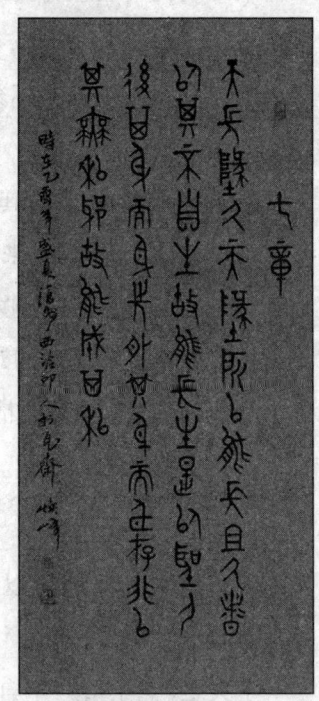

《道德经》七章书法

存在。所以,圣人把自己摆在众人的后面,反而却赢得了众人的拥戴,被推为首领;把自己的身体、生死置之度外,反而能够使自己的性命得到保护。这不正是由于他不自私吗?所以这样做反而成就了他。

【解析】

老子的眼光是开阔的,他从来不局限于一时一事,而是把着眼点放在洞察天地宇宙的奥妙上。从这样的高度反过来俯察世间万事万物,就会洞若观火,一目了然。并且,借助宇宙的最高要义"天道"来阐述自己的思想观点,更能达到让人信服的效果。

这一章继第五章"天地不仁,以万物为刍狗"之后,老子再一次歌颂天地。老子说,天地之所以能够长久永恒,是因为天地不单纯地只为自己而生存,因为它无私,它能包容万物。这是老子所赞扬的。也就是说,天地是客观存在的自然,它依循"道"的规律运行,不去刻意地追求什么,所以可以一直运行下去。

老子说:"人法地,地法天,天法道,道法自然。"而再次,老子赞美天地,就是想以天道推及人道,希望人道效法天道。接下来,老子就以"圣人"来说明人道的问题,并提出圣人的处世法则。

圣人是老子所认为的处于最高地位的理想治者,老子指出,人道应该切实效法天地的无私无为,对天地来说,"以其不自生也,故能长生。"对圣人来说,"不以其无私邪?故能成其私。"因此,圣人把自己摆在众人的后面,才赢得了众人的拥戴,被推为首领;把自己的身体、生死置之度外,才使自己的性命得到保护。这样就实现了由"后其身"到"身先""外其身"到"身存""无私"到"成其私"的转化。通俗地讲,老子就是希望圣人能够谦居人后、置身度外,不是对什么事都插手,而是从旁边把事情看清了再帮一把,这样才能更好地站住脚。这种思想,有人认为是为人处世的智慧,以无争争,以无私私,以无为为。当然,老子的这种处世哲学,不仅可以用于政治,还可以用于修身养性,都能达到很好的效果。

【名句品读】

天地所以能长且久者,以其不自生,故能长生。

天地是长久存在的。而天地之所以长久存在,是因为它没有自私自利之心,它

不为自己而存在,虽然它生育了万物却不求任何回报。正是因为这种无私无为,才能永恒地存在。而这种品行也是我们人类需要学习的,善于利他,最终才能利己,让自己远离灾祸,健康长寿。

东晋的时候,南阳有个隐士叫刘驎之,在阳歧村隐居。他为人高尚直率,乐于助人,而且博览群书,知识渊博。当时,符坚南侵已经逼近长江,荆州刺史桓冲想尽力实现宏图大略,到处寻访贤人前来相助。他听说刘驎之才学出众,想就聘刘驎之任长史,并且派人和船前去迎接他,赠送的礼物也很丰富,包括布匹、金银、器物等。其实,刘驎之并不想出仕,但还是跟他们上船出发了。

但是出人意料的是,刘驎之沿途却把桓冲送来的礼物,全部拿去送给了贫困的百姓,百姓们都十分感激他。随行的差人虽然觉得不合适,却不好阻拦。等船走到目的地,东西也已经全部送光了。刘驎之一见到桓冲,便陈述自己没有才能,然后就辞去职务回到南阳隐居。他在阳歧村住了很多年,衣食向来是和村人互通有无,碰到自己短缺了,村人也乐意帮助他。他在这里深受乡邻的欢迎和喜爱。就这样,刘驎之愉快健康地在这里生活着,活到八十多岁。

【经典故事】

为人之道

神农尝百草

上古时期,五谷和杂草长在一起,药草和百花也混在一块,人们分不清哪些是粮食可以充饥,也不知道哪些是药草可以疗伤治病。天下的黎民百姓就靠打猎过日子,天上的飞禽越打越少,地下的走兽越打越稀,人们就只好饿肚子。饿极了,就随便找些东西来吃,结果是经常中毒,轻则上吐下泻,重则毒发身亡,而且,如果谁生了病,也无医无药,只能硬挨,挨不过去就只能走向死亡。

黎民百姓的疾苦,作为首领的神农看在眼里,疼在心上。他得知太一皇人精通医术,便前去请教。恰巧皇人不在家,只留下弟子看门。皇人的弟子交给神农一本书,名叫《天元玉册》,让他拿回去研究。神农回去后,仔细阅读了《天元玉册》,觉得很受用,但是到哪里找寻这些能治病的良药呢?神农苦思冥想了很多天,最终决定去西北的大山里去寻找这些良药。于是他带着一批臣民，从家乡随州历山，向西北大山走去。

他们跋山涉水，历经千辛万苦，走了整整四十九天，来到一个神奇的地方。这里峰峦叠嶂，峡谷密布，山上长满了奇花异草。就在他们兴高采烈的时候，突然从峡谷窜出来一群狼虫虎豹，把他们团团围住。神农带领臣民们用神鞭把它们赶走，继续前行。因为山势险恶，危险丛生，臣民们三番五次地劝神农回去，神农却意志坚定，誓要找到良药，救百姓于水火。

进入峡谷，又走了很久，他们来到一座大山脚下。大山直耸云霄，四面却是垂直光滑，布满青苔，想爬上去简直比登天还难。神农也很发愁，但是绝不能因此而放弃，于是他四处勘探，思考上山的办法。这时，他看见几只金丝猴，顺着高悬的古藤和横倒在崖腰的朽木，爬来爬去，很是自由。神农灵机一动，叫臣民们砍木杆，割藤条，靠着山崖搭成架子，一天搭上一层，从春到夏，从秋到冬，他们整整搭了一年，搭了三百六十层，才搭到山顶。顺着木架，他们攀上了山顶。举目看去，发现山上真是花草的世界，各色各样，密密丛丛。

神农高兴极了，但是这么多花草，哪些是治病的良药，哪些又是害人的毒药呢？没有别的办法，神农只好亲自采摘花草，放到嘴里去尝，分辨它的特性和功效。白天，他领着臣民到山上尝百草，晚上，他叫臣民生起篝火，就借着火光把它详细记载下来：哪些草是苦的，哪些热，哪些凉，哪些能充饥，哪些能医病，都写得清清楚楚。有一次，他尝到一棵毒草，霎时就感到天旋地转，一头栽倒，连话都不会说了，他只好用最后一点力气，指着面前一棵红亮亮的灵芝草，又指指自己的嘴巴。臣民们慌忙把那红灵芝喂到他嘴里。神农吃了灵芝草，毒气解了，很快就恢复了。从此，人们都说灵芝草能起死回生。

就这样，神农尝完一山花草，又到另一山去尝，还是用木杆搭架的办法，攀登上去。一直尝了七七四十九天，踏遍了这里的每一座山岭。他尝出了麦、稻、谷子、高粱能充饥，就叫臣民把种子带回去，让黎民百姓种植，这就是后来的五谷。他尝出了三百六十五种草药，写成《神农本草》，叫臣民带回去，为天下百姓治病。

神农舍身忘己，为了天下的黎民百姓，不惜亲自尝百草，定药性，为大家消灾祛病，给百姓带来福祉，而神农也因此成了人们心目中的大英雄，为了纪念神农尝百草、造福人间的功绩，世代传颂着神尝百草的故事。

令狐楚降米价解民忧

唐宪宗时期,令狐楚被任命为兖州太守。

在他上任的时候,兖州正遭受一场严重的旱灾,百姓颗粒无收、民不聊生。兖州到处都是一片凄凉破败的景象:干枯的禾苗,乞讨的百姓,整个兖州没有一丝生机。令狐楚看着,心情十分沉重。

到了兖州城,他看到街市上的粮店却照样挂着招牌,价格奇高,穷人们哪能买得起呢!令狐楚不禁恼怒,心想原来是这帮粮商趁机发不义之财,涨高物价啊!难怪当地百姓背井离乡,乞讨逃荒。他决心降低粮价,让百姓吃上廉价的粮食,同时严厉惩处奸商。

远远地,他还没有走到州府,那些官吏就前来迎接,争先恐后地和他打招呼,套近乎,令狐楚便趁机同他们寒暄起来。他把话题引到旱灾上,不慌不忙地问:

"现在兖州城内有多少粮库?大约存了多少粮食?"

一旁的官吏大献殷勤,为了表明自己对州内事务的熟悉,他们毕恭毕敬地回答:

"粮仓一共有二十个,平均一个存粮五万担。应该没有后顾之忧。"

"那粮价多少?"

这次大家都绝口不提,陷入了沉默之中。令狐楚已经明白了几分,其中肯定有鬼,一定是他们和奸商勾结起来,从中作梗,牟取暴利。

令狐楚仍然不紧不慢地说:

"现在旱灾把百姓害苦了,这些粮食本来就是取之于民,也应该用之于民。明天就把粮仓打开以最低价出卖,救济百姓,你们觉得这个主意怎么样?"

众官吏见新太守主意已定,都附和着点头,说:

"大人仁慈,这样不仅可以救灾,还能树立朝廷爱民的形象。好主意!好主意啊!"

令狐楚立即命令随从张贴告示,安抚民心。这个消息一传出,百姓都欢呼雀跃,奔走相告,而那帮趁火打劫的奸商却开始愁肠百结了。如果州里的粮食价格低廉,自己囤积的粮食就会无人问津,时间一长,就会受潮霉烂,岂不是要赔钱?他们索性清仓处理自己的粮食。而且价格比州里定的还低。百姓看到粮价一个比一个低,拍手称快。令狐楚的几句话、一个告示,就轻而易举地安定了民心,稳定了形势,手段可谓高矣!

治国之道

汤王桑林祷雨

由于夏桀的穷兵黩武和荒淫残暴的统治,崛起的商契后裔成汤,趁夏朝天灾人祸,民不聊生,凝聚力降低,国力衰竭的机会,发动了一场颠覆夏朝统治的革命,史称汤武革命。

推翻了暴君的统治之后,汤王建立了商朝,定都于西亳,而经历了战乱,国家需要休养生息,安抚民心。但是,上天似乎和他过不去,连续五年大旱,庄稼颗粒无收,百姓苦不堪言。汤王十分焦虑,询问太史。太史告诉商汤说:"天不下雨,不是大王不仁,而是天运所致,要想改变这种干旱的状况,需要杀人祭天,以求降雨。"汤王听了以后非常生气,他说:"我祈雨的目的,就是为了百姓,如果要杀人做牺牲祭天的话,那就让我来做这个牺牲吧!"

于是汤王就沐浴斋戒,断发削指,身拥白茅,自为牺牲,来到西亳南原之上,祷于桑林之野,并以六事自责曰:"政不节与?民失职与?宫室崇与?女谒盛与?苞苴行与?谗夫昌与?"他的意思是说:"天不下雨,是因为我施政不好吗?是我给百姓造成了痛苦吗?是我大修宫殿劳民伤财了吗?是我沉湎酒色了吗?是官员贪污行贿之风盛行了吗?是我听信小人谗夫之言是非不辨了吗?如果我犯了以上任何一条,请上天惩罚我吧,不要祸及百姓啊!"

汤王诚心诚意地愿代民受过,祈求苍天开恩,播雨解旱,拯救生灵。此举不仅感动了百姓,也最终感动了上天,祈祷不久,就大雨普降,方圆数百里内尽得润泽,彻底解除了旱情。百姓奔走相告,为之欢呼。而汤王的臣民都见证了这位君主如此爱民,也都诚心归顺,竭力支持,使得商王朝的统治得到了巩固。而汤王祷雨的

故事,也成了千古美谈。如今,当地老百姓仍笃信汤王祈雨之灵验,每逢大旱之时,就到这里祈求甘霖,几千年延续至今。

【古为今用】

不要过分计较个人的得失

"圣人后其身而身先;外其身而身存。非以其无私邪,故能成其私。"老子通过这句话,告诫圣人要善于保持谦恭、无私,只有鞠躬尽瘁,死而后已,才能得到人们的拥戴和敬仰。这与宋朝政治家范仲淹所说的"先天下之忧而忧,后天下之乐而乐"的话,有着异曲同工之妙。

放在现代社会,也是我们应该学习的一种充满智慧的处世哲学。一个人不能太过注重一己的得失,要知道我们生活在一个大集体之中,集体和个人的利益是息息相关的,不懂得为集体利益考虑,总是为蝇头小利而斤斤计较,往往就会失去集体的信任,最终什么利益也得不到。"利他"与"利己"是相辅相成的,保持谦逊的态度,树立无私的品质,凡事先学会付出,才能获得别人的尊重和拥护。

第八节　上善若水

【题解】

在上一章老子借天道推及人道,希望人道效法天道,无私无为,保持长久不衰。这一章老子继续宣扬圣人的处世哲学,并以自然界的水来做比喻,因为水的特性和品质是最接近于"道"的,老子以此来教人们如何为人处世。

老子首先提出,最高的德行就如水的品德。水的特性,一是柔;二是停留在卑下的地方;三是滋润万物而不与之争。老子认为有德行人的品格也应该像水那样,拥有这种卑谦和无欲的心态与行为,不但要做有利于众人的事情而不与之争,还要愿意去众人不愿去的卑下的地方,愿意做别人不愿做的事情,可以忍辱负重、任劳任怨,能尽最大的力量去帮助别人,而不与别人争功劳争名利。这就是老子"善利万物而不争"的著名思想。

【原文】

上善①**若水。水善利**②**万物而不争，处众人之所恶**③**，故几于道**④**。**

王夫之《老子衍》：人情好高而恶下。五行之体，水为最微。善居道者，为其微，不为其著；处众之后，而常得众之先。何也？众人方恶之，而不知其早至也。

司马光《道德真经论》：人恶卑也。道无水有，故曰几。

居善地，心善渊⑤**，与**⑥**善仁，言善信**⑦**，政善治**⑧**，事善能**⑨**，动善时**⑩**。**

河上公《老子章句》：水性善喜于地，草木之上即流而下，有似於牝动而下人也。心善渊，水深空虚，渊深清明。与善仁，万物得水以生。与，虚不与盈也。言善信，水内影照形，不失其情也。正善治，无有不洗，清且平也。事善能，能方能圆，曲直随形。动善时。夏散冬凝，应期而动，不失天时。

夫唯不争，故无尤⑪**。**

司马光《道德真经论》：争者，事之末也。与物无竞，莫之怨恶，何过之有？故特美之。

明太祖《御解道德真经》：谓能矣其事而已之，不可太过也。

陈致虚《道德真经语偈》：众人所恶上贤明，动善其时故不争。一点灵光君未识，却将水火煮空铛。

【注释】

①上善：最好的善，第一流的善。

②善利：善于利物，即善于滋润万物。

③处：处于，居于。众人之所恶：众人厌恶的地方，指低下的地位。

④几：近，与……相似。几于道：最接近于"道"。

⑤渊：深的意思，指沉静、深沉，形容心境深沉宁静。

⑥与：指与别人交往。

⑦信：诚实、守信用。

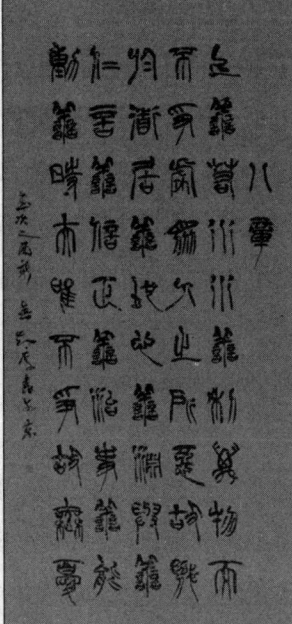

《道德经》八章书法

⑧政善治:为政善于治理之法。

⑨事善能:做事善于发挥特长。

⑩动善时:行动善于抓住时机。

⑪尤:过失、错误。

【译文】

最崇高的善就像水一样,水善于滋润万物却不与万物相争。它处于众人所厌恶的低下的位置,因此也最接近于"道"。至善的人,能够像水一样善于选择低下的地方,心胸善于保持宁静深沉,善于以真诚无私的态度与人交往,说话诚实可信,为政善治理之法,做事善发挥特长,行动善抓住时机。正因为他像水一样与世无争,因此才没有过失。

【解析】

水是我们在生活中最常见的,也是我们一刻也离不开的,所谓"水是生命之源",离开水,自然界的所有生物就都会无法生存。水无色无味,也没有固定的形状,把它放在什么样的容器里,它就会变成什么形状。可见它的性情是十分温顺的,而且随遇而安。它能忍受一切不能忍受的待遇,与世无争;自身柔弱至极,却善于滋润世间万物,而且总是停留在最低处,因此老子认为水是最接近"道"的。

为什么说水是最接近"道"的呢? 王夫之解释说:"五行之体,水为最微。善居道者,为其微,不为其著;处众之后,而常得众之先。"水的显著特征是以不争争,以无私私。本章中,老子连续用了七个并列排比句,都是有关水德的写照,同时也是介绍善之人所应该具备的品格。老子依次列举出七个"善"字,都是受到水的启发,最后得出了为人处世要懂得"不争",也就是说,宁处别人之所恶也不去与人争利,所以别人也没有什么怨尤。

"上善若水"是东方文化,也是中国传统文化中所特有的为人处世的方法与道理。意思就是说不张扬,不巧辩,以自己所具有的美好内在去感化众人,而不是时时刻刻表现自己,大肆宣扬自己。像水一样,有功劳万千,却不争名逐利,泰然安处于低注,这才更接近于道,也是一个胸怀高远的贤能之士所应该具有的高尚品德。

上善若水。

这句话的意思是最高的善就像水一样。

水是最接近于"道"的东西，它的形态、性质、运动等都很像得道高人的德行。对于任何事物而言，水都有很大的功劳，但是它从不居功自傲，而是喜欢处于低处，就像有道之人不追求高官显位、荣华富贵一样，它也从不自高自大、盛气凌人；反之，它淡泊名利、清静自守、谦恭和蔼、平易近人。

而且，水的性情非常温和，它从来都不会主动去伤害别的东西，一直坚持与人为善的原则。但它又极为坚韧，例如，屋檐下小小的一滴水，如果长年累月地滴落，也能够将最坚硬的石阶击穿。很多有道之人也都具有这种坚韧的品质，它们平时看起来和普通人没有什么两样，但关键时刻他们意志坚定，可以担当重任。

夫唯不争，故无尤。

在很多人看来，这句话的意思是"与世无争"或"不作为"。事实上，老子所提倡的"不争"并不是消极避世，恰恰表现了一种积极的处世态度，它所提倡的"不争"，是为了更好地"争"。在老子看来，与世无争才能够更好地保存自己的实力，才不至于遭受到各种各样的打击，而只有保存好自己的实力，才能够有更好的作为。如果非要与他人争得你死我活，最后不一定会得到好的结果。而懂得与世无争，懂得趋利避害，才能够更好地保护自己。

老子认为，那些懂道之人，都能够默默付出，坚韧负重，而且从来不与人争夺名利。可能很多人都认为老子的这种思想非常消极，其实换个角度想，它却能够给我们带来极大的指导和启发。而且，"不争"的时候，你才能够以一个旁观者的角度看清周围的一切，这样更有利于指导自己下一步的工作。

【经典故事】

为人之道

心静如水的壶子难倒巫师

东周时，郑国有一个善于相面的巫师季咸。他能根据人的长相预测人的生死存亡、福祸寿夭，甚至能测在何年何月何日应验。

郑国人见了他，怕他说出即将发生的凶事，所以见他就躲。

列子听说这一奇事后，觉得季咸是个了不起的人，心生羡慕，于是对老师壶子说：

"我以前以为您的理论和学问是世上最高深的，现在才知道，天外有天，竟还有比您更高明的人在呢！"

壶子听了弟子的话，说道："我只给你讲了道的外表，还没有讲到实质，你怎么就妄下结论呢？如果只有雌鸟而没有雄鸟，怎么能生出卵来呢？只有浅薄的人才容易被人把心思看透。你明天把季咸叫来我见识一下。"

第二天，列子把季咸请来了。壶子一句话也不说，季咸相完面后便出了门。

列子追上去问："结果如何？"

季咸压低声音悄悄对列子说："你的老师气色不好，脸色就像死灰一样，他活不长了，寿命超不过十天。唉！"

列子一听，赶忙跑进屋里，痛哭着把季咸说的话告诉了老师，谁知壶子却笑着说："不要怕，刚才我给他看的是上一般的面色，心境寂静，止而不动，所以他看到的是我闭塞生机的样子。明天你再把他请来，让他看看我到底能活多久。"

第二天，列子又把季咸带来。季咸看完壶子面相后，告诉列子说："庆幸啊！幸亏你老师遇上了我！你老师有救了，你不必担心，我看到他闭塞的生机又开始通畅好转了！"

列子又忙进屋把这些话告诉壶子。

壶子依然笑着说："刚才我给他看的是天地间的生气，我排除一切私心杂念，一线生机从我脚后跟生起，直到头顶。他刚才看到的就是这一线生机。过些时候你

戴敦邦绘列子像

请他再来,听他怎么说!"

又过了一天,列子又请季咸来给壶子相面,季咸看完后疑惑地对列子说:"你的老师昨天刚有了一点生机,怎么今天又精神恍惚神若游丝了。我无法给他看相。你告诉他,等他心神安定的时候,我再来给他相面。"

列子进屋把这些告诉了壶子,壶子说:"我刚才给他展示的是没有任何迹象的空虚境界,所以他看不出什么来,明天你请他再来看看!"

次日,季咸又被请来了。

他刚走进屋,看到壶子的面色,便大叫一声,转身就跑。

壶子也大叫列子:"快去把他追回来!"

列子莫名其妙,听了老师的话,拔腿就追。季咸像丢了魂似的,拼命奔跑,列子

列子祠

追赶不上,只得回来,他对壶子说:"季咸跑得太快了,我追不上他!究竟您给他看的是什么啊?"

壶子说:"刚才我让他看的是我的根本大道,但还没完全展示出来,他就跑了。我只是想逗逗他而已,让他无法猜测,就像草遇风披靡,水随波逐流。所以,他刚看了我一眼就被吓跑了。"

说完,壶子哈哈大笑。

处世之道

狄仁杰品德优良受推崇

狄仁杰,唐代并州太原(今山西太原)人,字怀英,是杰出的政治家。武则天时期出任宰相。狄仁杰为官时,正如老子所言"圣人无常心,以百姓心为心",他为了拯救无辜,始终保持体恤百姓不畏权势的本色,以民为忧。

唐高宗仪凤年间,狄仁杰升任大理丞,他办案时刚正廉明,执法不阿,兢兢业业,一年中判决了大量的积压案件,涉及一百七十人,无冤诉者,一时名声大振,成为朝野推崇备至的断案如神、摘奸除恶的大法官。

　　武则天垂拱二年,狄仁杰出任宁州(今甘肃宁县、正宁一带)刺史。当时宁州是各民族杂居之地,狄仁杰注意妥善处理少数民族与汉族的关系,"抚和戎夏,内外相安,人得安心",郡人为他勒碑颂德。

　　武则天对狄仁杰的才干和名望十分赞赏和信任,于是在天授二年(691年)九月,任命狄仁杰为地官(户部)侍郎、同凤阁鸾台平章事。狄仁杰开始了他短暂的第一次宰相生涯。身居要职,狄仁杰并没有凭借权势欺压人民,而是更加谨慎自持,严于律己。

　　有一次,武则天对狄仁杰说:"卿在汝南,甚有善政,卿欲知谮卿者乎?"

　　狄仁杰谢曰:"陛下以臣为过,臣当改之;陛下明臣无过,臣之幸也。臣不知谮者,并为善友。臣请不知。"武则天对他坦荡豁达的胸怀深为叹服。

　　在彭泽(今江西彭泽)令任内,狄仁杰勤政惠民。赴任当年,彭泽干旱无雨,营佃失时,百姓颗粒无收。狄仁杰于是上奏书要求朝廷发散赈济,免除租赋,救民于饥馑之中。万岁通天元年(696年)十月,契丹攻陷冀州(今河北临漳),河北震动。为了稳定局势,武则天起用狄仁杰为与冀州相邻的魏州(今河北大名一带)刺史。狄仁杰到职后,改变了前刺史独孤思庄尽趋百姓入城,缮修守具的做法,让百姓返田耕作。契丹部闻之引众北归,使魏州避免了一次灾难。当地百姓为了歌颂他,立碑纪念。不久之后,狄仁杰又升任幽州都督。

　　狄仁杰的社会声望不断提高,武则天为了表彰他的功绩,赐给他紫袍、龟带,并亲自在紫袍上写了"敷政术,守清勤,升显位,励相臣"十二个金字。神功元年(697年)十月,狄仁杰被武则天召回朝中,官拜鸾台侍郎、同凤阁鸾台平章事,加银青光禄大夫,兼纳言,恢复了宰相职务,成为辅佐武则天掌握国家大权的左右手。此时,狄仁杰已年老体衰,力不从心。但他深感个人责任的重大,仍然尽心竭力,关心社会命运和国家前途,提出一些有益于社会和国家的建议和措施,在以后几年国家的社会政治生活中发挥了巨大的作用。

　　在用人问题上,狄仁杰也一直荐用贤士。一次,武则天让他举荐一名将相之才,狄仁杰推举了荆州长史张柬之。武则天将张柬之提升为洛州司马。过了几天,又让狄仁杰举荐将相之才,狄仁杰曰:"前荐张柬之,尚未用也。"武则天答已经将

他提升了。狄仁杰曰:"臣所荐者可为宰相,非司马也。"由于狄仁杰的大力举荐,张柬之被武则天任命为秋官侍郎,又过了一个时期,升位宰相。狄仁杰先后举荐了桓彦范、敬晖、窦怀贞、姚崇等数十位忠贞廉洁、精明干练的官员,他们被武则天委以重任后,政风为之一变,朝中出现了一种刚正之气。后来,他们都成为唐代中兴的名臣。

后来,在狄仁杰死后的神龙元年(705 年),张柬之趁武则天病重,拥戴唐中宗复位,为匡复唐室做出了巨大的贡献。

对于少数民族将领,狄仁杰也能举贤荐能。契丹猛将李楷固曾经屡次率兵打败武周军队,后兵败来降,有关部门主张处斩之。狄仁杰认为李楷固有骁将之才,若恕其死罪,必能感恩效节,于是奏请授其官爵,委以专征,武则天接受了他的建议。果然,李楷固等率军讨伐契丹余众,凯旋而归,武则天设宴庆功,举杯对狄仁杰说"公之功也"。由于狄仁杰有知人之明,有人对狄仁杰说:"天下桃李,悉在公门矣。"

在狄仁杰为相的几年中,武则天对他的信任是群臣莫及的,她常称狄仁杰为"国老"而不名。狄仁杰喜欢面引廷争,武则天"每屈意从之"。狄仁杰曾多次以年老告退,武则天不许,入见,常阻止其拜。武则天曾告诫朝中官吏:"自非军国大事,勿以烦公。"

久视元年(700 年),狄仁杰病故,朝野凄恸,武则天哭泣着说"朝堂空也"。赠文昌右丞,谥曰文惠。唐中宗继位,追赠司空。唐睿宗又封之为梁国公。

纵观狄仁杰的一生,可以说是宦海浮沉。作为一个封建统治阶级中杰出的政治家,狄仁杰每任一职,都心系民生,政绩卓著。在他身居宰相之位后,辅国安邦,对武则天弊政多所匡正。狄仁杰在上承贞观之治,下启开元盛世的武则天时代,做出了卓越的贡献。

【古为今用】

做人处世,像水一样

在《道德经》中,老子将最高程度的善比喻成水,这是因为水淡泊名利、谦恭和蔼,平易近人,清静自守;还因为它能够包容,懂得坚持,能功成而不持有等。现代社会中,人们如果想要在领导的位置上得到众人的认可,也需要具备水的品质。

事实上,不管是刚刚踏进社会、初登职场的年轻人,还是居于众人之上的领导者。如果能够拥有和水一样的优秀品质,也就等于拥有了一件成功的法宝。尤其是那些刚刚登上领导职位的管理者,更应该认识到水柔软的性格并不是一种软弱,而是一种穿梭于各种复杂人际关系中而游刃有余。但如果能够做到像水一样,懂得宽容,懂得坚持,不管是对待狡猾的竞争对手,还是对待对自己敬畏的下属,始终保持一种温和可亲的水的状态,会换来更多的称赞和实际的利益。

第九节　功遂身退

【题解】

"水满则盈,月满则亏",在现实生活中,人们都明白这个道理。本章中,老子也正是从这个角度出发,正面讲述一般人的为人之道,告诉人们做事情一定要留有余地,千万不要把事情做得太过。老子认为,不论什么事情,都不可过度,一定要适可而止。所谓富贵而骄、锋芒毕露、居功自傲等都属于是过度的表现,这样做也必定会招致灾祸。同时,他也讲述了知进而不知退、善争而不善让的不良后果,希望人们做事情的时候能够把握好度,适可而止。

【原文】

持而盈之①**,不如其已**②**。揣而锐之**③**,不可长保**④**。**

河上公《老子章句》:盈,满也。已,止也。持满必倾,不如止也。揣而棁之,不可长保。揣,治也。先揣之,后必弃捐。

王夫之《老子衍》:持之使盈,揣之使锐。善盈者唯谷乎!善锐者唯水乎!居器以待,而无所持也。顺势以迁,而未尝揣也。故方盈,方虚,方锐,方錞。

金玉满堂,莫之能守;富贵而骄,自遗其咎⑤**。**

唐玄宗《御解道德真经》:此明盈难久持也。此明锐不可揣也。骄犹心生,故咎非他与。

王夫之《老子衍》:固当以不守守之。

功遂⑥身退，天之道⑦也。

司马光《道德真经论》:四时更运，功成则移。

唐玄宗《御解道德真经》:功成名遂者，当退身以辞盛，亦如天道虚盈有时，则无忧患矣。

【注释】

①持:拿、端的意思。盈:满。

②已:停止。

③揣:锤打的意思。锐之:使之锐，即使它变得尖锐锋利。

④长保:长久保持(它的锋利)。

⑤遗:赠送的意思。咎:灾祸。

⑥遂:完成。

⑦道:在这里指一种普遍规律。天之道:即自然的规律。

【译文】

拥有的东西达到盈满时，不如及时停止追求。金属的东西锤锻得越尖利，越难以将其锐利保持长久。就算有满屋的财物，也没人能够保守得住;富贵而又骄横，就会给自己招灾惹祸。功成名就之后，自己便归隐离去，才符合自然的规律。

【解析】

本章中，老子通过强调"为而不恃，功成而弗居"，以及总结"功成身退，天之道也"，告诉我们这样一个道理:一个人如果不懂得谦虚，总是卖弄自己的才华，很容易就会为自己招来祸端。"过犹不及"，指的是事情做得过了头，就跟做得不够一样，都是不合适的。本章中，老子所要论述的也正是这个问题。

生活中，那些贪慕权位利禄的人，往往得寸进尺;恃才傲物的人，总是锋芒毕露，这些都应该引以为戒。因为富贵而骄，往往会招来祸患。对于一个人而言，功成名就是比较困难的，但更困难的是功成名就之后，你将如何去对待它。对此，老子劝诫人们，一定要懂得功成而不居，学会急流勇退，结果可以保全天年。然而，多数时候人们则贪心不足，居功自傲，忘乎所以，结果身败名裂。

任何事物发展到一定程度，就会朝着相反的方向转化，否泰相参、祸福相位，古

今中外的历史上长盛不衰的人又有几个呢？"功成名就"的确是好事,但其中也含有引发祸水的不利忧患。老子通过辩证法的道理,正确指出了进退、荣辱、正反等互相转化的关系。奉劝人们急需趁早罢手,见好即收,不要贪婪权位名利,而要收敛意欲,含藏动力。

简而言之,本章的主旨在于写"盈"。"盈"是指满溢、过度的意思。我们通常所说的自满自骄都是"盈"的表现。而持"盈"的结果,将不免于倾覆的祸患。所以老子告诫人们不可"盈",尤其是一个人在功成名就之后,就应当身退不盈,这才是长保之道。

【名句品读】

金玉满堂,莫之能守;富贵而骄,自遗其咎。

这句话的意思是,金玉堆满了一屋子,终是无法守住;富贵且骄横,必定会自取祸患。懂得在事情完了以后就撤退,才符合自然的运行规律。但现实中很多人认为,立下一番不凡功业,或者费尽心思攀上富贵,日后就会有取之不竭的金银财宝和荣华富贵,但老子却用这句话打破了他们的美梦。

战国时期,宰相李斯早年受到秦始皇的重用,权势显赫,富贵逼人。后来,他担心同师受业的韩非抢走自己努力取得的地位,不惜谋害韩非死于狱中。但秦始皇去世不久,李斯便遭到宦臣赵高以谋反罪名的诬陷,被判处天斩于咸阳市,连带诛夷三族。《史记》中描述李斯临行之前,哭着对儿子说道:"吾欲与若复牵黄犬,俱出上蔡东门逐狡兔,岂可得乎?"李斯一生的起伏际遇,却是值得贪恋名利爵禄者省思。后来,唐朝诗人胡曾专为李斯墓题了诗,其诗曰:"上蔡东门狡兔肥,李斯何事忘南归?功成不解谋身退,直待咸阳血染衣。"

功遂身退,天之道也。

老子认为,功业完成了就要急流勇退,这是顺应自然的道理,也是圣人保全自己的方法,所谓"兔死弓藏"。完成了功业,切不可居功,不居功反而能保全自己,如果居功反倒容易招来灾祸。"功遂身退"就是所谓的"天之道"。成功而不居功自傲,要甘于身退,这样才不会因功得咎。古代许多立有大功的人如不懂得"功成身退"的道理,结果都落得悲惨的结局。

宋太祖赵匡胤曾有"杯酒释兵权"的故事。当时，那些立有大功、握有兵权的将领们自以为有功，不知退让放权。面对这种情况，赵匡胤就生出一计，邀请这帮将领们来喝酒，告诉大臣们自己整夜睡不着觉的苦恼，给了武将们很明显的暗示，于是乎这些将领们纷纷辞去职务，交回兵权，回家养老。赵匡胤也赐予他们大量的金银财宝，如此，这些武将们不但保全了自家性命，也给自己留下了好名声。

【经典故事】

处世之道

急流勇退方能更好地前进

生活中，我们总是习惯于把爬上高山之巅的人称为英雄，并因此对他们顶礼膜拜。实际上，如果能够及时主动地从光环中"隐退"，常常会给生活带来极大的转机，因为它能让你留出时间来观察和思考，找到自己内心真正的世界。

同时，离开主角是自己的舞台，也能够有效地防止自我欲望的膨胀。当然，在我们志得意满的时候，离开了鲜花和掌声，这样的日子是很难想象的，但要想一辈子都获得持久的掌声，我们就应该学会享受"隐退"。

"兴汉三杰"之一的张良辅佐汉高祖刘邦灭掉了秦国，统一了天下。刘邦说："运筹帷幄之中，决胜千里之外，子房功也。"他独具慧眼，功成隐退，不但避免了一场血光之灾，还获得了一种恬淡安逸的生活。

汉高祖统一天下之后，张良目睹了韩信、英布、彭越的被杀，又目睹了宴会上，宫廷中争功的场面，身感现实的严酷无情，体味到人生的复杂和生活的纷扰。这时，他选择了急流勇退。从此，张良忘掉了以前的丰功伟业，过着隐逸恬淡的生活。

可以说，张良的选择是明智的，否则他的生活不仅会变得更加复杂，甚至随时都有失去生命的危险。但是，选择急流勇退，收获的不仅仅是平安，还有一种恬淡和安逸。

班塞尔·欧文曾经是一家出版社的主编。工作期间，他曾经翻译出版过许多知名畅销书。但是，在他事业最辉煌的时候，却选择了辞职，开始做一个自由人，并开始重新思考自己的人生。

　　四十岁的时候,欧文从人事部经理被提升为总经理。在很多人看来,"总经理"代表着财富、权力和地位。然而,三年的时间里,欧文却从中体会到诸多的"无可奈何"和"不得已"。因为这一职位除了每天让他疲于奔命和穷于应付之外,他并未感到快乐。而且他发现自己越来越没有时间做自己想做的事情了,为此,苦恼不已。

　　后来,终于决定辞职,他认为"人只有回到原点,才能活得轻松自在"。于是,正值人生最巅峰的阶段,欧文却毅然从急流中退出,他认为这恰恰是转进的一个契机。

　　辞职之后的生活是很清贫的,没有了公司配备的司机和车子,也没有高额的薪水,但是他却感到自己富有了很多,因为他有了更多的时间。他把大部分的时间都用来写作,重新审视自己人生道路上的失与得。

　　他如是说:"在其位的时候,总觉得什么都不能舍,一旦真的舍了之后,又发现好像什么都可以舍。"事实上,正是这种舍得,正是这种急流勇退,让他有了更多的时间做自己想做的事情。在这段时间里,他利用多年的职场经历所积累的经验,完成了两本管理学著作,迎来了人生的第二次辉煌。

　　急流勇退,其实并不是一种懦弱无能的表现,也不是畏惧困难、临阵脱逃的借口。很多时候,它是心灵高度的跨越,是睿智思索的最佳抉择。而学会急流勇退,也不是看破红尘、与世无争,它是淡泊明志,宁静致远,为人有道,胸怀达观。

　　一位哲人说过:当我们无法再拥有的时候,放弃也是一种智慧。的确,世间万象如此声光华艳、充满诱惑,让人们感觉拥有再多也难以满足。很多人因为负载过重而步履维艰,很多人因为欲壑难填而疲于奔命。而如果想要人生的行囊充实而轻盈,适时放弃其实是一种明智之举。

　　事实上,"隐退"很多时候只是转移阵地,也是给下一次的冲刺积蓄能量。所以说,敢于放弃一些物质、利益等,很多时候恰恰是人生的一种明智选择,并且也往往能够显示其目光高远,是一种趋利避害、以退为进。

为人之道

曾国藩功成身退以自保

太平天国起义爆发后,清政府曾经多次派八旗兵和绿营兵去镇压。但是,八旗、绿营在太平军面前连连败北。为了对付太平军,清廷想了个新招,即命令全国各省立即兴办地方团练,然后共同对付太平军。

当时,曾国藩是清廷的在籍侍郎,因为母亲病故,在老家湖南湘乡守丧。他得知清廷命令各省可以兴办地方团练的消息后,便以在籍侍郎的资格受命帮办湖南团练。没过多久,一支以洋枪洋炮装备的军队出现在湖南大地。这支军队叫作湘军,由水师和陆师组成。

湘军是曾国藩一手炮制的,它与清政府的其他军队完全不同。清政府的八旗兵和绿营兵皆由政府编练。遇到战事,清廷便调遣将领,统兵出征,事毕,军权缴回。湘军则不然,其士兵皆由各哨官亲自选募,哨官则由营官亲自选募,而营官都是曾国藩的亲朋好友、同学、同乡、门生等。由此可见,这支湘军实际上是"兵为将有",从士兵到营官所有的人都绝对服从于曾国藩一个人。这样一支具有浓烈的封建个人隶属关系的军队,包括清政府在内的任何别的团体或个人要调遣它,是相当困难,甚至是不可能的。

湘军成立后,首先把攻击的矛头指向太平军。在曾国藩的指挥下,湘军依仗洋枪洋炮攻占了太平天国的部分地区。为了尽快将太平天国的起义镇压下去,在清朝正规军无能为力的情况下,清廷于 1861 年 11 月任命曾国藩统率江苏、安徽、江西、浙江 4 省的军务,这 4 个省的巡抚(相当于省长)、提督(相当于省军区司令)以下的文武官员,皆归曾国藩节制。自从有清以来,汉族人获得的官僚权力,最多是辖制两三个省,因此曾国藩是有清以来获得最大权力的汉族官僚。对此,曾国藩并没有洋洋自得,也不敢过于高兴。他头脑非常清醒,时时怀着戒惧之心,居安思危,审时韬晦。

事实上,曾国藩的韬晦是非常必要和重要的。因为当曾国藩率湘军攻占了湖北省省城武昌的消息报告到清廷后,朝廷上下反应不一。咸丰皇帝喜形于色,对身边的大臣们说:"没有想到曾国藩这样一个书生,竟有这样大的本事,建立下如此丰伟功绩。"众大臣听皇帝夸奖曾国藩,不仅产生了妒意,而且有戒备之心,怕曾国藩的出现危及自己的既得利益。因此,有的人在皇帝夸奖曾国藩后就不失时机地提醒咸丰帝说:"曾国藩在家为其母守丧时,已不是清廷的官员。这样一个在籍侍郎居然能一呼百应,从者万人,此恐非国家之福。"本来很高兴的咸丰皇帝听到这么一说,其脸色立即由晴转阴,很长时间陷入沉思,一语不发。曾国藩对清廷皇帝、大臣们的心态是很了解的,所以他在率湘军镇压太平天国起义中取得了一定成绩时,没有喜形于色,而是非常谨慎。

后来,太平天国起义被镇压了下去之后,曾国藩因为作战有功,被封为毅勇侯,世袭罔替。这对曾国藩来说,真可谓功成名就。但是,富有心计的曾国藩此时并未感到春风得意,飘飘然。相反,他却感到十分惶恐,更加谨慎。他在这个时候想得更多的不是如何欣赏自己的成绩和名利,而是担心功高招忌,恐遭狡兔死、走狗烹的厄运。他想起了在中国历史上曾有许多身居权要的重臣,因为不懂得功成身退而身败名裂的例子。曾国藩决心以历史作镜子,在功成名就之时,妥筹保身良策。曾国藩思来想去,采取了如下行动:

一方面写信给其弟曾国荃,嘱劝其将来遇有机缘,尽快抽身引退,方可"善始善终,免蹈大戾"。曾国藩叫弟弟认真回忆一下湘军攻陷天京后是如何渡过一次政治危机的。湘军进了天京城后,大肆洗劫,城内金银财宝,其弟曾国荃抢得最多。左宗棠等人据此曾上奏弹劾曾国藩兄弟吞没财宝,清廷本想追查,但曾国藩很知趣,进城后,怕功高震主,树大招风,急办了三件事:一是盖贡院,当年就举行会试,提拔江南人士;二是建造南京旗兵营房,请北京的闲散旗兵南来驻防,并发给全饷;三是裁撤湘军4万人,以示自己并不是在谋取权势。这三件事一办,立即缓和了多方面矛盾,原来准备弹劾他的人都不上奏弹劾了,清廷也只好不再追究。这就是曾国藩叫弟弟认真回忆的那次政治危机。现在他写信给弟弟,要他尽快抽身引退,也是"以退为进"的上上之策。

另一方面他上折给清廷,说湘军成立和打仗的时间很长了,难免沾染上旧军队的恶习,且无昔日之生气,奏请将自己一手编练的湘军裁汰遣散。曾国藩想以此来向皇帝和朝廷表示:我曾某人无意拥军,不是个牟私利的野心家,是位忠于清廷的卫士。曾国藩的考虑是很周到的,他在奏折中虽然请求遣散湘军,但对他个人的去留问题却只字不提。因为他知道,如果自己在奏折中说要求留在朝廷效力,必将有贪权恋栈之疑;如果在奏折中明确请求解职而回归故里,那么会产生多方面的猜疑,既有可能给清廷留下他不愿继续为朝廷效力尽忠的印象,同时也有可能被许多湘军将领奉为领袖而招致清廷猜忌。

其实,太平天国被镇压下去之后,清廷就准备解决曾国藩的问题。因为他拥有朝廷不能调动的那么强大的一支军队,对清廷是一个潜在威胁。清廷的大臣们是不会放过这个问题的。如果完全按照清廷的办法去解决,不仅湘军保不住,曾国藩的地位肯定也保不住。

正在朝廷捉摸如何解决这个问题时,曾国藩的主动请求,正中统治者们的下怀,于是下令遣散了大部分湘军。由于这个问题是曾国藩主动提出来的,因此在对待曾国藩个人时,仍然委任他为清政府的两江总督之职。这其实也正是曾国藩自己要达到的目的。

从政之道

宰相退隐保命

在中国古代,仕途不是一条平坦的大道,它充满了荆棘和险恶,因此很少有人能在政治舞台上终其一生。明智者,会审时度势,急流勇退,因此他们得以安度晚年;愚钝者,当退不退,垂死挣扎,或者身败名裂,或者身首异处,下场极其惨烈。

唐朝玄宗时,有一名宰相叫萧嵩,他为人正直,为官清廉,深受玄宗赏识。这使他遭到另一名宰相的妒忌,因此处处受到排挤。他势单力薄,尤力反击,只好上书皇帝,请求还乡。

玄宗很纳闷,问他:"我并没有厌倦你,你为什么要还乡?"

萧嵩说:"我蒙受陛下的厚恩,任职宰相,富贵已到了极点,趁陛下还未厌倦我的时候,我尚能平安退下。等到陛下一旦厌倦我了,我的头颅都难以保住,到时恐怕回都回不去了。"玄宗听他言之有理,于是答应了他的请求。

他回乡后,修园造林、修身养性,得以安度晚年。如果不知及时引退,在险恶的政治环境中,他的性命也会难以保全。

商鞅功成不退惨遭酷刑

商鞅变法是中国历史上十分著名的变法,新法的推行取得了很明显的成效。当初商鞅到秦国后,通过孝公宠臣景监的引荐,"四说"秦孝公。第一次说以"帝道",孝公听得昏昏欲睡,于是责备景监说:"你推荐的人是个狂妄之徒,他讲的道理迂阔无用,你怎能向我荐举如此迂腐之人?"

几天后,商鞅又说以"王道",这一次孝公承认商鞅博闻强记,但认为他这次所谈的学说不适用于现在的秦国。又过了五天,他又以"霸道"去游说,秦孝公觉得商鞅的这种学说有实用价值,态度热情起来。第四次见秦孝公时,他谈变法强国之术,秦孝公大悦,连续共谈三天而无倦容,最后令商鞅为左庶长,主持秦国变法。

新法的具体内容是改革旧制,以图富国强兵。但改革旧制就是向整个旧势力挑战,必然遭到激烈反抗。商鞅仗恃秦孝公的坚决支持,不顾为此得罪人。

首先得罪了许多说长道短的人。商鞅认为新法公布,他们就应照法行事,而不能议论新法本身,否则将他们从咸阳销掉户口,发配边疆做戍卒。又得罪了以甘龙、杜挚为代表的旧官僚。他们二人攻击新法,被贬为庶人。又得罪了秦国宗室贵族的许多人,最后得罪了太子驷,为自己准备好了掘墓人。

新法的第一条就是迁都咸阳,太子驷表示反对迁都,并说变法是错的。商鞅报请秦孝公处罚太子,因太子是未来的君主,不能施以肉刑,便施刑于太子的师傅,将太傅公子虔处以劓刑(削去鼻子),太师公孙贾黥面。还有一个重要人物姓祝名欢,身份可能是巫祝之官,也被商鞅以非议新法罪名杀掉。

说新法不好不行,要受处罚;说新法好也不行,也要受处罚。新法施行后,有人又来说新法的好话,商鞅又下令将这些人逐出咸阳,迁往边城。

新法是富强之道,但商鞅没有考虑新法发布实施应有个过程,应给百姓一个思想接受和行为适应的过程,而一味严酷量刑,甚至稍有触犯就处死刑。

太子被得罪了,太子师傅受了肉刑;宗室贵戚被得罪完了;一些朝臣被得罪了,颂扬新法和非议新法的许多咸阳人都被得罪了。商鞅的变法虽然从本质上来说会受到全国百姓的支持,但商鞅执法严苛却使一些百姓怨恨。而且变法是自上而下的,上面的人,树敌太多,而他是一个从外国来秦国做官的人,在秦国本无根基,又树敌太多,凶险在潜伏着。但商鞅对此毫无察觉。

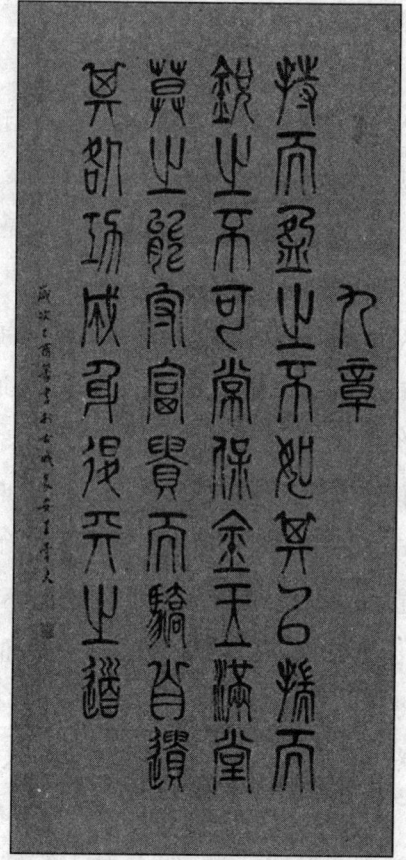

《道德经》九章书法

周显王二十九年,他率兵伐魏,计俘魏将公子卬,大败魏国。秦孝公论功行赏,封商鞅为侯,将商(今陕西商县东南)地十五邑封给他,从此人们称他商君,历史上称他"商鞅"也由此而来。商鞅更是洋洋得意。

就在他被封为侯,食商地十五邑后,一天一个叫赵良的人来见他。这个赵良,原是他的熟人,见面后商鞅因已暴贵而得意,并表示愿意和赵良交朋友,意思是赵良现在可以沾他一些光。赵良苦口婆心劝他要深思祸福荣辱盛衰之道。

商鞅问赵良:"我大治秦国,你不高兴吗?干吗还劝我身退呢?"

赵良答道:"一个人能听相反的声音才是聪;能正确审视自己才叫明;能战胜自己才叫强。你决不可因贪名位和追求享乐而绝了自己的后路啊!"

商鞅不听规劝,反而洋洋自得地摆出自己变法的功劳,并问他与五羖大夫(即帮助秦穆公建成霸业的百里奚。他原为虞国大夫,被晋俘获后作为陪臣送到秦国,出走到楚国后又被秦穆公用五张黑羊皮赎回重用,因此被称为"五羖大夫")相比谁更有才能。

赵良答道:"五羖大夫辅佐秦孝公成为西戎霸主,但自奉甚俭,暑不张盖,劳不坐车,在国都内行走不带随从和仪仗。他死后,秦国男女流涕,不大懂事的孩子都不再唱歌,这是他施德于百姓的原因。可是你商君相秦后,急功求成,伤人太众,积怨蓄祸太多。自己又大肆享受富贵,外出时前呼后拥,武士横刀持剑,仪仗排场那么讲究。"

最后,赵良明白指出了商鞅的危险处境,上面有人恨你,百姓对你只是怕而不感激你,你处境危险像早上的露珠一样,还想延年益寿求长享富贵吗?我看你还是归还封地和官爵,到边远地方耕田灌园自食其力去吧!如不听我的劝告,一旦当今君王过世,秦国不知有多少人想抓住你杀掉你,你的失败身死可翘首而待!但自以为功业成就正在人生巅峰的商鞅哪里听得进赵良的话。

赵良的精辟分析很快就被严酷的事实证实了。周显王三十一年(公元前338年),秦孝公死去,当年的太子嬴驷继承君位,即历史上的秦惠文王。他的那位被割了鼻子含恨七年大门不山的太子师傅公子虔,指使人告商鞅谋反。秦惠文王派人去逮捕商鞅,商鞅逃到魏国。魏国记恨他前番用诡计俘虏公子卬之仇,怎肯收留他,派人将他引渡回秦国。商鞅被魏人押入秦境后,又寻机逃跑到自己的封地商。秦惠文王当年的另一位师傅,即被商鞅处以黥刑的公孙贾率兵来捕捉商鞅。

就这样,商鞅当初变法时的反对力量一齐反扑过来。商鞅被押到咸阳后,秦惠文王下令将他处以"五牛分尸"的车裂之刑。商鞅之死有历史的客观原因,但主观上商鞅倚仗秦孝公一人支持伤人太众,执法太苛刻,功成后贪恋富贵而不知急流勇退,也是致命的原因。

【古为今用】

适可而止,见好就收

老子在本章中说,"功成身退"这种做法十分符合自然的道理。对于任何人来

说,成功都不是一件容易的事情,但在获得成功之后能够全身而退,则需要更大的勇气,也需要大魄力和大智慧。我们从本章中也可以懂得,急流勇退的道理是真正的保身之道。

这就要求现实社会生活中的我们,一定要懂得适可而止、见好就收。生活中,面对种种诱惑,我们经常会有欲望得不到满足的时候,这时人们通常会比较苦闷。殊不知,人们的欲望是无限的,正所谓"欲壑难填"。所以,必要的时候,该放弃还应该放弃,该知足还应该知足,懂得适可而止,见好就收,知道什么时候可以稍微停下来,休息一下,这样的人才是生活中的指挥者。